U0877405

“十四五”国家重点出版物
出版规划项目

固体废物处理与资源化技术进展丛书

Preparation and Application of Sludge-based Environmental Functional Materials

污泥基环境功能材料的制备与应用

高悦　岳钦艳　高宝玉　赵雅琴　等著

化学工业出版社
·北京·

内容简介

本书以污泥的脱水和资源化为主线，系统介绍了污泥脱水的关键技术，污泥陶粒制备和应用的关键技术，污泥基活性炭、污泥基微电解粒状材料和污泥基有机高分子絮凝剂制备和应用的关键技术及相关内容，有助于增进读者对污泥的脱水处理和污泥基环境功能材料的理解和认识。

本书具有较强的针对性和技术应用性，可供从事污泥处理处置及资源化应用等相关工作的工程技术人员、科研人员和管理人员参考，也可供高等学校环境科学与工程、市政工程、材料工程及相关专业师生参阅。

图书在版编目（CIP）数据

污泥基环境功能材料的制备与应用 / 高悦等著. 北京 ：化学工业出版社，2025. 1. -- (固体废物处理与资源化技术进展丛书). -- ISBN 978-7-122-46624-2

Ⅰ. X703

中国国家版本馆 CIP 数据核字第 20248Y6A03 号

责任编辑：刘兴春　刘　婧
文字编辑：郭丽芹
责任校对：王　静
装帧设计：王晓宇

出版发行：化学工业出版社
（北京市东城区青年湖南街 13 号　邮政编码 100011）
印　　装：北京盛通数码印刷有限公司
787mm×1092mm　1/16　印张 21¾　彩插 4　字数 488 千字
2025 年 10 月北京第 1 版第 1 次印刷

购书咨询：010-64518888
售后服务：010-64518899
网　　址：http://www.cip.com.cn
凡购买本书，如有缺损质量问题，本社销售中心负责调换。

定　　价：158.00 元　版权所有　违者必究

"固体废物处理与资源化技术进展丛书"

编委会

主　　任：戴晓虎

副 主 任：赵由才　王凯军　任连海　岳东北

其他委员（姓氏笔画排序）：

王　琪　王兴润　王艳明　闫大海　宇　鹏　苏红玉

李秀金　吴　剑　邹德勋　张　辰　陆文静　岳钦艳

周　涛　袁月祥　钱光人　徐　亚　郭　强　曹伟华

鲁嘉欣　楼紫阳　颜湘华

《污泥基环境功能材料的制备与应用》

著者名单

（按照姓氏笔画排序）

冯齐云　齐元峰　李文红　杨昆仑　吴苏清　何红桃

张飞龙　张经祯　岳　敏　岳钦艳　赵　频　赵雅琴

高　悦　高宝玉　郭康鹰　黄德毅　韩　薇　韩术鑫

傅凯放　解建坤

前言

在工农业生产和日常生活中，有大量固体废物产生，如工业固体废物、农业固体废物和矿业固体废物等，如果不对固体废物进行妥善的处理处置，则会产生严重的二次污染问题。固体废物的减量化、无害化、资源化和能源化是目前固体废物处理处置的潮流和发展趋势，已成为包括我国在内的很多国家控制固体废物污染、缓解自然资源紧张的重要国策之一，开发实用的污泥等固体废物处理处置与资源化利用技术对减污降碳具有十分重要的意义。

近年来，著者课题组在多项国家级和省部级科研项目的支持下，在污泥资源化领域进行了大量研究，在研究污泥脱水技术的同时制备出了污泥陶粒、污泥陶粒基绿色建筑材料、污泥基活性炭、污泥基微电解粒状材料和污泥基有机高分子絮凝剂等系列污泥基环境功能材料，并且应用于废（污）水处理领域和建筑领域，取得了一系列具有自主知识产权的成果，为污泥资源化技术的应用推广提供了重要的理论基础和技术支撑。

《污泥基环境功能材料的制备与应用》以污泥的脱水处理和资源化为主线，详细阐述了污泥脱水、污泥基环境功能材料的制备和应用的相关技术。全书分为四篇，共 16 章。其中，第 1 章为绪论，全面论述了污泥在能源、农业、建材和环保等领域中的应用和发展现状；第一篇为污泥的脱水调理（第 2 章~第 4 章），主要介绍了聚硅酸盐脱水剂对污水处理厂污泥的初次脱水调理技术及理论，小分子无机调理剂（$AlCl_3$、$FeCl_3$ 和硅酸盐）对初次脱水污泥进行二次深度脱水的调理技术和理论；第二篇为污泥陶粒的制备、表征与膨胀机理（第 5 章~第 6 章），主要介绍了以污泥、赤泥和粉煤灰等固体废物为主要原料的超轻污泥陶粒和轻质污泥粉煤灰陶粒的两段法烧制工艺，详细论述了超轻污泥陶粒和轻质污泥粉煤灰陶粒的膨胀机理；第三篇为污泥陶粒的应用（第 7 章~第 12 章），较为详细地介绍了污泥陶粒作为曝气生物滤池、厌氧生物滤池、A/O 一体式曝气生物滤池、厌氧-好氧串联生物滤池的填料处理多种工业废水的技术和理论，以及污泥陶粒作为轻集料制备轻质污泥陶粒实心混凝土砌块和污泥陶粒基多元脂肪酸定型相变材料的技术；第四篇为污泥基活性炭、微电解粒状材料和有机高分子絮凝剂（第 13 章~第 16 章），全面论述了基于化学活化法和物理活化法的污泥基活性炭生产和应用技术、芬顿铁泥基微电解粒状材料的制备和应用技术及造纸污泥基有机高分子絮凝剂的制备和应用技术。本书所介绍的污泥资源化技术具有较强的应用性和可操作性，为有效推动污泥的大规模资源化利用提供技术支撑和案例借鉴。

本书基于著者所在研究团队和数十位研究生近二十年来在污泥基环境功能材料的制备与应用领域所积累的科研成果，汇集并总结了从基础研究到制备工艺和废水处理应用全方位的科技活动和研究成果。本书主要由高悦、岳钦艳、高宝玉、赵雅琴著，冯齐云、张经祯、郭康鹰、黄德毅、齐元峰、岳敏、吴苏清、韩薇、韩术鑫、杨昆仑、赵频、解建坤、傅凯放、李文红、何红桃、张飞龙等参与部分内容撰写。全书最后由高悦、岳钦艳统稿并定稿。

限于著者水平及撰写时间，书中存在不足和疏漏之处在所难免，敬请读者提出修改建议等。

著者

2024年3月

目录

第二篇
污泥陶粒的制备、表征与膨胀机理 63

第三篇
污泥陶粒的应用 119

第1章 绪论

近年来，随着我国国民经济的迅速发展和居民生活水平的不断提高，城市生活污水和工业废水的处理量不断增大，污水处理的副产物污泥的产量也不断增大。污泥中往往含有大量有毒有害物质，如难降解有机物、重金属离子、寄生虫卵、病原微生物及细菌等，可造成严重污染。然而，污泥中也含有大量的有用物质，如氮磷钾类植物营养素、有机物和无机物等，其资源性不可忽视。有必要对污泥进行有效利用，实现污泥的资源化，因此开发经济实用的污泥处理处置与资源化利用技术对减污降碳具有十分重要的意义。

1.1 污泥的能源利用

污泥的能源利用是指通过生物、物理或热化学的方法把污泥转变成为较高品质的能源产品，同时可杀灭细菌、去除臭气。污泥中含有大量的有机物，具有一定的热值，可视为生物质能源存在的一种形式。目前，常见能源利用方法包括污泥制油技术、污泥制沼气技术、污泥焚烧发电、污泥制氢、污泥合成燃料技术和微生物燃料电池等。

1.1.1 污泥制油技术

污泥制油技术是一种新型污泥资源化技术。由于污泥中含有大量有机物，故可以将污泥热解，转化成油产品。污泥制油技术主要有污泥热解制油技术、污泥直接热化学液化制油技术、污泥超临界液化制油技术和污泥共液化制油技术。

（1）污泥热解制油技术

热解在英文中使用“pyrolysis”一词，在工业上也称为干馏。它是将污泥在缺氧或无氧状态下加热。它的显著优点是操作系统封闭，减容效率高，无污染气体排放，而且几乎所有重金属颗粒都残留在固体剩余物中。更为重要的是，在热解的同时还可以制得宝贵的气体燃料、液体燃料，实现能量的自给和资源再回收。污泥热解产物分别为：

① 在常温下为液态的包括乙酸、丙酮、甲醇等化合物在内的燃烧油类；

② 以氢气、一氧化碳、甲烷等低分子烃类化合物为主的可燃性气体；

③ 纯炭、金属、土、砂等混合形成的炭黑等化学分解过程。

因此，污泥热解是一种非常有前途的污泥处理方法和资源化技术。

（2）污泥直接热化学液化制油技术

污泥直接热化学液化技术又称污泥油化处理技术，属热化学反应，即在高温、高压、催化剂等条件下，通过加水分解、缩合、脱氢、环化等一系列反应使污泥中的高分子物质变为低分子油状物质的过程。该反应是在气相无氧条件下进行的，这就使它有别于一般的热解过程。污泥直接热液化技术与污泥热解制油技术的主要区别如表 1-1 所列。

表 1-1　污泥直接液化技术与污泥热解制油技术的主要区别

分类	主要生成物	污泥	反应温度/℃	压力/MPa	反应环境
热液化反应	油	脱水污泥	250～350	50～150	还原
热分解反应	油	干燥污泥	350～500	0.1	还原

污泥直接热液化技术无需干燥脱水，能耗较低，产生的二次污染较少，剩余能量高，是一种具有良好经济效益的污泥能源化技术。

（3）污泥超临界液化制油技术

污泥超临界液化制油技术是指以超临界流体作为反应溶剂，利用超临界流体的高溶解性和高表面张力控制反应活性，将污泥热解制成油类产品。超临界液体同时具有气体和液体的特性，选择合适的溶剂可以适当降低生物质液化所需的条件，并且提供反应所需的活性氢。其中水作为一种特殊的溶剂，在亚/超临界状态都具有特殊的性质。然而超临界水的临界条件难以达成，对设备要求非常苛刻，因此需要寻找其他超临界条件更温和的溶剂。乙醇的临界温度为 240.75℃，压力 6.148MPa，超临界条件相对温和。

（4）污泥共液化制油技术

共液化制油技术是将污泥与其他生物质混合热解制油的技术，在获得生物油的同时也可以缓解单独液化带来的环境污染问题。共液化在一定程度上可以强化液化反应，但液化原料的成分复杂也可能会带来新的污染问题。

1.1.2　污泥制沼气技术

污泥通过厌氧消化产生以甲烷为主要成分的沼气。现代工艺是在电脑控制的反应器内，根据处理物的各种不同条件随时对容器里的厌氧环境进行调节，使自然界普遍存在的微生物充分参与有机物逐级发酵降解（水解、酸化、气化），最终实现甲烷化。发酵产物（沼气）的主要成分是气态的甲烷和二氧化碳，将其收集后用作清洁燃料。由于同样为温室气体的甲烷其温室效应是 CO_2 的 22 倍，所以利用甲烷含量达 50%左右的沼气而避免其排放的做法，除了具有一定的经济效益外，对减轻温室效应还有重大意义。

厌氧发酵制沼气不但可以产生高热值沼气，臭气产生量还少，无二噁英、粉尘产生，故对大气造成的污染较小。厌氧消化同时也产生了有机肥料，厌氧消化后排出的残渣中富含环状化合物的聚合物腐殖酸，可作为城市绿化的基肥、土料。因此，厌氧消化较高程度地实现了污泥的资源化。

1.1.3 污泥焚烧发电

污泥焚烧技术起初的思路是实现污泥的稳定化、无害化、减量化，将该技术作为污泥能源化途径的候选技术之一，能否直接实现其焚烧发电取决于污泥本身的热值和污泥的含水率。污泥的含水率直接影响污泥焚烧热值，为了提高其热值品质，需要消耗大量的能量来降低含水率。由于机械干化很难把污泥的含水率降到 80%以下，因此高温法、低温加压法及冷冻法等均被作为一种污泥改性手段，以提高其脱水性。热干化法也被广泛应用于污泥焚烧的预处理。污泥热干化是一个能量净支出的过程，因此需要优化干化工艺，合理回收废热，内化环境成本。其中，经预干化处理的污泥可作为发电系统的燃料。

污泥焚烧技术也属于一种高温化学处置方式。该技术具有以下优点：a.有大量的工程实践，技术成熟；b.减量率可达到 95%左右，使污泥达到最大限度的减容；c.适应性较强、反应时间短、占地面积小；d.可以杀死一切病原体；e.将该技术与发电系统结合起来具有系统合理配置和能源有效利用的双重优势，即发电系统为干化系统提供所需的热源和电力。同时，人们也清楚地认识到，该技术工艺复杂、一次性投资大、设备数量多、操作管理复杂、能耗高、运行管理费用高，焚烧过程存在潜在的二噁英污染。因此，在国外，污泥焚烧法主要在如下 3 种情况中得以应用：a.现有的填埋处理场体积不足时；b.污泥（如污泥重金属含量过高）不能用于农业时；c.现有条件无法实施污泥能源回收时。

1.1.4 污泥制氢

人工制氢的方法有很多种，主要有物理化学法和生物法两种。物理化学法有太阳能制氢、水分解法制氢、水电解制氢、水煤气转化制氢及甲烷裂解制氢等，具有生产工艺复杂、基础能耗大、成本高等缺陷。生物化学制氢是利用微生物在常压下进行生物酶催化反应制得氢气、达到废物处理和产能同时进行的目的，因而具有极为广泛的应用前景。特别是污泥厌氧发酵制氢，发酵过程无需光照或其他能源输入，而且可以采用富含碳水化合物的废水或固体废物（如餐厨垃圾等）作为基质，原材料和能源的耗费均相对较少，同时还可以对废水和废物进行处理，是集废物减量化和能源化于一体的技术。厌氧发酵制取氢气的研究最早开始于 20 世纪 70 年代，近年来随着对可再生能源需求的增加，这一技术逐渐被称为“绿色科技”，被广大的研究者关注。

污泥中的有机物大多存在于微生物内，难以转化为可溶态，制约着污泥的产氢效率。因此，若要使污泥成为高效的产氢原料，需要对污泥进行预处理，以破坏微生物的细胞结构，使细胞内的有机物溶出细胞。目前常用的预处理方式有物理法、化学法、生物法和联合处理等。物理法包括热水解法、微波法、超声法、冻融法等，其中热水解法可以杀灭污泥中的病原菌，缺点是反应时间较长；微波法和超声法反应时间短、效率高，但是成本较高，难以大规模应用；冻融法能耗低、无二次污染，有着广阔的应用前景。化学法主要是指添加化学药剂破坏微生物的结构，有酸碱法和臭氧法等。化学法反应速度快，但对设备要求高，且对后续生物处理会产生一定影响。生物法包括生物酶法和生物强化法等。生物法清洁、安全，对环境友好，缺点是难以控制、效果不稳定。将物理法、化学法和生物法联合起来可以发挥这些方法的优势、弥补单一处理法的不足。

1.1.5 污泥合成燃料

污泥中含有大量的有机物和一定的木质纤维素，均属于可燃成分，在热值水平上相当于贫煤或褐煤。由于污泥焚烧处理存在专用设施处理的限制因素，为了突破限制，可以通过适当预处理后，将污泥加工为人造燃料，便于污泥的能源化利用。

RDF 技术，即垃圾衍生燃料技术，是将污泥制作成燃料被利用。污泥合成燃料的基本路线如图 1-1 所示。

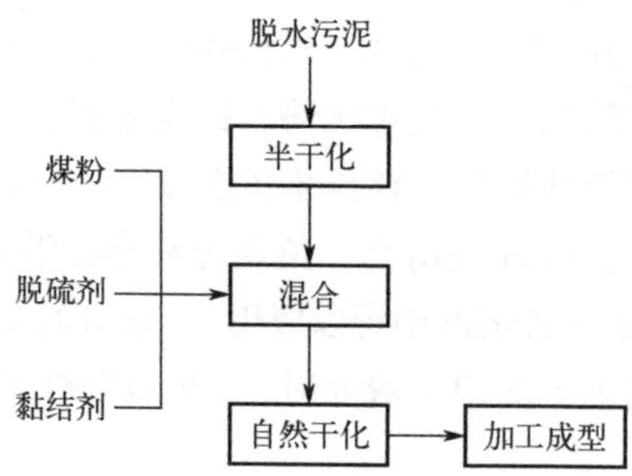

图 1-1 污泥合成燃料的基本路线

1.1.6 微生物燃料电池

微生物燃料电池（microbial fuel cell，MFC）是一种新型的生物反应器，是一种在电化学技术的基础上发展起来的以微生物为催化剂将储存在有机物中的化学能转变为电能的装置，氧化有机物和无机物的同时可形成电流。MFC 可利用很多不同的物质产生电能，可以通过有机物的厌氧降解，将化学能以最清洁的电能形式回收。

微生物燃料电池不但对污泥中的有机物有一定的去除能力，而且能够利用剩余污泥作为燃料产生电力，为微生物燃料电池处理污泥同步发电提供了可行性。相比传统的污泥厌氧消化处理工艺，微生物燃料电池具有以下特点：a.反应条件温和（常温，常压，中性）；b.无污染，无需尾气处理设备；c.无能量消耗；d.将污泥中的化学能直接以电能的形式回收，能量转化率高。但是，关于剩余污泥作为 MFC 燃料的研究也还存在一些缺陷：MFC 产生的电压低于 1V，输出功率密度为每平方米几十兆瓦到几百兆瓦，输出功率密度也较低，目前还不能在实践生产中得以广泛使用；用剩余污泥作为 MFC 燃料，有机物利用率一般低于 30%，污泥减量效果有待进一步提高；MFC 质子交换膜寿命有限，制造成本偏高，例如阴极催化剂和阴极材料价格较贵，使得 MFC 经济价值降低。与化学燃料电池相比，微生物燃料电池的功率较低，需要改善微生物电池的结构，改善阴极和阳极的材料，或者添加其他有机物质，才能实现污泥发电功率的最大化。

1.2 污泥的农业利用

污泥农业利用技术属于污泥土地利用技术中应用最为广泛的一种，污泥的土地利用分为直接施用和间接施用（如好氧与厌氧消化、堆肥化处理）两种方式。直接施用是将未经处理的污泥直接施用在土地上，包括施用在农业用地、林业用地等；此施用方式严重破坏土地。间接施用是将城市污泥通过好氧与厌氧消化、堆肥化处理后作为肥料替代商业肥料，通过污泥的利用和补充化肥使农作物增产，是最直接的农用方式。污泥中富含的 N、P、K 是农作物必需的肥料成分，有机腐殖质是良好的土壤改良剂。污泥的土地施用率主要根据在某一特定土壤中所需的氮和磷来计算，同时，污泥的土地施用率也要符合国家、地方等关于重金属、有机污染物、病原菌和盐分等标准的规定。

污水污泥中的有机物含量高，对土壤产生积极的调节作用。污泥经消化、调节后，有机固体成分稳定，可以使土壤的结构更加稳定，形成土壤骨料，增加土壤总孔隙度，改善土壤的渗透特性，提高土壤的保水性能。此外，污水污泥的使用可对土壤-植物关系产生间接影响。将污水污泥用作肥料施用到农田中，可以改善土壤的物理性质，维持了土壤的生产力。向土壤中施用污泥，会使土壤中有机物含量增加，进而促进腐殖酸和碳酸的形成，在调节土壤特性方面起到重要作用。腐殖酸具有高的阳离子交换电位，可增加土壤的阳离子交换能力。此外，腐殖酸与农药之间可以产生强烈的相互作用，加速农药的生物降解进程，并影响重金属离子的传递和植物可利用性。腐殖酸和碳酸还可以缓冲土壤 pH，并提高保留有机物的能力，以及成为植物和微生物潜在的养分来源。这也是污水污泥堆肥在农业上的主要用途之一。

虽然污水污泥含有大量的有机固体以及氮、磷等营养元素，在成为农业肥料方面有巨大潜力，但其带来的重金属污染和病原体污染不容忽视。污水中含有的镉、铜、铅、镍、汞、铬等重金属会随污水处理流程进入生物固体中，随污泥一同排出。此外，相关研究表明，重金属含量对土壤微生物群落的结构和活性有深远的影响。一般来说，较低的重金属浓度可提高土壤的微生物活性，但当重金属浓度高于一定值时会降低土壤微生物数量和活性，抑制生物固氮作用和土壤中酶活性，因而重金属污染被视为污水污泥作为肥料施用到农田的潜在风险之一。

1.2.1 污泥农用技术原则

污泥作为一种可利用性较高的二次资源，因其本身含有大量的 N、P、K 等营养元素和植物生长必需的微量元素如 Ca、Mg、Cu、Zn、Fe 等，以及较高的有机物浓度，作为土壤改良剂使用将会极大地提高土壤肥效，能有效改良土壤结构，因此污泥的农业利用技术具有十分广阔的应用前景。据调查，英、法等欧洲国家城市污泥的农用率高达 50%，卢森堡地区污泥农用率可达 80%以上，而我国污泥的农业利用率在 45%左右。我国作为一个发展中国家和一个农业大国，污泥的农业利用是符合我国经济社会发展和国情的处理处置方法。污泥的农业利用技术需要遵循的原则主要有以下几类。

（1）化学原则

污泥中含有大量成分复杂的化学物质，这些化学物质在污泥施用于土地过程中具有被植物、动物和人类食用的可能性。植物受到污泥中污染物质的影响而产量降低，称作污泥的植物毒性；动物或人类因食用含有污染物的植物而受到影响，称作污泥的动物毒性。污泥开始产生毒性的浓度即为极限毒性。其中部分化学成分，在动物毒性显现之前就明显影响了作物生长，如锌对于谷物的影响；而另一些化学物质如镉等，虽然可以促进稻米生长，但对人体的危害较大。

（2）微生物原则

污泥中含有的有害微生物，包括一些有害致病菌，可能通过农用经食物链进入生物体及人体，造成生物毒性。

（3）美观原则

污泥极易产生臭味及视觉污染，用于农业的产品要避免这种使人产生不舒适感觉的发生。一般情况下，污泥经稳定化处理以后，不吸引害虫如老鼠、苍蝇等，才能施用于农田。

（4）农学原则

当污泥作为农业肥料使用时，需要精确地计算肥料中各种营养成分所占的比例。通常状况下，污泥中含有较为丰富的磷酸盐，但钾的含量相对较低。经石灰处理后的污泥，其中的石灰可以起到调节土壤 pH 值的作用，但是要注意的是污泥施用于农田的量不宜超过普通肥料的量。

（5）市场准则和公众认可

在农民将污泥作为堆肥产品施用于土地之前，必须认为这种产品是安全的且对土壤有益的，公众也要对这种产品予以接受和认同。在污泥产品的提供商、农民和公众之间需要做好交流和有效沟通。随着污泥产品种类的增多，粒状或球状的干污泥产品比液体和淤泥的污泥堆肥产品更易被使用者接受。

（6）标准和法律法规准则

目前，许多发达国家已经对污泥农业利用制定了法律法规，包括污泥的标准、施用地点的选择、水源的保护、病原菌的控制、重金属的允许施入量、运输等都做了相应的规定。在英国制定的标准中，需要对污泥中各项有毒污染物含量进行测定，需要对污泥无害化、卫生化、稳定化处理后的各项指标值进行测定，需要对土地类型及其性质进行测定，不同污泥土地适用的范围等也有明确的定义。美国政府对城市污泥的土地利用也有严格的规定，在《有机固体废弃物（污泥部分）处置规定》中，将污泥分为 A、B 两大类：经脱水、高温堆肥无菌化处理的污泥，其中各项有毒有害物指标达到环境允许标准的称为 A 类，可作为肥料、园林植土、生活垃圾填埋坑覆盖土等所有土地利用类型；经脱水或部分脱水简单处理的为 B 类污泥，只能作为林业用土，不能直接用于改良粮食作物耕地。部分经济发达国家和地区污泥农用的重金属浓度限值见表 1-2。

表 1-2 部分经济发达国家和地区污泥农用的重金属浓度限值（按干固体计） 单位：mg/kg

重金属	欧盟	英国	德国	丹麦	美国
Zn	150～300	300	200	100	1500
Cu	50～140	135	60	40	775
Ni	30～75	75	50	15	230
Cd	1～3	3	1.5	0.5	20
Pb	50～300	300	100	40	190
Hg	1～1.5	1	1	0.5	9

1.2.2 我国污泥农用的现状与存在的问题

目前，我国关于污泥农用风险的研究体系和控制标准尚不健全，对于污泥处置的风险研究主要涉及污泥土地施用对植物的影响，重金属从土壤到植物的迁移和重金属、氮、磷在土壤中的迁移，可用数据并不系统。中国科学院南京土壤研究所的研究发现，在其试验土上连续施用污泥达 10 年后土壤中锡、锌、铜含量均有升高，种植的水稻、蔬菜受到严重的污染，并且污泥施用量越大，污染情况越严重，施用过污泥的农田，虽然土壤有机质含量增加明显，但土壤酸度基本无变化，其中土壤中存在的汞、镉可引起小麦、玉米的污染。

此外，由于我国现行的控制标准仅对污泥农用的污染物浓度做了限制，而对污泥施用地中能容纳污染物的最大值没有明确的规定，即使城市污泥的重金属浓度没有超过其控制标准，如果过量施用也可能会对土壤性质和生态环境造成严重危害。

目前，我国还没有出台污泥农用规范，对风险缺乏科学和充分的研究，对污泥农用后可能造成的潜在污染问题还没有一个系统、科学、可行的结论。多数研究也证明，污泥的有害成分进入土壤后不会立刻表现出其不利影响，但若长期大量使用其负面效应就会明显地表现出来。

1.3 污泥的建材利用

污泥建材利用是污泥可持续发展的资源化利用方式之一，包括污泥制沥青、砖、陶粒、水泥、混凝土和吸附剂等。污泥的建材利用在日本和欧美等国家和地区得到了越来越多的应用，多项工艺已经成熟，表现出了良好的应用前景，其中建筑砖块、生态水泥等技术已经在日本和欧美等国家和地区进行了大规模的生产和应用。

1.3.1 污泥制砖

由于污泥与黏土的化学成分较为相近，将污泥的焚烧灰或者干化后的污泥加入一定量的骨材，注入模具内，在 900～1000℃ 下可以烧结成砖。烧制过程中，有毒重金属均被封存在污泥中，有害细菌及有机物得以去除，而且烧制成的污泥砖没有异味。

污泥制砖形式一般有干化污泥制砖和焚烧灰渣制砖两种。当用干化污泥直接制砖时，应通过对污泥成分的适当调整使其与制砖黏土的化学成分相当。当污泥与黏土按 1∶10 的质量比进行配料时，污泥砖可达到普通红砖的强度。当利用污泥焚烧灰渣制砖时，灰渣的化学成分与制砖黏土已经较为接近。因此可以通过两种途径实现烧结砖制造，一种是与黏土等掺合料混合烧砖，另一种是不加掺合料完全利用污泥焚烧灰渣烧砖。

污泥焚烧灰制砖技术操作简单，产品可以直接销往市场，产生利润，从而处理成本得以平衡。因此，污泥焚烧灰制砖技术得到越来越多的重视。目前，污泥烧结制砖技术在国外如美国、德国、日本等得到了广泛的应用和推广，日本的污泥焚烧灰制砖技术走在世界前列，制成的砖块被广泛用作广场及人行道的地面材料。

1.3.2 污泥制陶粒

陶粒是由泥质岩石（板岩、页岩等）、黏土、工业废料（煤矸石、粉煤灰）等为主要原料，加工焙烧而成的具有内部多孔结构的粒状陶质物，具有强度高、密度小、防火、防冻、耐酸蚀和抗震等优点，经济效益和环境效益突出，在建筑业、农业和环保业有着广泛应用。目前，污泥制陶粒的工艺主要有两种：一种是直接以脱水污泥为原料制陶粒；另一种是利用生污泥或厌氧发酵污泥的焚烧灰制陶粒。由于污泥与黏土成分较为相似，20 世纪 80 年代，利用生污泥或厌氧发酵污泥的焚烧灰造粒后烧结工艺制得陶粒的技术已经趋于成熟。但这一技术需要单独建设焚烧炉，污泥中的有效成分不能得到有效利用。近年来，直接以脱水污泥为原料的制陶粒工艺逐渐被开发和推广。

为了获得良好的膨胀能力，会对陶粒生产原料中烧失量所占的比例有所要求，其范围一般为 4%～13%。然而，目前国内多数陶粒厂的生产主原料均不能满足以上烧失量要求，因此都要添加适量的重油、废机油、渣油、煤粉或木屑等有机物辅料，以提升主原料中的烧失量。而污水处理厂污泥中有机质含量很高，将适量的污泥作辅料而加入主原料中后，可节省辅料的使用成本，同时还能减少污水处理厂污泥产量，为污泥的处理处置与资源化利用提供新思路。污泥的添加量应由主原料以及污水处理厂污泥中的烧失量来确定。污泥不适当的添加会降低陶粒膨胀效果，进而影响陶粒性能。同时，多项试验证明，如要生产高强陶粒，污泥添加量不宜超过 5%。除了污泥，是否还要添加石灰石、铁矿石或废铁渣、膨润土等其他辅料，取决于主原料的性能和对陶粒堆积密度的要求。

1.3.3 污泥制水泥

污泥的化学特性与生成水泥所用的原料基本相似，可用于污泥或污泥焚烧灰作水泥原料，按一定比例添加煅烧生态水泥，实现污泥的资源化利用，因此又被称为“环保水泥”。

与普通硅酸盐水泥相比，利用污泥和污泥焚烧灰制造出的水泥在颗粒度、密度、波索来反应性能等方面基本相似，而在稳固性、膨胀密度、固化时间方面较好。污泥制水泥不仅具有焚烧法的减容、减量化特征，而且能够使得燃烧后的残渣成为水泥熟料的成分，并且水泥厂燃烧炉温高，处理量大，配有大量的环境自净能力很强的环保设施。燃烧后的残渣成为水泥熟料的一部分，不需要对焚烧灰进行填埋处置，是一种两全其美的水泥生产途径。干化颗粒污泥可输送至水泥窑预热器或直接入窑，干化时保留的有机质可为水泥烧制提供能量，污泥组分则替代部分原料；污泥灰分成为水泥熟料，其中的重金属最终也能有效地被固定在水泥构件中。

1.3.4 污泥制纤维板

通常纤维板是以木材和其他植物纤维为原料，通过铺装使纤维交织成型，利用纤维自有的胶黏性或辅以胶黏剂、防水剂等助剂，经热压制成的一种人造板。污泥中含有30%～40%的球形蛋白质和一定糖类物质，在加热加压下蛋白质凝固变性而将纤维胶合起来。通过一系列的调理、烘干、高温高压热压处理后可得生化纤维板。

许多研究结果表明，污泥制得的纤维板由于利用污泥为基料具有以下优点：a.有效地促进了污泥的减量化及资源化；b.由于纤维板充分利用污泥为基料，所以材料成本低廉，其材料消耗费为硬质纤维板材料消耗费的 18%～50%；c.质量好，物理力学性能可以达到国家三级硬质纤维板的标准；d.质软、高强、可锯、可钉，能用作各种建筑材料或家具，也可作包装板、储箱板等，应用范围广泛；e.一般用污泥制成的纤维板所含有机物质和无机物质中无放射性元素，残留的有机污染物质含量低于排放标准，含极微量的重金属元素类同玻璃和石英等材料，对人体无害。

但污泥纤维板也具有一些明显的缺点，主要在于：a.与用酚醛或脲醛树脂制成的板材相比，污泥纤维板的耐水性能较差，这是蛋白胶的特性，若加适量的防水剂或将板材进行后处理，将有所改善；b.纤维板还有一些异臭，但随着存放时间增加也会逐渐自然消失。因此，今后在污泥制取纤维板的工艺条件、配料、成品强度及性能等方面均需做进一步的探讨，并对消除异臭、改进板面装饰、复合制品等方面进行深入研究；此外，对于扩大污泥纤维板制品的种类和应用范围也有待发展。

1.3.5 污泥制混凝土

污泥焚烧灰也可以作为混凝土的细填料，代替部分水泥和细砂等。研究表明，污泥灰替代混凝土细填料的比例甚至可高达 30%，具有较高的商业价值，应对作为混凝土填料用的污泥焚烧灰进行筛分和粉磨预处理，并对焚烧灰的有机质残留量进行控制，以保证生产混凝土的原料污泥灰达到一定的粒径配比，并确保污泥混凝土成品的质量。

1.4 污泥的环保应用

污泥在环保领域的应用是国际污泥资源化利用研究的热点之一。污泥基环保功能材料在废气处理、废水处理和生态修复领域的应用为污泥资源化提供了新的思路和可能性。

1.4.1 污泥制生物炭

污泥通过干热法、湿热法和微波热解法等方法制备成的生物炭可应用于废气处理和废水处理领域。污泥生物炭具有疏松多孔、表面电荷分布均匀等特点，可以作为吸附剂吸附重金属离子和有机物等，或负载催化剂，对污染物进行催化氧化。污泥中含有的铁、硅等金属与非金属元素，在热转化过程中可以对生物炭产生活化作用和催化位点，与其他材料制备的生物炭相比，具有更好的吸附能力和负载能力。污泥基生物炭目前在高级氧化领域展现了优良的催化潜力。污泥基生物炭负载 TiO_2 光催化剂在水体污染物的催化氧化方面取得了良好效果。由于污泥中铁含量较高，可以作为芬顿反应活性位点，也可以有效激活过硫酸盐。目前对于污泥基生物炭的研究主要集中在生物炭的活化与改性，以提高生物炭的吸附和负载能力。在提高污泥基生物炭的性能的同时，也不能忽视制备过程中的能耗、成本与产生的二次污染。

1.4.2 污泥制生物絮凝剂

污泥中的糖类、蛋白质等有机物与微生物胞外聚合物具有絮凝活性，将污泥中微生物细胞结构破坏后，分离产物与剩余固体，可以得到生物絮凝剂应用于水处理领域。已有研究利用碱热法破解肉制品加工厂剩余污泥，制得生物絮凝剂样品，絮凝效果较好。目前对于污泥生产絮凝剂的研究主要集中在微生物的培养条件、絮凝机理、絮凝剂化学结构等方面，但存在着成本高、难以大规模工业化生产的问题。

1.4.3 污泥在废气处理方面的应用

污水污泥颗粒细小，孔隙率和含水率高，对废气中的有害成分有很好的吸附作用。污水污泥作为吸附剂，为废气处理提供了一种新的思路。目前已有报道将污水污泥应用于生物洗涤器，用于吸附烟气中的硫化氢，去除效果较好。另外，相关研究表明含铁的污水污泥在硫酸的活化下，制备成汞吸附剂，可以有效捕集烟气中的汞。

1.4.4　污泥在生态修复领域的应用

污泥中有机物和营养物质含量高，同时含有大量可降解污染物的微生物，可以为土壤补充营养物质和提供生物降解菌群，有助于土壤的改性与修复。已有研究表明活性污泥与消化污泥可以对土壤中的多氯联苯进行微生物还原脱氯，可同时起到生物刺激和生物强化的作用。此外，由于造纸厂污泥中碳酸盐、硅酸盐含量高，可以将重金属转化为不可利用的形态，可有效降低土壤中重金属毒性。污水污泥在恢复高盐土壤肥力方面也表现出了一定优势，用污泥洗涤高盐土壤，利用污泥中的有机物对土壤进行有机改良，改良后的土壤的发芽率有所增加。将污泥作为改性材料添加到土壤中，意味着污泥材料将长期存在于土壤中，必须考虑污泥的重金属浸出毒性，做好风险性评估。

综上所述，污泥在资源化、能源化和材料化领域具有广阔的应用前景，有望成为未来污泥大规模资源化利用的主流方向，因此有必要进行深入研究。近年来，著者课题组在污泥资源化领域进行了大量研究，在研究污泥脱水技术的同时制备了污泥陶粒、污泥陶粒基绿色建筑材料、污泥基活性炭、污泥基微电解粒状材料和污泥基有机高分子絮凝剂等污泥基环境功能材料，并且应用于水处理领域和建筑领域，取得了大量成果，为污泥的资源化技术的推广和应用奠定了重要的理论基础。

参考文献

[1] 曹雪娟，卢治琳，邓梅，等. 污泥热化学液化制油技术研究进展[J]. 应用化工, 2022, 51(04): 1186-1190.

[2] Ji A, Zhang S, Lu X, et al. Character and composition analysis of distilling fractions from sewage sludge pyrolysis oil[J]. Energy Sources, Part A: Recovery, Utilization, and Environmental Effects, 2013, 35(1-4): 290-297.

[3] 周磊，韩佳慧，张景来，等. 污泥直接液化制取生物质油试验研究[J]. 可再生能源, 2012, 30(03): 69-72.

[4] 杜桂月. 城市污水污泥超临界水热解制油实验研究[D]. 天津：天津大学, 2016.

[5] 刘炼. 制革污泥在超临界乙醇中的液化制油研究[D]. 上海：华东理工大学, 2018.

[6] 陈丹丹，窦昱昊，卢平，等. 污泥深度脱水技术研究进展[J]. 化工进展, 2019, 38(10): 4722-4746.

[7] 宋青青，任宏宇，孔凡英，等. 不同预处理方法促进剩余污泥发酵制氢研究进展[J]. 中国环境科学, 2021, 41(10): 4736-4744.

[8] Hossain N, Morni H A N. Co-pelletization of microalgae-sewage sludge blend with sub-bituminous coal as solid fuel feedstock[J]. BioEnergy Research, 2019, 13(2): 618-629.

[9] Liu Z, Li X, Jia B, et al. Production of electricity from surplus sludge using a single chamber floating-cathode microbial fuel cell[J]. Water Science and Technology, 2009, 60(9): 2399-2404.

[10] 孙凡蛟. 污水厂污泥处置对磷循环的影响及污水处理系统技术建议[D]. 张家口：河北建筑工程学院, 2021.

[11] Local, national, and international regulations on biosolids land application[C]. //Water Environment Federation 76th Annual Technical Exhibition and Conference (WEFTEC 2003): Water Environment Federation 76th Annual Technical Exhibition and Conference (WEFTEC 2003), October 11-15, 2003, Los Angeles, CA, USA: Water Environment Federation (WEF), 2003: 1-21.

[12] 徐珊，曹宝月，刘璇. 活性污泥掺杂尾矿制备透水砖及性能研究[J]. 非金属矿, 2019, 42(5): 28-30.

[13] 王丹，朱义年，刘杰，等. 含砷污泥与黏土混合制砖的实验研究[J]. 贵州环保科技, 2006, 12(1): 10-13.

[14] 广州市净水有限公司. 一种城市生活污泥焚烧灰渣资源化制备生物砖的工艺: CN202011164611.1[P]. 2021-02-19.
[15] 金宜英, 杜欣, 王志玉, 等. 采用污水厂污泥制陶粒的烧结工艺及配方研究[J]. 中国环境科学, 2009, 29(1): 17-21.
[16] 覃佐东, 金磊磊, 王建华, 等. 互花米草纤维与造纸污泥混合制作污泥纤维板[J]. 生物加工过程, 2014, 12(3): 65-68.
[17] 李志建, 董智慧, 朱跃发. 脱墨废水气浮池污泥制造中密度纤维板[J]. 中华纸业, 2008, 29(8): 48-51.
[18] 王传贵. 造纸污泥纤维板优化工艺的研究[D]. 合肥: 安徽农业大学, 2011.
[19] 田彬杉. 含重金属元素污泥混凝土材料防辐射性能影响因素和最佳制备方案探讨[J]. 科技视界, 2020(17): 247-249.
[20] 陈冠益, 余洋, 李宁, 等. 污泥生物炭基催化剂在高级氧化水处理的应用[J]. 精细化工, 2022, 39(01): 47-55.
[21] 毕与轩. 利用肉制品加工厂剩余污泥制备生物絮凝剂的实验研究[D]. 大连: 大连理工大学, 2020.
[22] Barbosa V L, Dufol D, Callan J L, et al. Hydrogen sulphide removal by activated sludge diffusion[J]. Water Science and Technology, 2004, 50(4): 199-205.
[23] Li H H, Zhang J D, Cao Y X, et al. Capture of elemental mercury from flue gas over a magnetic and sulfur-resistant sorbent prepared from Fe-containing sewage sludge activated with sulfuric acid[J]. Fuel, 2021, 300: 120938.
[24] Xu G F, Zhao X J, Zhao S Y, et al. Acceleration of polychlorinated biphenyls remediation in soil via sewage sludge amendment[J]. Journal of Hazardous Materials, 2021, 420: 126630.
[25] Calace N, Campisi T, Iacondini A, et al. Metal-contaminated soil remediation by means of paper mill sludges addition: Chemical and ecotoxicological evaluation[J]. Environmental Pollution, 2005, 136(3): 485-492.
[26] Sastre-Conde I, Lobo M C, Beltrán-Hernández R I, et al. Remediation of saline soils by a two-step process: Washing and amendment with sludge[J]. Geoderma, 2015, 247/248: 140-150.

第一篇

污泥的脱水调理

- 聚硅酸盐脱水剂对污泥初次脱水性能影响的研究
- 无机调理剂 $AlCl_3$ 和 $FeCl_3$ 用于污泥的深度脱水
- 硅酸盐用于污泥深度脱水调理

活性污泥法是现今使用最为普遍的污水处理工艺，使用过程中会产生大量的剩余污泥，其含水率超过98%。为了方便污泥的收集和转运，污水处理厂一般采用投加脱水剂耦合机械压滤法对污泥进行初次脱水，得到含水率在80%～85%的胶体状污泥，也叫初次（一次）脱水污泥。初次脱水污泥经深度脱水后（含水率降至60%以下）可转移至垃圾填埋场、垃圾焚烧站等进行填埋或焚烧，也可以通过特殊处理进行堆肥或做建筑材料等进行资源化。然而初次脱水污泥由于结构蓬松，物质组成复杂，导致脱水困难，含水率很难降至60%，而且处理不当容易造成二次污染，如何提升污泥深度脱水性能是当前实现污泥无害化、减量化和资源化的瓶颈问题。

目前，工程上污泥深度脱水方法有自然干燥、直接热烘干和机械脱水等方法。自然干燥法操作最为简单、能耗最低，但由于占地面积广，受天气影响大，容易产生臭气、渗滤液等二次污染等因素，该方法仅适于某些工业废水污泥的处理与处置。直接热烘干法可克服以上缺点，但是存在设备投资大、能耗高等问题，目前相关应用较少。机械脱水法是通过化学调理偶联机械压滤达到深度脱水的目的。常用的调理剂为石灰、铝铁絮凝剂等，调理剩余污泥内部水分分布，提高污泥可压缩性。但是这些调理剂效果不佳，导致污泥压榨时间较长，不能连续出料，脱水率较低，也无法实现深度脱水。如何选择高效的化学调理剂是提高机械脱水法脱水效率的关键。

污泥深度机械脱水效率较低与污泥初次脱水工艺有关。通常污水处理厂会添加有机高分子脱水剂将污泥颗粒聚集，再通过沉淀压滤等方法进行初次脱水。然而，有机高分子絮凝剂的存在会使污泥在含水80%以下时形成一个称为“黏胶相区”的区域，污泥呈黏浆状，内部呈网状结构，水分子被胶体包裹，一般机械挤压方法很难将污泥中的水释出。这种现象在污泥含水率在60%～65%间尤为严重，这是污泥机械脱水的最大难点所在。如何选择高效的化学调理剂是提高机械脱水法脱水效率的关键。近年来，国内外有许多学者尝试在污泥的一次脱水和二次深度脱水过程中加入无机脱水剂对污泥进行调理以改善污泥的脱水性能，提高污泥的脱水效率。据目前的研究报道，污泥脱水采用的无机调理剂主要是聚合氯化铝（PAC）、聚合硫酸铁和CaO等，结果证明加入无机调理剂后在一定程度上能够提高污泥的脱水效果，但脱水后污泥泥饼的含水率仍为60%～70%，呈黏稠状，难以突破污泥“黏胶相区”。如果能对浓缩污泥进一步调理，突破污泥“黏胶相区”，使污泥具有更好的分散性，有望进一步提高污泥机械脱水的效率，对实现污泥的无害化、减量化和资源化具有非常重要的意义，但充满挑战。

聚硅酸盐是在无机高分子混凝剂的基础上发展起来的新型高分子混凝剂。与传统的无机混凝剂相比，聚硅酸盐既具有较强的电中和能力，也具备长链所拥有的吸附架桥能力，在污水处理中显示出独特的优势。该部分将利用聚硅酸盐对污水处理厂污泥的初次脱水进行调理，探讨其对污泥脱水性能的影响；并针对初次脱水污泥，探究小分子无机调理剂（$AlCl_3$、$FeCl_3$和硅酸盐）对初次脱水污泥物理化学性质的影响，通过分析不同调理剂的脱水机理，揭示影响污泥二次深度脱水的关键因素，为更好地选取、制备优质的调理剂及其在污泥脱水中的应用奠定理论基础。

第 2 章 聚硅酸盐脱水剂对污泥初次脱水性能影响的研究

本章采用自制聚硅酸盐脱水剂对污泥进行预处理进行污泥的初次脱水，测定处理前后污泥的污泥比阻（SRF）、黏度和絮体特性等指标，研究聚硅酸盐脱水剂单独使用、聚硅酸盐脱水剂与阳离子聚丙烯酰胺（CPAM）复配使用对污泥脱水性能的影响，并与市售无机脱水剂聚合硫酸铁（PFS）的处理效果进行比较。

2.1 聚硅酸盐单独使用对污泥脱水性能的影响

为了研究聚硅酸盐单独使用对污泥脱水性能的影响，本节采用自制的聚硅酸盐包括聚合硅酸铁（PSF）、聚合硅酸铝铁（PSAF）、聚合硅酸铝铁镁（PSAFM）和市售 PFS 脱水剂，选取投加浓度为绝干泥的 0.5%～3%（以 Fe 含量计），对污泥进行脱水预处理，测定处理前后污泥的污泥比阻（SRF）、黏度、絮体特性等指标，比较其处理效果。

2.1.1 材料与测试方法

2.1.1.1 材料

（1）污泥来源

污泥取自某污水处理厂污泥井，该污水处理厂为一体化设计，处理规模 5100m^3/d，

采用 A^2O 处理工艺，两组模块并行。污泥自污水处理厂取回后，静置沉淀 12h 后去除上清液，测试剩余污泥的含水率和其他各项指标。污泥放入冰箱于 4℃低温储存，并在 4d 内用完。进行各项实验前，污泥过 40 目筛，以去除其中的泥沙和大颗粒物。原泥的基本性质如表 2-1 所列。

表 2-1 原泥性质

含水率/%	污泥比阻 SRF/(10^{12}m/kg)	pH 值	黏度/(mPa·s)	悬浮固体浓度 MLSS/(g/L)	挥发性悬浮固体浓度 MLVSS/(g/L)
98.08±0.20	20.61±7.49	6.80±0.08	678.87±56.45	12.11±1.95	11.68±1.86

由于污泥结构复杂，且各项指标易受环境影响，因此每次取得的污泥性质均有所浮动，实验时原泥指标参考各对照组实验。

（2）药剂

所用的聚合硅酸铁（PSF）、聚合硅酸铝铁（PSAF）、聚合硅酸铝铁镁（PSAFM）等聚硅酸盐为自制，PFS 为市售，CPAM 9112 由神美科技有限公司提供。

2.1.1.2 污泥基本性质的测定

（1）含水率

将待测污泥放入已洗净烘干，质量为 m_1 的称量瓶中，准确记录其质量 m_2，将盛有污泥的称量瓶放入烘箱中，于 104℃干燥 2h，取出置于干燥器中冷却至室温，记录其质量 m_3。污泥含水率按照式（2-1）进行计算。

$$污泥含水率=\frac{m_2-m_3}{m_2-m_1}\times100\% \quad (2-1)$$

式中 m_1——称量瓶的质量，g；

m_2——称量瓶加污泥样品的质量，g；

m_3——称量瓶加干燥后污泥样品的质量，g。

（2）MLSS 和 MLVSS

将定量滤纸于 104℃的烘箱中烘干至恒重，记录其质量为 m_1，取体积为 V 的污泥样品在 0.05MPa 下用上述滤纸抽滤 20min，抽滤完成后将滤纸与泥饼放入 104℃的烘箱烘干至恒重，记录其质量为 m_2。将上述干燥后的滤纸和污泥放入已烘干至恒重质量为 m_3 的坩埚中，在 550℃的马弗炉中煅烧 2h，取出后在干燥器中冷却至室温，记录其质量为 m_4。MLSS 与 MLVSS 的计算公式为：

$$\text{MLSS}=\frac{m_2-m_1}{V} \quad (2-2)$$

$$\text{MLVSS} = \frac{m_2 + m_3 - m_1 - m_4}{V} \tag{2-3}$$

式中　m_1——滤纸的质量，g；

m_2——烘干后滤纸加抽滤污泥的质量，g；

m_3——干燥坩埚的质量，g；

m_4——煅烧后坩埚加滤纸加污泥的质量，g；

V——抽滤污泥的体积，L。

2.1.1.3　污泥黏度和 pH 值的测定

黏度体现了污泥内颗粒与颗粒、颗粒与水分之间的结合情况。污泥黏度采用 NDJ-5S 型黏度计进行测量：量取待测污泥 200mL 倒入黏度计量杯中，选择转子与转速，测量其黏度。因污泥为非牛顿流体，其黏度值随转速、测量时间的改变而改变，因此为了保证结果的可靠性与一致性，控制转速和测量时间保持不变。

调理前后污泥的 pH 值通过 pHS-3C 型 pH 计测量。

2.1.1.4　污泥比阻 SRF 的测定

SRF 体现了在一定压力过滤的情况下，单位质量的污泥在单位过滤面积上受到的阻力大小。SRF 采用污泥比阻测定仪进行测定：取 100mL 污泥在 0.05 MPa 的压力下真空过滤，每隔一定时间记录滤液体积，直至抽滤满 20min 或真空被破坏。抽滤完的泥饼放入 104℃的烘箱烘干至恒重，得到泥饼含水率。通过式（2-4）计算 SRF 值：

$$\text{SRF} = \frac{2PA^2b}{\mu C} \tag{2-4}$$

$$C = \frac{1}{\dfrac{100 - C_\text{i}}{C_\text{i}} - \dfrac{100 - C_\text{f}}{C_\text{f}}} \tag{2-5}$$

式中　P——过滤压力，Pa；

A——过滤面积，m^2；

b——抽滤过程中 t/V 对 V 作直线的斜率，其中 t 为过滤时间（s），V 为滤液体积（m^3）；

μ——滤液黏度，Pa·s；

C——单位体积污泥产生的滤饼质量，kg/m^3；

C_i——100g 污泥中的干污泥量，g/100g；

C_f——100g 滤饼中的干污泥量，g/100g。

SRF 的单位为 m/kg，一般认为 SRF<3.92×10^{12}m/kg 时污泥易脱水；SRF 在 3.92×10^{12}～9.81×10^{12}m/kg 时，污泥具有中等过滤性能；SRF >9.81×10^{12}m/kg 时，污泥难脱水。

2.1.1.5 中位粒径（$D_{0.5}$）和分形维数（D_f）的测定

$D_{0.5}$体现了污泥中絮体粒径的大小，D_f体现了絮体结构的疏松程度。污泥的絮体特性用 Mastersizer 3000 进行测定：在持续慢速搅拌（60r/min）的条件下测定粒径大小。根据散射光强（I）和散射矢量（Q）的结果计算 D_f，三者关系如下：

$$I \propto Q^{-D_f} \tag{2-6}$$

因此，根据 lg$I$ 与 lg$Q$ 的拟合直线斜率，可计算得到 D_f值。一般认为，D_f值越小，絮体结构越疏松；反之，絮体结构越紧密。

2.1.1.6 Zeta 电位的测定

Zeta 电位体现了污泥中带电粒子的电性。污泥颗粒表面 Zeta 电位的测定方法为：取 50mL 污泥在 5000r/min 的转速下离心 10min，抽取上清液用 Zetasizer Nano ZS 进行测定。

2.1.1.7 胞外聚合物（EPS）的提取和分析

采用热提取与超声提取相结合的方法提取污泥中的 EPS，并用三维荧光进行分析。提取步骤如下：

① 取 50mL 待测污泥于离心管中，在 5000r/min 的转速下离心 10min，上清液过 0.45μm 的膜，即为溶解性胞外聚合物（SEPS）；

② 将步骤①中剩余的污泥固体用 0.05% NaCl 溶液补充至 50mL，在 20kHz 的条件下超声处理 2min，随后在 9000r/min 的转速下离心 20min，上清液过 0.45μm 的膜，即为疏松结合型胞外聚合物（LB-EPS）；

③ 将步骤②中剩余的污泥固体用 0.05% NaCl 溶液补充至 50mL，在 70℃的条件下水浴加热 30min，随后在 10000r/min 的转速下离心 20min，上清液过 0.45μm 的膜，即为紧密结合型胞外聚合物（TB-EPS）。

EPS 的三维荧光光谱（EEM）采用 F-4500FL 型荧光分光光度计测定。发射波长（E_M）区间为 220～550nm，激发波长（E_X）区间为 200～400nm，波长间距均为 5nm，光源为氙弧灯。

根据 E_M 与 E_X 的不同，EEM 可分为五个区域：代表芳香族蛋白质中酪氨酸类物质的区域Ⅰ（E_X ≤250nm，E_M ≤330nm）；代表芳香族蛋白质中色氨酸类物质的区域Ⅱ（E_X ≤250nm，330nm < E_M ≤ 380nm）；代表富里酸物质的区域Ⅲ（E_X ≤250nm，E_M>380nm）；代表类蛋白类物质的区域Ⅳ（E_X>250nm，E_M≤380nm）；代表腐殖酸类物质的区域Ⅴ（E_X>250nm，E_M>380nm）。

2.1.1.8 结合水含量的测定

结合水含量体现了污泥中的水分分布情况。采用 Q2000 型差示扫描量热仪（DSC）测定污泥中结合水含量。取 50mL 处理后污泥置于离心管中，在 1800r/min 的转速下离心 10min，取其中搅拌均匀的泥饼 5～10g 放入 104℃烘箱烘干至恒重，得到总水分含量。取 10mg 泥饼样品，在 DSC 中从室温以 5℃/min 的速率下降到−30℃，然后以相同的速率升温到 20℃，得到样品的凝固热。通过式（2-7）计算得到污泥的结合水含量。

$$W_b = \frac{W_t - \dfrac{Q}{\Delta H}}{1 - W_t} \tag{2-7}$$

式中 W_b——样品结合水含量，kg/kg；

W_t——样品含水率；

Q——样品的凝固热，J/g；

ΔH——水的标准凝固热，334.7J/g。

2.1.1.9 扫描电子显微镜（SEM）

SEM 可以在高放大倍数下观察材料表面或断面的微观形貌。采用 TESCAN MIRA4 型扫描电子显微镜对脱水剂处理前后泥饼的微观结构进行拍摄观察。取抽滤后的泥饼于真空冷冻干燥机中干燥，放大 5000 倍后观察。

2.1.2 聚硅酸盐单独使用对污泥比阻的影响

投加聚硅酸盐脱水剂和 PFS 后 SRF、泥饼含水率的变化如图 2-1 所示。

结果表明，投加一定量的聚硅酸盐脱水剂和市售脱水剂 PFS 对污泥的脱水性能有一定的改善。从整体上来看，随着无机脱水剂投加量的增加，污泥的 SRF 和泥饼含水率都呈现出先下降后略微上升的趋势，这表明无机脱水剂的投加量存在一个最适值，超过此投加量后反而不利于污泥脱水性能的进一步提升。这可以用混凝机理中电中和作用的理论来解释，投加过量脱水剂后使体系带有相反电荷，不利于絮体的形成。

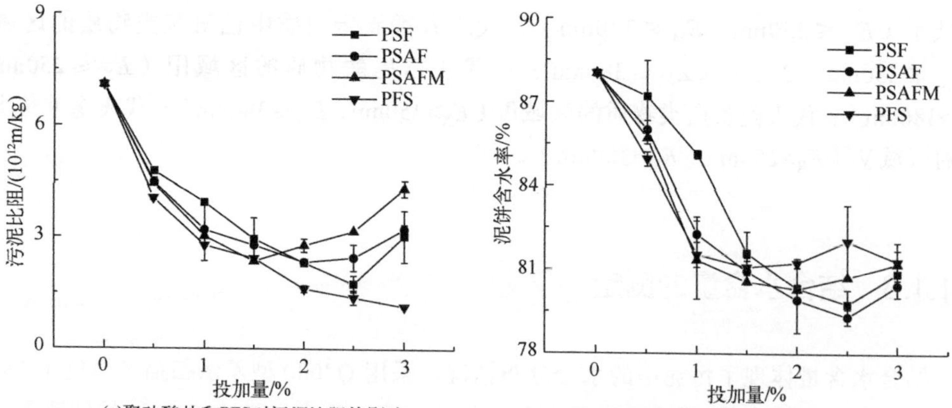

(a)聚硅酸盐和PFS对污泥比阻的影响　(b)聚硅酸盐和PFS对泥饼含水率的影响

图 2-1　聚硅酸盐和 PFS 对污泥比阻、泥饼含水率的影响

根据污泥脱水难易程度的划分标准，当 SRF < 5×10^{12}m/kg 时就可以认为污泥是易脱水的。可以看出，投加聚硅酸盐和 PFS 后，污泥均由难脱水状态变为易脱水状态。从 4 种无机脱水剂处理后污泥的 SRF 和泥饼含水率结果来看，各自的最适投加量为 PSF 2.5%、PSAF 2%、PSAFM 1.5%、PFS 2%。在最适投加量的条件下，污泥比阻可由原泥的 7.1×10^{12}m/kg 分别降至 1.75×10^{12}m/kg、2.33×10^{12}m/kg、2.35×10^{12}m/kg 和 1.62×10^{12}m/kg；泥饼含水率分别可由原泥的 88.03%降至 79.77%、79.92%、80.58%和 81.25%。

2.1.3　聚硅酸盐单独使用对污泥絮体特性的影响

投加聚硅酸盐脱水剂和 PFS 后污泥絮体粒径、分形维数的变化如图 2-2 所示。

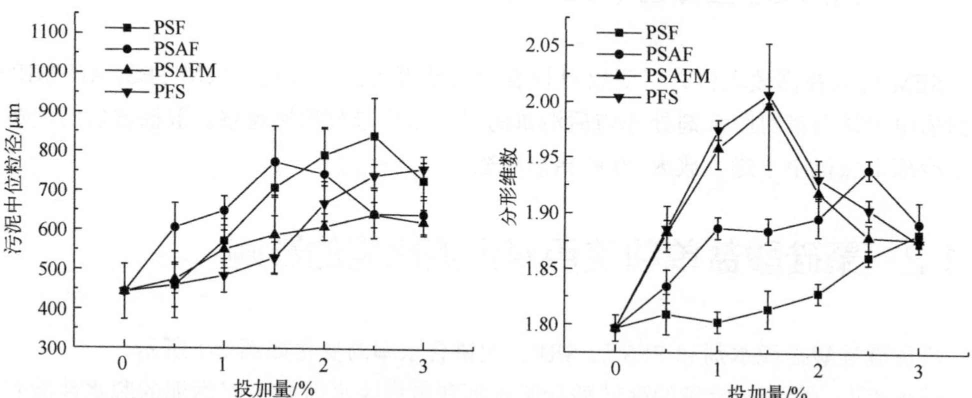

(a)聚硅酸盐和PFS对污泥中位粒径的影响　(b)聚硅酸盐和PFS对分形维数的影响

图 2-2　聚硅酸盐和 PFS 对污泥中位粒径、分形维数的影响

结果表明，投加一定量的聚硅酸盐脱水剂和市售脱水剂 PFS 对污泥的絮体特性有一定的改变。从整体上来看，随着无机脱水剂投加量的增加，污泥絮体的 $D_{0.5}$ 逐渐增大，或先增大后有略微下降。污泥絮体的 D_f 也呈现出了相似的变化趋势。

从加入 4 种无机脱水剂后的絮体粒径差异来看[图 2-2（a）]，与 PSAFM 和 PFS 相比，加入 PSF 和 PSAF 后污泥的 $D_{0.5}$ 更大，最大粒径可分别达到 842μm 和 774μm，与原泥相比分别增加了 89.91%和 74.59%。这是因为在污泥调理的过程中，脱水剂的处理对象是粒径较大的污泥颗粒，因此主要通过吸附架桥作用使污泥颗粒形成更大的絮体。在 4 种无机脱水剂中，聚硅酸盐的聚合度更高，因此可以发挥较好的吸附架桥作用。

从加入 4 种无机脱水剂后的絮体分形维数差异来看[图 2-2（b）]，加入 PFS 后，污泥絮体的 D_f 可由原泥的 1.80 增长到 2.01，大于加入 PSF、PSAF 和 PSAFM 后的 1.88、1.94 和 2.00。分形维数 D_f 体现了絮体结构的疏松程度，D_f 越大表明絮体越紧实，更易形成紧密的疏水通道。而 $D_{0.5}$ 和 D_f 结果的差异说明，虽然加入聚硅酸盐后形成的絮体粒径更大，但是 D_f 并没有达到很高的水平，这可能是因为当絮体粒径增加到一定程度时，脱水剂与颗粒之间的作用力不足以将絮体压实。除此之外，由于聚硅酸盐更多发挥吸附架桥作用，因此形成的絮体结构更为疏松。由此来看，污泥脱水性能受到絮体粒径和分形维数的共同影响。

2.1.4 聚硅酸盐单独使用对污泥黏度、pH 值和污泥颗粒表面 Zeta 电位的影响

投加聚硅酸盐和 PFS 后污泥黏度、pH 值和污泥颗粒表面 Zeta 电位的变化如图 2-3 所示。

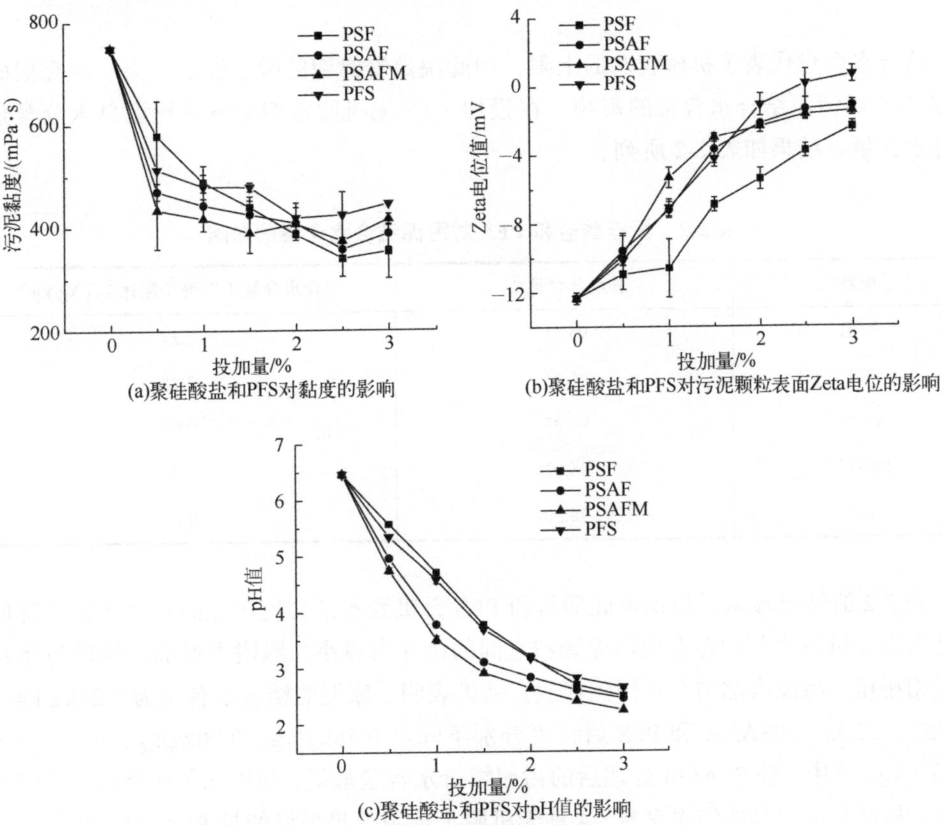

(a)聚硅酸盐和PFS对黏度的影响

(b)聚硅酸盐和PFS对污泥颗粒表面Zeta电位的影响

(c)聚硅酸盐和PFS对pH值的影响

图 2-3　聚硅酸盐和 PFS 对黏度、污泥颗粒表面 Zeta 电位、pH 值的影响

结果表明，投加一定量的聚硅酸盐脱水剂和市售脱水剂 PFS 对污泥的黏度、颗粒表面 Zeta 电位和 pH 值都有一定程度的影响。从整体上来看，随着无机脱水剂投加量的增加，污泥黏度逐渐降低，后有略微上升，这与 SRF 的变化趋势一致。由此可见，无机脱水剂的加入会使污泥颗粒之间的作用力减弱，以此来改善污泥的脱水性能。从图 2-3（b）来看，原泥的颗粒表面 Zeta 电位为−12.33mV，说明原泥颗粒表面带有大量的负电荷，负电荷之间存在的斥力使污泥颗粒形成了一个稳定的体系。加入无机脱水剂后，污泥颗粒表面的 Zeta 电位逐渐增大，颗粒之间的排斥作用减弱，污泥颗粒脱稳形成絮体。pH 值的变化结果[图 2-3（c）]则说明，4 种无机脱水剂都具有较强的酸性，会使污泥体系的 pH 值发生改变。而研究发现，在酸性条件下体系中电离的质子会使污泥颗粒表面所带负电荷数量减少，有利于污泥脱水性能的改善。

从污泥黏度的变化结果来看[图 2-3（a）]，在投加量为 1.5%时加入 4 种无机脱水剂后污泥黏度由低到高依次为 PSAFM、PSAF、PSF、PFS。这可以根据污泥颗粒表面 Zeta 电位[图 2-3（b）]和 pH 值[图 2-3（c）]的变化来解释。由于加入 PSAFM 后使污泥颗粒表面 Zeta 电位和 pH 值都有最大幅度的变动，分别由原泥的−12.33mV 和 6.46 变为−2.98mV 和 2.9，使得污泥颗粒之间的作用力减小，污泥黏度因而下降。

2.1.5　聚硅酸盐单独使用对污泥结合水含量的影响

结合水含量代表了机械脱水的上限，因此决定着污泥的脱水性能。为了研究聚硅酸盐和 PFS 对污泥结合水含量的影响，在投加 1.5%无机脱水剂后测定污泥总水分含量和结合水含量，结果如表 2-2 所列。

表 2-2　聚硅酸盐和 PFS 对污泥结合水含量的影响

项目	总水分含量/%	结合水含量（以绝干泥计）/（kg/kg）
原泥	96.11	2.27
PSF	96.25	0.78
PSAF	96.25	0.90
PSAFM	96.02	0.55
PFS	96.30	0.56

表 2-2 的结果显示，投加聚硅酸盐和 PFS 无机脱水剂会使污泥的结合水含量降低，这是因为无机脱水剂的存在使污泥颗粒之间的排斥力减小，吸附力增加，颗粒与颗粒之间互相挤压，污泥内部结合水得到释放。结果表明，原泥的结合水含量为 2.27kg/kg，投加 PSF、PSAF、PSAFM 和 PFS 后，可分别下降至 0.78kg/kg、0.90kg/kg、0.55kg/kg 和 0.56kg/kg。其中，经 PSAFM 处理后的污泥结合水含量最低，与原泥相比降低了 75.77%。因此，从结合水含量的结果来看，4 种无机脱水剂中效果最好的是 PSAFM，这与前述小节中 SRF 的变化情况一致。

另外，污泥中部分结合水是通过与 EPS 中多糖、蛋白质分子内的羟基键、氨基键发生氢键作用而绑定在一起的，因此污泥 EPS 的分布和含量也对污泥的脱水性能有重要影响。

2.1.6　聚硅酸盐单独使用对污泥 EPS 分布的影响

EPS 是细菌和微生物产生的各种生物化学物质，其主要成分为多糖和蛋白质，除此之外，还有少量腐殖质、脂类和无机物等。通常认为，EPS 中的蛋白质是亲水的主要物质，在决定污泥脱水性能方面起到了较为重要的作用。根据与细胞的结合程度，EPS 又分为溶解性胞外聚合物（SEPS）、疏松结合型胞外聚合物（LB-EPS）和紧密结合型胞外聚合物（TB-EPS）。污泥成分，特别是水分和 EPS 的复杂性，使得污泥在处理处置的过程中面临较大的困难。

为了研究聚硅酸盐和 PFS 对污泥 EPS 分布的影响，在投加 1.5%无机脱水剂后测定污泥中 EPS 分布，具体结果如表 2-3 和图 2-4～图 2-6 所示（书后另见彩图）。

表 2-3　聚硅酸盐和 PFS 对污泥 EPS 分布的影响

项目	峰强度					
	SEPS		LB-EPS		TB-EPS	
	峰 A	峰 B	峰 A	峰 B	峰 A	峰 B
原泥	233.80	456.00	211.70	342.10	2961.00	1803.00
PSF	437.60	1117.00	514.50	1164.00	1510.00	1017.00
PSAF	503.30	1278.00	483.90	1144.00	1104.00	1215.00
PSAFM	479.20	991.90	543.70	1044.00	1584.00	1300.00
PFS	373.90	996.80	650.80	1340.00	2332.00	1093.00

根据图 2-4～图 2-6 的结果，污泥 SEPS 和 LB-EPS 的荧光峰主要分布在区域Ⅰ和区域Ⅱ，分别代表了芳香族蛋白质中的酪氨酸和色氨酸类物质。TB-EPS 的荧光峰主要分布在区域Ⅰ、区域Ⅱ和区域Ⅳ，代表了芳香族蛋白质和类蛋白质。经无机脱水剂处理后，污泥的 EPS 分布发生了变化，SEPS 和 LB-EPS 中的荧光峰强度增强，而 TB-EPS 中的荧光峰强度变弱。研究表明，EPS 对污泥脱水性能有较大影响，其中 SEPS 含量越高，污泥脱水性能越差，LB-EPS 含量对污泥脱水性能影响不大，TB-EPS 含量与污泥脱水性能呈负相关，即 TB-EPS 含量越少，污泥脱水性能越好。结合本书 2.1.2 部分中 SRF 的变化情况，可以证明 TB-EPS 含量对污泥脱水性能起了决定性的作用。

从类蛋白质物质（峰 A，280/335）和芳香族蛋白（峰 B，230/335）的峰强度来看，投加无机脱水剂会使 TB-EPS 中的蛋白类物质减少，而使 SEPS 和 LB-EPS 中的蛋白类物质增多，这说明无机脱水剂的加入可以使 TB-EPS 中的物质转移到 SEPS 和 LB-EPS 中，从而改善污泥脱水性能。在 4 种无机脱水剂中，PSAF 对 TB-EPS 中物质的减少作用最为显著，两类蛋白类物质的峰强度分别由原泥的 2961.0 和 1803.0 降低至 1104.0 和 1215.0，降低了 62.7%和 32.6%。

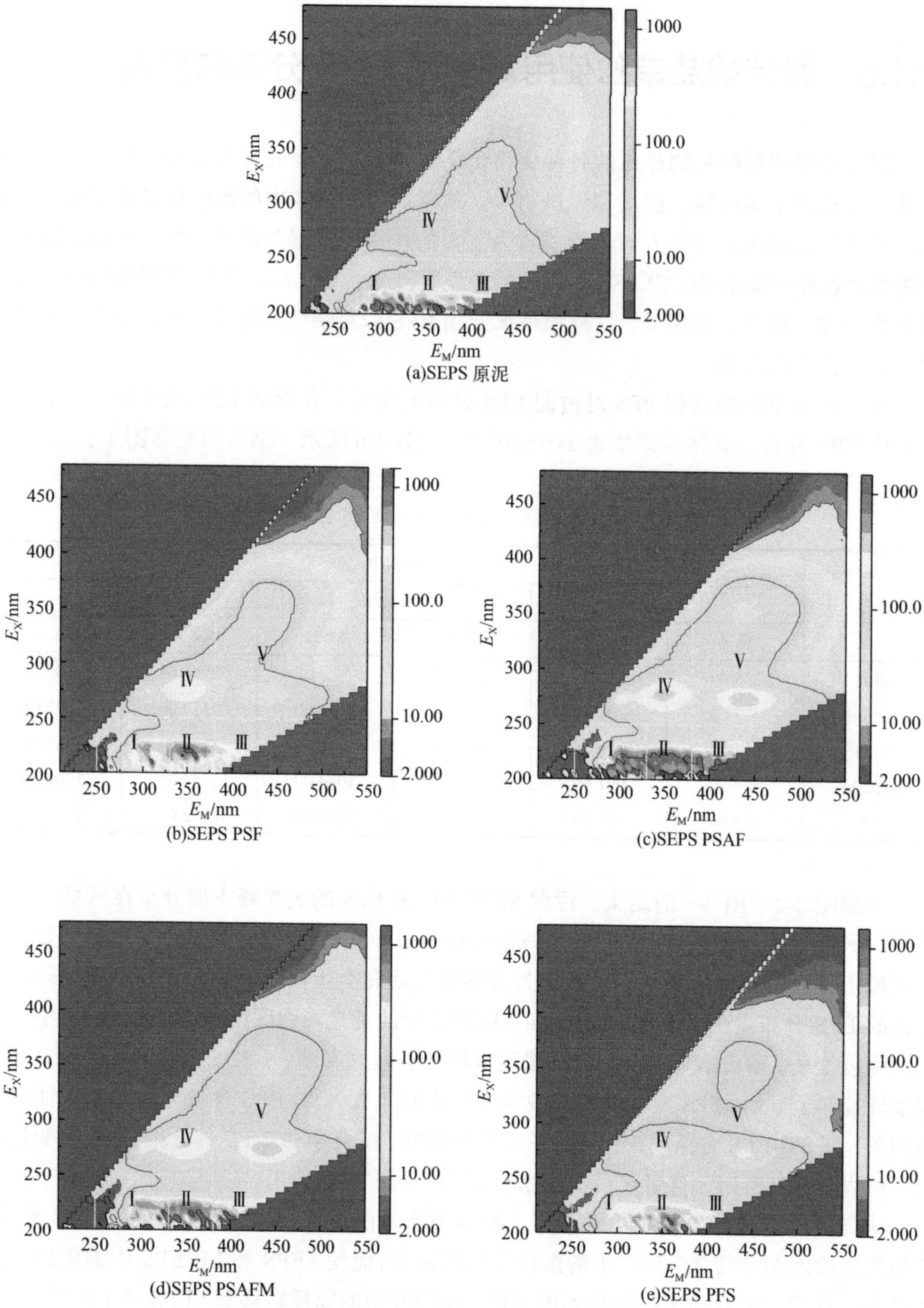

图 2-4 聚硅酸盐和 PFS 处理后污泥 SEPS 的三维荧光光谱图

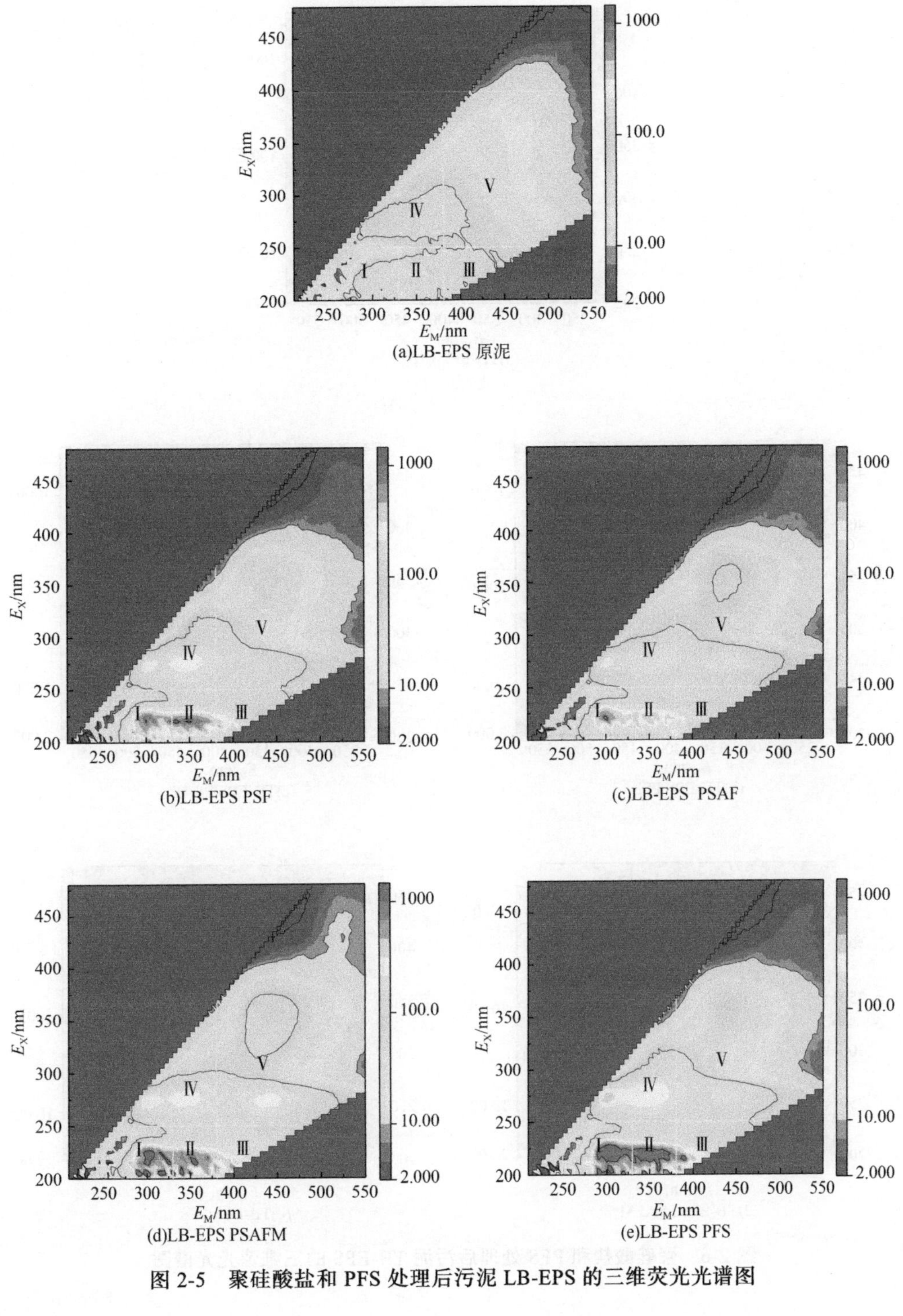

图 2-5　聚硅酸盐和 PFS 处理后污泥 LB-EPS 的三维荧光光谱图

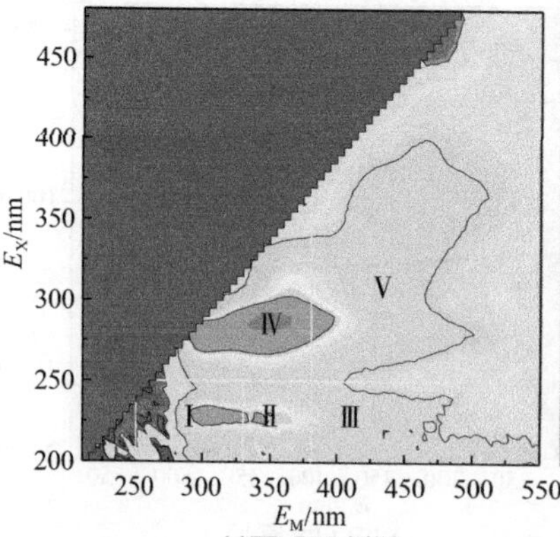

(a)TB-EPS 原泥

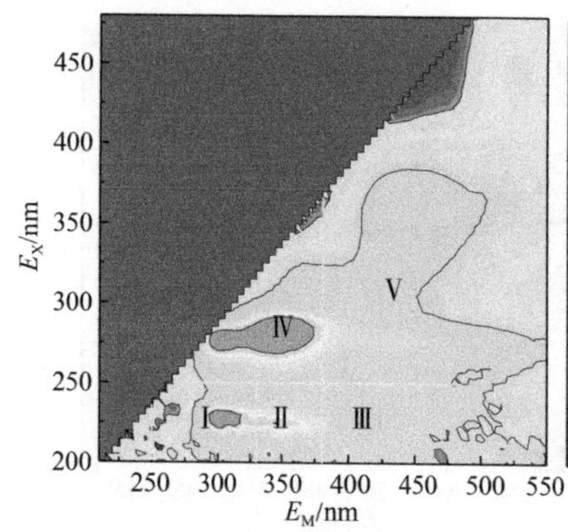

(b)TB-EPS PSF

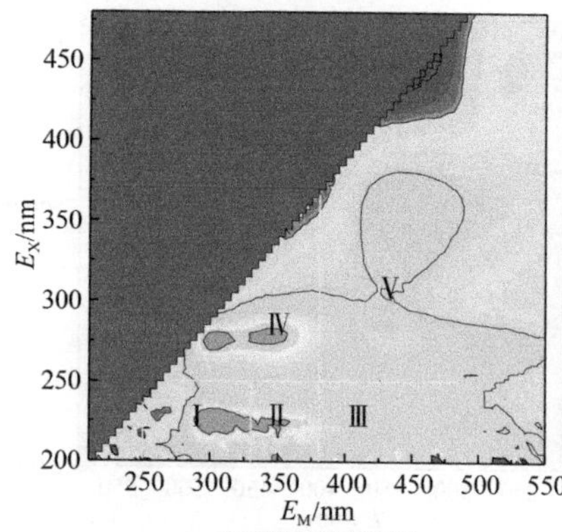

(c)TB-EPS PSAF

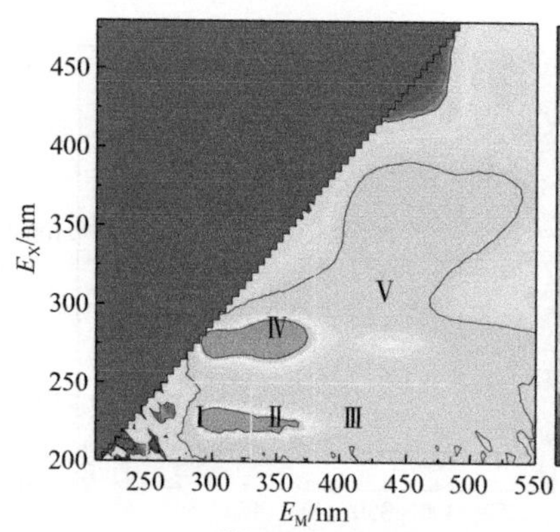

(d)TB-EPS PSAFM

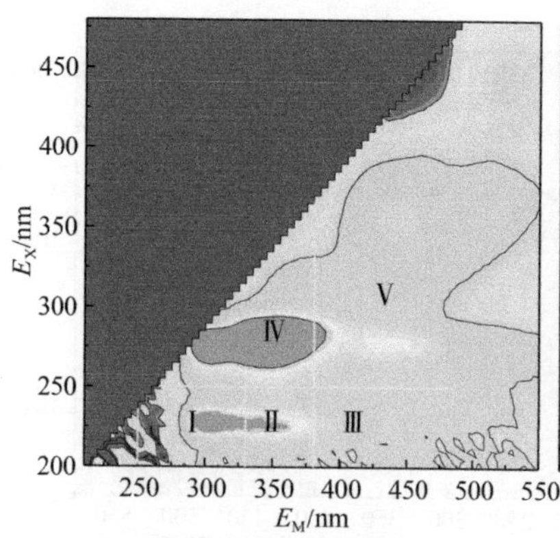

(e)TB-EPS PFS

图 2-6　聚硅酸盐和 PFS 处理后污泥 TB-EPS 的三维荧光光谱图

2.1.7 聚硅酸盐单独使用对污泥形貌的影响

为了研究聚硅酸盐和 PFS 脱水剂对污泥形貌的影响，在投加 1.5%无机脱水剂后用 SEM 观察污泥内部形貌，具体结果如图 2-7 所示。

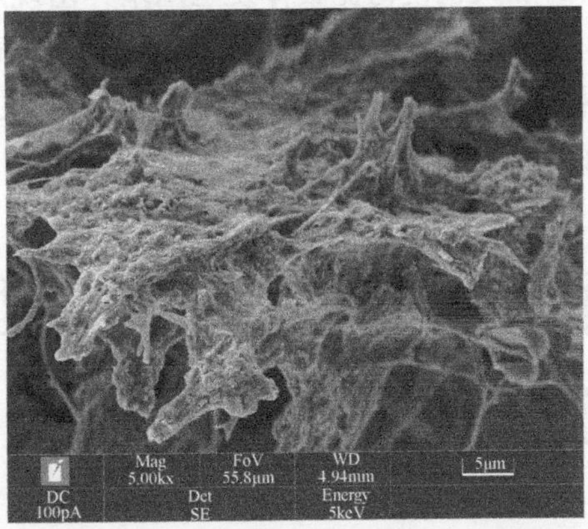

(a)原泥

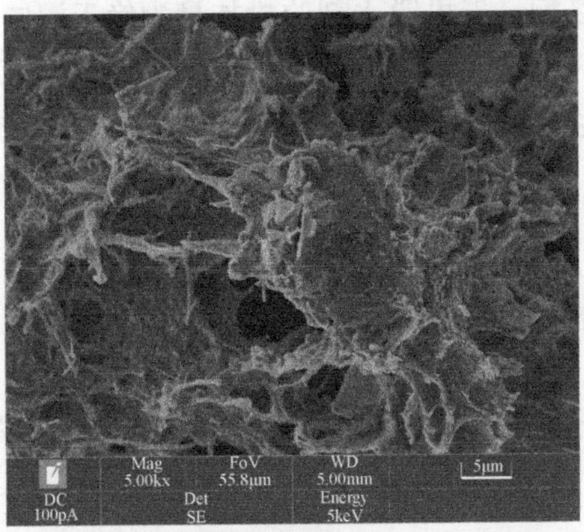

(b)PSF

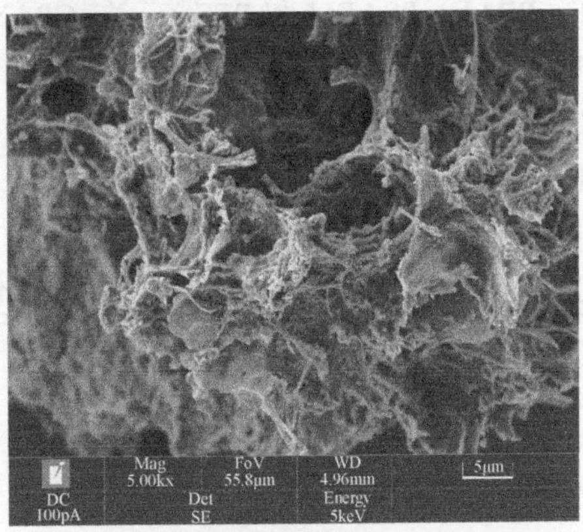

(c)PSAF

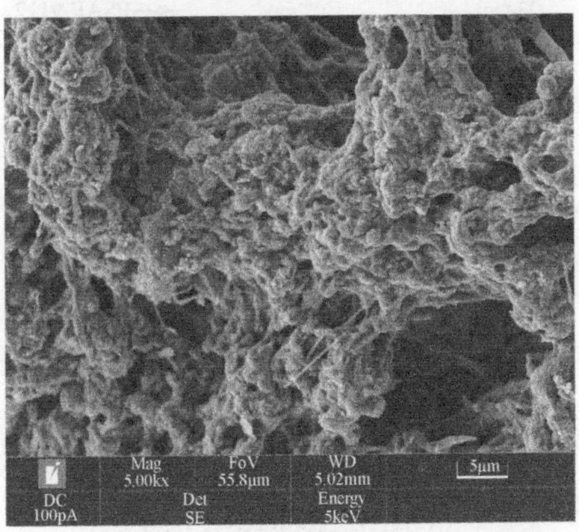

(d)PSAFM

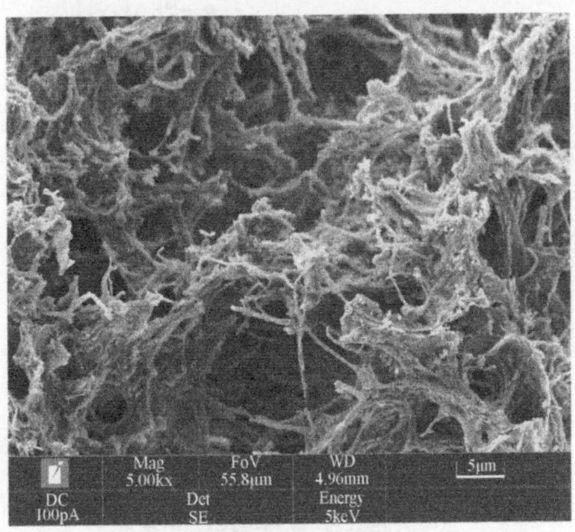

(e)PFS

图 2-7 聚硅酸盐和 PFS 处理后污泥的 SEM 图

从原泥的 SEM 图来看，污泥内部的结构十分复杂，这是因为污泥中的结合水、蛋白质和 EPS 等互相缠绕，吸附在污泥絮体结构上，形成了稳定而紧密的支撑网。加入无机脱水剂后，污泥絮体的整体结构没有被破坏，仍然呈现网状脉络结构，但絮体内部出现了蜂窝状结构，这些多孔结构在污泥脱水过程中可以形成疏水通道，有利于水分的排出。除此之外，高分子混凝剂的加入也使污泥絮体发生团聚，出现层状结构。

在 4 种无机脱水剂中，加入聚硅酸盐后的污泥网状结构更明显，这是因为高聚合度的聚硅酸盐可以发挥聚合和架桥作用。而加入 PSAFM 后，污泥絮体的结构更为紧密，这是因为镁的加入会起到骨架支撑的作用，这将增加絮体结构的强度，进一步提高脱水效果。

2.2　聚硅酸盐与 CPAM 复配对污泥脱水性能的影响

为了研究聚硅酸盐与 CPAM 复配对污泥脱水性能的影响，本节选用 4 种无机脱水剂（PSF、PSAF、PSAFM 和 PFS），与 CPAM 复配，无机脱水剂的投加量为绝干泥的 5‰（以 Fe 含量计），CPAM 9112 的投加量为绝干泥的 0.5‰～3‰，投加顺序为先投加无机脱水剂后投加有机脱水剂，测定处理前后污泥的 SRF、黏度、絮体特性等指标。研究结果如下。

2.2.1　聚硅酸盐与 CPAM 复配对污泥比阻的影响

聚硅酸盐脱水剂、PFS 与 CPAM 9112 复配处理后，SRF、泥饼含水率的变化如图 2-8 所示。

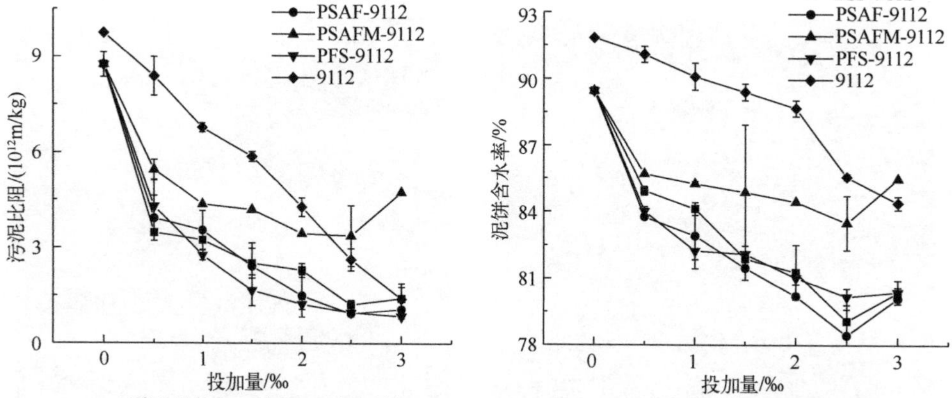

(a)聚硅酸盐和PFS与CPAM复配对污泥比阻的影响
(b)聚硅酸盐和PFS与CPAM复配对泥饼含水率的影响

图 2-8　聚硅酸盐和 PFS 与 CPAM 复配对污泥比阻、泥饼含水率的影响

图 2-8 的结果表明，投加一定量的无机脱水剂对污泥的脱水性能有很大程度的改善，也会大大减少有机脱水剂的使用量。从整体上来看，投加 4 种无机脱水剂后，会使 CPAM 的最适投加量由 0.3%降低至 0.2%。

从 4 种无机脱水剂复配 CPAM 处理后 SRF 的变化情况来看，效果最好的是投加量为：5‰ PFS-2‰ CPAM。在此条件下，SRF 可由原泥的 8.74×10^{12}m/kg 下降到 1.23×10^{12}m/kg，降低了 85.93%。相反的，投加 5‰ PSAFM-2‰ CPAM 时效果最差，SRF 由原泥的 8.74×10^{12}m/kg 下降到 3.44×10^{12}m/kg，仅降低了 60.64%。而从泥饼含水率的结果来看，效果最好的却是 PSF 和 PSAF，泥饼含水率可由原泥的 89.45%降低至 79.08%和 78.43%。这说明 PFS 与 CPAM 复配可大幅度改善污泥的可压缩性，而聚硅酸盐与 CPAM 复配调理污泥则能获得含水量更低的泥饼。

2.2.2 聚硅酸盐与 CPAM 复配对污泥絮体特性的影响

聚硅酸盐脱水剂、PFS 与 CPAM 9112 复配处理后，污泥絮体粒径和分形维数的变化如图 2-9 所示。

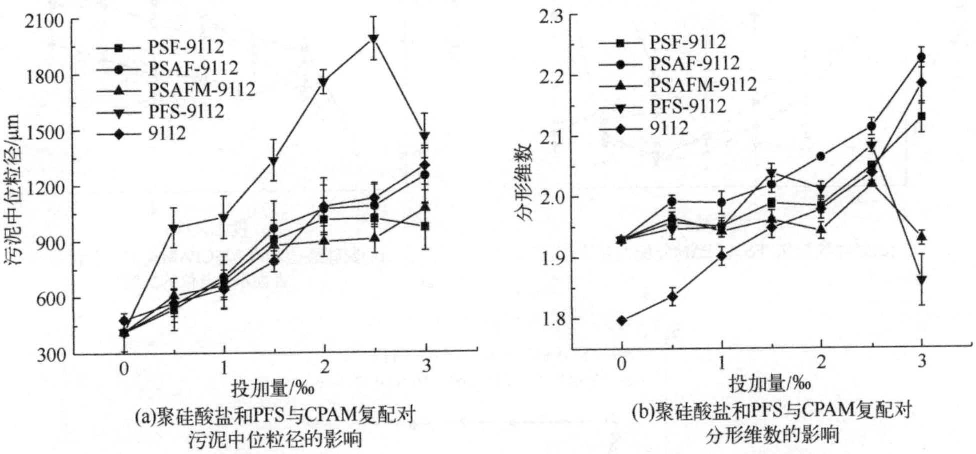

(a)聚硅酸盐和PFS与CPAM复配对污泥中位粒径的影响　(b)聚硅酸盐和PFS与CPAM复配对分形维数的影响

图 2-9 聚硅酸盐和 PFS 与 CPAM 复配对污泥中位粒径、分形维数的影响

结果表明，聚硅酸盐与 CPAM 复配后，对污泥的絮体特性有一定的影响。从整体上来看，加入无机脱水剂后污泥絮体的 $D_{0.5}$ 和 D_f 均比只加入 CPAM 时大。

从絮体粒径差异来看[图 2-9（a）]，与只加入 CPAM 相比，PFS 与 CPAM 复配时，处理后污泥的 $D_{0.5}$ 更大，最大可达到 1982μm，比原泥增加了 378.74%。而聚硅酸盐与 CPAM 复配后，絮体粒径的变化与只加入 CPAM 时相差不大。这是因为 PFS 可以发挥强烈的电中和作用，使污泥颗粒脱稳形成小絮体，再加入 CPAM 后，小絮体则通过 CPAM 的吸附架桥作用连接到一起，絮体粒径因而变大。而聚硅酸盐更多发挥的是吸附架桥作用，当与 CPAM 复配使用时难以发挥较好的联合效果。

从絮体分形维数差异来看[图 2-9（b）]，加入无机脱水剂与 CPAM 复配后，絮体 D_f

虽然有一定程度的增大，但增大幅度不及只加入 CPAM。当只投加 3‰的 CPAM 时，絮体 D_f 可由原泥的 1.80 增加至 2.18，增加幅度达 21.11%。当无机脱水剂与 CPAM 复配时，效果最好的为 5‰PSAF-3‰ CPAM，絮体 D_f 由原泥的 1.93 增加至 2.22，增加幅度仅有 15.03%。这可能是因为无机脱水剂的加入会增强吸附架桥作用，而吸附架桥作用产生结构疏松的絮体，因此 D_f 更小。

2.2.3 聚硅酸盐与 CPAM 复配对污泥黏度、pH 值及污泥颗粒表面 Zeta 电位的影响

聚硅酸盐脱水剂、PFS 与 CPAM 复配处理后，污泥黏度、pH 值和污泥颗粒表面 Zeta 电位的变化如图 2-10 所示。

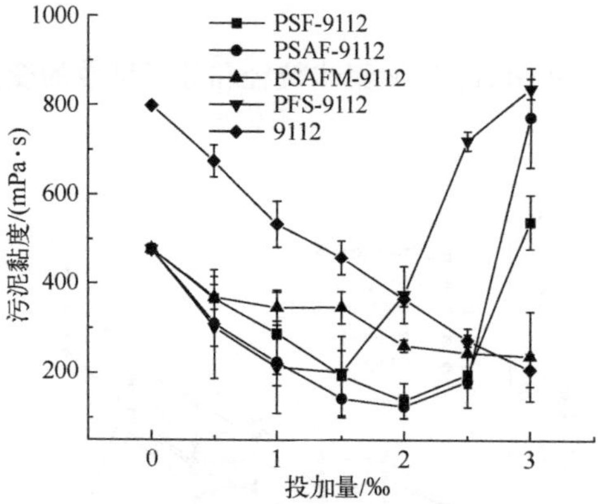

(a)聚硅酸盐和PFS与CPAM复配对黏度的影响

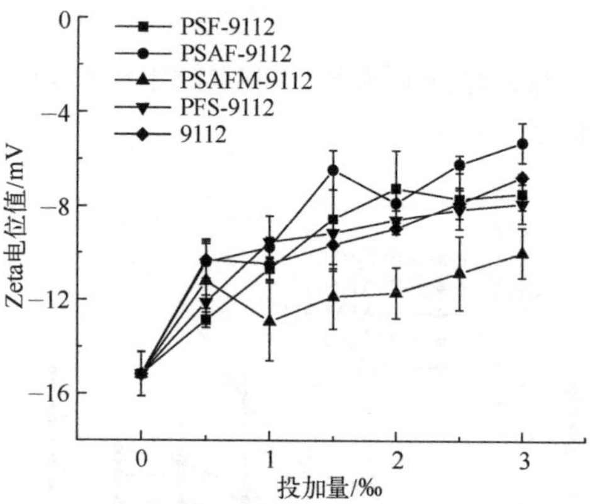

(b)聚硅酸盐和PFS与CPAM复配对污泥颗粒表面Zeta电位的影响

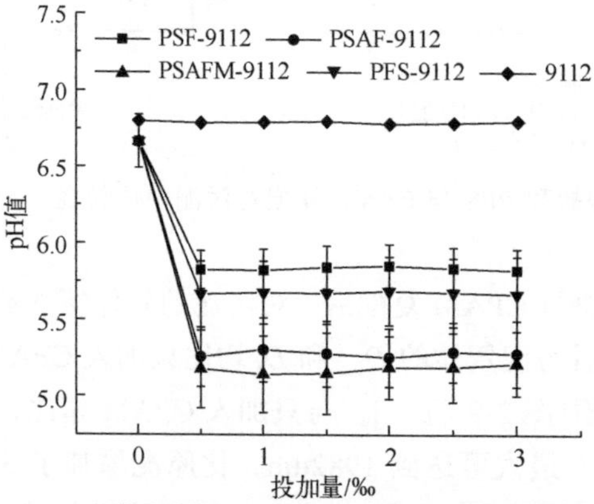

(c)聚硅酸盐和PFS与CPAM复配对pH值的影响

图 2-10 聚硅酸盐和 PFS 与 CPAM 复配对黏度、污泥颗粒表面 Zeta 电位、pH 值的影响

结果表明，聚硅酸盐与 CPAM 复配后，对污泥的黏度、颗粒表面 Zeta 电位和 pH 值都有一定程度的影响。从整体上来看，随着 CPAM 投加量的增加，污泥黏度逐渐降低，

后略微上升，这与 SRF 的变化趋势一致。

从图 2-10（a）中黏度变化结果也可以看出，无机脱水剂的加入使 CPAM 的最适投加量降低到了 2‰，这可以大幅降低成本。从图 2-10（b）中可以看出，无机脱水剂与 CPAM 复配后，上清液 Zeta 电位的变化与只加入 CPAM 时相差不大。这是因为在污泥调理的过程中，聚硅酸盐更多发挥吸附架桥作用。从图 2-10（c）中可以看出，只加入 CPAM 时，污泥体系的 pH 值基本不变，维持在原泥的 6.80 左右。而加入无机脱水剂与 CPAM 复配时，污泥的 pH 值会有一定程度的下降。前述章节提到，一定程度的酸性条件有利于污泥脱水性能的改善，但过强的酸性条件却会对管网和水力系统造成腐蚀。研究结果显示，相比于只投加无机脱水剂，与 CPAM 复配时只需加入 5‰的无机脱水剂，此时体系 pH 值在 5.00～6.00 之间，既可以保证一定的酸性环境又不至于对管路造成腐蚀。

2.2.4　聚硅酸盐与 CPAM 复配对污泥结合水含量的影响

为了研究聚硅酸盐和 PFS 与 CPAM 复配对污泥结合水含量的影响，在投加 5‰无机脱水剂-2‰ CPAM 后测定污泥总水分含量和结合水含量，结果如表 2-4 所列。

表 2-4　聚硅酸盐和 PFS 与 CPAM 复配对污泥结合水含量的影响

项目	总水分含量/%	结合水含量（以绝干泥计）/（kg/kg）
原泥	96.11	2.27
CPAM	96.32	2.15
PSF-CPAM	96.57	0.96
PSAF-CPAM	96.69	1.88
PSAFM-CPAM	96.19	1.69
PFS-CPAM	96.04	1.47

表 2-4 的结果显示，加入 CPAM 后，会使污泥中的结合水含量有小幅度的改变，由原泥的 2.27kg/kg 降低至 2.15kg/kg，降低幅度为 5.29%。而聚硅酸盐和 PFS 与 CPAM 复配后，会进一步降低污泥中的结合水含量，最低可降至 0.96kg/kg（PSF 与 CPAM 复配），降低幅度达 57.71%。但与表 2-2 中的结果对比可知，无机脱水剂与 CPAM 复配使用时对污泥结合水含量的改变作用，不如单独使用无机脱水剂时。这可能是因为单独使用聚硅酸盐和 PFS 时，所选投加量为 1.5%，而其与 CPAM 复配时，所选投加量为 0.5%。所以推测在污泥脱水的调理过程中，对污泥结合水起到破坏作用的主要是无机脱水剂，无机脱水剂可以改变体系 pH 值，从而破坏 EPS 和微生物细胞，释放结合水。

2.2.5　聚硅酸盐与 CPAM 复配对污泥 EPS 分布的影响

为了研究聚硅酸盐和 PFS 与 CPAM 复配对污泥 EPS 分布的影响，在投加 5‰无机脱水剂-2‰ CPAM 后测定污泥中 EPS 分布，具体结果如表 2-5 和图 2-11～图 2-13 所示（书后另见彩图）。

表 2-5 的结果则显示，与只投加 CPAM 相比，投加无机脱水剂会使 3 种 EPS 中的蛋白类物质增加，同样证实了无机脱水剂可以促进细胞内的高分子聚合物向胞外转移。

表 2-5 聚硅酸盐和 PFS 与 CPAM 复配对污泥 EPS 分布的影响

项目	峰强度					
	SEPS		LB-EPS		TB-EPS	
	峰 A	峰 B	峰 A	峰 B	峰 A	峰 B
原泥	233.80	456.00	211.70	342.10	2961.00	1803.00
CPAM	216.40	626.50	240.20	491.60	1665.00	890.20
PSF-CPAM	185.20	1050.00	195.00	511.60	2260.00	1307.00
PSAF-CPAM	208.00	1101.10	229.30	529.10	2729.00	2790.00
PSAFM-CPAM	321.10	1107.00	268.90	717.70	2560.00	2248.00
PFS-CPAM	212.80	625.60	251.40	512.50	2800.00	1750.00

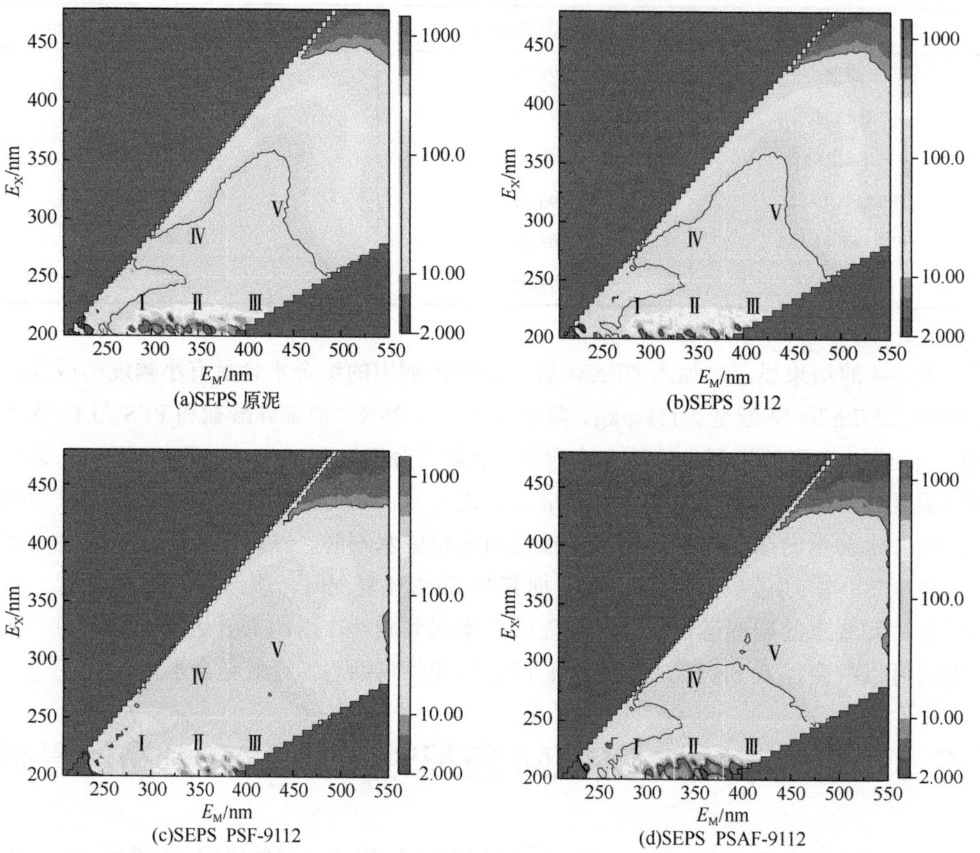

(a)SEPS 原泥　(b)SEPS 9112

(c)SEPS PSF-9112　(d)SEPS PSAF-9112

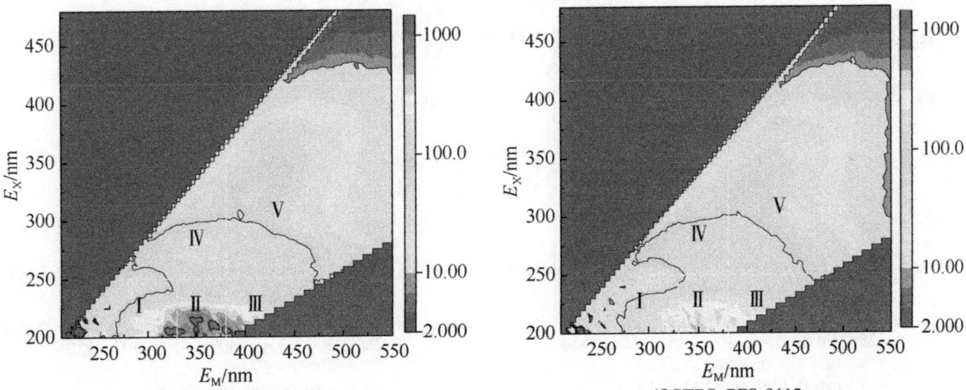

(e)SEPS PSAFM-9112　(f)SEPS PFS-9112

图 2-11　聚硅酸盐和 PFS 与 CPAM 复配处理后污泥 SEPS 的三维荧光光谱图

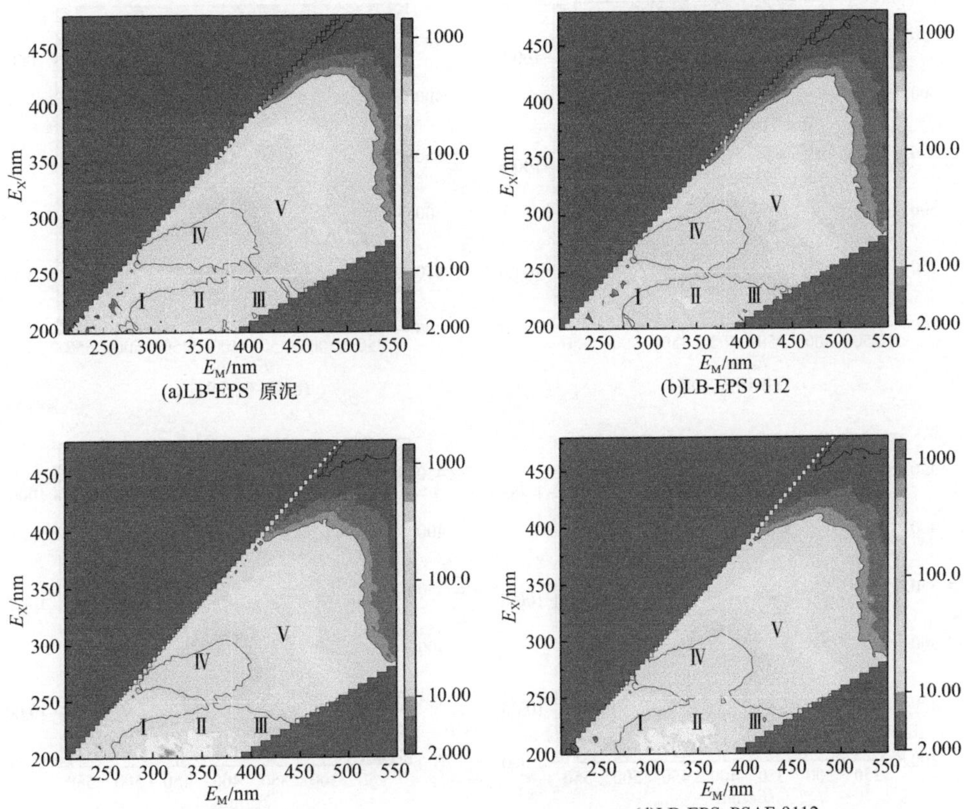

(a)LB-EPS 原泥　(b)LB-EPS 9112

(c)LB-EPS PSF-9112　(d)LB-EPS PSAF-9112

图 2-12

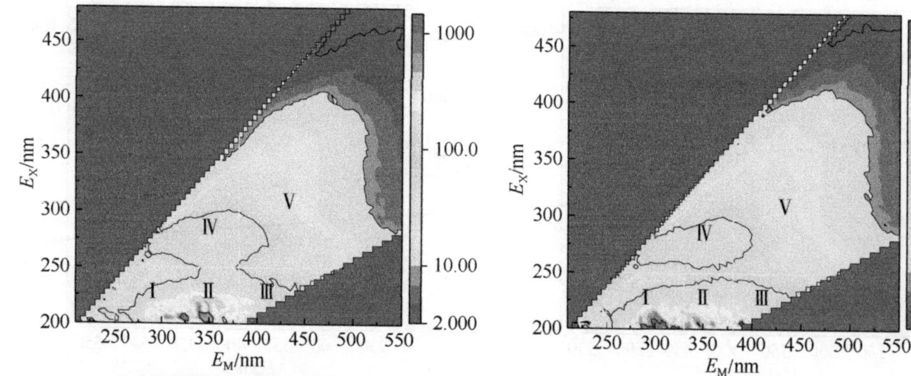

(e)LB-EPS PSAFM-9112

(f)LB-EPS PFS-9112

图 2-12 聚硅酸盐和 PFS 与 CPAM 复配处理后污泥 LB-EPS 的三维荧光光谱图

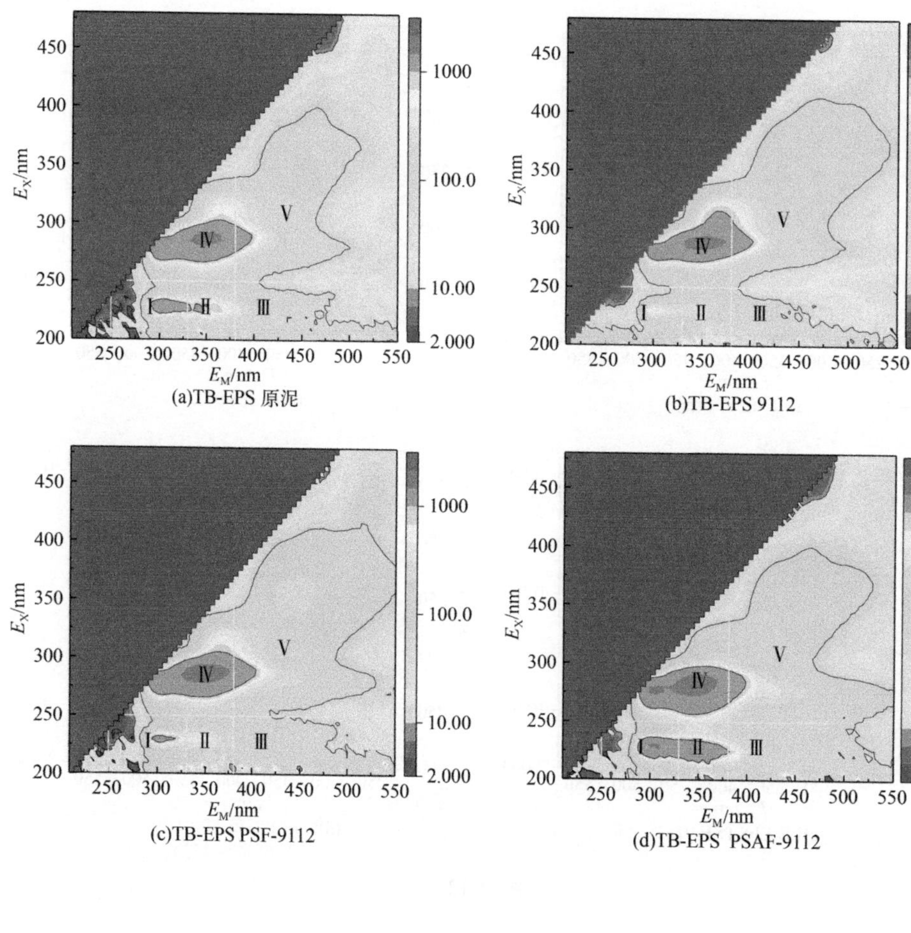

(a)TB-EPS 原泥

(b)TB-EPS 9112

(c)TB-EPS PSF-9112

(d)TB-EPS PSAF-9112

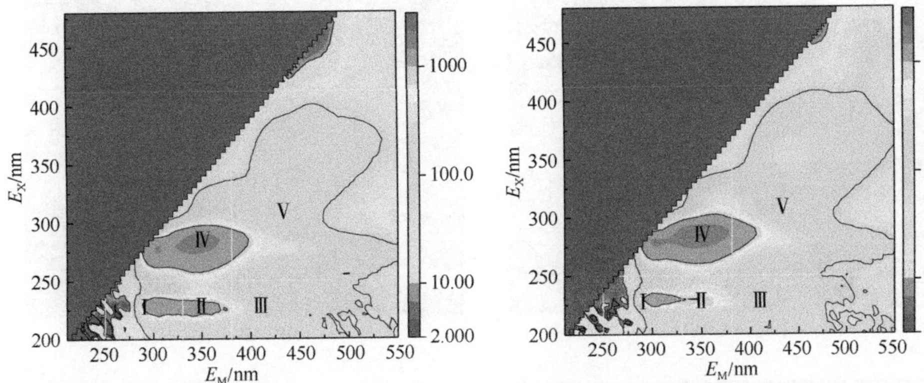

(e)TB-EPS PSAFM-9112　　(f)TB-EPS PFS-9112

图 2-13　聚硅酸盐和 PFS 与 CPAM 复配处理后污泥 TB-EPS 的三维荧光光谱图

根据图 2-11～图 2-13 的结果，经无机脱水剂复配 CPAM 处理后，污泥的 EPS 分布发生了变化，说明脱水剂会使污泥细胞成分发生改变。与只加入 CPAM 相比，加入聚硅酸盐和 PFS 后，污泥 LB-EPS 和 TB-EPS 中的荧光峰强度明显增加，这表明无机脱水剂的加入使得更多的细胞内溶物向胞外流出，这是因为无机脱水剂可以提供酸性条件，促进了细胞物质裂解。

2.2.6　聚硅酸盐与 CPAM 复配对污泥形貌的影响

为了研究聚硅酸盐和 PFS 与 CPAM 复配对污泥形貌的影响，在投加 5‰无机脱水剂 −2‰ CPAM 后用 SEM 观察污泥内部形貌，具体结果如图 2-14 所示。

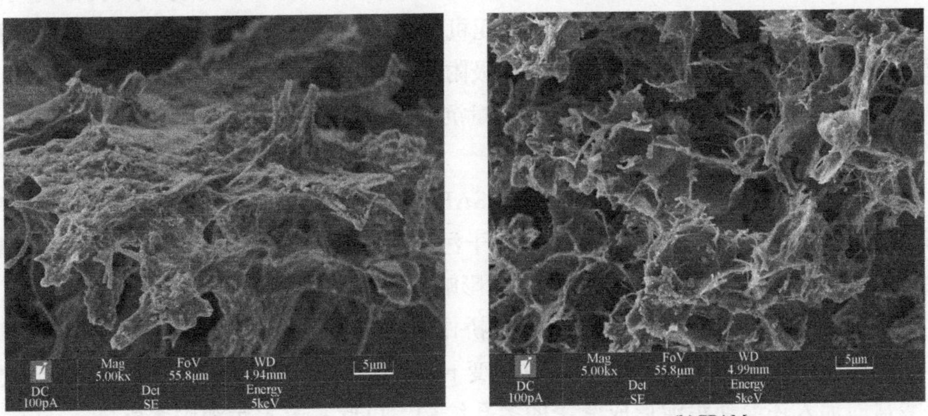

(a)原泥　　(b)CPAM

图 2-14

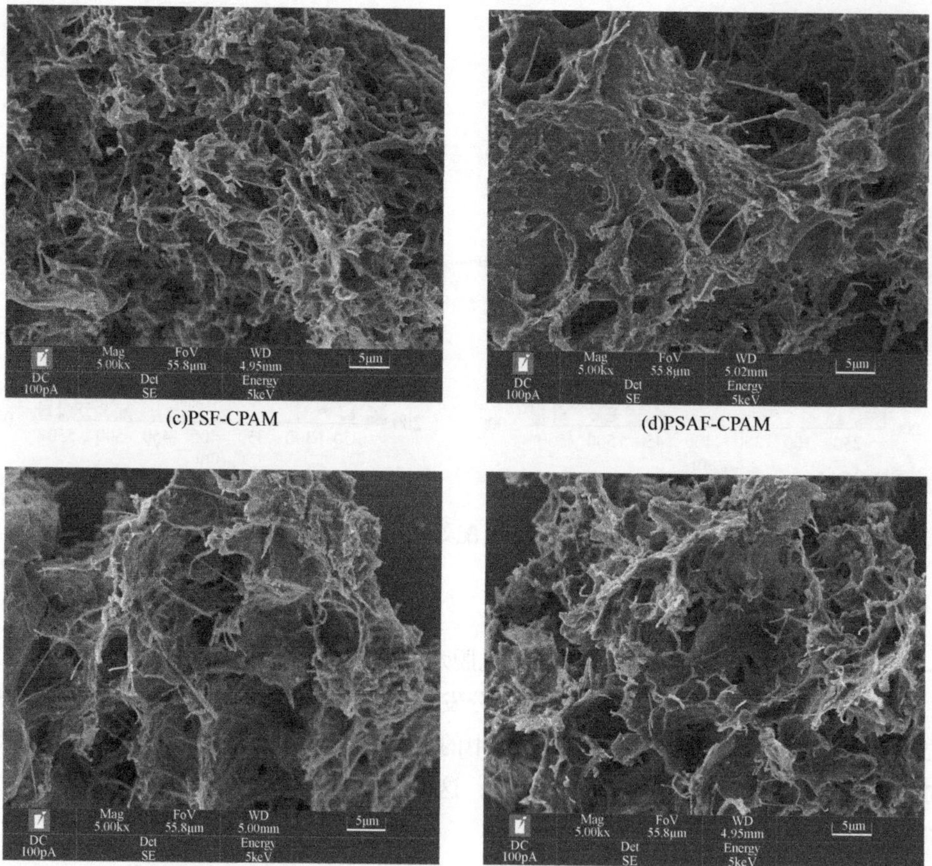

(c)PSF-CPAM　(d)PSAF-CPAM

(e)PSAFM-CPAM　(f)PFS-CPAM

图 2-14　聚硅酸盐和 PFS 与 CPAM 复配处理后污泥的 SEM 图

从图 2-14 可以看出，加入 CPAM 后，污泥原本光滑的片状结构发生了改变，形成了颗粒紧密的多孔结构，这有利于水分的流出。而加入聚硅酸盐和 PFS 与 CPAM 复配后，污泥的多孔结构更明显，孔隙更丰富，这是因为无机脱水剂和有机脱水剂联合调理的方式，使得形成的絮体结构更稳定。在 4 种无机脱水剂中，加入聚硅酸盐与 CPAM 复配后形成的污泥结构孔隙较小，其主要发挥了吸附架桥作用，与 CPAM 的联合作用有限。但由于聚硅酸盐中的金属会在水体中生成少量沉淀物，在絮体中起到骨架支撑的作用，因此处理后的污泥也具有良好的脱水性能。

本章选用自制的 3 种聚硅酸盐 PSF、PSAF、PSAFM 和市售无机脱水剂 PFS，在单独使用及与 CPAM 复配使用的条件下，应用于污泥脱水预处理中，研究了聚硅酸盐及聚硅酸盐与 CPAM 复配使用对污泥脱水性能的影响，主要结论如下：

① 聚硅酸盐单独使用时，通过吸附架桥作用改变污泥絮体特性，通过电中和作用改变污泥颗粒表面 Zeta 电位和黏度，通过改变 pH 值破坏 EPS，释放出结合水。除此之外，聚硅酸盐的加入还会使污泥形成紧密的多孔结构，以此来改善污泥脱水性能。

② 聚硅酸盐与 CPAM 复配使用时，可以大幅降低两者的投加量，使 CPAM 的投加

量由 0.3%降低至 0.2%，聚硅酸盐的投加量由 1.5%降低至 0.5%。这不仅可以节约成本，也可以避免无机脱水剂投加过多对管路造成的腐蚀。从处理后污泥的特性来看，聚硅酸盐与 CPAM 在调理污泥的过程中都发挥了吸附架桥作用，但其骨架支撑作用也使处理后的污泥具有较好的脱水性能。

参考文献

[1] 赵发敏，李兴杰，冯楠，等. 污泥处理处置技术的应用研究及进展[J]. 有色冶金节能, 2021, 37(06): 50-54.

[2] Wu B R, Dai X H, Chai X L. Critical review on dewatering of sewage sludge: Influential mechanism, conditioning technologies and implications to sludge re-utilizations[J]. Water Research, 2020, 180: 115912.

[3] Colin F, Gazbar S. Distribution of water in sludges in relation to their mechanical dewatering[J]. Water Research, 1995, 29(8): 2000-2005.

[4] Niu M Q, Zhang W J, Wang D S, et al. Correlation of physicochemical properties and sludge dewaterability under chemical conditioning using inorganic coagulants[J]. Bioresource Technology, 2013, 144(1): 337-343.

[5] Cao B D, Zhang W J, Wang Q D, et al. Wastewater sludge dewaterability enhancement using hydroxyl aluminum conditioning: Role of aluminum speciation[J]. Water Research, 2016, 105: 615-624.

[6] Sun Y J, Zhu C Y, Xu Y H, et al. Comparison of initiation methods in the structure of CPAM and sludge flocs properties[J]. Journal of Applied Polymer Science, 2016, 133(40): 44071.

[7] Yang J, Chen S, Li H. Dewatering sewage sludge by a combination of hydrogen peroxide, jute fiber wastes and cationic polyacrylamide[J]. International Biodeterioration and Biodegradation, 2016, 128: 78-84.

[8] Hartong B H, Abu-Daabes M, Le T, et al. Sludge dewatering with cyclodextrins[J]. Water Research, 2007, 41(6): 1201-1206.

[9] Lv S H, Sun T, Zhou Q F, et al. Synthesis of starch-g-p (DMDAAC) using HRP initiation and the correlation of its structure and sludge dewaterability[J]. Carbohydrate Polymers, 2014, 103: 285-293.

[10] 于晓，李衍博，张文哲，等. 化学调理法改善污泥脱水的研究进展[J]. 工业水处理, 2018, 38(11): 1-6.

[11] Wu B R, Zhou K, He Y P, et al. Unraveling the water states of waste-activated sludge through transverse spin-spin relaxation time of low-field NMR[J]. Water research, 2019, 155: 266-274.

[12] 牛美青，张伟军，王东升，等. 不同混凝剂对污泥脱水性能的影响研究[J]. 环境科学学报, 2012, 32(09): 2126-2133.

[13] 艾子萍，高宝玉，王淑仁. 聚硅酸溶胶和凝胶的电镜观察[J]. 环境化学, 1994, 13(2): 119-122.

[14] 高宝玉，李振东，岳钦艳，等. 聚硅氯化铝混凝剂的形态及带电特性研究[J]. 环境科学, 1998, 19(3): 46-49.

[15] 高宝玉，王占生，汤鸿霄. 聚硅氯化铝 (PASC)混凝剂颗粒大小及分子量分布[J]. 中国环境科学, 1999, 19(4): 297-300.

[16] 高宝玉，王占生，汤鸿霄. 用流动电流技术研究聚硅氯化铝混凝剂的电动特性[J]. 中国环境科学, 1999, 19(6): 522-525.

[17] 高宝玉，岳钦艳，王占生，等. 聚硅氯化铝 (PASC)混凝剂的混凝性能[J]. 环境科学, 2000, 21(2): 46-49.

[18] 高宝玉，岳钦艳，王春省. 用透射电镜研究聚硅氯化铝混凝剂的结构形貌[J]. 上海环境科学, 2001, 20(9): 414-416, 421.

[19] 岳钦艳，刘玉真，高宝玉，等. 聚合硅酸氯化铝铁混凝剂的制备及其特性[J]. 山东大学学报 (自然科学版), 2001, 36(4): 425-428.

[20] 李剑锋，刘信源，孙慧芳，等. 聚硅酸盐类絮凝剂改性及在水处理中的应用研究进展[J]. 水处理技术, 2016, 42(07): 12-16, 24.

[21] Xia X, Yu S L, Shi W X, et al. Effect of acid medium on the coagulation efficiency of polysilicate-ferric (PSF)—A new kind of inorganic polymer coagulant[J]. Separation and Purification Technology, 2009, 66(3): 486-491.

[22] Raynaud M, Vaxelaire J, Olivier J, et al. Compression dewatering of municipal activated sludge: Effects of salt and

pH[J]. Water Research, 2012, 46(14): 4448-4456.

[23] 曹秉帝. 城市污水厂污泥化学调理脱水机制的研究[D]. 西安: 西安建筑科技大学, 2016.

[24] 周俊, 周立祥, 黄焕忠. 污泥胞外聚合物的提取方法及其对污泥脱水性能的影响[J]. 环境科学, 2013, 34(7): 2752-2757.

[25] Xu Y, Wu Y J, Zhang X D, et al. Effects of freeze-thaw and chemical preconditioning on the consolidation properties and microstructure of landfill sludge[J]. Water Research, 2021, 200(3): 117249.

[26] Sun S L, Gao B Y, Yue Q Y, et al. Comparison of epichlorohydrin-dimethylamine with other cationic organic polymers as coagulation aids of polyferric chloride in coagulation-ultrafiltration process[J]. Journal of Hazardous Materials, 2016, 307: 108-118.

[27] 郑蕾, 田禹, 孙德智. pH 值对活性污泥胞外聚合物分子结构和表面特征影响研究[J]. 环境科学, 2007, 28(7): 1507-1511.

第 3 章 无机调理剂 $AlCl_3$ 和 $FeCl_3$ 用于污泥的深度脱水

化学调理是目前污泥调理技术中应用最为广泛的一种，该方法效果可靠，操作简便。化学调理是通过投加一定量的调理剂，中和污泥颗粒表面电荷，增强絮体强度，增大污泥颗粒粒径，改善污泥的物理化学性质，从而使污泥中的水分能够更好地进行分离的过程。化学调理一般都是通过投加絮凝剂来实现的，但常用有机高分子絮凝剂产生的化学污泥不易降解，容易对环境造成二次污染，所以对它的应用有一定的限制。

本章将选用 $AlCl_3$ 和 $FeCl_3$ 这两种小分子无机絮凝剂对初次污泥进行脱水调理，旨在探究这两种调理剂对污泥进行二次深度脱水的作用机理，从而揭示影响污泥二次深度脱水性能的主要因素，为小分子无机化学调理剂在污泥二次深度脱水中的应用奠定理论基础。

3.1 污泥脱水性能的评价方法

3.1.1 材料、装置及方法选择

所用的初次脱水污泥取自济南市某污水处理厂（含固率一般为 15%～18%），污泥样品在室温下（约 20°C）保存。

污泥深度脱水通过前期化学调理耦合后期机械压滤实现，脱水装置如图 3-1 所示。主要结构有油压千斤顶（可提供 10t 的压力）、过滤筒（放置污泥并进行压滤）、滤液收集槽（收集滤液）等。

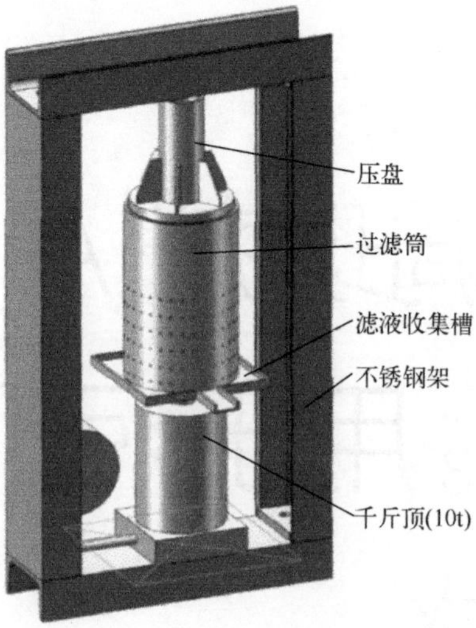

图 3-1 污泥脱水装置

实验过程：取 300g 的初次脱水污泥，加入一定量调理剂，混合均匀后，用滤布将污泥完全包裹放入脱水装置的过滤筒中，在底部千斤顶的压力作用下，污泥中的水分透过滤布流出，在滤液收集槽中进行收集。污泥脱水装置的工作压力保持在 2～3MPa，等到污泥中的水分不再流出，保持压力 10min 后取出污泥泥饼，测定其含水率和有机物含量。

3.1.2 污泥脱水性能指标

3.1.2.1 含水率

污泥含水率是表征污泥深度脱水性能的重要指标，污泥脱水后泥饼的含水率越低，说明污泥的脱水性能越好；反之，则污泥的脱水性能越差。

检测方法如下：将坩埚放入烘箱，在 105°C 下干燥 2h，取出后放入干燥器中冷却 0.5h，用分析天平进行称重，如此反复实验直至恒重，记录坩埚的质量 m_0。再用天平称取一定量的污泥样品 m_1，放在坩埚内转移至烘箱中，于 105°C 下干燥 2h，取出后放入干燥器中冷却 0.5h，用分析天平进行称重，如此反复实验直至恒重，记录烘干后的总质量 m，代入下式中计算污泥含水率 P：

$$P(\%)=\frac{m_1-(m-m_0)}{m_1}\times 100\% \tag{3-1}$$

3.1.2.2 有机物含量

将测定完含水率的污泥样品放入马弗炉中，于 550°C 中灼烧 4h，然后关闭马弗炉，等马弗炉内的温度降低到 105°C 左右的时候，拿出污泥样品，放入干燥器中冷却 0.5h，然后用天平进行称重，如此反复实验直至恒重，记录烘干后的质量 M，代入下式中计算污泥中有机物的含量 O：

$$O(\%)=\frac{(m-m_0)-(M-m_0)}{m_1}\times 100\% \tag{3-2}$$

3.1.2.3 Zeta 电位

Zeta 电位是表征污泥颗粒的表面电荷的重要指标，通过微电泳仪进行测定（型号：JS94H，上海中晨数字技术设备有限公司）。检测过程如下：将污泥于 NaCl 溶液（0.01mol/L）中均匀分散，取 2mL 加入微电泳仪，捕捉粒子测其电位，每次取 5 组数据，其平均数值即为污泥的 Zeta 电位。

3.1.2.4 颗粒粒径

采用马尔文粒径分析仪（设备型号：Mastersizer 2000，英国马尔文仪器设备有限公司）测定污泥颗粒粒径。取一定量的污泥样品于烧杯中，加入 250mL 纯净水搅拌 5min，然后再静置 1min 后测定污泥颗粒粒径，每个样品至少测定 10 个值，并将它们的平均数作为每个污泥样品最终的污泥颗粒粒径值进行记录与分析。

3.1.2.5 水分分布

污泥内水分分布采用核磁共振法。通过测量污泥中水分的横向弛豫时间，判断污泥内部氢质子所处的化学环境、氢质子所受的束缚力及自由度；并且对不同弛豫时间峰面积进行积分，得到污泥中水分不同结合形式下的相对比例，从而分析不同形式的水分分布情况。

3.1.2.6 胞外聚合物（EPS）的提取和组分含量

胞外聚合物是污泥絮体中的重要组成部分，能够结合二价阳离子，有一定的疏水性，是复杂的非均相物质，是污泥絮体维持三维结构的重要组成成分。此外，它对污泥的物理化学性质、絮体结构、絮凝过程和脱水都有着重要的影响。研究发现，EPS 由于分布位置的不同，可分为溶解型 EPS 和固着型 EPS 两种，而固着型 EPS 又可进一步分为松弛的固着型 EPS 和紧密的固着型 EPS。本章中所用到的 EPS 提取方法被研究认为能提取 EPS 中松弛的固着型 EPS，取 2g 的污泥样品于离心管中，加入 20mL 蒸馏水，在室温下振荡 48h，然后在 8000r/min 的转速下离心分离，取其上清液进行下一步的实验分析，分别测定上清液中蛋白质、多糖和 DNA 的含量。

（1）蛋白质含量的测定

蛋白质含量的测定采用的是 Folin-酚法。

1）标准曲线的制作

取 12 支试管，分别加入 0mL、0.2mL、0.4mL、0.6mL、0.8mL、1.0mL 标准酪蛋白溶液（500mg/mL），用蒸馏水补足到 1.0mL，以上每种浓度各做一份重复，即平行做两份，按顺序先向各试管中分别加入 3mL Folin-酚试剂甲，混匀，室温下放置 10min，再依次向各试管中分别加入 0.3mL Folin-酚试剂乙，立即摇匀，在 30℃保温（或室温下放置）30min，然后于 500nm 处测量其吸光度。看两个平行管的吸光度是否接近，取其平均值，以吸光度为纵坐标，以酪蛋白溶液浓度为横坐标，绘制出酪蛋白的标准曲线。

2）样品蛋白质含量的测定

取 2 支试管，各加入一定量污泥上清液稀释液（应使其蛋白质含量在酪蛋白标准曲线范围之内），按顺序向各试管中分别加入 3mL Folin-酚试剂甲，混匀，室温下放置 10min，再依次向各试管中分别加入 0.3mL Folin-酚试剂乙，立即摇匀，在 30℃保温（或室温下放置）30min，然后于 500nm 处测量其吸光度。记录样品的吸光度值，取两个平行样的平均值作为结果进行记录。

3）计算结果

将污泥上清液样品的吸光度读数在标准曲线上查出相应标准酪蛋白溶液的浓度，再折算成每毫升污泥上清液稀释液含蛋白质的质量（μg）。然后乘以稀释倍数，得出每毫升未稀释污泥上清液中蛋白质的质量（μg）。

（2）多糖含量的测定

多糖含量的测定采用的是蒽酮试剂法。

1）试剂的配制

蒽酮试剂，溶液中含 0.05%的蒽酮、1%的硫脲，用 72%的硫酸配制。a. 72%H_2SO_4 配制方法：在烧杯中加入 28mL 蒸馏水，再加入高纯度的浓硫酸 72mL（1.84g/mL）。b. 蒽酮试剂配制方法：当 H_2SO_4 温度降至 80～90℃时加入 50mg 纯的蒽酮、1g 高纯度的硫脲，然后适当摇动烧杯混匀。冷却后存放于冰箱中，可保存 2 周。

2）标准曲线的制作

葡萄糖标准溶液：称取 0.2g 在 98～100℃下烘干 2h 的葡萄糖加入 200mL 蒸馏水中，定容，配成 1g/L 的葡萄糖溶液。然后分别吸取 1mL、2mL、4mL、6mL、8mL、10mL 分别置于 100mL 容量瓶中，用蒸馏水定容至刻度，得 10mg/L、20mg/L、40mg/L、60mg/L、80mg/L、100mg/L 的葡萄糖系列浓度。吸取系列标准溶液各 1mL 至 6 支试管中，另各取 1mL 蒸馏水于两支试管中作为空白，沿壁各加入 5mL 冷的蒽酮试剂，混匀，在加热炉内 100℃温度下加热 10min，取出后再在流水中冷却 20min 后，于 620nm 下用试剂空白调零后分别测定其吸光度，作标准曲线。

3）样品的测定

取上清液 0.4mL 至试管中，然后加入 0.6mL 蒸馏水，沿壁加入 5mL 蒽酮试剂，混匀，加热炉 100℃加热 10min，取出在流水中冷却 20min 后，在 620nm 下用试剂空白调零后测定吸光度，根据标准曲线计算多糖含量。

（3）DNA 含量的测定

DNA 含量的测定采用的是二苯胺法。

1）试剂的配制：

DNA 标准溶液：取小牛胸腺 DNA 用 0.1mol/L 氢氧化钠溶液配制成 200μg/mL 的溶液。DNA 样品液（自己提取）控制其 DNA 含量在 50～100μg/mL。二苯胺试剂：称取 1g 结晶的二苯胺试剂溶于 100mL 分析纯的冰醋酸中，再加入 10mL 过氯酸（分析纯，60% 以上）或浓硫酸 2.75mL，混匀备用。临用前加入 1mL 1.6%乙醛溶液（乙醛溶液应保存于冰箱，1 周内可使用），所配得的溶液应为无色。

2）标准曲线的制作

取 8 支试管，编号，按表 3-1 加入试剂，加毕，摇匀，于 60℃恒温水浴中保温 1h（或于沸水中煮沸 15min），冷却后测 595nm 下的吸光度值。以吸光度为纵坐标、DNA 含量（μg/mL）为横坐标，绘制标准曲线。

表 3-1　二苯胺法测定 DNA 含量的标准曲线　　单位：mL

试剂	管号							
	0	1	2	3	4	5	6	7
DNA 标准溶液	0	0.2	0.4	0.8	1.0	1.2	1.6	2.0
蒸馏水	2	1.8	1.6	1.2	1.0	0.8	0.4	0
二苯胺试剂	4	4	4	4	4	4	4	4

3）样品的测定

取 2 支试管，各加一定量的污泥上清液（内含 DNA 应在标准曲线可测范围之内），加蒸馏水稀释至 2mL，再加 4mL 二苯胺试剂，摇匀，其操作步骤与标准曲线的制作相同。根据测得的吸光度值，从标准曲线上查出该吸光度下 DNA 的含量，从而根据稀释倍数确定污泥上清液中 DNA 的含量。

3.1.2.7　扫描电镜（SEM）和透射电镜（TEM）分析

利用扫描电镜（SEM）和透射电镜（TEM）来观察污泥样品调理前后内部微观结构的变化。取适量的污泥样品，于 105℃下烘干，研磨成粉状后进行 SEM 和 TEM 的测试。

3.2 $AlCl_3$用于污泥深度脱水

选用的 $AlCl_3$ 为无水氯化铝，作为小分子无机调理剂，$AlCl_3$ 在污泥脱水中的应用十分广泛，本节主要是探究不同 $AlCl_3$ 投加量对污泥二次深度脱水性能、污泥的颗粒表面电荷、颗粒粒径、水分分布以及内部结构的影响，从而进一步分析 $AlCl_3$ 作为调理剂在污泥二次深度脱水过程中的作用机理，实验中所用到的初次脱水污泥的理化性质如表 3-2 所列。

表 3-2 初次脱水污泥的理化性质

样品	pH 值	含水率/%	灰分含量/%	有机物含量/%	Zeta 电位/mV	颗粒粒径/μm
初次脱水污泥	7.87	81.71	6.13	12.16	−60.62	64.26

3.2.1 污泥二次深度脱水性能的变化

将不同投加量的 $AlCl_3$ 和初次脱水污泥相混合，之后进行深度脱水实验，用泥饼的含水率来表征污泥的脱水性能。$AlCl_3$ 投加量对污泥深度脱水影响如图 3-2 所示。

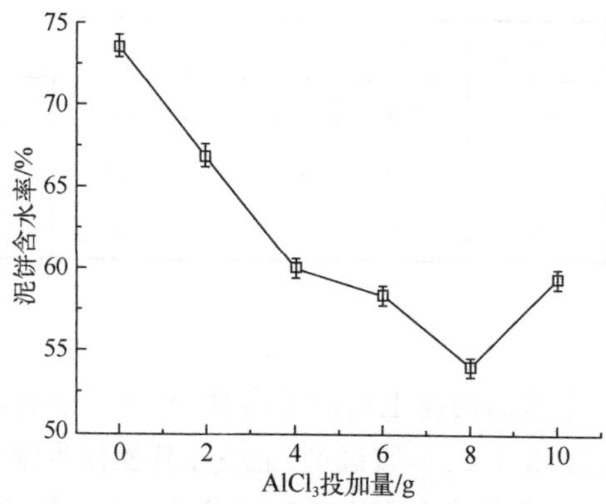

图 3-2 污泥泥饼含水率与 $AlCl_3$ 投加量之间的关系

由图 3-2 可知，随着 $AlCl_3$ 投加量的增加，深度脱水后的泥饼含水率从 73%降至 55%以下，脱水后泥饼呈硬砖状，具有较强的刚性。随着 $AlCl_3$ 投加量超过 8g，污泥脱水效果下降，泥饼含水率提升至 60%。这是由于过量的 $AlCl_3$ 使污泥颗粒表面又带上正电荷，增大了污泥颗粒间的斥力，从而使得污泥脱水困难。实验结果证明 $AlCl_3$ 的最优投加量为 8g，此时污泥深度脱水效果达到最优，处理后污泥含水率降低至 55%以下，突破了污泥的“黏胶相区”，而刚性增强的泥饼更有利于污泥的转移和存储，实现减量化，便于后续的无害化和资源化处理。

3.2.2　污泥颗粒表面电荷的变化

剩余活性污泥难以进行脱水，很大程度上是由于污泥颗粒表面含有大量的负电荷，颗粒间的互斥作用严重地阻碍了污泥颗粒聚集，使得脱水难以进行。初次脱水过程中，一般使用阳离子型聚丙烯酰胺进行调理，中和污泥表面的负电荷，同时通过吸附架桥、双电层压缩等作用，使原本分散的较小的污泥颗粒，絮凝成较大的污泥絮体，从而改善污泥的脱水性能。但由于聚丙烯酰胺的中和作用有限，初次脱水污泥颗粒的表面仍然含有一定量的负电荷，颗粒之间仍存在互斥作用，增加后续脱水难度。

通过 Zeta 电位仪检测污泥颗粒表面电荷。由图 3-3 可以看出，初次脱水污泥其 Zeta 电位值为−41.52mV，颗粒表面带有大量负电荷。随着 $AlCl_3$ 投加量的增加，污泥颗粒的表面电荷逐渐正移，在投加量在 5.5g 左右的时候，污泥颗粒的 Zeta 电位达到等电点，此时，污泥颗粒会变得极不稳定，快速凝聚到一起。而随着 $AlCl_3$ 的过量投加，污泥颗粒的 Zeta 电位值会呈现正电性而且越来越大，颗粒由于静电斥力的存在，重新分散。由此证明，$AlCl_3$ 能够大幅度降低污泥颗粒表面电荷，减弱颗粒间的相互作用，使得污泥颗粒能够进一步聚集，便于后续脱水，但是过量的 $AlCl_3$ 会使颗粒表面携带正电荷，使得污泥重新分散，脱水效率降低。

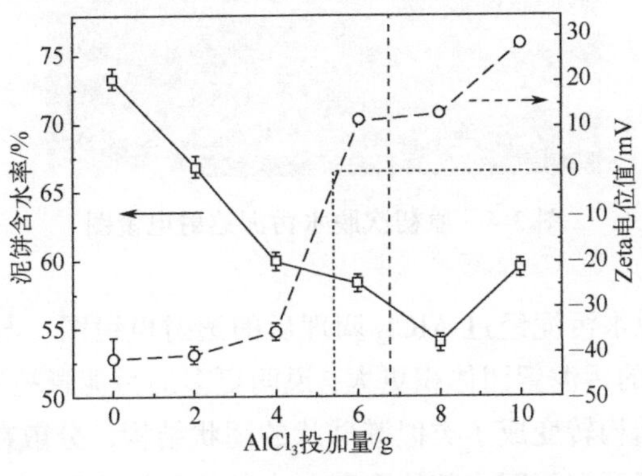

图 3-3　不同投加量的 $AlCl_3$、脱水后的泥饼含水率和污泥 Zeta 电位值之间的关系

由图 3-3 还可以发现，随着 $AlCl_3$ 投加量的变化，污泥颗粒的 Zeta 电位值的变化和泥饼含水率的变化有着比较密切的相关性。随着 $AlCl_3$ 投加量的增加，污泥颗粒的 Zeta 值由负电性经过等电点变为正电性，而脱水后泥饼含水率出现降低—最低—上升的变化规律，其主要原因是污泥颗粒的电性直接影响颗粒的稳定性，随着 $AlCl_3$ 投加量的变化，经历了稳定—不稳定—再稳定的过程，进一步影响了污泥的脱水性能。絮凝剂最佳的絮凝效果与 Zeta 电位大小有关，而且发生在当 Zeta 电位值到达等电点的时候。但在本研究中污泥颗粒表面电荷达到等电点并不是污泥脱水性能达到最佳的时候，说明了影响污泥二次深度脱水性能的因素不是单一的，Zeta 电位值对污泥颗粒凝聚作用的影响只是改善污泥脱水性能的一种因素，而污泥二次脱水性能是受多种因素影响的。

3.2.3　污泥絮体微观结构的变化

初次脱水污泥在 $AlCl_3$ 调理前后内部絮体结构的变化可通过透射电镜进行观察和比较。

如图 3-4 所示，箭头所指的分散云状物质是污泥中的胞外聚合物。大量的胞外聚合物均匀地分散，初次脱水污泥絮体呈现出类似网状的结构。这是由于污泥经阳离子聚丙烯酰胺絮凝剂调理后，分散的污泥絮体被聚集，经过初次脱水后，污泥絮体在大分子絮凝剂的作用下进一步凝聚，最终呈现了此网状结构形式。但是该污泥絮团的结构并不密实，絮团结构内部仍然有大量的孔隙，包含大量水分。由于污泥絮团的松散结构特征，污泥絮体仍然具有一定的可压缩性，通过后续调理后其孔隙包含的水分有望被进一步脱除。

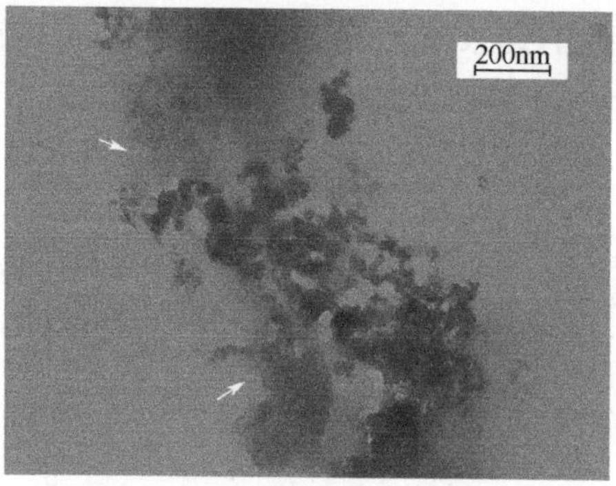

图 3-4　原初次脱水污泥透射电镜图

图 3-5 中是初次脱水污泥经过 $AlCl_3$ 调理后的透射电镜图，与初次污泥絮体对比可知，经过 $AlCl_3$ 调理后的污泥絮团体积更大，说明更多的污泥颗粒发生聚集，整体结构更加致密，原来的网状结构转变成了类似椭球状的团状结构，分散在絮体周围的胞外聚合物进一步聚集，减少了污泥絮团内部的孔隙，内部水分被排除，在压滤后更容易脱除。

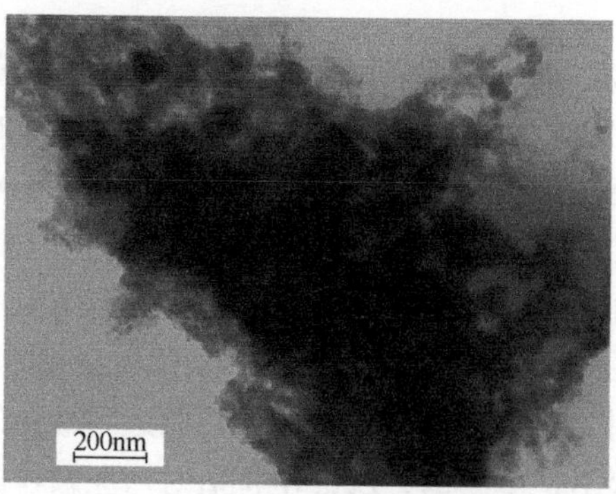

图 3-5　初次脱水污泥经过 $AlCl_3$（8g/300g 一次脱水污泥）调理后的透射电镜图

3.2.4 污泥颗粒粒径的变化

$AlCl_3$ 调理也改变了污泥颗粒的粒径，图 3-6 对比了初次脱水污泥投加 $AlCl_3$ 脱水后污泥颗粒粒径和泥饼含水率之间的关系。

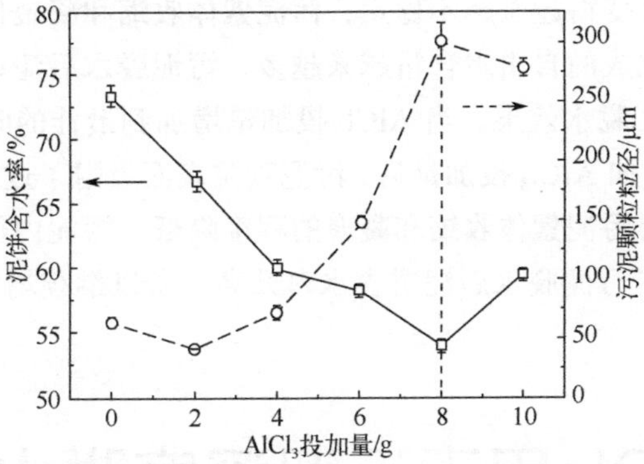

图 3-6　在不同 $AlCl_3$ 投加量下，脱水污泥颗粒粒径和脱水后污泥泥饼含水率之间的关系

如图 3-6 所示，初次脱水污泥原始的颗粒粒径是 62.7μm。随着 $AlCl_3$ 投加量的增加，污泥颗粒粒径先降低然后逐渐增加，当投加量为 8g 时污泥颗粒粒径达到了最大值（299.56μm）。然而，继续增加 $AlCl_3$ 的投加量，污泥颗粒粒径随之降低。考虑到调理前后污泥絮体结构的变化，在刚开始时污泥颗粒粒径的降低可能是由污泥内部网状结构的收缩所导致的，然而随着 $AlCl_3$ 投加量的增加，污泥絮体的体积在逐渐增大，从而污泥颗粒粒径也在增加，一直到最大值。絮体粒径随着 $AlCl_3$ 投加量的增加而增加主要是因为 $AlCl_3$ 的吸附架桥和电中和的作用，增强了污泥絮体的凝聚效果。然而随着进一步增加 $AlCl_3$ 的投加量，污泥颗粒表面吸附的过量 Al^{3+} 增强了它的正电斥力，导致原凝聚起来的污泥絮团又会逐渐分散，体积逐渐减小，从而污泥颗粒粒径最后又会有所降低。

同时比较脱水后污泥泥饼的含水率，很明显可以看出污泥颗粒粒径的变化和污泥泥饼含水率的变化呈现一定的相关性。在 $AlCl_3$ 投加量逐渐增加的过程中，随着污泥颗粒粒径的逐渐升高，脱水后污泥泥饼含水率逐渐降低，当污泥颗粒粒径达到最大时污泥泥饼的含水率也降到最低，污泥脱水性能达到最佳，然而当污泥颗粒粒径再次降低时污泥泥饼的含水率也随着升高。所以，污泥泥饼的含水率和污泥颗粒粒径有着负相关性，污泥颗粒粒径的变化直接影响了污泥的脱水性能。

3.2.5 $AlCl_3$ 改善污泥脱水性能的作用机理

$AlCl_3$ 作为调理剂对污泥深度脱水性能的提高很明显，能够将一次脱水污泥的含水率从 80%降低到 55%以下。$AlCl_3$ 加入后对污泥脱水性能的影响因素并不是单一的，而是各种因素综合作用的结果。经过 $AlCl_3$ 调理后，污泥的凝聚作用得到提高，污泥颗粒表面的电荷被电解质 $AlCl_3$ 所释放的 Al^{3+} 中和，使得污泥颗粒由原来的稳定状态转变成不稳定状态而快速凝聚。原污泥絮体内部孔隙的水，由于絮体的收缩和凝聚，大部分被释放出来转化成自由水，而自由水在污泥脱水过程中是可以被脱去的，同时污泥颗粒的粒径也由于絮体的收缩和凝聚而增大，从而导致了最终污泥脱水性能的提高。随着 $AlCl_3$ 投加量的增加，污泥颗粒会变得越来越不稳定，污泥絮体收缩和凝聚程度越来越大，污泥絮体内部的非自由水转化成的自由水含量越来越多，污泥脱水后泥饼含水率逐渐降低，从而提高了污泥二次深度脱水效果。当 $AlCl_3$ 投加量增加到最佳的时候，污泥的脱水性能也达到最优，但继续增加 $AlCl_3$ 投加量后，污泥颗粒表面吸附了过量的 Al^{3+}，由于颗粒间的静电斥力增加，使得污泥絮体收缩和凝聚的程度降低，污泥内部非自由水转化成的自由水含量减少，导致了污泥脱水后泥饼含水率升高，所以继续增加 $AlCl_3$ 投加量反而会降低污泥脱水性能。

3.3 $FeCl_3$ 用于污泥深度脱水

由于价格较低和具有较好的絮凝效果，$FeCl_3$ 作为小分子无机絮凝剂而被广泛应用在污水和污泥处理领域，本节选用 $FeCl_3$ 作为污泥深度脱水调理剂，探究其对初次污泥的颗粒表面电荷、颗粒粒径、内部水分分布、EPS 成分含量以及内部结构的影响，实验中所用污泥的理化性质如表 3-3 所列。

表 3-3 初次脱水污泥的理化性质

样品	pH 值	含水率/%	灰分含量/%	有机物含量/%	Zeta 电位/mV	颗粒粒径/μm
初次脱水污泥	7.95	81.2	17.67	8.65	−41.5242	62.7

3.3.1 污泥二次深度脱水性能的变化

将不同投加量的 $FeCl_3$ 与初次脱水污泥混合，对调理后的污泥进行压滤脱水，分别测定压滤后泥饼的含水率和泥饼中有机物含量，探究 $FeCl_3$ 投加量与污泥泥饼含水率和有机物去除率之间的关系。结果见图 3-7。

由图 3-7 可以看出，在 $FeCl_3$ 的投加量从 0g 增加到 8g 的范围内，污泥泥饼的含水率是逐渐降低的；在投加 8g $FeCl_3$ 时，含水率降至最低，达到 55%，突破了污泥“黏胶相区”；而当 $FeCl_3$ 的投加量继续增加的时候，污泥泥饼的含水率又逐渐升高。$FeCl_3$ 作为调理剂对污泥二次深度脱水性能的影响和 $AlCl_3$ 类似，在 $FeCl_3$ 投加量逐渐增加的过程中，污泥的脱水性能是逐渐提高的，但达到最佳投加量以后再增加 $FeCl_3$ 投加量将不会继续改善反而会降低污泥的脱水性能。

通过污泥有机物去除曲线可以看出，初次脱水污泥的有机物含量为每 300g 污泥含

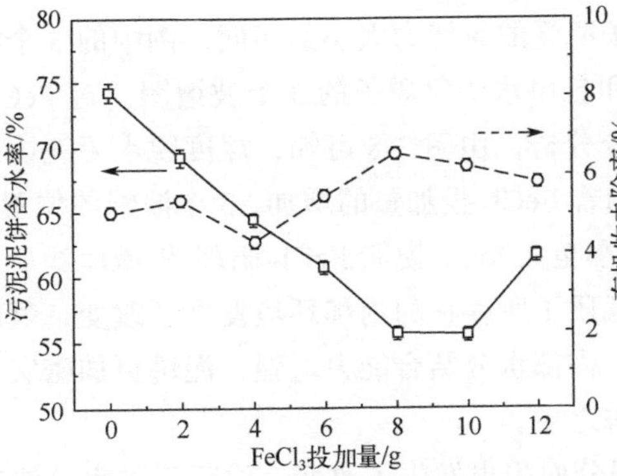

图 3-7　不同 $FeCl_3$ 投加量下，污泥有机物去除率和滤饼含水率的变化

有 25.95g，经过调理和压滤脱水后，污泥泥饼中有机物含量基本上没有太大的变化，损失不足 8%。由此证明 $FeCl_3$ 在改善污泥脱水性能的同时使污泥内的有机物得以存留，在实现污泥减量化的同时也有利于污泥泥饼后续的资源化处理处置。

3.3.2 污泥内水分分布的变化

尽管初次污泥调理压滤后大部分间隙水和自由水由于比例增加而已经脱除，但从二次脱水后的泥饼中仍然可以看出调理前后各种水分形态的变化。

采用核磁共振法分析初次污泥经过 $FeCl_3$ 调理及二次脱水前后泥饼内部水分分布变化，结果见图 3-8。T2 弛豫时间反映了样品内部氢质子所处的化学环境，其与氢质子所受的束缚力及自由度有关，而氢质子的束缚程度又与样品的内部结构有密不可分的关系。氢质子受束缚越大或自由度越小，T2 弛豫时间越短，在 T2 谱上峰位置较靠左；反之则 T2 弛豫时间越长，在 T2 谱上峰位置较靠右。

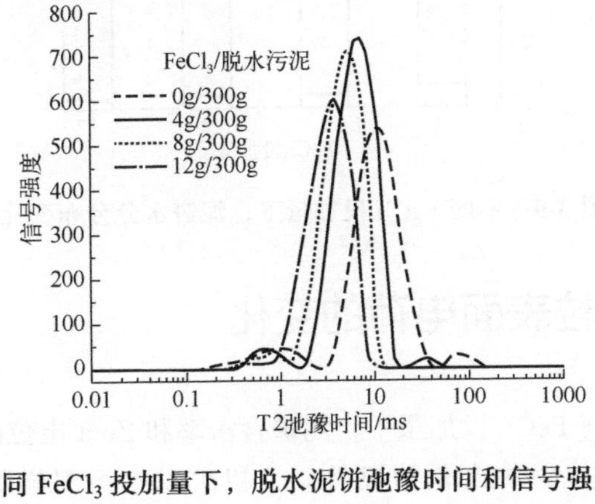

图 3-8　在不同 $FeCl_3$ 投加量下，脱水泥饼弛豫时间和信号强度之间的关系

使用核磁共振法分析污泥中的水分分布的时候，污泥内部的结合水是无法检测到的，

根据三种水分中的氢质子所受的束缚力大小的不同，图中的 3 个波峰从左至右可依次被认为是表面水、间隙水和自由水中氢质子的 3 个波谱图。对 $FeCl_3$ 调理后得到的深度脱水污泥泥饼进行内部水分分析，由图 3-8 可知，深度脱水后泥饼的波谱图中很明显地可以看到 3 个波峰，而且随着 $FeCl_3$ 投加量的增加，3 个波峰的位置逐渐向左移动，间隙水的弛豫时间从 10.7ms 减小至 4.0ms，说明 $FeCl_3$ 调理-机械压滤后大部分间隙水和自由水已经脱除，污泥泥饼中氢质子所存在的内部环境发生了改变，氢质子所受的束缚力越来越大、自由度越来越小，内部水分结合能力增强，泥饼更加密实，使得泥饼中水分的脱除更加困难而保留在泥饼之中。

另外，3 个波峰的积分面积也发生了改变，说明三种水分的含量也在不断地变化。根据 T2 弛豫谱图中 3 个信号峰单位污泥质量积分面积的变化，可得到泥饼内部三种水分含量在调理及深度脱水前后的变化情况。如图 3-9 所示，初次脱水污泥泥饼表面水、间隙水和自由水含量分别为 7.1%、90.1%和 2.8%，加入 4g $FeCl_3$ 并压滤后，分别为 4.2%、94.8%和 1.0%，污泥泥饼内部水分分布在 $FeCl_3$ 调理后发生了变化。表面水难以通过压滤脱除，但是经 $FeCl_3$ 调理后，表面水由 7.1%减少至 4.2%，间隙水由 90.1%增加至 94.8%，说明一部分表面水转变为了间隙水而更容易去除。自由水从 2.8%下降至 1.0%，说明经 $FeCl_3$ 调理后，自由水大部分已经脱除，泥饼更加密实。随着 $FeCl_3$ 的投加量增加至 8g，污泥内部自由水进一步下降，不足 0.3%，而当 $FeCl_3$ 投加量增至 12g 时，水分分布变化已不明显。压滤后泥饼间隙水比例仍然增加，说明 $FeCl_3$ 的加入使其内部结构发生了变化，大大改善了污泥的水分分布，提高了污泥的脱水能力。

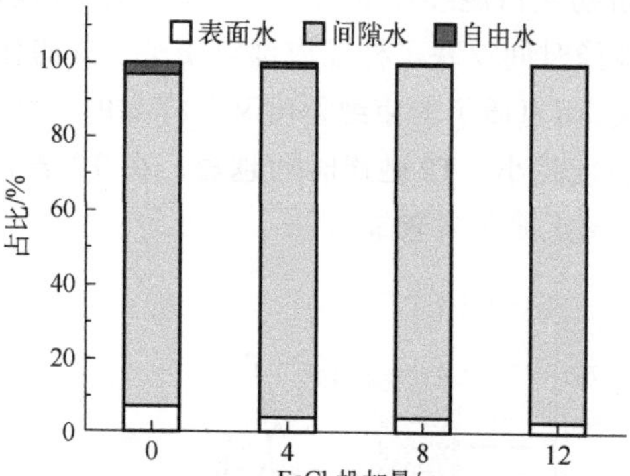

图 3-9　不同 $FeCl_3$ 投加量下，泥饼水分分布变化

3.3.3　污泥颗粒表面电荷的变化

图 3-10 表示在不同 $FeCl_3$ 投加量下，泥饼含水率和 Zeta 电位的变化关系。与 $AlCl_3$ 调理后污泥的 Zeta 电位值的变化情况类似，初次脱水污泥样品的原 Zeta 电位值为 −60.62mV，随着 $FeCl_3$ 投加量的增加，污泥的表面电荷逐渐正移，在投加量在 7.6g 左右的时候，污泥颗粒的 Zeta 电位达到等电点。当 $FeCl_3$ 投加量为 8g 时，污泥颗粒的 Zeta 电

位值为 8mV，此时污泥颗粒间相互作用力最小，絮凝效果达到最优，泥饼含水率最低，接近 55%。而随着 $FeCl_3$ 投加量的继续增加，污泥颗粒的 Zeta 电位值继续正移，而泥饼含水率随之升高至超过 60%。这一结果出现的主要原因是随着 $FeCl_3$ 的投加，Fe^{3+} 吸附在污泥颗粒表面，表面负电荷被中和后，过量的 $FeCl_3$ 使污泥颗粒携带正电荷，由于颗粒表面正电斥力的作用，污泥颗粒又会趋于稳定使脱水效率降低。

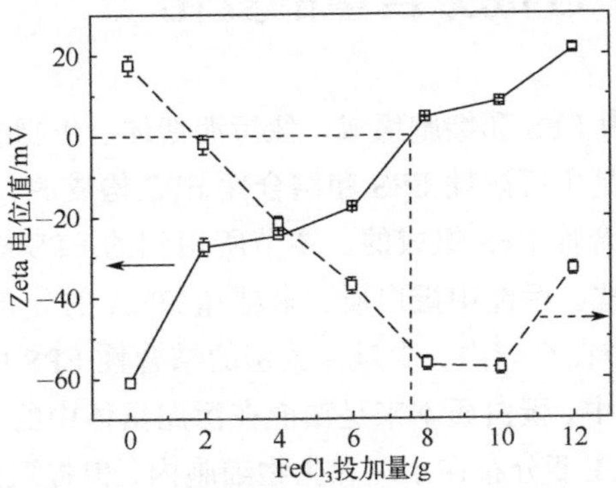

图 3-10　在不同 $FeCl_3$ 投加量下，泥饼含水率和 Zeta 电位的变化关系

3.3.4　污泥颗粒粒径的变化

采用粒径分析仪测定污泥调理前后颗粒粒径的变化。如图 3-11 所示，初次脱水污泥颗粒粒径为 65.0μm，在 $FeCl_3$ 投加量由 0g 增加到 4g 的过程中，污泥颗粒粒径降低至 45.0μm。继续增加投加量到 8g 的时候，污泥颗粒粒径逐渐增大，最大粒径达 98.0μm；继续增大 $FeCl_3$ 的投加量，污泥颗粒的粒径小幅下降，达到 85.5μm。与 $AlCl_3$ 调理后的变化趋势类似，$FeCl_3$ 调理后的污泥颗粒粒径也是经历先降低再增大后减小的过程，但是 $FeCl_3$ 调理后的污泥颗粒粒径（45～100μm）明显小于 $AlCl_3$ 调理后的污泥颗粒（50～300μm），主要原因是 $FeCl_3$ 与 $AlCl_3$ 水解程度和带电情况有一定的差别。相比较脱水后

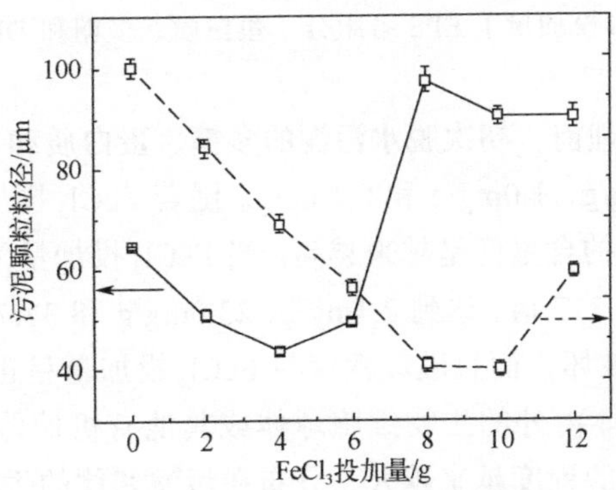

图 3-11　在不同 $FeCl_3$ 投加量下，泥饼含水率和污泥颗粒粒径的变化关系

污泥泥饼的含水率，$FeCl_3$ 作为调理剂调理初次脱水污泥过程中，污泥颗粒粒径的变化与泥饼含水率的变化在 $FeCl_3$ 低投加量范围没有很明显的关系，而高投加量范围具有较明显的负相关关系，因此可以看出污泥泥饼含水率的变化和污泥颗粒粒径的变化是多种影响因素对污泥颗粒共同作用的结果。

3.3.5 污泥中 EPS 成分含量的变化

污泥中的生物团聚体由 EPS 和细胞组成，像污泥絮体、生物膜和液体。污泥絮体由 EPS 和小球组成，而 EPS 是由可溶性 EPS 和结合性 EPS 构成的，结合性 EPS 是由松弛的结合性 EPS 和紧密的结合性 EPS 组成的。本节所用到的 EPS 提取的方法被认为是提取松弛的结合性 EPS 的方法。污泥中蛋白质、多糖和 DNA 的分布是不同的，Shao 等的研究表明，蛋白质主要分布在小球内，少量在紧密的结合性 EPS 中，基本上不在松弛的结合性 EPS 和可溶性 EPS 中。蛋白质本来是镶嵌在污泥絮体中的，多糖基本上分布在污泥里不同的区域，而 DNA 主要分布在小球和生物细胞内，但提取液中的 DNA 主要来源于 EPS 小球中。图 3-12 中是在不同 $FeCl_3$ 投加量下 EPS 各组分（蛋白质、多糖和 DNA）的变化情况。

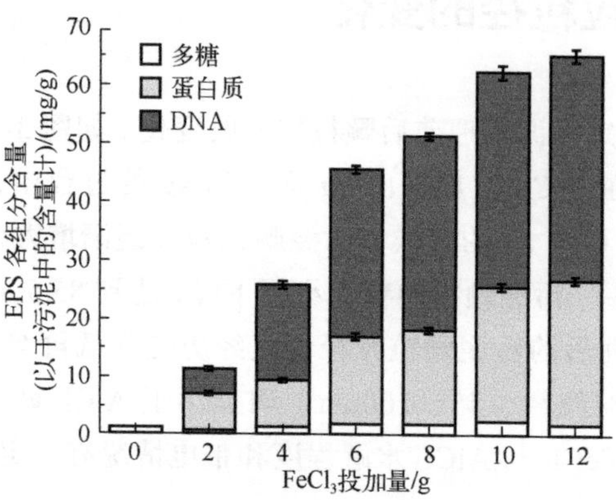

图 3-12　在不同 $FeCl_3$ 投加量下 EPS 各组分（蛋白质、多糖和 DNA）的变化情况

由图 3-12 可知，未处理前，初次脱水污泥的多糖、蛋白质和 DNA 含量（以干污泥中的含量计）分别为 0.1mg/g、1.0mg/g 和 0.1mg/g。随着 $FeCl_3$ 投加量的增加，污泥 EPS 中的多糖、蛋白质和 DNA 的含量都是越来越高。当 $FeCl_3$ 投加量为 10g 时，三者的含量分别增长了 21 倍、23 倍和 377 倍，达到 2.1mg/g、23.0mg/g 和 37.7mg/g，说明经过 $FeCl_3$ 调理后的污泥絮体遭到了破坏，而且破坏程度与 $FeCl_3$ 投加量呈正相关。蛋白质含量的增加说明污泥絮体团、絮体内外的生物细胞球体或其他有机球体物质被破坏，且随着 $FeCl_3$ 投加量增加，被破坏的程度越来越大；分布在污泥絮体的生物细胞小球中的 DNA 含量的大幅增加同样验证了污泥内大量生物细胞的破裂，细胞内大量的 DNA 被释放到 EPS 中；多糖含量的增加也在一定程度上反映了污泥絮体被破坏的情况。当 $FeCl_3$ 投加

量增加至 12g 时，多糖、蛋白质和 DNA 含量增长较少，仅为 1.9mg/g、25.1mg/g 和 38.9mg/g。

图 3-13 是在不同 $FeCl_3$ 投加量下 DNA/多糖（PS）值的变化，DNA/PS 值更能反映污泥絮体中生物细胞小球被破坏的程度。由图 3-13 可以看出，在 $FeCl_3$ 投加量增加的过程中，DNA/PS 值也是呈线性增加，同样也再次验证了 $FeCl_3$ 的投加破坏了污泥絮体中的生物细胞小球，大量的胞内物质被释放出来，从而提高了污泥的脱水性能，同时破坏的程度与 $FeCl_3$ 投加量是成正比的。

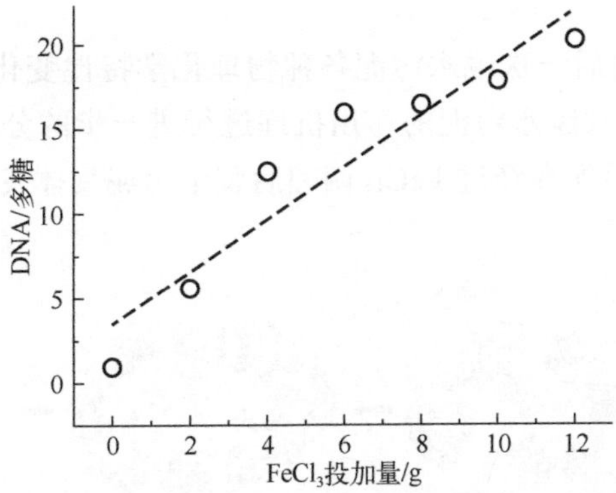

图 3-13　在不同 $FeCl_3$ 投加量下 DNA/PS 值的变化

3.3.6　污泥絮体微观结构的变化

以 $FeCl_3$ 作为调理剂时，为了更清楚直观地观察污泥调理前后内部絮体结构的变化情况，利用扫描电镜进行了观察和研究，图 3-14 为原一次脱水污泥的扫描电镜图[图 3-14（a）]和经过 10g $FeCl_3$ 调理后污泥的扫描电镜图[图 3-14（b）]。

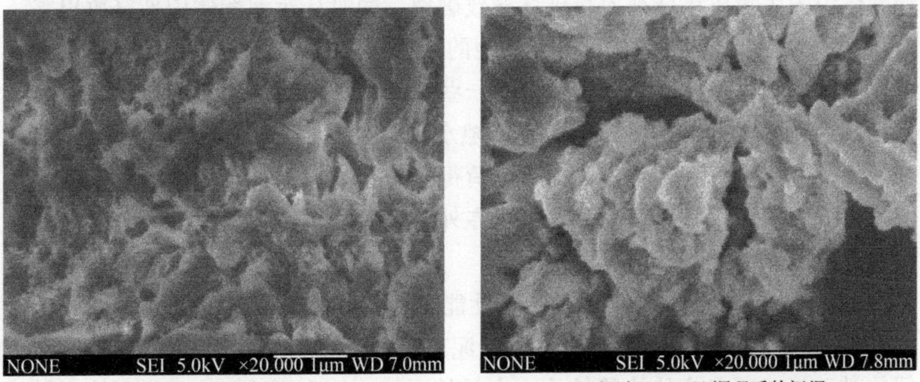

(a)原一次脱水污泥　(b)经过10g $FeCl_3$调理后的污泥

图 3-14　原一次脱水污泥和经过 10g $FeCl_3$ 调理后的污泥扫描电镜图

由图中可以清楚地看到原一次脱水污泥呈现出的网状结构，这与使用透射电镜进行观察的情况相类似，而从经过 10g $FeCl_3$ 调理后污泥的扫描电镜图可以看出，污泥絮体是由许多絮团凝聚成的，原本的网状结构和絮状体被破坏，形成大小不一、形状不规则的小絮团，由于 $FeCl_3$ 的絮凝作用使得污泥颗粒又凝聚起来，形成新的团聚体，团聚体中有着许多大小不一的孔隙。

3.3.7 $FeCl_3$ 改善污泥脱水性能的作用机理

通过对 $FeCl_3$ 调理前后一次脱水污泥各种物理化学特性变化的研究和分析，可以对 $FeCl_3$ 作为脱水剂调理一次脱水污泥的作用机理进行进一步的分析。图 3-15 中通过 4 张静态图演示了一次脱水污泥在经过 $FeCl_3$ 调理后整个污泥絮体发生的变化。

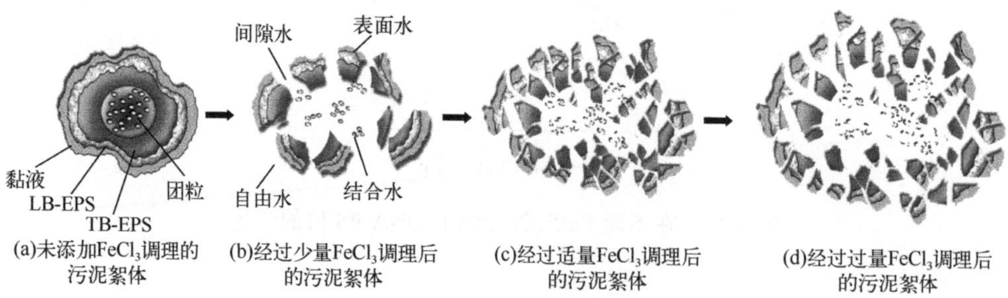

图 3-15 投加 $FeCl_3$ 后污泥絮体的变化过程演示图

图 3-15（a）表示的是未添加 $FeCl_3$ 调理的污泥絮体模型，污泥絮体由外部包裹着的 EPS 和内部的各种生物质小球构成。

如图 3-15（b）所示，在经过少量 $FeCl_3$ 调理后，原本完整的污泥絮体和内部的生物质小球遭到破坏，污泥絮体被摧毁成若干部分，所以污泥颗粒粒径初始呈降低趋势。由于污泥絮体中的生物质小球被大量破坏导致破裂，同时从污泥絮体内部释放出来，一部分多糖和少量的蛋白质和 DNA 释放到松弛的结合性 EPS 和可溶性 EPS 中。此外，因为污泥絮体和内部生物质小球的破裂产生了一些孔隙状结构，使原本以自由水、表面水和结合水形式存在的水分一部分转化成了间隙水。同时，由于 $FeCl_3$ 的电中和作用和水解后的吸附架桥作用使污泥颗粒表面的负电荷得到一定的中和并且进一步聚集成更大的絮体，使得污泥中的一部分间隙水和自由水在外界压力的作用下得以脱去，从而提高了污泥的二次深度脱水性能。

继续提高 $FeCl_3$ 的投加量到污泥脱水性能达到最佳的时候，污泥絮体的结构图如图 3-15（c）所示。由于更多 $FeCl_3$ 的投加，污泥絮体和内部生物质小球的破坏程度在加剧，污泥絮体被破坏成更多小的块状结构，大量的多糖、蛋白质和 DNA 分别从不同的位置被释放出来，由于污泥絮体中出现了大量的孔隙结构，导致了大量的结合水、表面水和自由水转变成了间隙水。同时由于 $FeCl_3$ 的作用，污泥絮体的絮凝作用有了一定程度的提高，大量的表面电荷被中和，污泥颗粒的粒径也不再降低，会出现略微的上涨。在外界压力的作用下，污泥絮体很容易聚集，内部大量的间隙水被压出成为自由水，最终得以脱出，从而大大提高了污泥的二次脱水性能。

当 $FeCl_3$ 的投加量过多的时候，污泥絮体的结构图将如图 3-15（d）所示。虽然污泥絮体和内部生物质小球的破坏程度依然在加剧，破裂成了更多更小的结构，会有更多的多糖、蛋白质和 DNA 的释放，但是由于 $FeCl_3$ 投加量的过量，导致了污泥絮体凝聚作用减弱，颗粒表面电荷的正电性增强从而增大了颗粒间的正电斥力，导致了污泥颗粒的粒径再次降低。同时进行脱水的时候，在外部压力的作用下，由于污泥絮体表面的正电斥力作用，污泥内部大量的孔隙水无法有效排出，所以当 $FeCl_3$ 投加量过量的时候，污泥的二次脱水性能会再次降低。

以上结果表明了两种小分子化学调理剂（$FeCl_3$ 和 $AlCl_3$）在污泥深度脱水中的优越性能，对其在污泥二次深度脱水中的作用机理分析，可为小分子无机化学调理剂在污泥二次深度脱水中的应用提供理论基础。

参考文献

[1] Thapa K B, Qi Y, Hoadley A F A. Interaction of polyelectrolyte with digested sewage sludge and lignite in sludge dewatering[J]. Colloids and Surfaces A: Physicochemical and Engineering Aspects, 2009, 334: 66-73.

[2] CJ/T 221—2023. 城镇污泥标准检验方法.

[3] Lv S H, Sun T, Zhou Q F, et al. Synthesis of starch-g-p (DMDAAC) using HRP initiation and the correlation of its structure and sludge dewaterability[J]. Carbohydrate Polymers, 2014, 103(3): 285-293.

[4] 袁佳丽，郭宏伟. 污水污泥干燥特性研究[J]. 化工装备技术, 2009, 30(4): 28-30, 40.

[5] 易浩勇. 污泥干燥特性及干燥过程研究[D]. 南京：东南大学, 2006.

[6] 刘长燕，葛仕福. 污泥干燥特性及其模型[J]. 化工装备技术, 2010, 31(1): 1-4.

[7] Duval F P, Quellec S, Trémier A, et al. Non-destructive quantification of water gradient in sludge composting with Magnetic Resonance Imaging[J]. Waste Management, 2010, 30(4): 610-619.

[8] Mariette F. NMR imaging of dairy products[M]//Webb Graham A. Modern Magnetic Resonance, Part 3: Applications in Materials Science and Food Science. London: Springer, 2006.

[9] MacMillan B, Balcom B J, Ziegler G R. Moisture migration in starch molding operations as observed by magnetic resonance imaging[J]. Food Research International, 2003, 36(2): 331-340.

[10] 戴莹，张显球，杜明霞，等. 粉末离子交换树脂法提取印染污泥胞外聚合物（EPS)[J]. 南京师范大学学报：工程技术版, 2013, 13(3): 62-66.

[11] 杨超，杨海英，黄新颖，等. 胞外聚合物（EPS)对市政污泥性质影响的研究进展[J]. 广东化工, 2014, 41(11): 135-136.

[12] He C, Chen C, Wang Z X J. Highly efficient secondary dewatering of dewatered sewage sludge using low boiling point solvents[J]. Environment Technology, 2014, 35(1): 95-103.

[13] Fr/olund B, Griebe T, Nielsen P H. Enzymatic activity in the activated-sludge floc matrix[J]. Applied Microbiology and Biotechnology, 1995, 43(4): 755-761.

[14] Raunkjær K, Hvitved-Jacobsen T, Nielsen P H. Measurement of pools of protein, carbohydrate and lipid in domestic wastewater[J]. Water Research, 1994, 28(94): 251-262.

[15] Wang F, Lu S, Ji M. Components of released liquid from ultrasonic waste activated sludge disintegration[J]. Ultrasonics Sonochemistry, 2006, 13(4): 334-338.

[16] 范艳辉，范凉娟，齐彪，等. 聚合氯化铝（PAC)改善污泥脱水性能的研究[J]. 环保科技, 2012, 18(1): 34-37.

[17] Kopp J, Dichtl N. Prediction of full-scale dewatering results by determining the water distribution of sewage sludges[J].

Water Science and Technology, 2000, 42(9): 141-149.

[18] Kopp J, Dichtl N. Influence of the free water content on the dewaterability of sewage sludges[J]. Water Science and Technology, 2001, 44(10): 177-183.

[19] Vaxelaire J, Cézac P. Moisture distribution in activated sludges: A review[J]. Water Research, 2004, 38(9): 2215-2230.

[20] 戢伟，张惠灵，王晓星，等. 表面活性剂与聚丙烯酰胺对污泥脱水性能的影响[J]. 矿产综合利用, 2013(5): 34-38.

[21] Qi Y, Thapa K B, Hoadley A F A. Application of filtration aids for improving sludge dewatering properties – A review[J]. Chemical Engineering Journal, 2011, 171(2): 373-384.

[22] Gregory J, Barang S. Adsorption and flocculation by polymers and polymer mixtures[J]. Advances in Colloid and Interface Science, 2011, 169(1): 1-12.

[23] Luo Y L, Yang Z H, Xu Z Y, et al. Effect of trace amounts of polyacrylamide (PAM) on long-term performance of activated sludge[J]. Journal of Hazardous materials, 2011, 189: 69-75.

[24] Chu C P, Lee D J. Structural analysis of sludge flocs[J]. Advanced Powder Technology, 2004, 15(5): 515-532.

[25] Zhen G Y, Yan X F, Zhou H Y, et al. Effects of calcined aluminum salts on the advanced dewatering and solidification/stabilization of sewage sludge[J]. Journal of Environmental Sciences, 2011, 23(7): 1225-1232.

[26] Zhen G Y, Lu X Q, Wang B Y, et al. Synergetic pretreatment of waste activated sludge by Fe (Ⅱ)–activated persulfate oxidation under mild temperature for enhanced dewaterability[J]. Bioresource Technology, 2012, 124(3): 29-36.

[27] Niu M Q, Zhang W J, Wang D S, et al. Correlation of physicochemical properties and sludge dewaterability under chemical conditioning using inorganic coagulants[J]. Bioresource Technology, 2013, 144(6): 337-343.

[28] Denisov V P, Halle B. Hydrogen exchange rates in proteins from water ^{1}H transverse magnetic relaxation[J]. Journal of the American Chemical Society, 2002, 124(35): 10264-10265.

[29] Belton P S. Can nuclear magnetic resonance give useful information about the state of water in foodstuffs? [J]. Comments on Agricultural and Food Chemistry Science, 1990(2): 179-209.

[30] Deng W Y, Li X D, Yan J H, et al. Moisture distribution in sludges based on different testing methods[J]. Journal of Environmental Sciences (China), 2011, 23(5): 875-880.

[31] Lens P, Hulshoff Pol L, Lettinga G, et al. Use of ^{1}H NMR to study transport processes in sulfidogenic granular sludge[J]. Water Science and Technology, 1997, 36(6): 157-163.

[32] Lens P, Vergeldt F, Lettinga G, et al. ^{1}H NMR characterisation of the diffusional properties of methanogenic granular sludge[J]. Water Science and Technology, 1999, 39(7): 187-194.

[33] Mikkelsen L H, Keiding K. Physico-chemical characteristics of full scale sewage sludges with implications to dewatering[J]. Water Research, 2002, 36(10): 2451-2462.

[34] Erdincler A, Vesilind P A. Effect of sludge cell disruption on compactibility of biological sludges[J]. Water Science and Technology, 2000, 42(9): 119-126.

[35] Sharp E L, Jarvis P, Parsons S A, et al. The impact of zeta potential on the physical properties of ferric—NOM flocs[J]. Environmental Science and Technology, 2006, 40(12): 3934-3940.

[36] Dihang D, Aimar P, Kayem J, et al. Coagulation and flocculation of laterite suspensions with low levels of aluminium chloride and polyacrylamids[J]. Chemical Engineering and Processing: Process Intensification, 2008, 47(9-10): 1509-1519.

[37] Saveyn H, Pauwels G, Timmerman R, et al. Effect of polyelectrolyte conditioning on the enhanced dewatering of activated sludge by application of an electric field during the expression phase[J]. Water Research, 2005, 39(13): 3012-3020.

[38] Higgins M J, Novak J T. Dewatering and settling of activated sludges: The case for using cation analysis[J]. Water Environment Research, 1997, 69(2): 225-232.

[39] Nielsen P H , Jahn A. Extraction of EPS[M]//Wingender J, Neu T R, Flemming H C. Microbial Extracellular Polymeric Substances. London: Springer, 1999.

[40] Shao L M, He P P, Yu G H, et al. Effect of proteins, polysaccharides, and particle sizes on sludge dewaterability[J]. Journal of Environmental Sciences, 2009, 21(1): 83-88.

第 4 章 硅酸盐用于污泥深度脱水调理

在污水处理领域，硅酸盐是常用的助凝剂，与铁或铝基絮凝剂在一定条件下能生成聚硅酸盐，通过电中和和吸附架桥协同作用，提高絮凝剂在水处理过程中的絮凝效果。本章将选用硅酸盐作为助剂，与氯化铁和氯化铝等无机小分子调理剂协同调理脱水污泥，以进一步深度降低污泥含水率，探究硅酸盐投加量、投加顺序等因素对污泥深度脱水的影响，揭示硅酸盐复配氯化铁和氯化铝对污泥脱水性能的影响机理，为小分子调理剂在污泥深度脱水上的应用提供理论基础。

4.1 硅酸盐复配无机小分子调理剂用于污泥的深度脱水

为了研究硅酸盐与无机小分子复配对初次脱水污泥的深度脱水效果，Na_2SiO_3（4g/300g 污泥）分别加入含 8g $AlCl_3$、$FeCl_3$ 或 $CaCl_2$ 无机小分子调理剂以及未处理的初次污泥中(脱水污泥基本特性：含水率为 81.2%，Zeta 电位为−35mV，滤液 pH 值为 7.85)，将处理后的四种污泥以及未加 Na_2SiO_3 的四种污泥进行压滤脱水，得到泥饼后测其脱水率，结果见图 4-1。

由图 4-1 可以看出，未添加 $AlCl_3$、$FeCl_3$ 或 $CaCl_2$ 的污泥很难直接通过压滤脱水，泥饼含水率仍接近 80%；污泥中单独加入 Na_2SiO_3 后，污泥整体变为果冻状，污泥水分更难脱除，压滤后的泥饼含水率反而略微上升。加入 8g $AlCl_3$、$FeCl_3$ 或 $CaCl_2$ 调理后的污泥含水率分别为 68%、65%和 70%，再加入 4g Na_2SiO_3 后，污泥脱水率进一步提高，泥饼含水率分别降低至 55%、50%和 65%，泥饼硬度显著提高。以上结果表明，Na_2SiO_3 单独作用于污泥，并不能提高其脱水效果，但是当与无机小分子调理剂复配时，能显著强化污泥深度脱水效果。

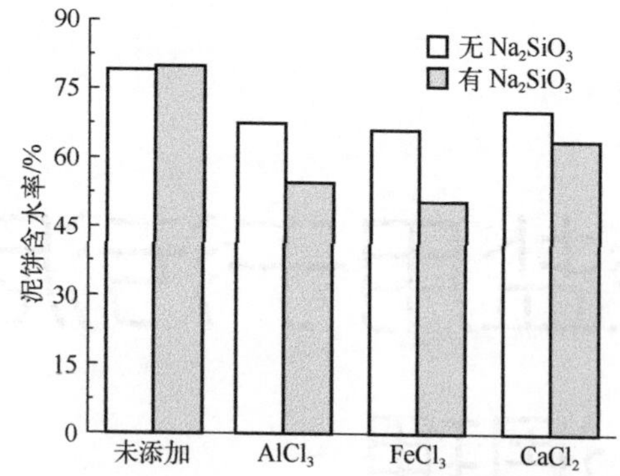

图 4-1　Na_2SiO_3复配小分子无机调理剂对泥饼含水率影响

4.1.1　氯化铁/氯化铝的投加量对污泥深度脱水的影响

通过加入不同投加量的 $FeCl_3$ 或 $AlCl_3$ 和 Na_2SiO_3 对污泥进行调理，以压滤后的泥饼含水率为指标，筛选出调理剂的最佳投加量，结果如图 4-2 所示。仅以 $FeCl_3$ 为调理剂时，泥饼含水率随着 $FeCl_3$ 的增加而显著下降。当 $FeCl_3$ 的投加量为 8g 时，泥饼含水率达到最低，降低至约 55%。将 $FeCl_3$ 和 Na_2SiO_3 复配后，对污泥的调理效果更为明显。Na_2SiO_3（4g）调理后的污泥再加入 $FeCl_3$ 后，脱水效果明显提升，而且随着 $FeCl_3$ 的增加，泥饼含水率随之下降，最低可降至约 50%，泥饼结构更为致密，强度显著增加。从图中还可以看出，污泥中只加入 $AlCl_3$ 时，随着 $AlCl_3$ 投加量的增加，泥饼含水率明显下降，最低可降至约 57%（此时 $AlCl_3$ 投加量为 8g）。Na_2SiO_3 的加入显著提升了 $AlCl_3$ 的脱水率，当 Na_2SiO_3 和 $AlCl_3$ 投加量分别为 8g 和 8g 时，泥饼含水率降至约 52%。对比 Na_2SiO_3/Fe 和 Na_2SiO_3/Al 两个体系，可以看出前者对污泥的脱水率高于后者，因此后续应用 $NaSiO_3$/Fe 对污泥进行调理，探究最优硅铁比例和投加顺序的影响。

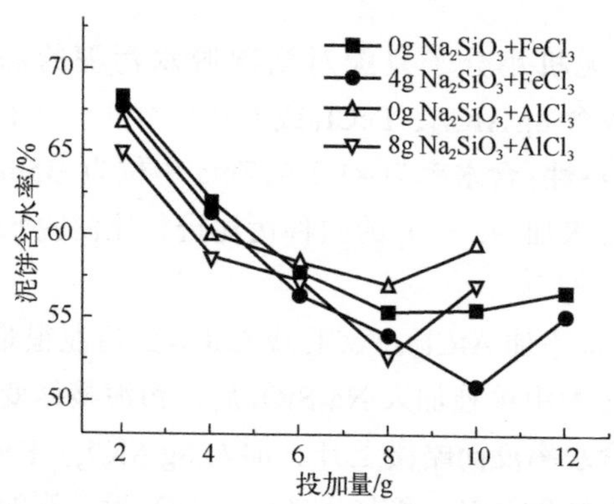

图 4-2　Na_2SiO_3 和 $FeCl_3$/$AlCl_3$ 投加量对泥饼含水率的影响

4.1.2 Na_2SiO_3/Fe 硅铁比对污泥深度脱水的影响

图 4-3 对比了不同硅铁比对污泥的调理效果。当脱水污泥加入一定量（8g、10g 和 12g）$FeCl_3$ 时，硅酸盐适量增加会提升脱水性能。当 Na_2SiO_3 投加量<4g 时，泥饼含水率随 Na_2SiO_3 的增加逐渐下降，脱水性能逐渐升高。当 Na_2SiO_3 投加量为 4g 时，尽管 $FeCl_3$ 投加量各有不同，但三种 $FeCl_3$ 投加量体系的泥饼含水率均达到最低点，分别约为 54%、49%和 50%；当三种体系中 Na_2SiO_3 投加量>4g 时，其脱水性能都随 Na_2SiO_3 投加量增加而逐渐下降，泥饼含水率呈逐渐上升的趋势。从性价比的角度来看，$FeCl_3$ 投加量为 10g，Na_2SiO_3 投加量为 4g 是污泥处理的最优条件。

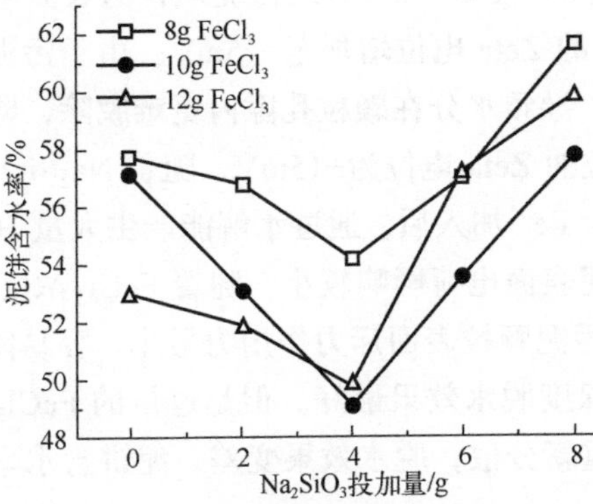

图 4-3 不同硅铁质量比对泥饼含水率影响

4.1.3 硅酸盐和氯化铁的投加顺序

通过改变硅酸盐（4g）和氯化铁（10g）投加顺序，对比污泥脱水性能变化研究其对污泥调理的影响。由表 4-1 中可知，先加 Na_2SiO_3 后加 $FeCl_3$ 时，压滤后的泥饼含水率为 49.2%，而先加 $FeCl_3$ 后加 Na_2SiO_3，泥饼含水率变化不大为 50.1%。以上结果说明硅酸盐和氯化铁的投加顺序并不是影响污泥二次深度脱水的关键因素。

表 4-1 硅酸盐和 $FeCl_3$ 不同的投加顺序下泥饼含水率

硅酸盐和 $FeCl_3$ 投加顺序	泥饼含水率/%
先加 Na_2SiO_3，再加 $FeCl_3$	49.2
先加 $FeCl_3$，再加 Na_2SiO_3	50.1

4.2 Na_2SiO_3调理污泥的机理探究

4.2.1 污泥颗粒的 Zeta 电位变化

由第 3 章可知，$FeCl_3$ 与 $AlCl_3$ 主要是通过电中和作用紧实污泥絮体结构，进而提高污泥脱水性能。但是由于硅酸盐自身带有负电荷，金属阳离子复配硅酸盐时，其对污泥颗粒的电中和作用可能受到抑制。为此，污泥添加硅酸盐后，检测其 Zeta 电位，考察 Na_2SiO_3 投加量对 Zeta 电位的影响，结果如图 4-4 所示。不加入 $FeCl_3$ 时，污泥颗粒的 Zeta 电位约为−35mV，随着 Na_2SiO_3 投加量的增加，污泥颗粒的表面电荷逐渐负移。当 Na_2SiO_3 投加量为 4g 时，污泥颗粒的 Zeta 电位增加至−45mV。由于污泥颗粒间的负电荷增大，其相互间的排斥作用增强，导致水分在颗粒孔隙内更难脱除，降低了污泥脱水效果。当加入 4g $FeCl_3$ 时，污泥颗粒的 Zeta 电位为−15mV，随着 Na_2SiO_3 的加入，污泥颗粒的表面电荷变化较小。这是因为 Fe^{3+}加入后，通过水解能产生大量 H^+，与硅酸根生成分子量较高的聚硅酸，所以对污泥表面电荷影响较小。随着 $FeCl_3$ 浓度增加至 8g 和 10g，污泥表面电荷接近 0mV，此时污泥颗粒表面斥力作用力最小，容易团聚，内部水分容易通过压滤排出，因此此时污泥深度脱水效果最好。但是过量的 $FeCl_3$ 会导致污泥颗粒携带多余正电荷，导致污泥颗粒重新分散，脱水效果变差，泥饼含水率反而上升。

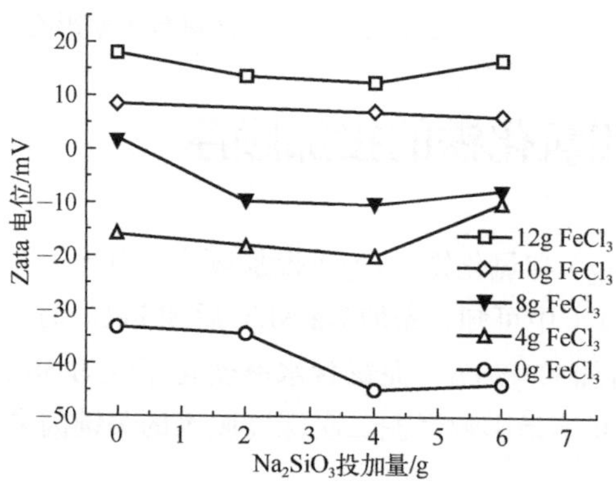

图 4-4 Na_2SiO_3 投加量对污泥 Zeta 电位变化的影响

4.2.2 聚硅酸的聚合架桥作用

为了研究脱水污泥内部结构的变化，通过扫描电镜（SEM）对未调理污泥[图 4-5（a）]、$FeCl_3$ 调理污泥[图 4-5（b）]和 $FeCl_3$/Na_2SiO_3 复配调理污泥[图 4-5（c）]进行观察。如图 4-5（a）所示，脱水污泥内部有较为明显的网状结构，这是由剩余污泥加入聚丙烯酰胺所致，由前文分析，虽然该结构有利于污泥初级脱水，但是会造成污泥内部变为“胶黏相区”，锁住污泥内部的水分，严重制约污泥深度脱水。当加入 $FeCl_3$ 后[图 4-5（b）]，污泥结构变得更加密实，网状结构消失，这是由于在 Fe^{3+}的电中和作用下，脱水污泥内部的网状结构被破坏，内部水分得以释放进而能够突破污泥内部“胶黏相区”。$FeCl_3$ 和 Na_2SiO_3 复配后[图 4-5（c）]，污泥内部又重新出现了网状结构，但是污泥结构堆积相比初始污泥更为紧密，这是由于聚硅酸的聚合架桥和 $FeCl_3$ 的电中和协同作用产生的，相比于松散的网状污泥颗粒，紧密的污泥结构更有利于内部水分排出，从而有利于污泥深度脱水。

(a)未处理　(b)$FeCl_3$调理　(c)Na_2SiO_3复配$FeCl_3$调理

图 4-5　未处理、$FeCl_3$ 调理和 Na_2SiO_3 复配 $FeCl_3$ 调理脱水污泥内部图像

三种调理后的污泥进行压滤后，对压滤泥饼结构进行观察，如图 4-6 所示（书后另见彩图）。未经预处理的污泥其碎片分布不规律，泥饼内部结构较为松散，说明污泥内部仅通过压滤无法突破“胶黏相区”。加入 $FeCl_3$ 后，有些污泥碎片具有较为平整的表面，说明污泥刚性有一定增强。当再加入 Na_2SiO_3 时，较为平整的污泥碎片面积进一步变大，内部结构相比于前两种污泥更加紧密。这种内部结构的变化以及污泥脱水性能的变化表明，由 Na_2SiO_3 所生成的网状结构能使得污泥絮体更加结实，进而巩固了污泥的内部孔隙，从而减小了污泥的可压缩性。因此，经过 Na_2SiO_3 调理后的污泥内部水分更容易被排出，脱水性能更好。

(a)未处理　(b)$FeCl_3$调理　(c)Na_2SiO_3复配$FeCl_3$调理

图 4-6　未处理、$FeCl_3$ 调理和 Na_2SiO_3 复配 $FeCl_3$ 调理后污泥压滤后的泥饼内部图像

以上结果表明，硅酸盐复配 $FeCl_3$ 或 $AlCl_3$ 能显著提高污泥的脱水性能。当 Na_2SiO_3 和 $FeCl_3$ 投加量为 4g 和 10g 时，污泥的含水率可从 80%降至 50%左右。硅酸盐和 $FeCl_3$ 的投加顺序对污泥脱水性能影响较小。硅酸盐的吸附架桥协同无机小分子调理剂的电中和作用能破坏脱水污泥内部的网状结构，而产生更为密实的网状结构，使污泥絮体更容易聚集从而减小污泥的可压缩性，最终使污泥脱水性能得到改善。

参考文献

[1] Wu B R, Dai X H, Chai X L. Critical review on dewatering of sewage sludge: Influential mechanism, conditioning technologies and implications to sludge re-utilizations[J]. Water Research, 2020, 180: 115912.

[2] Niu M Q, Zhang W J, Wang D S, et al. Correlation of physicochemical properties and sludge dewaterability under chemical conditioning using inorganic coagulants[J]. Bioresource Technology, 2013, 144(1): 337-343.

[3] 于晓，李衍博，张文哲，等. 化学调理法改善污泥脱水的研究进展[J]. 工业水处理, 2018, 38(11): 1-6.

[4] 王磊，夏菲菲，陈依，等. 城市污水厂生化污泥调理脱水研究[J]. 环境卫生工程, 2010, 18(03): 4-6.

[5] 李剑锋，刘信源，孙慧芳，等. 聚硅酸盐类絮凝剂改性及在水处理中的应用研究进展[J]. 水处理技术, 2016, 42(07): 12-16, 24.

[6] 范艳辉，范凉娟，齐彪，等. 聚合氯化铝 (PAC)改善污泥脱水性能的研究[J]. 环保科技, 2012, 18(1): 34-37.

[7] 路明，张慧，刘范嘉. 聚合氯化铝及阳离子聚丙烯酰胺复配改善市政污泥脱水性能试验研究[J]. 天津建设科技, 2013, 23(3): 67-68.

[8] 郭亚萍，胡云楚，吴晓芙. 复合絮凝剂对生活污泥脱水的研究[J]. 工业用水与废水, 2003, 34(3): 73-74.

[9] Gao B Y, Hahn H H, Hoffmann E. Evaluation of aluminum-silicate polymer composite as a coagulant for water treatment[J]. Water Research, 2002, 36(14): 3573-3581.

[10] Gao B Y, Yue Q Y, Wang B J, et al. Poly-aluminum-silicate-chloride (PASiC)—A new type of composite inorganic polymer coagulant[J]. Colloids and Surfaces A: Physicochemical and Engineering Aspects, 2003, 229(1-3): 121-127.

[11] 任伯帜，侯保林，杨艳玲. 粉煤灰改善污水污泥脱水性能的实验研究[J]. 环境科学与技术, 2010, 33(增 2): 184-187.

[12] 杨斌，杨家宽，唐毅，等. 粉煤灰和生石灰对生活污水污泥脱水影响研究[J]. 环境科学与技术, 2007, 30(4): 98-99.

[13] 李阳，伍昌年，凌琪，等. 改性粉煤灰对剩余污泥脱水性能的实验研究[J]. 安徽建筑工业学院学报：自然科学版, 2012, 20(5): 52-54.

[14] 仇元，李乾军，张长飞，等. 粉煤灰及生物质对污泥脱水性能的影响试验研究[J]. 化工装备技术, 2014, 35(3): 21-23.

[15] 师荣梅，宁平，赵健蓉，等. 粉煤灰和硅藻土对昆明污水厂污泥的脱水研究[J]. 昆明理工大学学报：理工版, 2008(05): 65-67, 85.

第二篇

污泥陶粒的制备、表征与膨胀机理

陶粒的生产目前主要以黏土、页岩为原料，这些原料都属于不可再生资源，阻碍了陶粒生产的可持续发展。根据国内外研究和实际生产的成功经验，目前以废渣为主原料生产陶粒的技术正在兴起，我国也对利用废渣进行生产的企业制定了优惠政策。污泥作为一种常见固体废物，利用其特殊性质进行陶粒制备的生产正引起广泛关注。

通过对污泥的化学成分分析发现，污泥中的无机成分可以作为黏土类材料的替代物来充当烧制陶粒的骨架。而污泥中的有机成分主要是含碳的有机物，可以作为陶粒膨胀的碳源；同时有机物质在高温焙烧过程中生成小分子气体物质，能够在陶粒内部和表面产生孔隙，增大陶粒的比表面积和孔隙率，并进一步降低陶粒的密度。因此，从理论上讲污泥特有的化学成分为制备轻质多孔陶粒提供了有利条件。

该部分将在综合分析国内外利用污泥制备陶粒的研究基础上，重点介绍超轻/轻质污泥陶粒的制备方法和工艺条件。并通过对污泥陶粒的性质表征，深入分析污泥陶粒的膨胀机理、建立膨胀模型，通过与商品陶粒的性质对比分析其用于实际生产中的可行性。

第5章 超轻多孔污泥陶粒的制备与膨胀机理

随着社会经济的高速发展和人民生活水平的快速提高，城市污水厂的数量不断增加，污水处理量也日益增加，直接导致了污泥产生量的不断增大。传统的污泥处理方法极易产生二次污染，而目前新兴的部分资源化技术由于受到技术及成本等方面的限制，短时间内很难得到大规模的应用，所以发展经济有效的污泥处理处置和综合利用的方法显得至关重要。另外，在工业生产中有大量固体废物产生，如赤泥、钢渣、化工废渣等，利用污泥和固体废物制备污泥基环保材料——陶粒成为固体废物资源化的一个新途径和研究热点。污泥基陶粒的生产和应用能够最大限度实现污泥和固体废物的减量化、无害化和资源化，值得推广。

陶粒是一种多孔陶质粒状物，内部呈泡沫状或者蜂窝状孔隙，具有一定的强度和刚度、隔声、保温、环保等特性，应用广泛。陶粒主要由含 Si、Al、Ca、Fe、Na、K、Mg 等元素的矿物成分组成。按照化学成分在生产过程中的作用，可以将原料分为 3 类：

① 骨架成分，组成新型多孔材料的骨架和受力框架，主要由含 Si、Al 的矿物组成；

② 成气成分，形成多孔形态的主要物质，主要为有机质和高温产气类物质如铁盐、锰盐、碳酸镁和碳酸钙等；

③ 助熔成分（flux），起助熔作用，降低骨架成分的熔点，主要为含碱金属和碱土金属的盐类和矿物类。

通常认为，不添加助胀剂的原料化学成分多在以下范围：SiO_2 48%～68%，Al_2O_3 12%～18%，Fe_2O_3 5%～10%，Na_2O+K_2O 2.5%～7.0%。实验表明，硅、铝含量过高，则会导致烧成温度偏高；钙、镁含量不能过高，否则易黏结；Fe_2O_3、K_2O、Na_2O 含量高时对料球膨胀有利。

污泥、赤泥等固体废物可以部分满足新型多孔材料对原料化学成分的要求。例如，污泥中除了有机物外，往往还含有 20%～30%的无机物，主要是 Si、Al、Ca、Fe 等，这些成分可以用于制造多孔材料；赤泥中含有的 Fe_2O_3 能够提供建筑材料的成气成分，赤泥的高碱度可以提供新型多孔材料的助熔成分，同时赤泥中丰富的 Al 元素可以提供部分骨架成分。因此，可以将污泥和赤泥用于烧结类新型多孔材料的制备。国内也有一些研究者在该方面进行了制备工艺相关方面的研究，如利用污泥和赤泥制备陶粒混凝土、保温墙体材料、隔热板材等。但在国内外研究者利用这些固体废物制备烧结类新型多孔材料的报道中，膨胀机理尚未形成共识，膨胀的模型并没有完善。

在污水处理领域，陶粒主要应用于曝气生物滤池（BAF）中充当滤料，尤其是在一体化污水处理装置中以及污水深度处理中，应用广泛。目前市售的商品陶粒密度大、孔隙率低，在用作水处理滤料时反冲洗压力大、能耗高，极大地限制了 BAF 等高效深度处理工艺的推广。笔者多年的研究表明，采用污泥和固体废物烧制的超轻污泥陶粒密度小，易于反冲洗；孔径发达，适合生物膜的生长，水处理效果好；且易于维护，能耗和运行成本低，因此具有巨大的市场需求。再者，高效、节能、绿色、环保已成为当今时代对建筑材料的基本要求，超轻污泥陶粒属于烧结类多孔材料，具有质轻、相对强度高、隔热保温性能好、耐火性能好等特点，可以用作建筑骨料而生产混凝土砌块，是一种非常理想的节能型墙体材料，在显著提高建筑物的蓄热能力的同时，有利于减轻和减薄建筑结构，具有较高的应用价值，在节能环保、固体废物资源化方面具有重大意义，受到国内外的广泛关注。

鉴于上述原因，本章以污泥和赤泥为主要原料采用两段法烧制超轻污泥陶粒，在确定最佳烧结工艺的同时，主要研究制备工艺以及原料成分对多孔陶粒性质的影响，同时对烧制过程中的膨胀机理进行深入探讨，并进一步建立膨胀模型，为污泥、赤泥等固体废物用于陶粒的生产提供理论基础，而目前该方面的深入研究还不多见。

5.1　污泥的性质分析

5.1.1　污泥的基本性质分析

选取的污泥来自光大水务（济南）有限公司一厂。污泥的含水率、挥发分、烧失量和热值如表 5-1 所列。

表 5-1　污泥的基本性质

含水率/%	挥发分（干基）/%	烧失量（干基）/%	热值/（MJ/kg）
86.43	46.51	65.83	18.50

可以看出，该种污泥的含水率为 86.43%，为了减小污泥水分对陶粒配料过程的影响，必须对其进行干化处理；同时脱水污泥有较高的热值（达到一般褐煤的热值），挥发分和烧失量都比较高，因此可以推断在陶粒烧制过程中可以提供一部分能量，污泥炭化后又能得到大量碳，为陶粒的膨胀提供充足的成气物质，满足烧制陶粒的基本要求。

5.1.2 污泥的化学成分分析

膨胀陶粒化学成分分类图如图 5-1 所示。污泥的化学成分分析结果如表 5-2 所列。其中，SiO_2 含量仅为 24.90%，低于 Reliy 三相图中所要求的 SiO_2 质量比例为 53%~ 79%，并且助熔成分含量较高（CaO 含量为 21.35%，Fe_2O_3 含量为 9.72%），故仅选用脱水污泥作为原料不能烧制膨胀的超轻陶粒。由此推断必须添加其他富含 SiO_2、Al_2O_3 成分的物质（如黏土），使生料的总体化学成分配比符合 Reliy 成分三相图的要求。污泥中的硫和磷的含量（质量比以氧化物形式计算）偏高，这主要是生活污水硫酸盐和含磷物质的排入造成的。

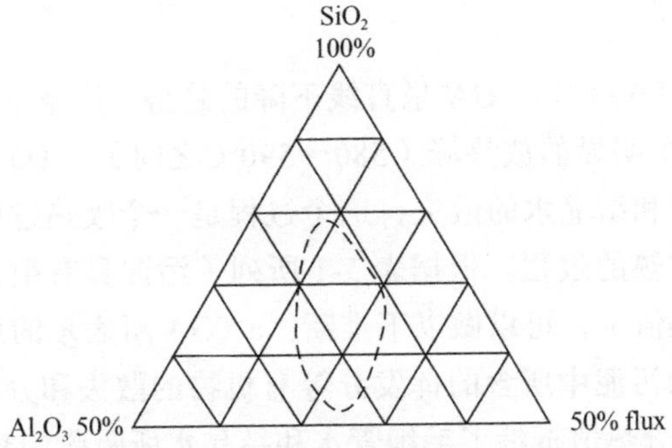

图 5-1 膨胀陶粒化学成分分类图（Reliy 成分三相图）

表 5-2 污泥的化学成分分析

化学成分	含量（质量分数）/%	化学成分	含量（质量分数）/%
SiO_2	24.9	SO_3	9.08
Al_2O_3	13.1	P_2O_5	5.62
Fe_2O_3	9.72	WO_2	10.44
MgO	2.71	TiO_2	0.95
CaO	21.35	Na_2O	—
K_2O	2.11	其他	0.02

5.1.3 污泥的热性质分析

污泥的热性质分析（差示扫描量热法/热重分析法：DSC/TGA）如图 5-2 所示。

根据图 5-2 和表 5-1、表 5-2 的内容可以得到以下信息：

① 从室温（22.1℃）到 136℃，TGA 的曲线呈下降的趋势（质量下降为 4.58%），同时在 DSC 曲线上表现为一个吸热峰。这主要是由污泥表面含有的吸附水的挥发造成的，在进行热能测试以前污泥是经过烘干处理的，这也说明污泥具有很强的吸水性。

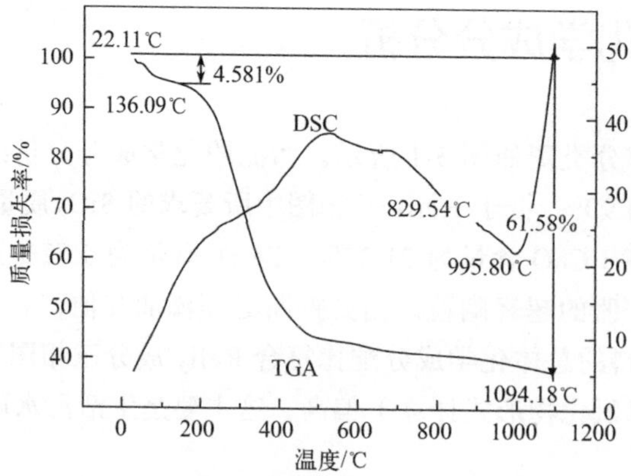

图 5-2 污泥的热性质分析（DSC/TGA）

② 温度从 200℃到 600℃，TGA 呈直线下降的趋势（质量下降 45.0%以上），同时在 DSC 曲线上出现一个明显的放热峰（580～590℃之间）。TGA 下降的主要原因有两个：一是污泥毛细管水和结晶水的散失，这个过程是一个吸热过程；二是污泥中有机物质的分解，这是一个放热的过程。根据表 5-1 所列（污泥具有很大的挥发分含量和烧失量，同时具有较高的热值），可以做以下推断：a.TGA 所表示的质量的下降主要是由污泥毛细管水、结晶水和污泥中所含的挥发分等有机物的散失和分解造成的；b.由于污泥具有很高的热值，这部分热值抵消了毛细管水和结晶水所吸收的热量，最终在 DSC 曲线中表现出一个放热峰的现象。

③ 从 600℃到 1090℃，TGA 表现出缓慢下降的趋势（5.0%～6.0%的质量损失）；在 DSC 曲线中表示出一个明显的吸热峰（从 829.54℃开始，峰顶发生在 995.8℃）。根据污泥能量色散 X 射线分析（EDX）的化学成分分析可以推断：当温度上升到 829.54℃时，污泥中含有的 Ca 盐分解，当温度继续升高时硫酸盐和磷酸盐开始分解，上述的三者共同引起 DSC 曲线呈现吸热的现象。

5.1.4 污泥的安全性分析

污泥中常见的 8 种有毒重金属含量析出测试结果如表 5-3 所列。

表 5-3 干污泥中有毒重金属含量析出测试

重金属类型	含量/(mg/kg)	GB 5085.3—2007 要求含量/(mg/kg)	重金属类型	含量/(mg/kg)	GB 5085.3—2007 要求含量/(mg/kg)
总 Cu	39.59	≤100.00	总 Pb	6.07	≤5.00
总 Zn	23.19	≤100.00	总 Ba	11.86	≤100.00
总 Cd	0.07	≤1.00	总 Ni	0.31	≤5.00
总 Cr	2.59	≤15.00	总 As	0.23	≤5.00

在 8 种有毒重金属析出浓度测试中，总 Cu 和总 Zn 的含量最高，分别为 39.59mg/kg 和 23.19mg/kg，其次为总 Ba，含量为 11.86mg/kg，Cd、Cr、Ni 和 As 的含量相对较低。上述的 7 种重金属浓度均在国标要求浓度以下，但总 Pb 的浓度为 6.07mg/kg，远超过国标要求（≤5.00mg/kg），这可能是原污水中 Pb 浓度较高造成的。

5.2 超轻多孔污泥陶粒的制备方法

制备陶粒的原料中，除污泥外，还选用山东铝业集团的赤泥、济南明水地区黄河沿岸的贫瘠黏土（济南黏土）和淄博某砖厂的原料黏土（淄博黏土）。

将污泥、赤泥、黏土中所含的大块石子等杂物清除，随后分别将 3 种原料采用自然干化的方法在通风朝阳处摊晒，每天翻晒两次以便加速其干化速度，摊晒 1 周后，于 104℃的电热恒温鼓风干燥箱中恒温干燥 4h。干燥好的样品用电磁制样粉碎机粉碎后用 100 目（颗粒直径≤0.154mm）筛筛分。

分别将预处理后的原料按照质量比例进行配比，加入 7%左右的水调匀后在成球机（DZ-20，中南制药机械厂制造）内滚至成球，用筛孔直径为 5～6mm 的筛子对生料球进行筛分并放置于通风橱内 24h 进行常温（25℃左右）干燥处理。常温干燥后的生陶粒放置于马弗炉中进行预热处理，随后迅速转入事先设定好温度的高温管式电阻炉（SKQ-2，龙口市东莱龙一电炉厂）中烧制预定的时间，随后取出放置于通风橱内自然冷却至室温。多孔陶粒的两段法（预热+烧结）制备过程如图 5-3 所示。

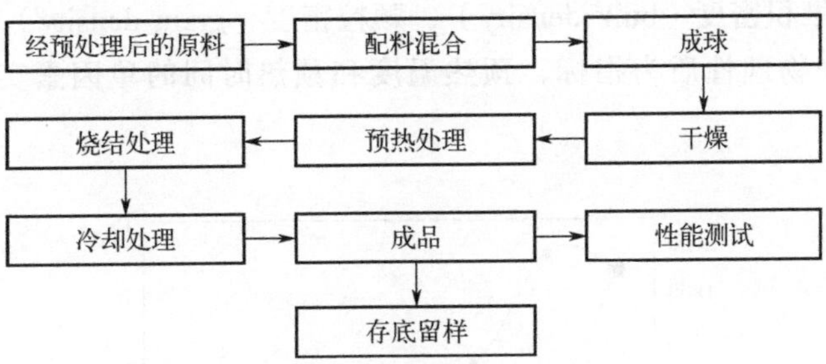

图 5-3　陶粒的制备流程

制备多孔陶粒的过程较为烦琐，每个步骤都会对陶粒的性质产生影响。为了明确整个烧制过程中各步骤对陶粒性能的影响情况，因此必须对配制过程中黏土、污泥等原料的配比范围、预热过程中的预热温度和时间，烧结过程中的烧结温度和时间等工艺进行确定和优化。制备工艺研究过程包括原料配比实验、预热温度和预热时间单因素实验、烧结温度和烧结时间单因素实验 3 个步骤，并进行陶粒的性能测试。

（1）预热温度和预热时间单因素实验

根据 Reliy 化学成分三相图配制原料黏土：污泥质量比为 3：7 的生料球，分别在

200℃、250℃、300℃、350℃、400℃、450℃和500℃的马弗炉中进行预热10min、20min和30min后放置于管式电阻炉中烧结后取出。

（2）烧结温度和烧结时间单因素实验

固定原料配比（质量比）污泥：黏土为3：7，预热温度400℃、预热时间20min，烧结时间5min、10min和15min。烧结温度950℃、1000℃、1050℃、1150℃、1160℃。

（3）原料配比单因素实验

为了得到烧制超轻污泥陶粒所需污泥的最大添加量，选取污泥和黏土这两种原料按照质量比例为0：10、1：9、2：8、3：7和4：6的比例混合均匀，经400℃预热20min后在1150℃的高温管式电阻炉中进行实验性烧结。

（4）陶粒的性能测试

采用电感耦合等离子体-原子发射光谱（ICP-AES）对最佳工艺条件下制备的超轻污泥陶粒的有毒重金属析出浓度进行测试；采用SEM对不同温度条件下制备的污泥陶粒的表观和界面进行微观分析。

5.3 制备工艺参数对超轻污泥陶粒性质的影响

5.3.1 预热温度和预热时间单因素实验

选取陶粒的堆积密度（bulk density）、颗粒密度（grain density）和吸水率（water absorption）三个物理性质为指标，预热温度和预热时间的单因素实验结果如图5-4所示。

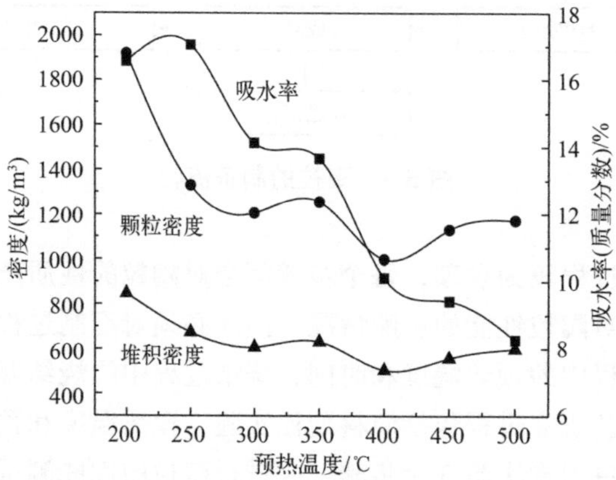

(a)预热时间为10min

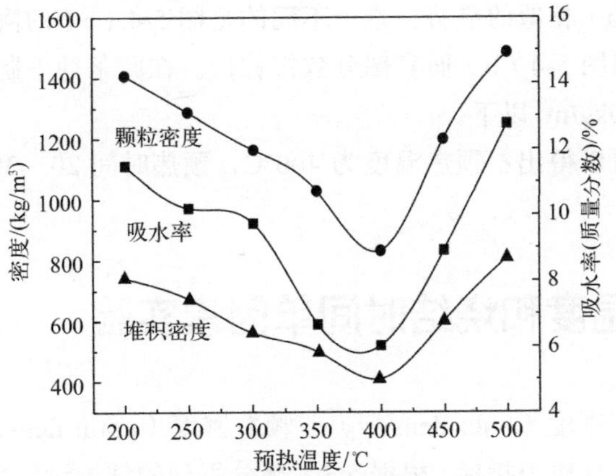

(b)预热时间为20min

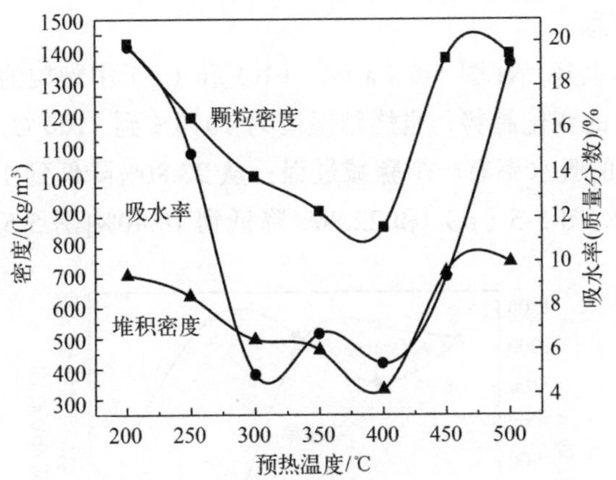

(c)预热时间为30min

图 5-4　预热温度和预热时间的单因素实验

据此可以得到如下信息：

由图 5-4（a）可以得出：当预热时间为 10min，在预热温度低于 400℃以前，陶粒的颗粒密度和堆积密度随着预热温度的升高而减小；当预热温度处于 400～500℃范围内，陶粒的颗粒密度和堆积密度随着预热温度的升高而增大。当预热温度为 400℃时，在预热时间为 10min 下，陶粒的堆积密度和颗粒密度具有最小值，分别为 500.00kg/m^3 和 1001.00kg/m^3。陶粒的吸水率随着预热温度的上升呈现持续下降的趋势。

在图 5-4（b）中，当预热温度≤400℃时，陶粒的堆积密度、颗粒密度和吸水率曲线和图 5-4（a）具有相同的趋势，即随着预热温度的上升，陶粒的堆积密度、颗粒密度和吸水率呈现下降的趋势；当预热温度≥400℃时，陶粒的堆积密度、颗粒密度和吸水率迅速升高。在预热温度为 400℃左右时陶粒的堆积密度、颗粒密度和吸水率具有最小值，分别为 402.80kg/m^3、829.00kg/m^3 和 5.70%。根据 GB/T 17431.2—2010 可以判定，此种陶粒属于超轻陶粒。

在图 5-4（c）中，在整个实验过程中陶粒的堆积密度曲线、颗粒密度曲线和吸水率曲线呈现和图 5-4（b）相似的趋势。唯一不同的是图 5-4（c）的陶粒的堆积密度、颗粒密度和吸水率相比较图 5-4（b）而言部分数据偏低。在此条件下制备的超轻陶粒的堆积密度最小值在 350.00kg/m^3 以下。

综合上述现象可以得出：预热温度为 400℃，预热时间 20～30min 是烧制超轻陶粒的必要条件。

5.3.2 烧结温度和烧结时间单因素实验

选取陶粒的堆积密度（bulk density）、颗粒密度（grain density）和吸水率（water absorption）三个物理性质为指标，根据 5.3.1 部分得到的结论设定预热温度为 400℃，预热时间为 20min，进行烧结温度和烧结时间的单因素实验，其结果如图 5-5 所示。

可以得到如下信息：

随着烧结温度的上升，在图 5-5（a）、（b）和（c）中陶粒的颗粒密度、堆积密度和吸水率均呈现相似的变化趋势；当烧结温度为 1050℃到 1100℃，烧结时间从 5min 到 15min 变化时，陶粒的吸水率有一个骤减过程：从 23.80%降低到 12.50%[图 5-5（a）]、22.50%降低到 10.40%[图 5-5（b）]和 22.80%降低到 10.40%[图 5-5（c）]。

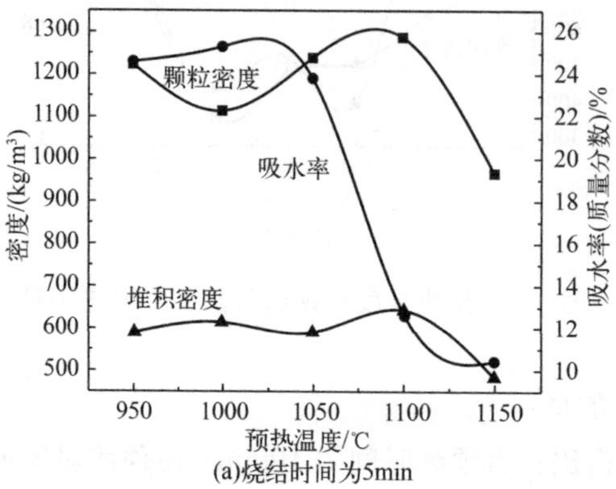

(a)烧结时间为5min

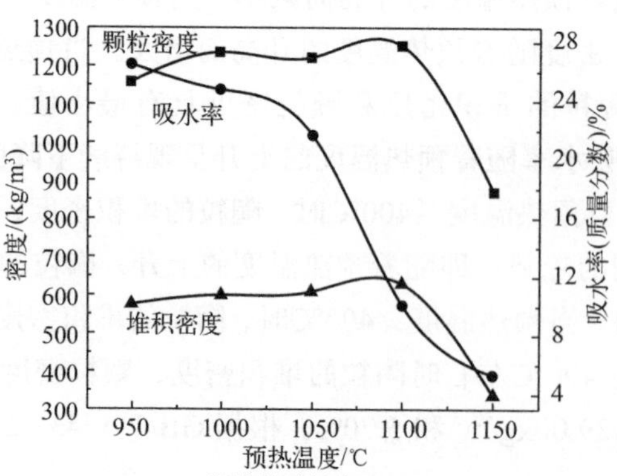

(b)烧结时间为10min

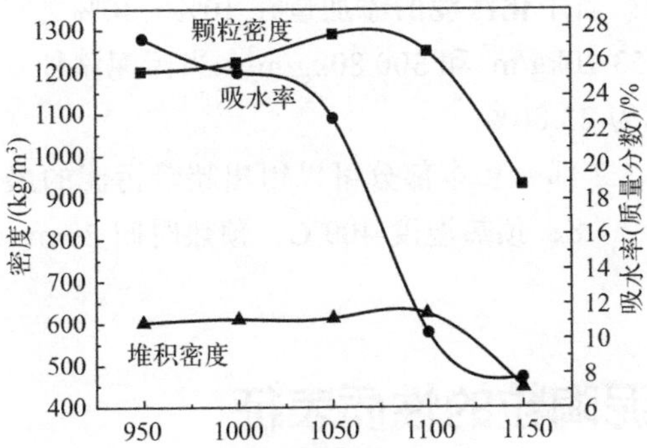

(c)烧结时间为15min

图 5-5　烧结温度和烧结时间单因素实验

在图 5-5 的 3 个分图中，当烧结温度为 1100℃时，虽然烧结时间呈倍数增长(从 5min 到 15min)，但是陶粒的堆积密度[(a)642.58kg/m^3，(b)627.58kg/m^3，(c)625.08kg/m^3]基本保持稳定；当烧结温度为 1150℃时，陶粒的堆积密度和吸水率一样呈现骤减现象，此温度下陶粒的堆积密度分别为 481.30kg/m^3、330.80kg/m^3 和 448.20kg/m^3。同时需要说明的是：当烧结温度为 1150℃时，烧结温度为 10min 时的陶粒的颗粒密度略低于烧结温度为 15min 时的颗粒密度。

综合上述现象可以得出：超轻陶粒的最佳烧结温度为 1150℃，烧结时间为 10min。

5.3.3　原料配比单因素实验

选取陶粒的堆积密度、颗粒密度和吸水率三个物理性质为指标，设定预热温度为 400℃，预热时间 20min，烧结温度 1150℃，烧结时间 10min 进行原料配比的单因素实验。实验结果如图 5-6 所示。

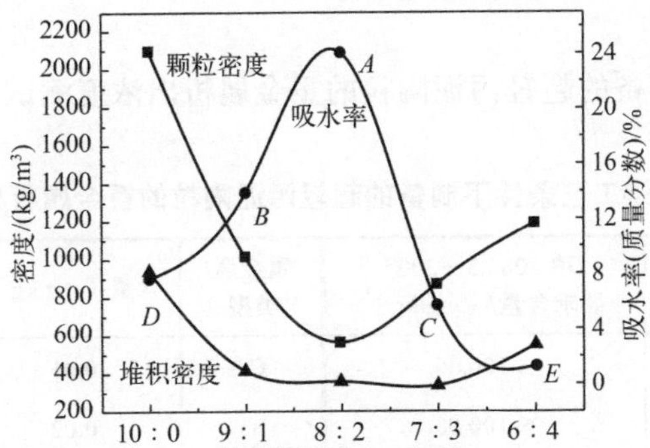

图 5-6　原料配比单因素实验

实验选取了 5 种原料配比，分别为 *D*—10∶0，*B*—9∶1，*A*—8∶2，*C*—7∶3，*E*—6∶4；相当于干化污泥添加量 *A*—20%，*B*—10%，*C*—30%，*D*—0%，*E*—40%

由图 5-6 可以得出：当干化污泥的添加量在 10%～30%之间时，相应的陶粒的堆积密度为 405.00kg/m^3、353.70kg/m^3 和 300.80kg/m^3。当污泥添加量为 20%时，吸水率达到最大值，其最大吸水率为 23.80%。

综合本章 5.3.1、5.3.2 部分和本部分可以得出超轻污泥的最佳制备工艺：原料配比（质量比）污泥：黏土=2：8；预热温度 400℃，预热时间 20min；烧结温度 1150℃，烧结时间为 10min。

5.3.4 超轻污泥陶粒的性质表征

5.3.4.1 超轻污泥陶粒的物理性质

按照 5.3.1、5.3.2 和 5.3.3 部分得出的最佳工艺条件制备超轻污泥陶粒，在此条件下生产的超轻污泥陶粒的物理性质如表 5-4 所列。

表 5-4 最佳工艺条件下制备的超轻污泥陶粒的物理性质

项目	堆积密度/（kg/m^3）	颗粒密度/（kg/m^3）	1h 吸水率/%
超轻污泥陶粒（ULWC）	330.80	865.30	5.30
GB/T 17431.2—2010	<500.00	—	<15.00

经过对比可以得知：该条件下制备的超轻污泥陶粒，按照 GB/T 17431.1—2010、GB/T 17431.2—2010 属于 400 号的超轻陶粒的范畴。

5.3.4.2 超轻污泥陶粒的重金属析出浓度测试分析

最佳工艺条件下制备的超轻污泥陶粒的重金属析出浓度测试结果如表 5-5 所列。

表 5-5 最佳工艺条件下制备的超轻污泥陶粒的重金属析出浓度测试

重金属类型	含量/（mg/kg）	GB 5085.3—2007 要求含量/（mg/kg）	重金属类型	含量/（mg/kg）	GB 5085.3—2007 要求含量/（mg/kg）
Cu	0.04	≤100.00	Cr	0.01	≤15.00
Zn	0.02	≤100.00	Ba	0.02	≤100.00
Cd	0.01	≤1.00	Ni	未检出	≤5.00.
Pb	0.07	≤5.00	As	0.01	≤5.00

根据表中结果可以得出：超轻陶粒被检测的 8 种常见的有毒重金属析出浓度均符合国家的限定标准 GB 5085.3—2007。同时其重金属析出浓度远低于 5.1.4 部分污泥中的有毒重金属析出的浓度，因此以污泥生产陶粒既可以解决生产过程中原料的不足，同时能够固化污泥中有毒重金属的析出，保证其使用过程的安全性。

5.3.4.3 污泥陶粒的微观结构分析

选取原料配比（质量比）污泥：黏土=2：8；预热温度为 400℃，预热时间为 20min；烧结温度为 1050℃、1100℃和 1150℃，烧结时间为 10min 的三种成品陶粒（分别命名为 B、C 和 D 料球，其中 D 料球是超轻污泥陶粒）及在此配料下制备的生料球（A 料球）的表面和截面进行微观结构 SEM 分析。测试的结果如图 5-7 所示。图中，A-a（×200）和 A-b（×1000）为生料球 A 表面的 SEM 照片，A-c（×200）和 A-d（×1000）为生料球截面的 SEM 照片，B、C 和 D 的代码以此类推。

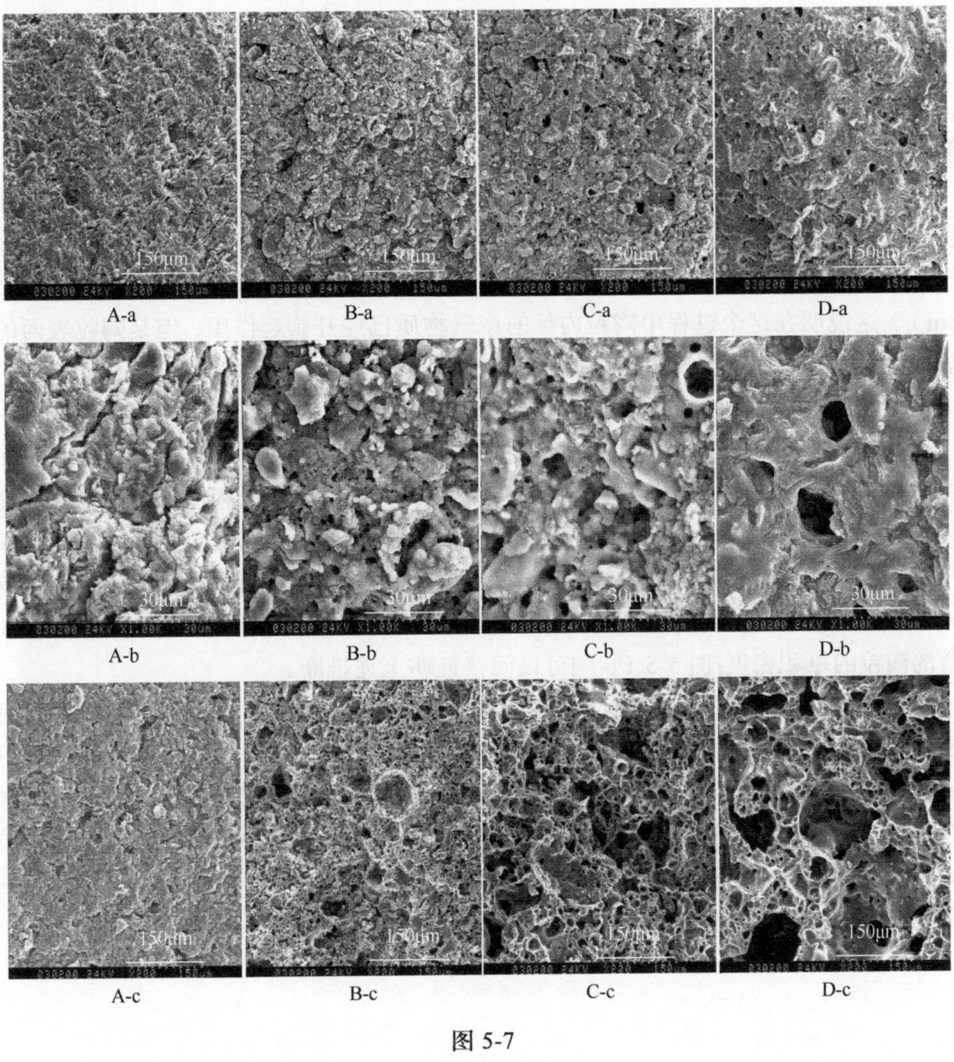

图 5-7

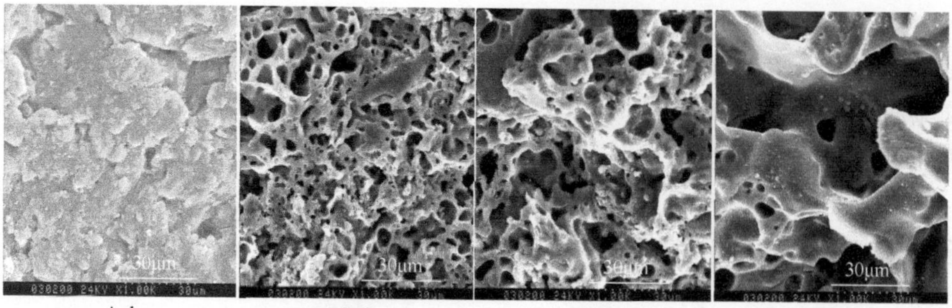

图 5-7　各条件下制备的陶粒的微观结构图

图中 A-a、A-c、B-a、B-c、C-a、C-c、D-a 和 D-c 为 200 倍放大的 SEM 照片；A-b、A-d、B-b、B-d、C-b、C-d、D-b 和 D-d 为 1000 倍放大的 SEM 照片。图 A-a 和 A-b 为生料球的表面；A-c 和 A-d 为生料球的截面；B-a 和 B-b 为 1050°C 烧结陶粒的表面；B-c 和 B-d 为 1050°C 烧结陶粒的截面；C-a 和 C-b 为 1100°C 烧结陶粒的表面；C-c 和 C-d 为 1100°C 烧结陶粒的截面；D-a 和 D-b 为 1150°C 烧结陶粒的表面；D-c 和 D-d 为 1150°C 烧结陶粒的截面

由图 5-7 可以得到如下结论：

① 生料球的表面 SEM 照片（A-a 和 A-b）和截面 SEM 照片（A-c 和 A-d）非常平滑，没有任何气泡生成。这说明陶粒的膨胀在常温下是不能发生的（在不加任何常温膨胀剂的条件下）。

② 当烧结温度为 1050℃时，陶粒的表面（B-a 和 B-b）有细微的孔存在，且分布着形状规则的块状和球状物质（直径为 90～120μm）；陶粒的截面（B-c 和 B-d）存在大量的气孔，其直径基本为 30～60μm，并且从 B-d 中可以看到内部的框架纤细（直径为 15～20μm）。这说明在这个过程中陶粒内部的产气物质已经开始起作用，但是陶粒表面的外壳能够完全包裹陶粒内部产生的气体。

③ 当烧结温度为 1100℃时，陶粒表面可以观察到大量的大小不一的气孔（C-a 和 C-b），其直径在 30μm 左右；陶粒截面可以看到少量的大孔（直径为 150～300μm）和大量的小孔（直径为 15～30μm），并且陶粒内部的框架结构的粗壮程度远大于烧结温度为 1050℃下陶粒的框架。这说明陶粒内部产气程度增加，气体开始聚集，这导致了陶粒的进一步膨胀；同时少量的距离陶粒表面比较近的气泡部分散逸出陶粒的表面。但是散逸的气体量远远少于陶粒外壳包住的气体量。1100℃制备的陶粒的堆积密度远大于 1050℃制备的陶粒的堆积密度[图 5-5（c）]可以间接证明上述推断。

④ 当烧结温度为 1150℃时，陶粒表面（D-a 和 D-b）存在明显的气孔，没有任何晶体物质存在，这说明陶粒表面接近熔化状态。陶粒内部气孔明显地分为 3 种：a.连通孔，这种孔有的直接连接到陶粒的表面且肉眼可见（直径为 300μm 以上）；b.包裹孔，这种孔在陶粒内部且不和陶粒表面相连接，因此可以推测这种孔是由于陶粒内部产气物质产生的气体相互融合，并被陶粒外壳包裹所形成的；c.骨架孔，位于陶粒框架结构上，主要是产气物质从陶粒骨架上散逸而形成的。

5.4 不同土质对超轻污泥陶粒性质的影响

根据具体陶粒生产厂家提供的陶粒样品，在以黏土为原料生产陶粒的过程中，由于各地土质的不同（也就是化学组成的差异），导致了生产出的多孔陶粒在堆积密度上有极大的差别。堆积密度是陶粒成孔膨胀的一个重要的表现。为了揭示其中原因，必须对土质进行一个深入细致的分析。通过土质的实验可以进一步解释化学组成（膨胀剂）对膨胀的影响。

分别将两种黏土（济南黏土、淄博黏土）和污泥按照质量比例为 10∶0，9∶1，8∶2，7∶3，6∶4 进行配比，加入 7%左右的水调匀后在成球机（DZ-20，中南制药机械厂制造）内滚至成球，用筛孔直径为 5～6mm 的筛子对生料球进行筛分并放置于通风橱内 24h 进行常温（25℃左右）干燥处理。常温干燥后的生陶粒放置于 400℃马弗炉中预热 20min，随后迅速转入 1150℃高温管式电阻炉（SKQ-2，龙口市东莱龙一电炉厂）中烧制 10min 后取出放置于通风橱内自然冷却至室温。其后对陶粒成品的性质进行测试。

5.4.1 济南黏土和淄博黏土的性质分析

5.4.1.1 济南黏土和淄博黏土的化学成分分析

济南黏土和淄博黏土的化学成分分析结果如表 5-6 所列（化学成分质量分数均以各元素高价态氧化物形式计算）。可以看出：两种黏土的主要成分为 SiO_2 和 Al_2O_3，两种成分占 85%左右。淄博黏土的含铁量和含钙量（8.47%和 1.87%）要远远地高于济南黏土（3.72%和 0.87%）；钠、钾量稍微高出济南黏土（分别比济南黏土高出 6.88%和 12.50%）。济南黏土含镁和钛量则远远地大于淄博黏土。虽然两种黏土的化学成分有所不同，但是两种黏土都适合于轻质陶粒的生产。

表 5-6 济南黏土和淄博黏土的化学成分分析（质量分数） 单位：%

材料	SiO_2	Al_2O_3	Fe_2O_3	CaO	MgO	Na_2O	K_2O	TiO_2
济南黏土	67.37	19.58	3.72	0.87	3.36	2.18	2.32	0.60
淄博黏土	65.03	17.61	8.47	1.87	2.08	2.33	2.61	—

5.4.1.2 济南黏土和淄博黏土的热性质分析

黏土的主要成分基本上为无机物，因此仅需要 TGA 便可以满足对两种黏土的热性质分析。两种黏土的热性质分析（TGA）如图 5-8 所示。在 120℃以前济南黏土和淄博黏土的质量损失分别为 0.90%和 3.25%，这主要是由黏土的吸附水的散失造成的。120～600℃之间淄博黏土和济南黏土的质量损失分别为 2.50%和 6.60%，这是由毛细管水和结合水的散失造成的。在 600℃以前两种黏土主要是进行脱水反应。600℃以后两种黏土的热重曲线有了明显的不同：济南黏土的热重曲线从 700℃到 1100℃基本上没有发生变化；淄博黏土从 600℃到 900℃质量上升 1.55%，900℃到 1100℃质量上升 0.90%，这可能是由黏土中低价态的铁（FeO、Fe_3O_4）与空气中的氧气反应生成 Fe_2O_3 造成的。

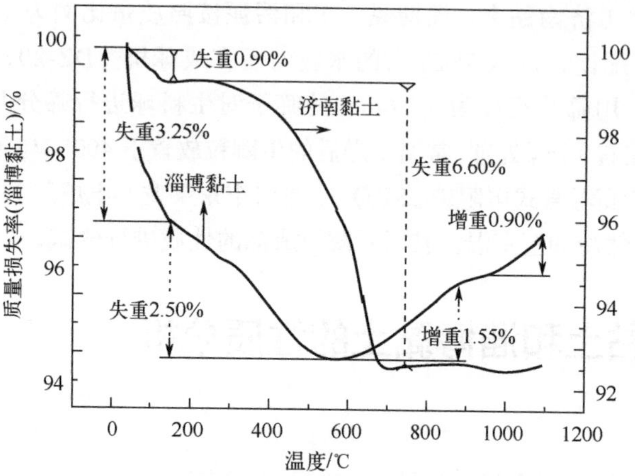

图 5-8 济南黏土和淄博黏土的热性质分析（TGA）

5.4.2 两种污泥陶粒的物理性质分析

利用济南黏土烧制的轻质污泥陶粒物理性质如图 5-9 所示；利用淄博黏土烧制的超轻污泥陶粒物理性质如图 5-10 所示。

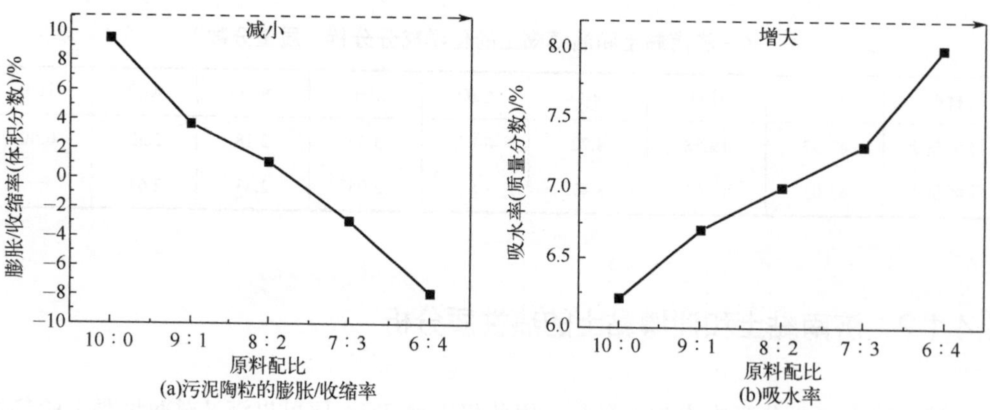

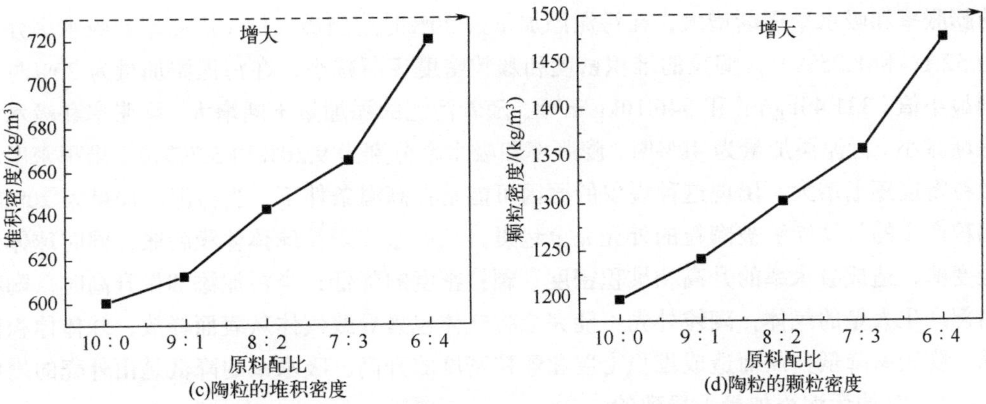

图 5-9　济南黏土和脱水污泥烧制轻质陶粒的物理性质

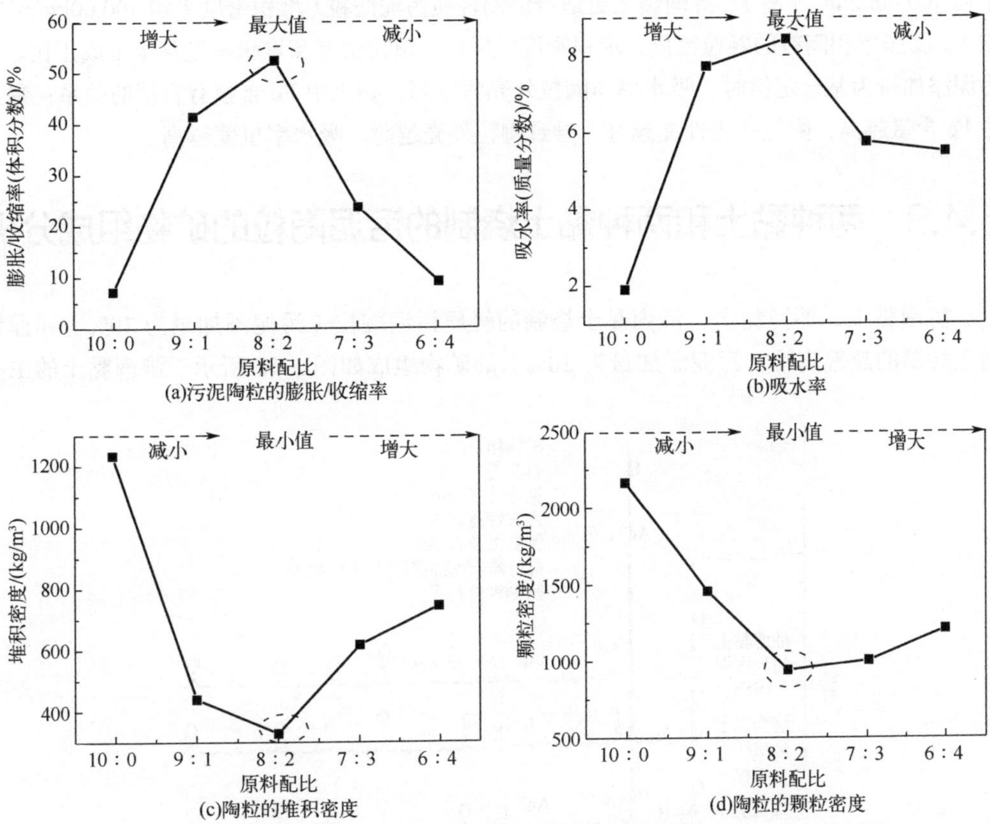

图 5-10　淄博黏土和脱水污泥烧制超轻污泥陶粒的物理性质

由图 5-9 结果可得知：济南黏土烧制的轻质陶粒，随着污泥添加量的升高，陶粒体积逐渐收缩（膨胀率+9.31%到收缩率为−8.50%）；堆积密度和颗粒密度逐渐增大。陶粒吸水率随着污泥的添加而逐渐增大。吸水率增大的原因是陶粒中所含高比例的污泥释放出的气体通过陶粒表面形成的气孔造成的。

由图 5-10 可以看出：淄博黏土烧制的轻质陶粒，随着污泥的添加量逐渐增大，陶粒的膨胀率和吸水率逐渐增大，在污泥添加量为 20%时达到最大值（膨胀率和吸水率分别为 52.1%和 8.25%），陶粒的堆积密度和颗粒密度逐渐减小，在污泥添加量为 20%时达到最小值（331.40kg/m^3 和 946.10kg/m^3）。随着污泥的添加量不断增大，膨胀率和吸水率逐渐减小（污泥添加量为 40%时，膨胀率和吸水率分别为 9.20%和 5.70%），堆积密度和颗粒密度逐渐增大。出现这种现象的原因可能是在高温条件下，当污泥添加量为 20%时陶粒产生的气体能够被陶粒的外壳完全包裹，从而造成陶粒球体体积膨胀，同时球体外壳变薄，造成吸水率的升高和堆积密度、颗粒密度的降低；当污泥添加量升高时，陶粒内部产生大量的气体，陶粒外壳不能完全将气体包裹导致气体从表面释放，球体体积回缩，膨胀率降低，从而造成堆积密度和颗粒密度的升高。吸水率的降低是由外壳的增厚（相比 20%的污泥添加量）导致的。

结合上述两图可以得到这样的规律：淄博黏土更适合烧制超轻污泥陶粒（堆积密度平均 500.00kg/m^3 左右）；济南黏土更适合烧制轻质污泥陶粒（堆积密度平均 700.00kg/m^3 左右）。膨胀率和陶粒的颗粒密度、堆积密度成反比；颗粒密度和堆积密度基本上成正比。当污泥添加量为某一定值时，吸水率与陶粒外壳的厚薄、黏土中 Fe 含量有直接的关系：黏土中 Fe 含量越高，陶粒膨胀性能越好，导致陶粒外壳越薄，吸水率也就越高。

5.4.3 两种黏土和两种黏土烧制的污泥陶粒的矿物组成分析

济南黏土、淄博黏土、济南黏土烧制的轻质污泥陶粒（污泥添加量为 20%）和淄博黏土烧制的超轻陶粒（污泥添加量为 20%）的矿物组成如图 5-11 所示：济南黏土的主要

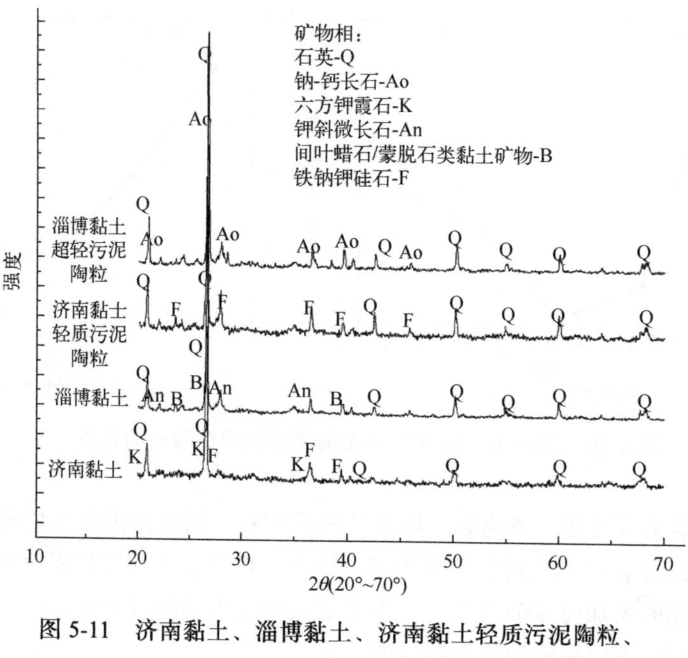

图 5-11 济南黏土、淄博黏土、济南黏土轻质污泥陶粒、淄博黏土超轻污泥陶粒的矿物组成分析（X 射线衍射：XRD）

矿物成分为石英（SiO_2），六方钾霞石（$KAlSiO_4$）；次要矿物成分为铁钠钾硅石（$KNaFeSi_4O_{10}$）。淄博黏土的主要矿物成分为石英（SiO_2）、钾斜微长石（$KAlSi_3O_8$）和间叶蜡石/蒙脱石类黏土矿物[$(Na,K,Ca)_x(Al,Fe,Mg)_4(Si,Al)_8O_{20}(OH)_4 \cdot n(H_2O)$][$x=0.35$，$n=3.54$]。济南黏土烧制的轻质污泥陶粒主要矿物组成为石英（SiO_2），次要矿物成分为铁钠钾硅石[$KNaFeSi_4O_{10}$]。六方钾霞石（$KAlSiO_4$）没有被检出，可能是由于原料中所含的熔剂（主要是 Fe 的氧化物、轻金属氧化物等）和高温（1150℃）的作用下分解并反应生成铁钠钾硅石。淄博黏土烧制的超轻污泥陶粒主要矿物组成也是石英（quartz，SiO_2），次要矿物成分为钠-钙长石[$NaCaAl(SiAl)_2O_8$]这可能是原料中的钾斜微长石（$KAlSi_3O_8$）和间叶蜡石/蒙脱石类黏土矿物[$(Na,K,Ca)_x(Al,Fe,Mg)_4(Si,Al)_8O_{20}(OH)_4 \cdot n(H_2O)$，$x=0.35$，$n=3.54$]在高温下重新组合所致。

5.4.4 两种污泥陶粒的微观结构分析

选取污泥添加量为 20%，分别添加济南黏土和淄博黏土烧制的污泥陶粒的微观结构如图 5-12 所示：比较图 5-12（a）、（b）两图可以看出两种陶粒表面均较粗糙并且均匀散布大量的微孔（孔径 15μm 左右）。表面的微孔是影响吸水率的一个重要的原因，这种微孔主要是由高温烧制过程中陶粒内部产生的膨胀性气体导致的。比较图 5-12（c）、（d）两图可以看出陶粒内部呈蜂窝状。图 5-12（d）的孔径（150μm 左右）要偏大于图 5-12（c）（75μm 左右）的孔径，并且图 5-12（d）的结构框架比较明显。这表明由于淄博黏土的铁含量相对较高，因此膨胀性更好，因而更适合于烧制超轻污泥陶粒。

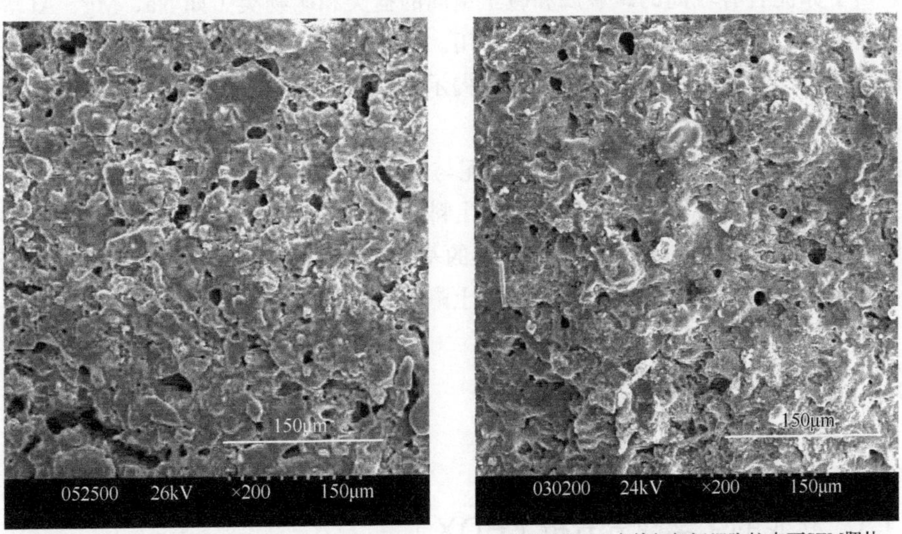

(a)济南黏土生产的轻质污泥陶粒表面SEM照片　(b)淄博黏土生产的超轻污泥陶粒表面SEM照片

图 5-12

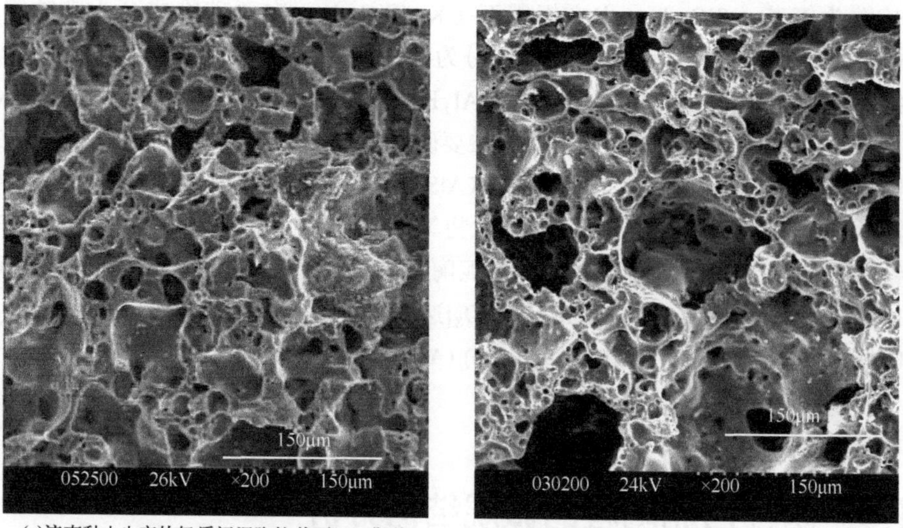

(c)济南黏土生产的轻质污泥陶粒截面SEM照片　　(d)淄博黏土生产的超轻污泥陶粒截面SEM照片

图 5-12　两种污泥陶粒的微观结构

5.5　添加赤泥对超轻污泥陶粒性质的影响

根据 Reliy 相图中所示：在外界条件适当的情况下，助熔成分对陶粒的膨胀有帮助作用。由于赤泥含有较高的碱金属和碱土金属的盐类和矿物类（如 Na、Mg、Al 等的氧化物和盐类），可以起到类似助溶剂的作用。在可行性分析实验、优化实验和土质实验的基础上通过添加助熔剂的实验可以有效揭示陶粒制备过程中助熔成分对膨胀的影响，同时对膨胀机理有一个明确的认识。

赤泥添加实验的整体步骤为：固定污泥与黏土的质量配比为 2∶8 并均匀混合，以质量比为 1%、3%、5%、7%、9%的配比在生料中均匀加入赤泥。按照最佳制备条件（预热温度）生产超轻污泥-赤泥陶粒并对陶粒的基本性质进行测试。比较 5.4 部分中制备的污泥-黏土陶粒与本节制备的污泥-赤泥-黏土陶粒的差别。

5.5.1　赤泥的性质分析

5.5.1.1　赤泥的化学成分分析（EDX）

赤泥的化学成分分析如表 5-7 所列。

表 5-7　赤泥的化学成分分析

化学成分	SiO_2	Al_2O_3	Fe_2O_3	CaO	TiO_2	Na_2O	MgO	其他
质量分数/%	25.66	18.12	13.50	26.62	4.31	9.55	2.22	0.02

赤泥的主要化学成分为 CaO 和 SiO_2，其次是 Al_2O_3、Fe_2O_3、Na_2O、TiO_2 和 MgO。赤泥的碱性主要是由赤泥中高含量的 CaO 和 Na_2O 造成的。同时，高含量的 Fe_2O_3 是赤泥本身呈现橘红色的主要原因。根据陶粒膨胀过程中原料化学成分的分类（骨架成分、成气成分和助熔成分），将表 5-7 中赤泥的化学成分和表 5-6 中淄博黏土的化学成分相比较，结果如图 5-13 所示。

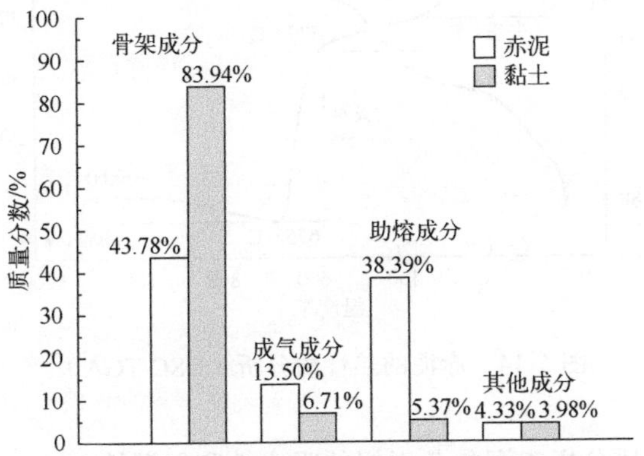

图 5-13　赤泥和淄博黏土的化学成分差异图

根据图 5-13 可以看出：黏土的化学成分中，骨架成分占大多数（83.94%），成气成分、助熔成分和其他成分相对占据的比例较小；赤泥中骨架成分所占的比例（43.78%）要远远低于黏土中骨架成分的比例；同时，赤泥中助熔成分所占比例要远远高于黏土中助熔成分所占的比例（约为黏土比例的 7 倍）；最后，赤泥中成气成分所占比例也远远高于黏土中所含的成气成分的比例。通过以上的比较可以得到这样的结果：赤泥具有很好的膨胀性和助熔性，赤泥的碱性主要是其中所含的高助熔性物质导致的。

5.5.1.2　赤泥的热性质分析（DSC/TGA）

赤泥的热性质分析（DSC/TGA）见图 5-14，分析该图可得到以下信息：

① 从 30.5℃到 325.0℃的 TGA 曲线中有约 5.0%的质量损失，这主要是由吸附水的散失造成的；从 325.0℃到 570.5.0℃，TGA 曲线中有 1.5%左右的质量损失，这主要是由毛细管水和结合水的散失引起的，赤泥质量的减少较为缓慢，说明赤泥具有较好的保水性能，此现象可以很好地说明在实际应用过程中赤泥难脱水的原因。

② 从570.5℃到675.0℃的TGA曲线上有一个极大的质量损失（6.5%）同时DSC曲线呈现一个吸热峰，这主要是赤泥的结晶水散失造成的。

③ 在DSC曲线上，799.5～880.5℃（峰顶为826.0℃）和1000～1090℃（峰顶为1050℃）两点分别为两个吸热峰的峰顶，根据表5-7的结果可以推测：第一个吸热峰应该是钠盐的熔化和分解，第二个吸热峰应该是钙盐的熔化和分解造成的。整个过程中质量上升1%，这可能是赤泥中的矿物盐吸收了氧分子形成了新的矿物造成的。

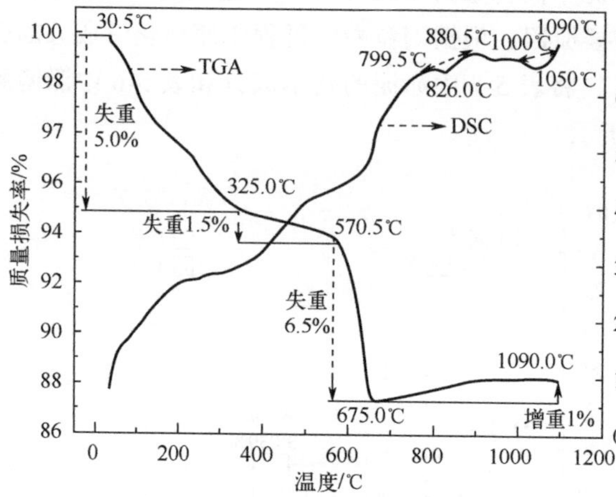

图5-14 赤泥的热性质分析（DSC/TGA）

因此，根据热性质分析赤泥具备很好的吸水性和保湿性。

5.5.2 超轻赤泥-污泥陶粒的物理性质

赤泥-污泥陶粒的物理性质（膨胀率、堆积密度、颗粒密度和吸水率）随赤泥投加量的变化如图5-15所示。

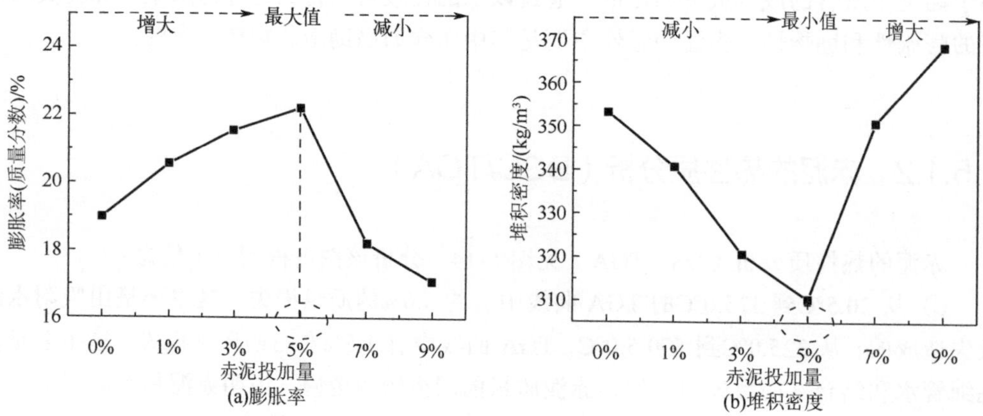

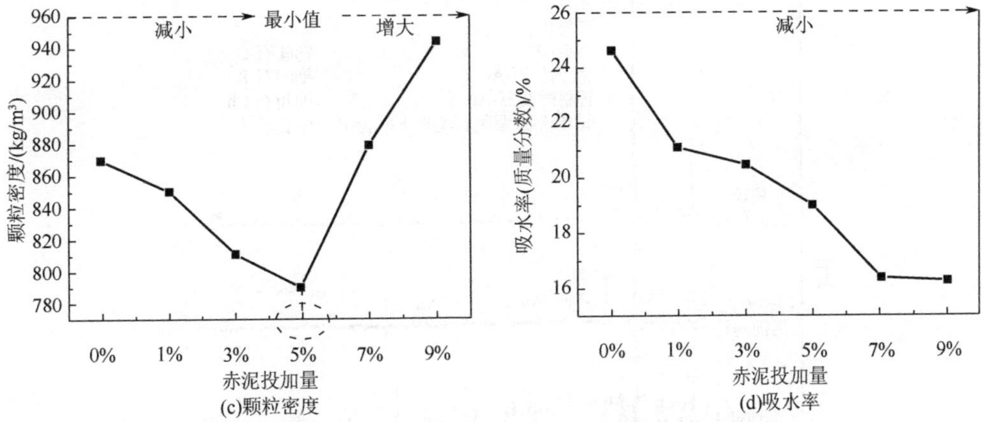

图 5-15　赤泥-污泥陶粒的物理性质（黏土：脱水污泥=8：2，质量比）

分析该图可以得到以下信息：

① 颗粒密度、堆积密度和膨胀率的曲线可以分为两个部分：以赤泥添加量 5%为划分点，当赤泥添加量<5%时，陶粒的堆积密度、颗粒密度曲线随赤泥添加量的升高呈现逐渐下降的趋势，膨胀率呈现逐渐增大的趋势；当赤泥添加量在 5%～9%之间时，陶粒的堆积密度、颗粒密度曲线随赤泥添加量的升高呈现逐渐升高的趋势，膨胀率呈现逐渐减小的趋势。

② 吸水率的曲线整体随着赤泥添加量的增加呈现逐渐下降的趋势即从 24.5%（赤泥添加量为 0）下降到 16.7%（赤泥添加量为 9%）。

③ 当赤泥添加量为 5%时，超轻赤泥-污泥陶粒具有最低的堆积密度（310.0kg/m^3）、颗粒密度（789.0kg/m^3），最大的膨胀率（21.2%）。

5.5.3　超轻赤泥-污泥陶粒和超轻污泥陶粒的矿物分析

赤泥、淄博黏土、超轻赤泥-污泥陶粒和超轻污泥陶粒的矿物分析如图 5-16 所示。

根据 5.4.3 部分中图 5-11 的结果：淄博黏土的主要矿物成分为石英（SiO_2）、钾斜微长石（$KAlSi_3O_8$）和间叶蜡石/蒙脱石类黏土矿物[$(Na,K,Ca)_x(Al,Fe,Mg)_4(Si,Al)_8O_{20}(OH)_4\cdot n(H_2O)$，$x=0.35$，$n=3.54$]。赤泥的矿物组成为石英（$SiO_2$）、闪川石[$(MgFe_2)_{17}Si_2O_{55}(OH)_6$]、钙硅石[$Ca_3(SiO_4)O$]和钠闪石[$(NaCa)_2(FeMgAl)_5(Si,Al)_8O_{22}(OH)_2$]。相比黏土而言，赤泥所含的矿物相中结晶水较多，这也是 5.5.1 部分中所示的赤泥的 TGA 曲线在 570.5～675.0℃之间质量下降的主要因素。

超轻污泥陶粒和超轻赤泥-污泥陶粒相比，相同的矿物相为石英（SiO_2），后者所含的矿物相：钙长石（$CaAl_2Si_2O_8$）来源于黏土；而中长石（$Na_{0.685}Ca_{0.347}Al_{1.46}Si_{2.54}O_8$）可以认为是超轻污泥陶粒中的钠-钙长石[$NaCaAl(SiAl)_2O_8$]的熔化造成的。同时超轻赤泥-污泥陶粒的 XRD 图谱中，衍射角在 50°～70°之间时基本上以无定形态物质为主。可以推断陶粒表面已经熔化。

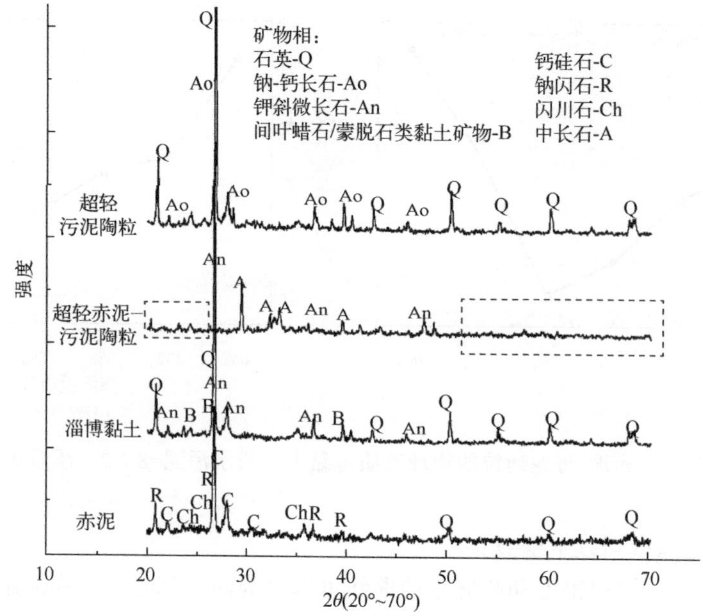

图 5-16 赤泥、淄博黏土、超轻赤泥-污泥陶粒和超轻污泥陶粒的矿物组成分析（XRD）

5.5.4 超轻赤泥-污泥陶粒的微观结构分析

超轻污泥陶粒和超轻赤泥-污泥陶粒的 SEM 图像如图 5-17 所示。

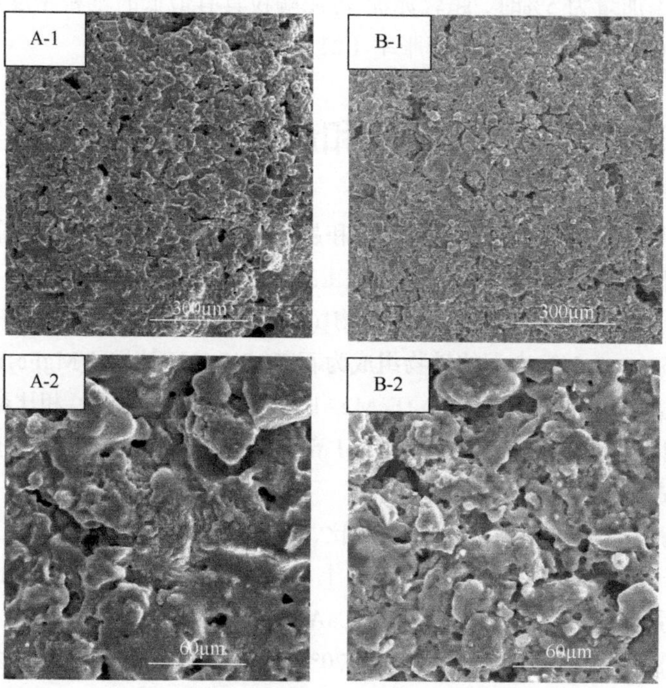

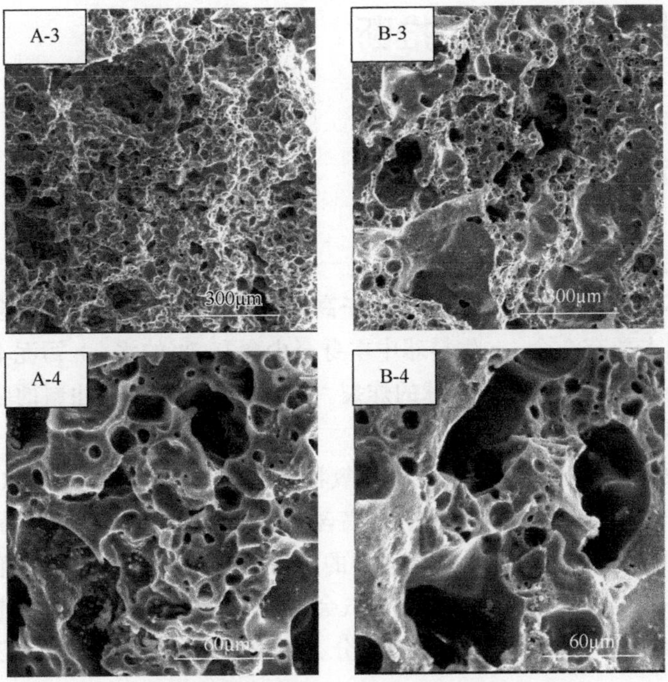

图 5-17　超轻污泥陶粒和超轻赤泥-污泥陶粒的 SEM 图像

9%赤泥添加量。A-1 和 A-2 为超轻污泥陶粒的表面 SEM 图；A-3 和 A-4 为超轻污泥陶粒截面 SEM 图；B-1 和 B-2 为超轻赤泥-污泥陶粒的表面 SEM 图；B-3 和 B-4 为超轻赤泥-污泥陶粒截面 SEM 图

A-1 和 A-2 为超轻污泥陶粒表面 SEM 照片，其表面相比超轻赤泥-污泥的表面（B-1 和 B-2）更加粗糙。A-3 和 A-4 是超轻污泥陶粒断面结构，相比超轻赤泥-污泥的断面（B-3 和 B-4），大孔结构欠发达。因此，赤泥的添加起到光滑表面和扩大内部孔隙的作用。

5.6　超轻污泥陶粒的膨胀机理及膨胀模型

在生产多孔陶粒的过程中，由于孔的含量和性状决定了超轻陶粒的相对密度、隔声和保温等特性，所以成孔膨胀阶段是其最重要的一个环节。本节将深入讨论原料中所含的各种化学成分对成孔膨胀的作用，并建立膨胀模型，从而为污泥、赤泥等制备新型多孔材料提供一个系统理论的指导，促进该类固体废物资源化的进程。

5.6.1　预热过程的两个推断

5.6.1.1　污泥在预热中的作用过程

在超轻污泥陶粒的生产过程中，预热是一个必不可少的关键性环节。根据实际经验，如果将生料球不经过干化处理而直接放置于高温管式电阻炉中时，陶粒会在炉中瞬时炸裂。考虑其原因主要有 2 个：a.生料球中本身至少含有 7%的水；b.污泥本身含有的挥发分比较高。这两个原因导致了生料球的炸裂。因此，可以总结出生料的脱水是预热过程存在的一个重要的原因。

生料球预热的整个过程基本上处于无氧状态，其温度在 200～400℃之间（见 5.3.1 部分）。在这个温度中，陶粒中所含有的高含量的有机质会发生一个热解的过程（这和以高有机质含量的污泥制备活性炭是同样的道理）。这个过程中会有单质 C、焦油和热解气形成。在烧结过程中，焦油和热解气会以气态的形式从管式炉中散逸，因此，污泥在经预热后的生料球中会以无机骨架成分、少量的助熔成分和 C 的形式转移到烧结过程中。

5.6.1.2　预热产物在膨胀过程中的作用机理推断

根据文献记载，陶粒的烧结过程实际上就是在烧结温度达到 1100℃以上时，Fe_2O_3 释放出氧气将陶粒本身进行膨胀。结合本章前述内容得到的结论对整个预热过程中的 C 在膨胀过程中的作用做如下两个推断。

推断一：

首先做 2 个假设：

① 假设整个预热过程为完全无氧状态；

② 假设陶粒内部毛细水和结晶水不能散逸。

则有如下反应可以进行：

反应 1：
$$C(s)+H_2O(g)\xrightarrow{\text{预热温度下}}CO(g)\uparrow+H_2(g)\uparrow \tag{5-1}$$

反应 2：
$$C(s)+2H_2O(g)\xrightarrow{\text{预热温度下}}CO_2(g)+2H_2(g)\uparrow \tag{5-2}$$

这个过程为水煤气的产生机理，此反应随着温度的增加反应程度越剧烈。

推断二：

首先进行以下 3 个假设：

① 假设污泥热解过程中产生的 C 在预热过程中保持稳定（不与其他物质进行反应）；

② 假设烧结过程中，Fe_2O_3 首先分解且释放出氧气；

③ 假设 Fe_2O_3 释放的氧气可以和热解过程中的 C 进行反应。

（注：整个过程中生成物以单位物质的量计算）

最可能发生的两个反应及其标准反应生成焓（$\Delta_f H_m^\ominus$）为：

反应 1： $C(s)+O_2(g) = CO_2(g,\ \Delta_f H_m^\ominus = -393.509kJ/mol)\ (T=25℃)$ （5-3）

反应 2： $C(s)+1/2O_2(g) = CO(g,\ \Delta_f H_m^\ominus = -110.525kJ/mol)\ (T=25℃)$ （5-4）

根据基尔霍夫公式可以得出：

反应 1 的摩尔反应生成焓 $\Delta_r H_m^\ominus(CO_2,\ T=1100℃)$ 为

$$\Delta_r H_m^\ominus(CO_2,\ T=1100℃) = \Delta_f H_m^\ominus + \int_{25}^{1100} \Delta_r C_m^\ominus dT = -313.72kJ/mol \quad (5\text{-}5)$$

其中，$\Delta_r C_{p,m}^\ominus$ 为恒压热容。

反应 2 的摩尔反应生成焓 $\Delta_r H_m^\ominus(CO,\ T=1100℃)$ 为

$$\Delta_r H_m^\ominus(CO,\ T=1100℃) = \Delta_f H_m^\ominus + \int_{25}^{1100} \Delta_r C_{p,m}^\ominus dT = -79.198kJ/mol \quad (5\text{-}6)$$

两者均为放热反应。根据克劳修斯不等式可以得出同在 1100℃时：

CO_2 的熵变量：$\Delta S_{CO_2} = \Delta Q/T = -\Delta_r H_m^\ominus(CO_2,\ T=1100℃)/T = 280J/K > 0$ （5-7）

CO 的熵变量：$\Delta S_{CO} = \Delta Q/T = -\Delta_r H_m^\ominus(CO,\ T=1100℃)/T = 0.7J/K > 0$ （5-8）

因此可以判定：假设的反应 1 和反应 2 都能正常进行且都为不可逆反应。由于 CO_2 的熵变量要大于 CO 的熵变量，所以在烧结过程中，当氧气充足的情况下首先进行反应 1。陶粒中的产气物质（Fe 的氧化物，以 Fe_2O_3 计）与氧气的关系如下所示：

$$Fe_2O_3 \xrightarrow{1100℃以上} 2FeO + \frac{1}{2}O_2 \uparrow \quad (5\text{-}9)$$

则反应 1 中，C（以 CO_2 计，mol）：Fe（mol）：O_2（mol）=1∶2∶1；反应 2 中 C（以 CO 计，mol）：Fe（mol）：O_2（mol）=2∶2∶1。

继而可以将整个膨胀过程中的 C、Fe 比例和气体组成以图 5-18 的形式表现出来。

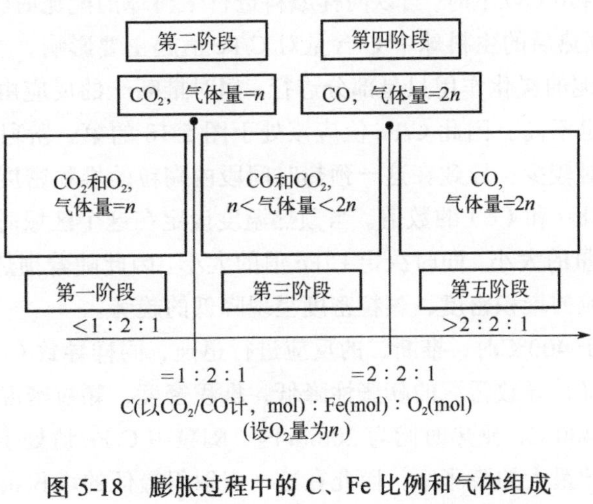

图 5-18　膨胀过程中的 C、Fe 比例和气体组成

需要说明的是：当污泥中碳含量≥Fe 含量（摩尔比），产气量会在原有的基础上进一步增加。这是对原有理论的一个补充。在这里称之为二次膨胀。

5.6.1.3 膨胀过程描述

整个膨胀过程可以这样叙述：

当原材料经配料、混匀、成球和干化后进入预热阶段，生陶粒中的污泥在无氧状态下进行热解反应产生单质的 C，如果在预热阶段的停留时间过长或者预热温度过高，会有部分的 C 跟热解过程中产生的水生成水煤气；此时碳含量的多少会直接影响陶粒产品的性能（如堆积密度、颗粒密度和吸水率、膨胀率等）。经预热过程后的生陶粒进入烧结阶段，陶粒的骨架成分会在高温、助熔剂的条件下熔融（陶粒表面开始出现表面张力），陶粒的产气成分（经预热后产生的单质 C 和原材料中含有的三价态 Fe 的矿物质）释放出膨胀性气体，这时气体会对陶粒熔融的骨架成分产生一个膨胀力，在膨胀初期，陶粒的膨胀力要大于陶粒的表面张力，这时陶粒体积开始膨胀，内部产生多孔状结构，陶粒的堆积密度、颗粒密度开始逐渐下降，随着烧结时间的延长，陶粒的框架结构开始清晰且框架结构逐渐粗壮，陶粒内部的气孔增大，陶粒外壳逐渐变薄，吸水率逐渐降低。如果陶粒中含有的产气成分相对较多，框架结构产生的表面张力不足以抵消气体产生的膨胀力时，部分接近于陶粒表层的气体会随着陶粒外壳相对薄弱的位置散逸出去，这导致了气体膨胀力的降低，当膨胀力等于表面张力时陶粒的体积达到最大值，此时具有最小的堆积密度、颗粒密度和最大的膨胀率、吸水率。当散逸出的膨胀性气体过多或者陶粒外界温度突然降低时，陶粒的表面张力增大，膨胀力减小，此时陶粒的体积会相对回缩直至陶粒达到一个稳定的状态，整个陶粒的堆积密度、颗粒密度升高，吸水率、膨胀率降低。

利用推断一和推断二结果和膨胀过程的描述，可以解释 5.3.1 部分中的有关现象：

当预热温度为 400℃以下时，当以同样原料进行生料球的配比时（即污泥含量恒定：黏土量恒定），经预热后的生料球中 C 含量对 C/Fe 值起主要影响。当预热温度为 10min 时[图 5-4（a）]，污泥的炭化作用只是部分进行，同时推断一的反应由于底物较少和温度偏低，C 的反应率也不高。因此 C/Fe 值应该处于图 5-18 的第一阶段。烧结过程在该阶段产生的气体量相对较少，导致在这一预热时间段内陶粒的堆积密度、颗粒密度和吸水率普遍高于图 5-4（b）和（c）的数值。当预热温度设定在这个区域时，预热温度的高低决定生料球中 C 含量的大小，同时决定 C/Fe 值的大小。因此随着预热温度的提高，在相同预热时间内，陶粒的堆积密度、颗粒密度呈现降低的趋势。

当预热温度高于 400℃时，推断二的反应进行迅速，同样导致 C/Fe 值减小，陶粒烧结过程中产气量下降，导致污泥的膨胀性降低，堆积密度、颗粒密度升高。

当预热温度为 400℃，预热时间为 20min 时，陶粒中 C/Fe 值处于最大值。可以取得最大的产气量，导致最大的膨胀率，因此在这一点取得最低的堆积密度和颗粒密度。

5.6.2　膨胀模型的初步建立（状态函数）

一般认为陶粒的膨胀发生在烧结过程中，含三价态 Fe 的矿物质会在 1100℃以上释放出氧气导致陶粒的膨胀，通过 5.4 部分的结果可以验证这个观点。在高温条件下，陶粒的骨架结构会在助熔剂的作用下逐步熔化，与此同时陶粒内部的产气成分会释放出膨胀性气体（膨胀性气体以 O_2 和 CO_2，或者 CO_2，或者 CO_2 和 CO，或者 CO 四种形式存在）。在此过程中对整个烧结过程做如下 5 个假设：

① 认为膨胀性气体在烧结过程中是一次产生的，同时膨胀性气体总量不会发生改变；

② 假设膨胀性气体是理想气体；

③ 选定陶粒为一个静止的系统（为一个半径为 r 的表面均质的空心球体）；

④ 融化的陶粒外壳为牛顿流体的薄膜；

⑤ 不考虑助熔成分对相同温度下陶粒黏度系数的影响。

陶粒表面由于骨架成分的融化，表面张力（surface tension）为 St；陶粒内部气体的膨胀力（bloating force）为 Bf，结合克拉佩龙方程则可以得到如下方程：

$$\mathrm{Bf}=pS \tag{5-10}$$

$$pV=\frac{4}{3}\pi r^3 p=4\pi r^2\times\frac{1}{3}rp=\frac{1}{3}rpS \tag{5-11}$$

$$pV=nR_{烧结}T_{烧结} \tag{5-12}$$

$$\mathrm{Bf}=\frac{3nR_{烧结}T_{烧结}}{r} \tag{5-13}$$

则 Bf 可以表示为：

$$\mathrm{Bf}\propto K_1\frac{nT_{烧结}}{r} \tag{5-14}$$

对于牛顿流体来说，黏度系数 $\mu_{T烧结}$ 随着温度 T 的上升而线性降低，则：

$$\mathrm{St}=\mu_{T烧结}S_{面}\propto\frac{1}{T_{烧结}}\times4\pi r^2=K_2\frac{r^2}{T_{烧结}} \tag{5-15}$$

式中，p 为 $T_{烧结}$ 下陶粒内部气体的压强，Pa；S 为假设球体的表面积，m^2；V 为球体的体积，m^3；r 为陶粒半径；n 为球体内部气体总量（与配料有关）；$R_{烧结}$ 为烧结温度下气体的摩尔体积常数，m^3/mol；$T_{烧结}$ 为烧结温度；$\mu_{T烧结}$ 为 $T_{烧结}$ 下熔化了的骨架成分的黏度系数，Pa • s；K_1、K_2 为常数。

根据式（5-14）和式（5-15）可以得出如下结论：

陶粒的膨胀力和烧结温度、产气量成正比，和陶粒半径成反比；陶粒的表面张力（收缩力）和烧结温度成反比，和陶粒的半径的平方成正比。

当烧结温度足以使得骨架成分融化且产气成分开始释放气体时（即烧结温度 $T_{烧结}\geqslant$ 1100℃），利用这个简易模型可以得出：

① 当陶粒烧结温度没有使产气成分发挥作用时，陶粒内部没有膨胀力，因此陶粒不会产生膨胀的性质。

② 提高烧结温度时，陶粒膨胀力开始变大，陶粒的表面张力开始变小，这时陶粒出现膨胀现象，如果陶粒中产气成分的量偏高（C/Fe 值提高），陶粒中的部分气体会冲破陶粒表壳散逸出去，导致陶粒的堆积密度和颗粒密度的降低（ 5.3.3 部分中，污泥添加量 > 20%时）。

③ 如果陶粒中 C/Fe 值在一个稳定范围内且陶粒内部气体极少散逸，陶粒内部气体的膨胀力直线下降，而陶粒表面张力以陶粒半径的三次方变大最终达到平衡。这时陶粒具有最小的堆积密度和颗粒密度，但是由于陶粒的膨胀导致了陶粒外壳变薄，陶粒的吸水率会出现上升的趋势（5.3.3 部分中污泥添加量为 20%时）。

④ 当陶粒不能提供足够的骨架成分以包裹内部气体时，陶粒内部大部分的气体会首先散逸出去，直到达到熔化的骨架成分产生的表面张力包裹陶粒内部剩余的气体为止（5.3.3 部分中污泥添加量>20%时）。

上述 4 点就是陶粒膨胀机理的整个过程。

5.6.3 膨胀模型的二次优化（过程函数）

由于第一步模型设定了 5 个假设，因为陶粒内部以蜂窝状的多孔形式为主，大孔在所有孔中并不具有代表性且远离了实际的膨胀过程，所以第一个模型并不能充分说明膨胀过程的实际情况（仅仅说明某一个状态），选择陶粒中某一半径为 r 的微孔进行第二步推测：

假设条件为：

① 膨胀性气体为理想气体；

② 陶粒融化的外壳属于牛顿流体；

③ 不考虑助熔成分对相同温度下陶粒黏度系数的影响。

当烧结温度变化量为 $\Delta T_{烧结}$时，对产气变化量 Δn，陶粒微孔 Δr 做微观分析则式（5-14）和式（5-15）分别转换为：

$$\Delta \mathrm{Bf} = K_1^1\left(\frac{\Delta n \times \Delta T_{烧结}}{\Delta r}\right) \tag{5-16}$$

$$\Delta \mathrm{St} = K_2^1\left[\frac{(\Delta r)^2}{\Delta T_{烧结}}\right] \tag{5-17}$$

则

$$\frac{\Delta \mathrm{Bf}}{\Delta \mathrm{St}} = \frac{K_1^1}{K_2^1} \times \frac{(\Delta T_{烧结})^2 \Delta n}{(\Delta r)^3}\left(即\lim_{\Delta T_{烧结},\ \Delta n,\ \Delta r \Rightarrow 0}\frac{\Delta \mathrm{Bf}}{\Delta \mathrm{St}} = K\right) \tag{5-18}$$

式中，K_1^1，K_2^1，K 为微观条件下的常数。

根据 5.6.1 部分对产气过程的推断（产气过程为不可逆过程），式（5-18）指膨胀过程中当外界的温度达到产气所需要最低条件（达到最低的产气所需的烧结温度和时间）时，膨胀总会达到一个稳定的状态。

5.6.4 膨胀模型的一般性方程

仅考虑膨胀性气体为理想气体时，融化的陶粒骨架成分属于假塑性流体。假塑性流体的速度梯度

$$\tau = K\left(\frac{\mathrm{d}\mu}{\mathrm{d}y}\right)^n,\ n<1 \tag{5-19}$$

则：

$$\mathrm{dSt} = \mu_{T_{烧结}} \times \tau \times \mathrm{d}S_{面} = 4\pi\mu_{T_{烧结}} \times \tau \times \mathrm{d}r^2 \tag{5-20}$$

$$\mathrm{dBf} = K_1^2 \frac{\mathrm{d}n \times \mathrm{d}T_{烧结}}{\mathrm{d}r} \tag{5-21}$$

式中，μ 为运动黏度系数；y 为运动方向矢量；$\mu_{T_{烧结}}$ 为某烧结温度 $T_{烧结}$时的运动黏度系数，和陶粒骨架成分的化学组成、助熔成分、陶粒烧结温度有关；τ 仅与陶粒骨架成分的矿物组成和形态有关；K 为假塑性流体的速度梯度常数；K_1^2 为膨胀力的常数且 $K_1^2=4\pi K_2^1$；dn 为产气量，与 C/Fe 值和含铁量有关。

通过式（5-20）和式（5-21）可以说明：陶粒的膨胀不仅和陶粒本身的化学成分组成有关，而且和陶粒烧制工艺有很大的关系。

本章节介绍了以污泥、赤泥和黏土为原料烧制超轻多孔陶粒的方法和影响因素。以市政污泥、济南黏土、淄博黏土和赤泥为原料，通过三个研究过程（制备流程实验、土质实验和赤泥添加实验）制备出了以市政污泥为基础的超轻污泥陶粒。阐述了制备工艺以及原料成分对多孔陶粒性质的影响，并且对膨胀的过程和作用进行了推导和建立模型。通过推导可以得到如下结论：

① 污泥在预热过程中主要进行炭化反应和脱水反应，炭化反应生成单质 C，部分 C 和脱水反应中产生的水生成水煤气。这个过程和预热温度、预热时间有关。

② 陶粒的产气物质主要与原材料含有的 Fe 的量有关，同时经预热后污泥产生的 C 和原材料中的 Fe 释放出的氧气会进一步反应生成 CO、CO_2，增加了气体的总量，进一步地提高陶粒的膨胀率。对陶粒会起到二次膨胀的作用。

③ 陶粒膨胀的模型包括状态函数、过程函数和一般性方程三部分：状态函数用于判定膨胀发生的可能性；过程函数阐明了膨胀的过程；一般性方程说明陶粒的膨胀不仅和陶粒本身的化学成分组成有关，而且和陶粒烧制工艺有很大的关系。

利用污泥和赤泥成功制备陶粒，不仅节约了黏土和页岩等珍贵资源，而且解决了污泥和赤泥等固体废物处理处置问题，达到了固体废物的资源化、无害化和减量化的目的，同时实现了变废为宝，以上结果可以为该类固体废物实现资源化和减量化提供技术指导。

参考文献

[1] Tsai C C, Wang K S, Chiou I J. Effect of SiO_2-Al_2O_3-flux ratio change on the bloating characteristics of lightweight aggregate material produced from recycled sewage sludge[J]. Journal of Hazardous Materials, 2006, 134(1-3): 87-93.

[2] 王功强. 高性能复合保温材料陶粒混凝土在工程中的应用[J]. 科技信息, 2009(19): 211.

[3] 邢国起, 朱海霞. 新型保温材料——保温混凝土多孔砖研究[J]. 潍坊学院学报, 2007, 7(4): 134-136.

[4] 高学农, 王瑞阳, 黄活阳, 等. 新型保温材料的制备及性能[J]. 华南理工大学学报, 2007, 35(5): 113-116.

[5] 蒋引珊, 董振亮, 徐长耀, 等. 利用膨润土与工业废渣制轻质保温材料[J]. 岩石矿物学杂志, 1999, 18(4): 357-361.

[6] 刘瑞虹, 刘剑虹, 林枫, 等. 蓄能保温砖的制备和保温性能实验[J]. 新型建筑材料, 2007, 34(11): 70-72.

[7] 范恩荣. 水玻璃体系保温 (隔热)材料和板材的开发[J]. 建筑人造板, 2000(2): 33-37.

[8] Wang X R, Jin Y Y, Wang Z Y, et al. A research on sintering characteristics and mechanisms of dried sewage sludge[J]. Journal of Hazardous Materials, 2008, 160(2-3): 489-494.

[9] Xu G R, Zou J L, Li G B. Ceramsite obtained from water and wastewater sludge and its characteristics affected by (Fe_2O_3+CaO+MgO)/ (SiO_2+Al_2O_3)[J]. Water Research, 2009, 43(11): 2885-2893.

[10] Vincenzo M S, Renzo C, Stefano M, et al. Bauxite red mud in the ceramic industry. Part 1: Thermal behaviour[J]. Journal of the European Ceramic Society, 2000, 20(3): 235-244.

[11] GencFuhrmana H, Bregnh H, McConchie D. Arsenate removal from water using sand red mud columns [J]. Water Research, 2005, 39(13): 2944-2954.

[12] Santona L, Castaldi P, Melis P. Evaluation of the interaction mechanisms between red muds and heavy metals [J]. Journal of Hazardous Materials, 2006, 136(2): 324- 329.

[13] Qi Y F, Yue Q Y, Han S X, et al. Preparation and mechanism of ultra-lightweight ceramics produced from sewage sludge[J]. Journal of Hazardous Materials, 2010, 176(1-3): 76-84.

[14] 齐元峰, 岳钦艳, 岳敏, 等. 用于水处理填料的超轻污泥——粉煤灰陶粒的研制[J]. 功能材料, 2010, 41(6): 1097-1101.

[15] 齐元峰, 岳钦艳, 岳敏, 等. 黏土中铁含量对烧制轻质/超轻陶粒的影响[J]. 功能材料, 2010, 8(41): 1327-1330.

[16] GB 5085.3—2007. 危险废物鉴别标准 浸出毒性鉴别.

[17] GB/T 17431.2—2010. 轻集料及其试验方法 第 2 部分: 轻集料试验方法.

第6章 轻质污泥粉煤灰陶粒的制备、表征与工业化生产

粉煤灰作为燃煤电厂的副产品，也是一种产量巨大的工业固体废物。其化学成分以SiO_2、Al_2O_3、碳及其他金属氧化物为主，从矿物结构上看，以硅铝玻璃体为主，是具有潜在活性的火山灰质粉末材料。但由于粉煤灰中硅铝玻璃相的化学活性低，用于制备陶粒时需要加入黏土、添加剂等激发其潜在活性，从而增强其膨胀性能，烧制品质更好的陶粒。

本章将利用粉煤灰作为制备污泥陶粒的辅料，以污泥和建筑弃土为原料制备轻质污泥粉煤灰陶粒。讨论原料配比、预热及烧结温度和时间等工艺参数对陶粒性能的影响；探讨制备过程中原料化学成分与烧结温度对污泥粉煤灰陶粒的膨胀作用机制等。此外，还将简要介绍污泥粉煤灰陶粒的中试生产工艺，将得到产品的性质与商品陶粒进行对比，分析其用于水处理材料的适用性；并针对污泥中的重金属对污泥粉煤灰陶粒的应用安全性进行分析，探讨陶粒制备过程中重金属的固化机理。

6.1 污泥粉煤灰陶粒的制备方法

制备陶粒的原料中，选取的污泥来自光大水务（济南）有限公司一厂的污泥脱水机房。污泥是来自沉砂池、曝气池和二沉池的混合污泥，经过絮凝剂调理后进行带式压滤机压滤而来。污泥含水率为76.43%，干污泥的挥发分含量为46.51%，烧失量为65.83%，热值为18.5MJ/kg，说明污泥中的有机物含量很高。黏土来源于济南市某工地建筑弃土，粉煤灰来源于济南市南郊热电厂（现济南热电集团有限公司）。污泥经过晒干后，和粉煤灰、黏土在105℃烘箱中干燥直至恒重，然后经过粉碎后过100目筛。

6.1.1　污泥粉煤灰陶粒的实验室制备方法

将污泥、粉煤灰和黏土的粉末按照一定的质量比混合在一起，搅拌均匀后，加入适量的水形成具有塑性的泥团，然后分割制成 5mm 左右的圆球（此即为生料球），放置于托盘中在空气中晾干。将生料球置于瓷盘中，在一定温度下在马弗炉中预热一段时间，然后取出立即放入管式电炉中，在一定温度下烧结一定的时间后，取出，在室温下冷却即得到烧结陶粒。

陶粒的制备工艺流程见图 6-1。

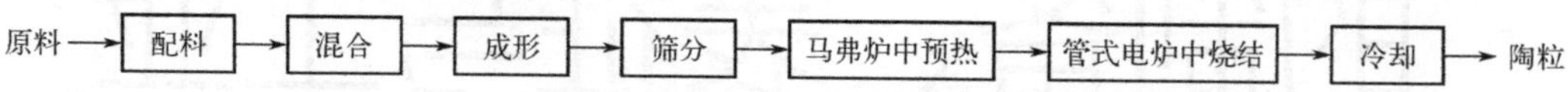

图 6-1　陶粒的制备工艺流程

6.1.2　污泥粉煤灰陶粒的实验室动态生产

实验室小试阶段，污泥陶粒是在高温管式炉内静态烧制的，而工业化生产中一般选用回转窑进行烧结生产。因此，为了验证小试成果是否能放大，需要进行动态烧制试验。以小试获得的制备参数为工艺条件，在实验室旋转式管式电炉中进行小型动态生产试验，工艺流程见图 6-2，试验装置见图 6-3。

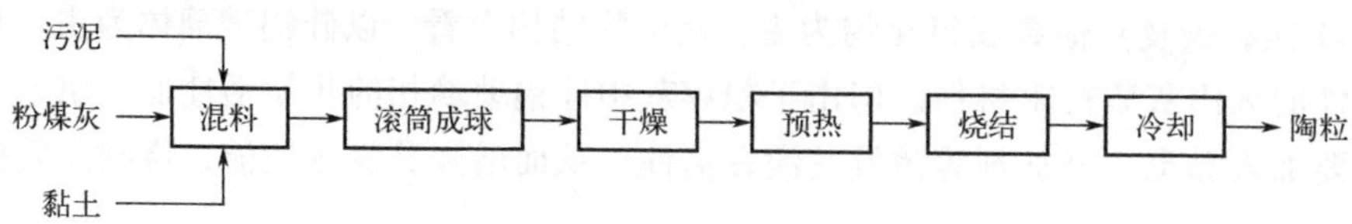

图 6-2　实验室动态烧制工艺流程

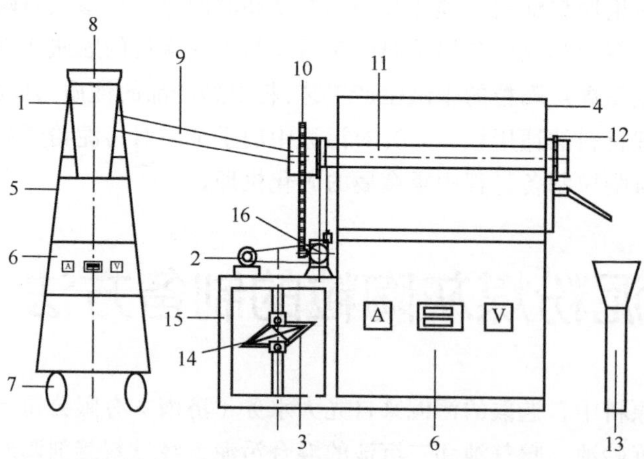

图 6-3　实验室陶粒动态烧制工艺装置

1—泻斗式预热炉；2—减速机；3—高度调节支架；4—管式烧结炉；5—炉体支架；6—自动温度控制仪；7—滚轮；8—电热偶；9—物料传送管；10—联动链条；11—氧化铝烧结管；12—转动轴；13—陶粒收集斗；14—手动轴；15—支架；16—方向控制开关

原料中污泥：粉煤灰：黏土质量比为 1：1：2，在 400℃下预热 20min，烧结时间为 10min，烧结温度为 1050℃，成功烧制出 15L 污泥陶粒。经过测试，陶粒的粒径范围是 6～8mm，平均粒径 6.89mm，平均堆积密度为 687kg/m^3，平均颗粒密度为 1094kg/m^3，平均吸水率为 8.5%，达到了国家轻质陶粒标准的要求。实验室烧制装置和陶粒产品如图 6-4 所示。

(a)实验室烧制装置　　(b)陶粒产品

图 6-4　实验室烧制装置和陶粒产品照片

6.2 原材料的性质分析

6.2.1 化学成分

陶粒的烧制过程中，原材料中的化学成分按照功能不同可分为三类：一是形成陶粒骨架的成分，是原料中的主要化学成分，如 SiO_2、Al_2O_3；二是产气成分，烧结时在陶粒体内产生气泡，包括有机物、氧化物、碳酸盐、水化物和硫酸盐；三是助熔成分（flux），烧结时降低玻璃相的熔点，包括 CaO、MgO、Na_2O、K_2O、Fe_2O_3、MnO 等。Riley 的膨胀理论认为只要原材料的 SiO_2 在 48%～70%、Al_2O_3 在 8%～25%、助熔剂在 4.5%～31% 的范围内就可以烧胀。

为了方便探讨污泥-粉煤灰陶粒的膨胀机理，对污泥、粉煤灰和黏土的化学成分进行了硅酸盐全分析，并基于以上理论对原料的化学成分进行了分类，结果见表 6-1。

表 6-1　污泥、粉煤灰和黏土的化学成分（质量分数）　　单位：%

化学成分	污泥	粉煤灰	黏土
SiO_2	24.9022	56.0550	65.0340

续表

化学成分	污泥	粉煤灰	黏土
Al_2O_3	13.1010	24.4277	17.6131
Fe_2O_3	9.7223	7.4398	8.4674
MgO	2.7114	1.7920	2.0771
CaO	21.3498	3.2123	1.8686
K_2O	2.1109	1.6885	2.6056
Na_2O	未检出	1.6658	2.3341
P_2O_5	5.6289	未检出	未检出
SO_3	9.0838	3.7188	未检出
TiO_2	0.9479	未检出	未检出
WO_3	10.4418	未检出	未检出
$SiO_2+Al_2O_3$	38.0032	80.4827	82.6471
助熔成分	35.8944	15.7984	17.3528

从表 6-1 可以看出，粉煤灰和黏土的化学成分符合膨胀黏土的范围，并且骨架成分（$SiO_2+Al_2O_3$）的含量占到了 80%以上。粉煤灰中 Al_2O_3 的含量比较高，几乎达到了上限（25%）。污泥中 SiO_2 含量比较低，只有 24.9%，远远低于烧胀范围下限，“$SiO_2+Al_2O_3$”仅占到 38.0%。而污泥中助熔剂含量高达 35.9%，又超出了上限。如果单独用污泥烧制陶粒，则会因为骨架材料严重缺乏而不能成形，同时过高的助熔剂含量会导致陶粒熔点降低明显，即很容易烧化。因此，必须在污泥中添加其他 SiO_2 和 Al_2O_3 含量比较高的材料，将原料中的化学成分调整至烧胀范围。

6.2.2 塑性指数

烧制陶粒的原料首先要能成球，即具有一定的可塑性。所谓塑性就是指可以塑成任何形状而不发生裂缝，并在外力解除以后能保持已有的形状而不恢复原状的性质。可塑性的大小用土处在塑性状态的含水量变化范围来衡量，即塑性指数是指原料的液限含水率与塑限含水率之差。液限是黏土呈可塑状态时的上限含水量，当黏土中含水量超过液限，即进入流动状态。塑限是黏土呈可塑状态时的下限含水量，当黏土中含水量低于塑限时即进入半固体状态。塑性指数大，则黏土的可塑性范围也大，造粒时允许加水量有较大的波动，有利于降低造粒难度。

采用《土工试验方法标准》（GB/T 50123—2019）（17mm 液限），进行了三种原料的液塑限实验，结果见表 6-2。从结果可见污泥的塑性指数较高，这与污泥中含有大量的有机物有关。三种原材料的塑性指数都符合大于 10%的要求。

表 6-2　三种原料的液塑限实验结果

项目	污泥（105℃干燥后）	黏土	粉煤灰
液限 ω_L/%	103.0	36.1	69.7
塑限 ω_P/%	62.7	17.4	54.4
塑性指数 I_P	40.3	18.7	15.3

6.2.3 热重分析

采用差热-热重（DSC-TGA）分析仪在空气气氛下对污泥、粉煤灰和黏土三种原材料不同温度下的热失重现象进行了分析，结果见图 6-5，在差示扫描量热曲线上出现的波峰和波谷分别代表了加热过程中的放热和吸热变化。

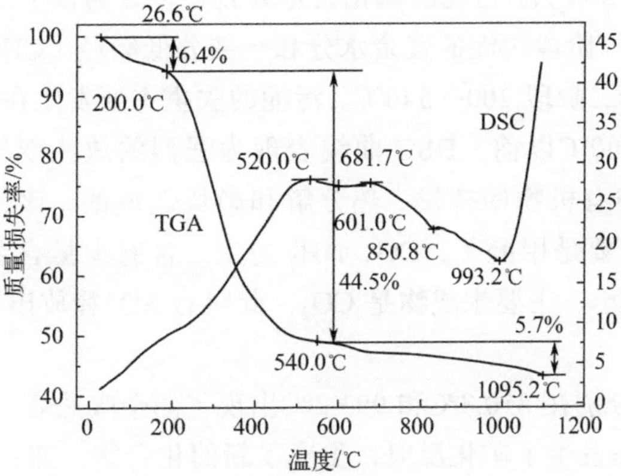

(a)干污泥

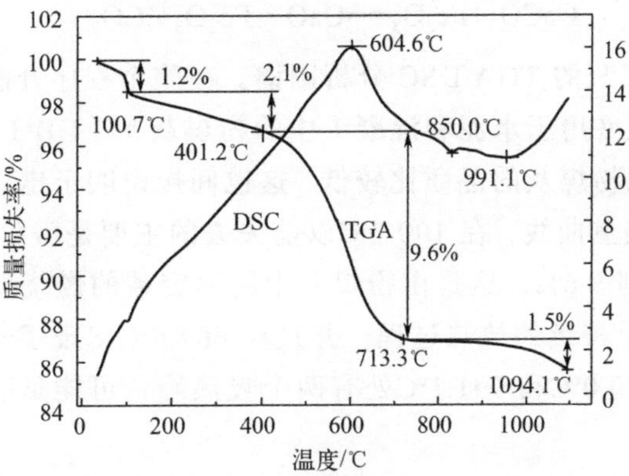

(b)粉煤灰

图 6-5

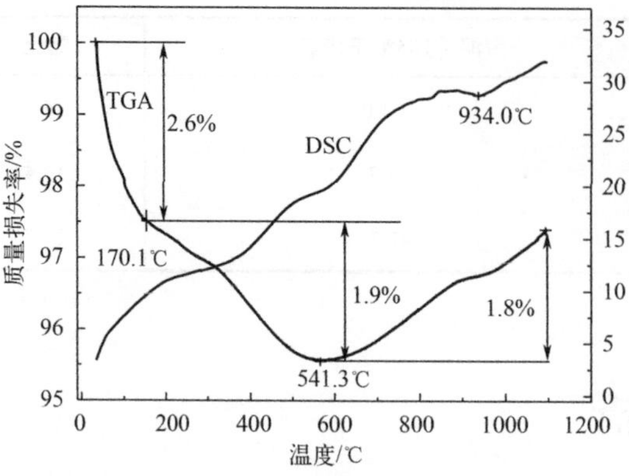

(c)黏土

图 6-5　原料的 TGA/DSC 分析图

从图 6-5（a）污泥的热重分析可以看出，从室温到 1100℃的程序升温过程中，污泥质量损失很多，达到了 56.6%。污泥的氧化失重大致可以分为以下三个阶段：第一阶段，从室温到 200℃，在这一阶段污泥的残余水分和一部分低碳烃（CH_4，烯烃）释放出来，失重不大，为 6.4%；第二阶段 200～540℃，污泥的失重主要发生在这一阶段，质量损失为 44.5%，尤其是在 500℃以前，DSC 曲线表现为强烈的放热现象，存在一个很宽的放热峰。这是由污泥中有机物的挥发、热分解和燃烧造成的，该过程大量产物释放出来，以 CO_2、醛类（主要是甲醛）、CO、NH_3 为主，含有少量含苯环的物质；第三阶段 540℃以上，失重较小，主要生成物是 CO_2，此时有 SO_2 释放出来，较热解滞后一段时间。

污泥的 DSC 曲线分别在 850.8℃和 993.2℃出现了两个吸热峰，可能是碳酸盐分解产物 CaO 等与其他矿物质发生了矿化反应，生成了新的化合物，如：

$$CaCO_3+SiO_2 = CaSiO_3+CO_2 \quad (6\text{-}1)$$

$$CaCO_3+Fe_2O_3 = CaO \cdot Fe_2O_3+CO_2 \quad (6\text{-}2)$$

图 6-5（b）是粉煤灰的 TGA/DSC 分析图谱。在整个程序升温过程中，粉煤灰失重达到了 14.4%，对照《用于水泥和混凝土中的粉煤灰》（GB/T 1596—2017）来看，属于Ⅲ级粉煤灰，说明粉煤灰的品质比较低，这也间接说明了电厂锅炉的燃烧效率比较低。分析粉煤灰的热重曲线，在 100.7℃以前失去的主要是吸附水；401.2～713.3℃之间失重最明显，达到 9.6%，这是由粉煤灰中的固定碳的燃烧反应造成的，表现在 DSC 曲线上，就是一个持续的放热过程，并且在 604.6℃出现了一个放热峰。与污泥类似，在 DSC 曲线 850.0℃和 991.1℃处有两个吸热峰，可能是矿化反应生成了新的化合物。

图 6-5（c）是黏土的 TGA / DSC 分析图谱。可以看出，从室温到 170.1℃，黏土呈现快速失重现象，快速脱除了表面吸附水和层间吸附水；然后是缓慢失重，一直到 541.3℃之前是矿物结晶水的脱除及某些有机物的氧化分解造成的；之后缓慢增重，在

934.0℃出现了一个吸热峰，可能是某些氧化物的形成所致。总体来看，黏土中的可燃成分较少，失重不明显。

6.3 制备工艺参数对污泥粉煤灰陶粒的性质影响

6.3.1 原料配比

陶粒生料球是否能够成球是跟原材料的塑性指数密切相关的。为了最大限度地利用污泥，需要在能成球的前提下研究污泥的最大掺加量。为了简化实验，首先选择污泥和黏土为原料，考察不同的质量配比下生料球和烧结陶粒的性能，以确定污泥的最大掺加量。实验条件为在 400℃下预热 20min，然后在 1150℃下烧结 10min。原料配比实验结果见表 6-3。

表 6-3　黏土和污泥配比实验结果

黏土：污泥/%	生料球的特征（室温干燥）	烧结陶粒的特征
80：20	非常硬，不缩水	硬度很大，用铁锤才能砸碎，表面致密，膨胀明显
70：30	比较硬，不缩水	硬度很大，用铁锤才能砸碎，表面致密，膨胀明显
60：40	有点硬，轻微缩水	硬度较大，用铁锤稍加用力可砸碎，表面致密，膨胀不明显
50：50	有点硬，轻微缩水	硬度较大，用铁锤稍加用力可砸碎，表面致密，轻微收缩
40：60	有点硬，部分缩水	硬度一般，用脚可以踩碎，表面部分开裂
30：70	软，明显缩水	硬度低，用手可以捏碎，表面大量开裂
20：80	非常软，缩水明显，可以用手捏碎	硬度极低，用手可以捏碎，表面全部开裂

可见，随着污泥在原料中配比的增大，生料球和烧结陶粒的硬度逐渐降低。这是因为污泥中大部分是有机物，成陶成分（SiO_2+Al_2O_3）含量低，陶粒缺乏骨架支撑，降低了机械强度。由实验结果可知，当污泥配比高于 50%后陶粒开始出现收缩，为了得到烧胀陶粒，污泥的添加量最高不能超过 50%。

其后以污泥、粉煤灰、黏土为原料，根据 Riley 相图中适宜黏度的原料化学成分范围，设计几个不同配比的原料烧制陶粒，所得陶粒的表观性状和密度见表 6-4。根据该表结果发现，随污泥占比的增加，陶粒强度逐渐降低。考虑到在工业生产中，很多企业采用盘式成球工艺。通过考察黏土陶粒生产企业的实际生产情况，并进行现场实验，发现当配料中黏土含量低于 50%后，原料成球比较困难。由此确定在原料配比中黏土含量不低于 50%。

表 6-4 不同配比陶粒的性质

污泥：粉煤灰：黏土	1：4：4	1：2：2	1：1：1	4：3：3	2：1：1	3：1：1	8：1：1
400℃预热30min 后	不易碎	不易碎	不易碎	不易碎	较易碎	易碎	极易碎
1000℃烧胀5min 后	不易碎	不易碎	不易碎	不易碎	不易碎	易碎	易碎
手触	不掉沫	不掉沫	不掉沫	微掉沫	微掉沫	掉沫	掉沫
堆积密度/（g/m^3）	696	661	633	609	578	—	—
颗粒密度/（g/m^3）	1173	1155	1135	1104	967	—	—

在保证质量的前提下尽可能选择污泥含量较大的配比。通过考察以上原料配比实验结果，并通过 Riley 相图计算验证，在下面的实验中暂定原料配比为黏土：污泥：粉煤灰=60%：35%：5%，继续进行预热和烧结实验，以初步确定污泥陶粒的制备工艺参数。

6.3.2 预热温度和时间

预热的目的是在缺氧气氛中使原料中的有机物热解炭化，生成的碳随后在升温过程中与氧化铁（包括 FeO、Fe_2O_3和 Fe_3O_4）反应，释放出 CO 和 CO_2；同时这些气体在陶粒体内还会随温度升高而增大压力。气体的生成和压力增大都会导致陶粒体积膨胀。另外，如果陶粒生料球不经过预热过程而直接高温烧结的话，则生料球中大量的有机物会消耗过多的氧气，甚至会在陶粒表面燃烧，造成料球之间黏结成块，堵塞烧结窑炉，酿成生产事故。同时，通过预热生料球中的水分得到去除，不至于在烧结时突然升温产生爆裂。

由热重-差热分析可知，污泥和粉煤灰、黏土在升温过程中的表现差别较大，污泥失重达到 56.6%，而粉煤灰和黏土失重相对较小。污泥失重主要发生在 200～540℃之间，尤其是 500℃以前，有机物的挥发、分解和燃烧主要发生在这一温度范围内；而粉煤灰失重主要体现在未燃尽碳的燃烧，发生在 400～700℃之间。因此，预热温度范围的选择应以污泥中的有机物炭化完全之后以及粉煤灰中的碳燃烧之前为准。

本实验中选择预热温度分别为 250℃、350℃和 450℃，预热时间分别为 10min、20min 和 30min。将预热前后生料球表面和内部的颜色变化作为考察炭化程度的指标。预热温度和时间对炭化的影响实验结果见表 6-5。

表 6-5　预热温度和时间的影响

时间	预热温度		
	250℃	350℃	450℃
10min	不变色	表面变黑，内部不变色	表面和内部完全变黑
20min	不变色	表面变黑，内部有点黑	表面和内部完全变黑
30min	表面稍微有点黑，内部不变色	表面和内部完全变黑	内部完全变黑而表面有点黑

由实验结果可知：250℃时，由于温度过低，陶粒不能被炭化，即使预热时间长达 30min，陶粒的炭化也不明显。在 350℃下，预热 10min 后开始炭化，而当预热 30min 后陶粒完全炭化。当温度达到 450℃时，预热 10min，陶粒就已经完全炭化，当持续预热 30min 后陶粒表面有点“灰化”的迹象，说明出现了“过炭化”现象，说明 450℃过高。因此，预热的温度和时间范围应该在 350～450℃和 10～30min 之间选择。

综合以上结果，本着预热时间不要过长、预热温度不要过高的原则，选择 400℃和 20min 作为预热条件。

6.3.3　焙烧温度和时间

轻质性是陶粒许多优良性能中最重要的一点。陶粒的内部结构呈细密蜂窝状微孔，这些微孔都是封闭型的，是由于气体被包裹进壳内而形成的，这就是陶粒质轻的主要原因。而烧结过程是材料获得预期显微结构的关键工序。因此，为了使烧结出来的陶粒质轻多孔，必须对烧结过程进行深入的研究。对于陶粒制备而言，烧结时间尤其是烧结温度是影响其性能的最重要的因素。

在陶粒烧结过程中，随着烧结温度的升高，从陶粒的表面到内部发生了两种物理-化学变化，并且这两种现象时刻保持动态平衡关系：一是产气反应，某些化学成分之间或者化学成分本身发生产气反应，释放出来的气体使陶粒体积膨胀，如在碳和氧化铁之间发生的氧化还原反应，以及某些碳酸盐、硫酸盐等矿物成分发生的分解反应等；二是由于某些助熔剂组分（包括 CaO、MgO、Na_2O、K_2O、Fe_2O_3 和 MnO 等）的存在，使 SiO_2、Al_2O_3 等主要成分的熔点降低从而熔化，使分散的物料颗粒通过相互熔融扩散黏结成一个连续的整体，从而形成致密的烧结体。并且在这一过程中，伴随发生金属离子置换等反应，生成各种新的铝硅酸盐矿物相。高温下，熔融生成的玻璃态物质导致陶粒内部和表面黏度增大，表面张力的增大会将上述反应产生的气体包裹在陶粒体内，阻止其进一步膨胀。

根据第 5 章的研究结果，在一定温度范围内，随着温度的升高，陶粒的堆积密度逐渐提高，但是吸水率是逐渐下降的。在建材行业中，陶粒作为轻集料对吸水率的要求是尽量低。而作为水处理反应器中的生物滤料，对陶粒的要求是除具有一定的机械强度外，要质轻、多孔，尤其是表面，要充满孔隙和空洞以容纳更多的微生物菌体，并为微生物代谢底物和产物以及 O_2、CO_2 等气体留出进出通道，因此吸水率要高。可见，烧结产品目标不同，则选取的最佳工艺参数也不同。

在烧结实验中，原料中黏土：污泥：粉煤灰配比为 60%：35%：5%，在马弗炉中 400℃下预热 20min，在管式电炉中烧结温度分别为 950℃、1000℃、1050℃、1100℃和 1150℃，烧结时间分别为 5min、10min 和 15min。将堆积密度、吸水率作为考察指标，研究陶粒的烧结工艺，确定不同用途污泥陶粒的工艺参数。烧结温度和时间对陶粒性能的影响分别见图 6-6 和图 6-7。

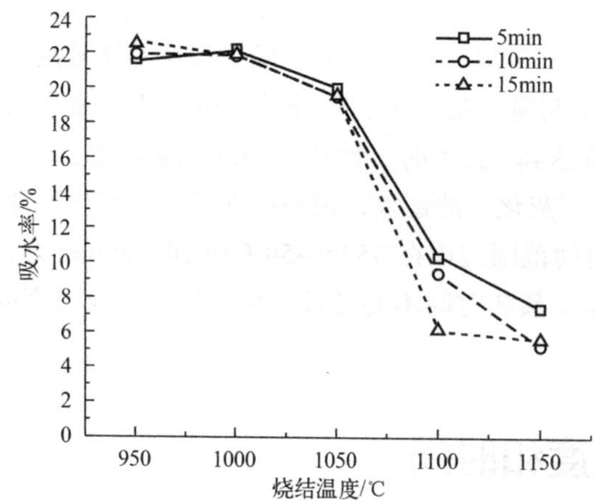

图 6-6 陶粒吸水率随烧结温度和时间的变化

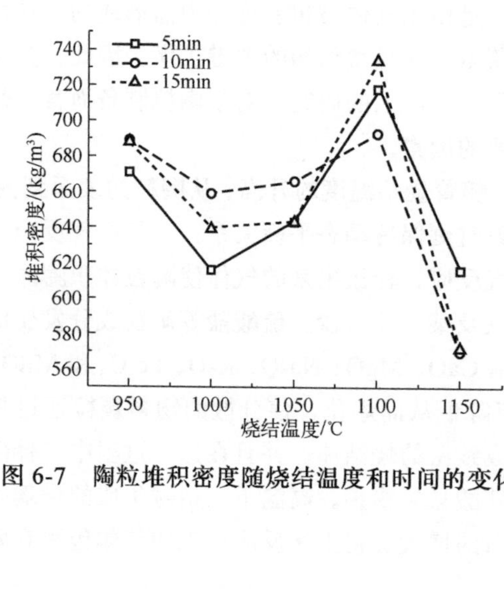

图 6-7 陶粒堆积密度随烧结温度和时间的变化

图 6-6 是陶粒吸水率随烧结时间和烧结温度的变化规律曲线。可见，吸水率随着烧结温度的提高是下降的，尤其是在 1050～1100℃之间，迅速下降了约 10%。这是由陶粒表面的增稠作用造成的。随着温度升高，陶粒开始熔化，生成的玻璃态物质渐渐堵塞了表面的孔隙和裂缝，使得陶粒表面逐渐致密。温度达到一定程度后，陶粒表面会形成一层“釉质”而阻碍水的进入，陶粒吸水率就变得很小。由实验可猜测，陶粒表面熔化的温度在 1050～1100℃之间。烧结时间对吸水率的影响在 1050℃之下表现不明显，在 1100℃以上可看出吸水率随烧结时间的延长而下降。比较烧结时间和烧结温度的影响程度，可知温度对吸水率的影响是主要的。

图 6-7 是陶粒堆积密度随烧结温度和时间的变化曲线。在 1000～1100℃之间，堆积密度随温度升高而增大，这是由生成的越来越多的玻璃态物质黏性很大，在表面张力的作用下使陶粒体积收缩造成的，尤其是在 1050～1100℃之间，这种收缩作用更明显。但是一旦超过 1100℃，堆积密度迅速降低，这是由于在该温度之后发生了膨胀效应，即产生了大量气体使陶粒体积膨胀，虽然此温度下熔化生成的玻璃态物质更多，黏度更大，表面张力更大，但是生成气体的压力足以克服熔融态物质的表面张力而使体积增大，从而使陶粒堆积密度降低。从曲线图可知，陶粒在 1100℃时堆积密度最大，此时收缩作用最大而膨胀尚未开始。相对于烧结温度，烧结时间对陶粒的堆积密度影响不是那么显著。

综合以上分析可知，烧结温度是陶粒性能的主要影响因素。对堆积密度而言，在烧结温度为 1100℃时，出现了拐点，陶粒从收缩到膨胀。而对于烧结时间，只要陶粒能烧透，时间可以缩短，以避免陶粒过烧而引起体积剧烈收缩，在本实验中可以取 10min 或者更少。

在陶粒机械强度满足要求的前提下，若以吸水率为主要控制指标，堆积密度为辅助参考指标，则当烧制水处理滤料时可选择烧结温度为 1050℃，烧结时间为 5min，此时污泥陶粒吸水率为 20.0%，堆积密度为 643kg/m^3；当要求吸水率低、堆积密度小时可选择烧胀条件，即烧结温度为 1150℃，烧结时间为 10min 时，此时得到的污泥陶粒吸水率为 5.2%，堆积密度为 570kg/m^3。

6.3.4 干燥时间对污泥粉煤灰陶粒性质的影响

将生料球均分为 5 组，考察干燥时间对产品性能的影响。将生料球在（105±5）℃的烘箱里分别干燥 0.5h、1h、1.5h、2h、3h 后，放入已升温至 300℃的箱式电阻炉中预热 20min，然后在 1100℃灼烧 8min，冷却后测其性质。实验结果如图 6-8 所示，可以看出，在实验所选取的时间范围内，干燥时间对陶粒的性质影响不是很大，因此，在保证质量、节约成本的基础上确定陶粒的最佳干燥时间为 1h。

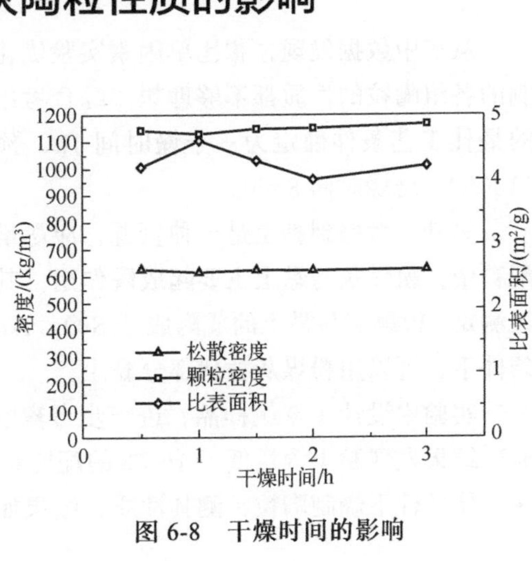

图 6-8 干燥时间的影响

6.3.5 正交实验原料配比的二次优化

比表面积和密度是评价水处理用陶粒性能的重要常规指标，因此本实验就以比表面积、松散密度和颗粒密度作为衡量标准，通过正交实验对陶粒的制备工艺条件进行优化。通过上述单因素实验，基本确定了密度和吸水率最优时的各单因素条件，于是在 4 个最佳单因素条件附近缩小范围，设计四因素三水平的正交实验 $L_9(3^4)$，进一步筛选出密度和吸水率最优时的制备条件，结果见表 6-6。

表 6-6　污泥烧制陶粒正交实验表

实验标号	预热温度/℃	预热时间/min	焙烧温度/℃	焙烧时间/min	松散密度/(kg/m³)	比表面积/(m²/g)	颗粒密度/(kg/m³)
1	250	15	1000	7	641	3.596	1174
2	250	20	1100	8	637	3.771	1202
3	250	25	1150	9	—	—	—
4	300	15	1100	9	667	4.494	1251
5	300	20	1150	7	—	—	—
6	300	25	1000	8	636	3.921	1152
7	350	15	1150	8	—	—	—
8	350	20	1000	9	648	3.866	1155
9	350	25	1100	7	643	3.726	1141

从表中数据发现，相比单因素实验优化得到的陶粒成品的性质，根据正交实验所烧制的各组陶粒的性质都不够理想。综合考虑单因素实验和正交实验的结果，将陶粒烧制的最佳工艺条件确定为：干燥时间 1h、预热温度 300℃、预热时间 20min、焙烧温度 1100℃、焙烧时间 8min。

另外，考虑到黏土是一种资源，应尽量减少其用量，因此对配料进行二次优化。在配料中，粉煤灰与黏土主要起成陶作用，其中黏土除了成陶作用外还起黏结剂的作用。经测定，粉煤灰与黏土的成陶成分 SiO_2、Al_2O_3 的百分含量相当，因此在保证较好的黏结条件下，可以用粉煤灰替代部分黏土。

实验中设计了 9 组样品，进一步考察配比对产品性能的影响。9 组样品的配比见表 6-7，结果发现黏土含量低于 16.7%的配比难成球。按照所设计的前 5 组配比捏制生料球，在最佳条件下烧制陶粒，测其性质，结果如图 6-9 所示。

表 6-7　配比设计

性能	污泥：粉煤灰：黏土								
	10：11：9	10：12：8	10：13：7	10：14：6	10：15：5	10：16：4	10：17：3	10：18：2	10：19：1
黏土含量/%	30	26.7	23.3	20	16.7	13.3	10	6.7	3.3
成球情况	成球	成球	成球	成球	成球	难成球	难成球	难成球	难成球

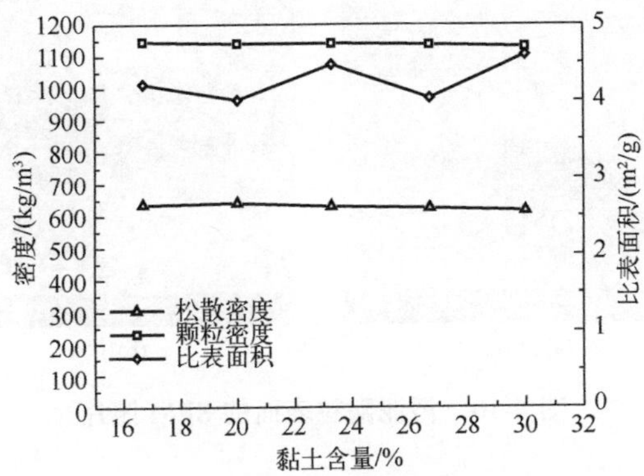

图 6-9　黏土含量的影响

由图中可以看出，黏土添加量的变化对陶粒的比表面积和密度的影响不是很大，而黏土含量低于 16.7%（即污泥：粉煤灰：黏土=10：15：5）时，原料成球较为困难，所以确定黏土用量最少的配比为污泥：粉煤灰：黏土=10：15：5（即 2：3：1）。在上述配比和最佳工艺条件下烧制的陶粒的松散密度为 635kg/m^3，颗粒密度为 1146kg/m^3，比表面积为 4.222m^2/g。

6.4　污泥粉煤灰陶粒的性质表征

6.4.1　污泥粉煤灰陶粒与商品陶粒的性质对比

6.4.1.1　表面形态及孔隙结构

微生物在滤料上的附着，一方面同滤料的表面形状有关，另一方面有主要的影响因素是滤料的孔隙结构。污泥陶粒滤料中孔的形状、分布、尺寸及其含量均对陶粒滤料的性能有直接的影响。孔的结构包括孔隙率、孔径分布（孔级配）和孔几何学（形貌）。本节采用扫描电镜分别观察了污泥陶粒和商品陶粒的孔隙结构，通过观察和对比，以更深入地了解所制备的污泥陶粒的孔隙结构和性质。

从外表上看，污泥陶粒表面粗糙，光滑度低，Hitachi S-520 电子扫描电镜（SEM）拍摄了污泥陶粒表面和截面的照片（图 6-10、图 6-11），发现污泥陶粒的表面有很多沟壑，孔隙主要以大孔为主，中孔和微孔较少；内部孔隙发达，多为大孔，中孔和微孔也较多。

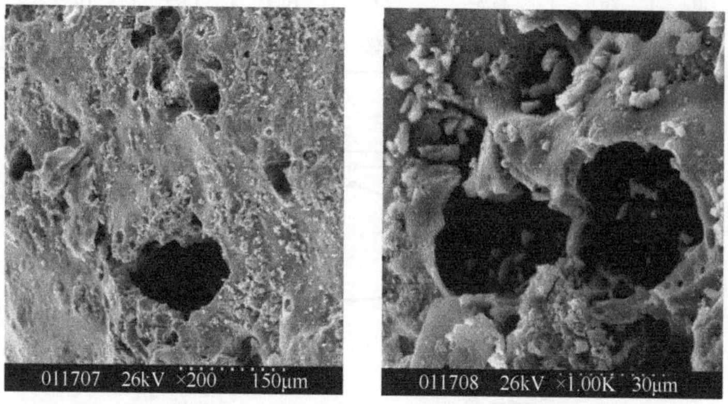

(a)200×　　(b)1000×

图 6-10　污泥陶粒表面的 SEM 照片

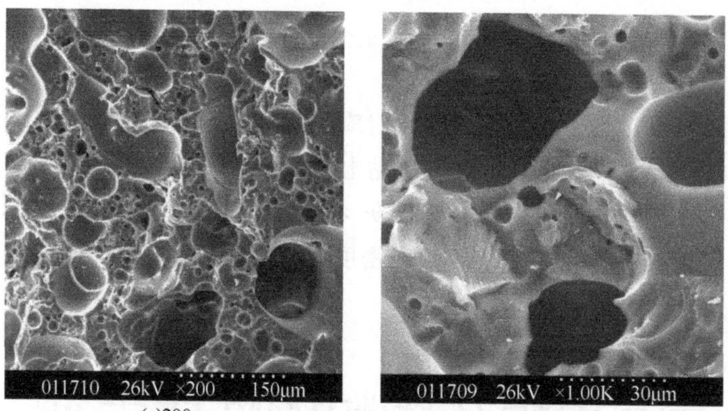

(a)200×　　(b)1000×

图 6-11　污泥陶粒截面的 SEM 照片

从外表来看，商品陶粒表面比较光滑。采用 Hitachi S-520 电子扫描电镜（SEM）拍摄商品陶粒表面和截面的照片，见图 6-12 和图 6-13。从图中可以看出，商品陶粒表面上的孔隙较少，内部孔隙发达，且多为大孔，中孔和微孔较少。

对照图 6-10、图 6-11 和图 6-12、图 6-13，可以发现污泥陶粒表面要比商品陶粒表面粗糙，孔隙结构也更加发达，这可能是因为污泥陶粒含有较多的有机物，在烧结过程中内部产生的气体较多，继而从表面逸出，因此致使污泥陶粒表面粗糙不平，孔隙较多。

污泥粉煤灰陶粒与商品陶粒的孔特性如表 6-8 所列，表中结果显示污泥粉煤灰陶粒与商品陶粒在孔径大小的分布上并没有太多区别。但是，与商品陶粒相比，污泥粉煤灰陶粒不仅具有更低的堆积密度和表观密度，而且其总孔隙率与总比表面积均明显优于商品陶粒。

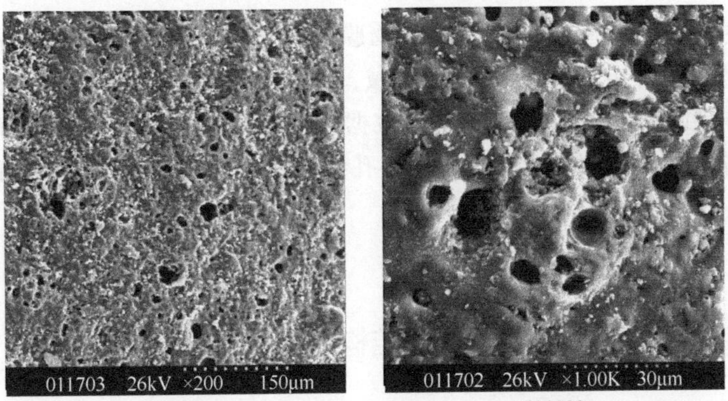

(a)200×　　(b)1000×

图 6-12　商品陶粒表面的 SEM 照片

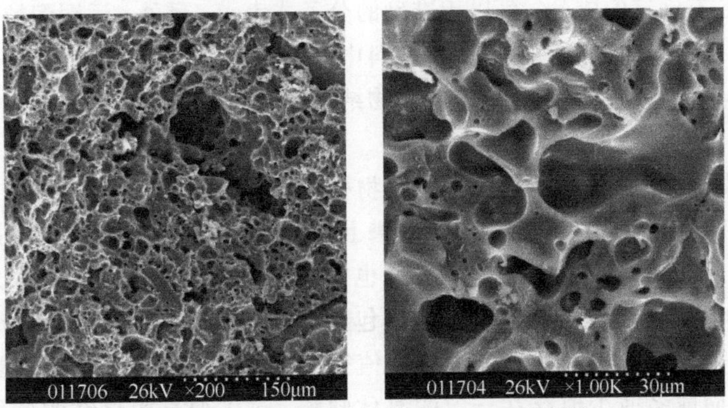

(a)200×　　(b)1000×

图 6-13　商品陶粒截面的 SEM 照片

表 6-8　污泥粉煤灰陶粒（SFCP）与商品陶粒（CCP）的孔特性比较

填料	总孔隙率/%	孔径分布/μm	粒径/mm	堆积密度/(g/cm^3)	表观密度/(g/cm^3)	总比表面积/(m^2/g)
SFCP	37.7	0.5～1.0	3～6	1.32	2.11	8.99
CCP	24.7	0.5～1.0	3～5	1.89	2.51	3.05

由于干污泥的烧失量高达 65.83%，含有丰富的有机质，在陶粒烧制过程中该部分有机质被炭化后燃烧，使得污泥粉煤灰陶粒的表观密度和堆积密度均低于商品陶粒。而粉煤灰中的熔剂氧化物占原料比重的 14.7%，明显高于黏土和干污泥，有效降低了物料的熔点，促进了陶粒的烧胀过程。同时，成气成分在产生气体的过程中不断从陶粒表面逸出，导致污泥粉煤灰陶粒的表面更粗糙多孔，使其具有较高的比表面积。

将陶粒作为填料充当微生物的载体，直接影响着微生物的生长、繁殖和脱落的整个过程，从而影响水处理的效果。其物理化学性能一般要符合：a.孔隙率高，孔径大小适宜；b.比表面积大，可附着的微生物量大；c.载体表面带正电，生物亲和性好；d.有一定的表面粗糙度，微生物挂膜快，老化生物膜易脱落；e.质轻，充氧效率高；f.有一定球度，反冲洗阻力小；g稳定性高，抗酸碱，不易老化；h.机械强度大，使用寿命长；i.安装维修方便，价格便宜。表6-8的数据显示，污泥粉煤灰陶粒具有了作为生物滤池填料应具备的物化性能。因此，从填料孔结构的角度看该新型填料用于水处理中是可行的。

6.4.1.2　污泥陶粒的晶体成分和结构

污泥陶粒同普通陶瓷类似，具有晶体构造，其中氧化物结构和硅酸盐结构是污泥陶粒晶体中最重要的两类结构。它们共同的特点是：a.结合键主要是离子键或含有一定比例的共价键；b.有确定的成分，可以用准确的分子式表示。另外，污泥陶粒中还有少量含有重金属的化合物，这是因为污泥陶粒原料中的重金属元素在高温烧结的条件下，除部分挥发外，其余大部分都形成相应的氧化物结构或与其他成分形成离子化合物结构均匀地分布于污泥陶粒内。

采用X射线衍射方法对污泥陶粒进行物相分析，XRD分析图谱见图6-14，由于其结构较复杂，所以没有把每个成分标于图谱上。可以看出，由于污泥陶粒所采用的原料成分较复杂，所以污泥陶粒中晶体的成分也非常复杂，其中主要的晶体为SiO_2，其余是含量较少的含有重金属的化合物，主要包括氧化铅、氧化锰（钡镁锰矿）、锡化铜、铝铬合金、铬镍硅合金以及镍铬氧化物。值得指出的是，很多晶体都不具有非常理想的晶体结构，而或多或少地存在一定的晶体缺陷。这主要是由烧结的条件和气氛所引起的。

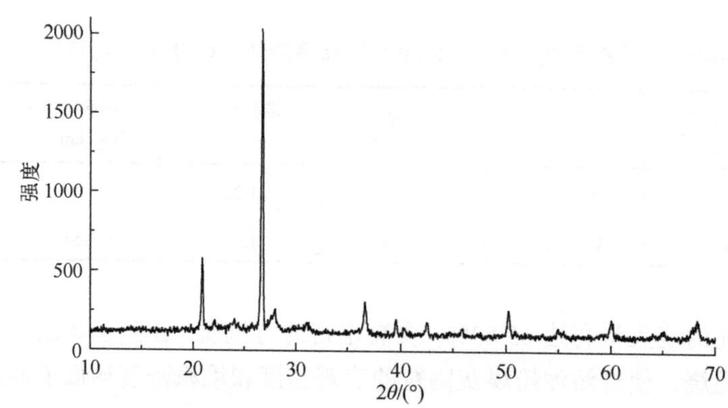

图6-14　污泥陶粒的XRD分析图谱

同样采用XRD分析了商品陶粒的晶体结构图谱见图6-15。可以看出，在商品陶粒中仍以氧化物和硅酸盐晶体为主。并且，商品陶粒中也检出了含有重金属的化合物，如Mn、Pb、Cr、V、Cu、Ni、Zn等，因此，并不是只有污泥陶粒中存在重金属离子，其他的陶粒的晶体结构中也存在相应的重金属离子。

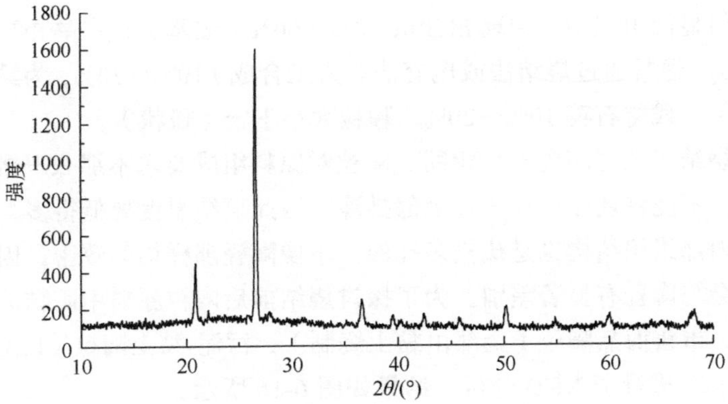

图 6-15　商品陶粒的 XRD 分析图谱

把商品陶粒的主要晶体成分与污泥陶粒样品中的相比较，发现商品陶粒的晶体成分要相对简单，这主要是因为原料所含的成分不同，污泥陶粒原料成分复杂，因此其晶体成分也非常复杂。

6.4.2　污泥粉煤灰陶粒矿物相分析

高温烧结过程中，原料中的化学成分和矿物组成在高温下发生了比较大的变化，伴随着晶型的改变和新矿物成分的生成，从而表现为陶粒体积的膨胀、收缩，气孔大小的变化，以及陶粒微观结构的改变。通过 X 射线衍射仪，可以了解固体材料中的晶体物质和某些非晶态物质的微观结构。

陶粒属于普通陶瓷的范畴。陶瓷的结构是由晶体、玻璃体和气孔组成的。陶瓷中的晶体结构可分为典型晶体结构和硅酸盐晶体结构。硅酸盐晶体结构的特点是具有硅氧四面体$[SiO_4]^{4-}$，即每个 Si 被 4 个 O 包围。由于 Si 离子的配位数为 4，它赋予每个 O 离子的电价为 1，即等于氧离子电价的 1/2，O 离子另一半电价可以连接其他阳离子，也可以与另一个 Si 离子相联。根据$[SiO_4]^{4-}$连接方式不同，硅酸盐晶体可分成 5 种结构，分别为岛状、环状、链状、层状和架状。黏土属于层状硅酸盐结构。石英晶体有 7 种变体，都属于架状硅酸盐结构。长石，是碱金属或碱土金属的铝硅酸盐，可以分为钾钠长石系列和斜长石系列，均属于架状硅酸盐结构。

陶瓷中的玻璃体是非晶态的无定形物质。“无规则网络学说”认为玻璃态物质与相应的晶体一样，也是由一个三维空间网络构成。这种网络是由离子多面体（四面体或三角面体）构筑起来的，但多面体的重复没有规律性。玻璃体中的网络是由氧离子的多面体构筑起来的，多面体中心被多电荷离子，即网络形成体（Si^{4+}、B^{3+}、P^{5+}）所占有。氧离子有两种类型，凡属两个多面体的称为桥氧离子，凡属一个多面体的称为非桥氧离子。网络中心过剩的负电荷则由网络间隙中的网络变性离子（如 Na^+、K^+、Ca^{2+}）来补偿。多面体的结合程度甚至整个网络的结合程度都取决于桥氧离子的占比，而网络变性体离子均匀而无序地分布在四面体的间隙中。

普通陶瓷的显微组织中：玻璃相含量40%～60%（玻基）；主晶相莫来石（化学式为$3Al_2O_3$-$2SiO_2$，通常通过烧结法或电容法等人工合成）10%～30%，为鳞片状和针状交织成网（交织）；残留石英10%～20%，颗粒大小不一（斑状）。

而陶粒的烧结工艺与陶瓷不尽相同。陶粒对原料组成要求不那么严格，而且为了降低陶粒的密度，不能将坯体内的气孔全部排除，因此烧结温度要低得多，烧结时间更是短得多，陶粒内部组织结构也是疏松多孔的，不像陶瓷那样均匀致密。因此其中的矿物相及结构必然会与陶瓷有显著差别。为了探讨烧结前后陶粒原料中矿物成分的变化，首先对黏土原料、市售商品陶粒（全部由黏土烧制）、污泥-黏土陶粒（LSC，原料中污泥和黏土各占50%）进行了XRD分析，结果如图6-16所示。

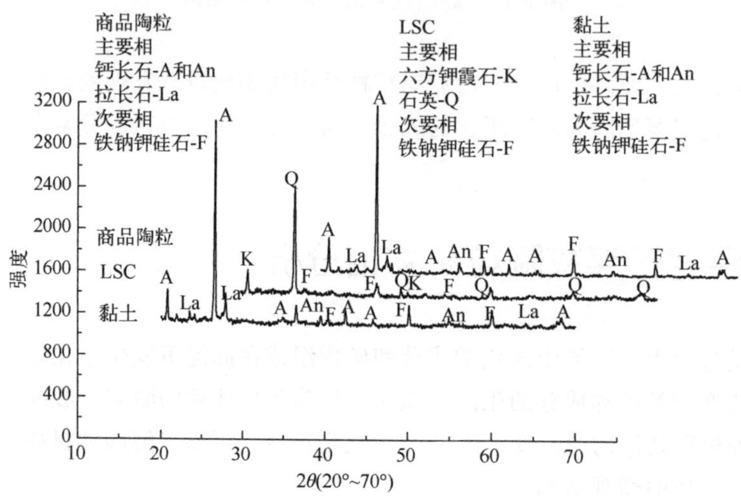

图6-16 污泥-黏土陶粒（LSC）、黏土以及商品陶粒的矿物相

整体上来看，陶粒中的矿物相主要是硅酸盐及硅铝酸盐，由于Ca、Na、K、Fe等成分的存在，生成了非常复杂的矿物成分。由黏土和商品陶粒的X射线衍射图谱可以看出，其主要的矿物相都是长石类的架状硅酸盐晶体，如钙长石（即$CaAl_2Si_2O_8$，由于晶形不同在图中分别用A和An标注，钙长石是长石的一种，为钙铝硅酸盐矿物）和拉长石（即$NaAlSi_3O_8$-$CaAl_2Si_2O_8$，图中用La表示，是斜长石中的一种，一般由30%～50%的钠长石和50%～70%的钙长石分子组成），次要矿物相是铁钠钾硅石（即$KNaFeSi_4O_{10}$，用F表示）。商品陶粒的矿物相和黏土原料的矿物相几乎是完全相同的，因为商品陶粒是采用黏土为唯一原料烧制而成的，只是某些成分在高温烧结过程中熔融状态下发生了一些诸如Si-Al离子置换等反应，从而在2θ=28°、40°和44°的位置与黏土略有不同。

污泥-黏土陶粒的主要矿物相是石英（即SiO_2）和六方钾霞石（即$KAlSiO_4$）。污泥-黏土陶粒的次要矿物相也是铁钠钾硅石（即$KNaFeSi_4O_{10}$）。

对粉煤灰原料以及污泥-粉煤灰-黏土陶粒（污泥：粉煤灰：黏土=1：1：2）也进行了XRD分析，结果见图6-17。

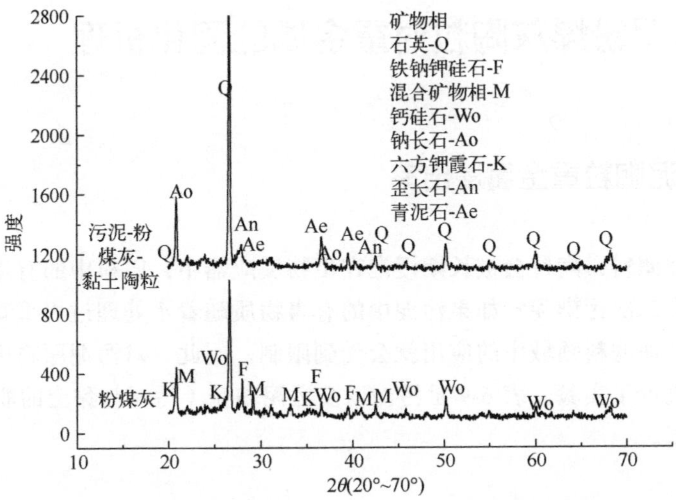

图 6-17　污泥-粉煤灰-黏土陶粒以及粉煤灰的矿物相

由该图显示的矿物相分析可知，污泥-黏煤灰-黏土陶粒的矿物相主要还是石英（即 SiO_2），次要矿物相有钠长石（即 $NaAlSi_3O_8$）、歪长石[即$(K,Na)A1Si_3O_8$]和青泥石[即$Ca_4(Al,Fe,Mg)_{10}Si_{12}O_{35}(OH)_{12}CO_3 \cdot 12H_2O$]。总体看来，粉煤灰中典型的结晶体不多，主要是钙硅石[即 $Ca_3(Si_3O_9)$]对 X 射线的衍射峰值较高，其他的次要矿物相是铁钠钾硅石（即 $KNaFeSi_4O_{10}$）和一系列混合矿物相（用 M 表示），以及少量的六方钾霞石（即 $KAlSiO_4$），衍射峰都比较低。

原料中的矿物成分和化学成分在高温烧结时发生了晶形重排、离子置换、氧化还原、分解等反应，形成了一些新的矿物和组分。标准矿物分为 SiO_2 饱和矿物和 SiO_2 不饱和矿物，它们的出现及数量，主要取决于岩石中 SiO_2 含量的多少。当 SiO_2 的量过饱和时，会形成石英+饱和矿物；当 SiO_2 的量恰好饱和时，不形成石英，只会形成饱和矿物；当 SiO_2 的量不饱和时，会形成饱和矿物+不饱和矿物。由于黏土中 SiO_2 含量较高，黏土陶粒中 SiO_2 饱和矿物居多，如钙长石、钠长石等。而污泥中的 SiO_2 含量较低，而且污泥与含 SiO_2 较高的粉煤灰、黏土原料混合成型时无法实现理想状态下的完全混合，因此，会出现局部区域 SiO_2 不饱和，局部区域 SiO_2 过饱和。污泥陶粒烧结时，就在过饱和区域析出石英晶体，而在不饱和区域生成钾霞石等不饱和矿物。

由本节 X 射线衍射分析以及前面对陶粒微观结构的观察可知，正是由于在高温下原料粉末颗粒之间熔融烧结，形成了长石以及石英等架状硅酸盐晶体和玻璃相无定形物质，才使陶粒具有较高的强度和较大的硬度。由于原料成分复杂，陶粒中的矿物成分较陶瓷更为复杂。在陶粒中没有检测到莫来石晶相，因为莫来石是硅铝酸盐在高温下形成的矿物，由于陶粒烧结温度较陶瓷（1300℃以上）低很多，因此，尚不能形成莫来石。有文献报道在 1200℃以上时才会检测到莫来石的形成。陶粒中玻璃相占据优势，内部多孔，陶粒致密程度也远远低于陶瓷。

6.4.3 污泥粉煤灰陶粒对重金属的固化机理

6.4.3.1 污泥陶粒重金属浸出率

作为水处理滤料，陶粒会被长期浸泡在生物反应器中，原料中的有毒有害物质会不会被浸出而产生二次污染呢？如果污泥中的有害物质随着水处理过程重新进入水体，则污泥陶粒在水处理滤料领域中的应用就会受到限制。因此，对污泥原料中及烧成陶粒的重金属浸出率进行了实验。表 6-9 是污泥以及污泥陶粒（污泥与黏土的质量比为 1∶1）的重金属浸出率。

表 6-9 污泥和污泥陶粒重金属浸出毒性实验结果

指标	干污泥/（mg/kg）	污泥陶粒/（mg/kg）	标准值/（mg/kg）	固化率/%
总 Cu	39.59	0.973	≤100	97.5
总 Zn	23.19	0.667	≤100	97.1
总 Ba	11.86	0.520	≤100	95.6
总 Pb	6.072	0.053	≤5	99.1
总 Cr	2.593	0.045	≤15	98.3
总 Ni	0.310	0.060	≤5	80.6
总 As	0.228	0.021	≤5	90.8
总 Cd	0.067	0.009	≤1	86.6

从结果可见，污泥的重金属浸出率比较高，Cu、Zn、Ba、Pb、Cr、Ni、As 和 Cd 都有检出，尤其是总 Pb 达到 6.072mg/kg，已经超过了国家标准的最高限值 5mg/kg，超标率达到 21.4%。污泥中 Cu 和 Zn 的浸出率也比较高，虽然没有超标，但是占标率已经分别达到了 39.6%和 23.2%。说明实验中采用的污泥成分非常复杂，含有的重金属种类和数量都比较多，这跟污水厂进水水质有关。

再看污泥陶粒（污泥与黏土的质量比为 1∶1）的重金属浸出结果，所有重金属的浸出率都降低到了 1mg/kg 以下，固化率都达到了 80%以上。尤其是总 Pb，从污泥浸出率的 6.072mg/kg 降低到了陶粒浸出率的 0.053mg/kg，固化率达到了 99.1%。

因此，污泥陶粒作为水处理滤料，其稳定性和安全性符合应用要求。

6.4.3.2 污泥陶粒重金属固化机理分析

污泥中众多的重金属元素在高温烧结过程中，很可能发生了类质同象置换，进入 Si—O 骨架网络中，成为网络构成体。

类质同象定义为：某物质在一定的外界条件下结晶时，晶体中的部分构造位置被介质中的其他质点（原子、离子、络离子、分子）所占据，只引起晶格常数的微小改变，晶体构造类型、化学键类型保持不变的现象。混入晶体中的物质称为“类质同象混入物”，含有类质同象混入物的混合物称为“类质同象混合物”，含有类质同象混合物的晶体称为固溶体。混入物呈分散状态概率分布在构造位置中。

在晶格中质子（原子、离子、络离子）之间类质同象置换不是任意的，晶体化学性质相近的元素之间可以充分置换，形成任意比例的固溶体，称为完全类质同象；相差较大的离子之间的置换受到很大限制，形成有限类质同象。是否发生类质同象置换由以下条件控制。

（1）晶体化学条件——类质同象置换的内因

① 原子或离子半径相同或相近。

② 原子或离子的配位数和配位多面体的对称性相同。

③ 化学键类型相同或相似，如 Na^{+}和 Cu^{2+}。

④ 离子正负电荷的平衡保持不变，如：

通过一个较高价正离子被几个较低价正离子置换，或反之；

一个较高价正离子和一个较低价正离子同时置换两个中间电价的正离子，如钾长石 $Ba^{2+}+Al^{3+}$（$Pb^{2+}+Al^{3+}$）$\rightarrow K^{+}+Si^{4+}$；

较高价正离子置换较低价正离子时过剩的正电荷被较高价负离子置换较低价负离子时多余的负电荷所补偿；

较高价阳离子置换较低价阳离子时所亏损的正电荷为附加阳离子的正电荷所补偿。

⑤ 结构单位的紧密程度。

（2）物理化学条件——类质同象置换的外因

① 温度和压力：增温和减压促进类质同象置换。

② 组分的浓度：一种熔体或溶液中如果缺乏某种成分，则从中结晶出包含此种组分的矿物时，熔体和溶液中性质与之相似的其他元素就可以类质同象混入物的方式加以补充，该现象称为“补偿类质同象”。

③ 氧化电位：若固溶体中类质同象混入物是变价元素，当环境的氧化电位增高时，则该元素从低价态转变成高价态；同时阳离子半径变小，原矿物的晶格破坏，混入物就从寄生矿中析出。

根据上述类质同象理论，在高温烧结过程中，污泥中的大部分重金属元素很可能与 Si^{4+}、Al^{3+}等网络形成元素发生了类质同象置换，从而被牢牢固定在新的矿物晶体结构中。因此，污泥陶粒中重金属的浸出率大大降低，实现了污泥的无害化目标，为污泥陶粒的应用扫清了障碍。

6.5 污泥粉煤灰陶粒的工业化生产

为了验证污泥粉煤灰陶粒的烧制技术在大规模生产中的可行性，在济南海华滤料有限公司成功进行了中试生产试验。

6.5.1 中试原料和主要设备

中试生产中黏土来自济南海华滤料有限公司烧制陶粒的建筑弃土。粉煤灰来自济南市南郊热电厂。污泥来自济南市水质净化一厂和二厂污泥脱水机房，用货车运到厂内后进行自然干燥后得到干化污泥。

用到的主要设备有粉磨机、盘式成球机、回转窑、皮带运输机。

6.5.2 生产工艺流程

生产工艺流程见图 6-18。

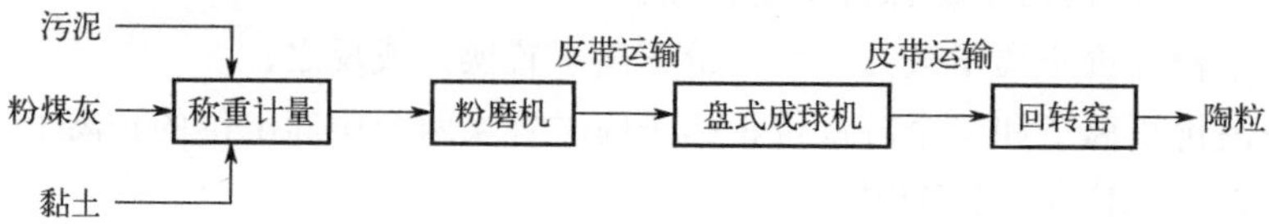

图 6-18 污泥-粉煤灰陶粒生产工艺流程

将干化污泥、粉煤灰和黏土按照质量比为 1∶1∶2 称重计量后，混合均匀，一起送入粉磨机粉碎到一定的粒度，经过皮带运输机送到盘式成球机上。一边喷入自来水，一边依靠盘式成球机的不断旋转，使原料成球。当生料球达到要求的粒度后，下料，通过皮带输送到回转窑的尾部。通过回转窑的不断转动，陶粒生料球从尾部慢慢向前移动，同时，利用烟气余热对生料球进行干燥。干燥好的生料球随回转窑的转动，依次进入预热区和烧结区。预热和烧结的温度和气氛由喷入煤粉量和鼓风量控制，预热和烧结时间由回转窑的转速控制和调整。烧成的陶粒在回转窑的头部下料，进入滚筒筛中，一边冷却，一边通过滚筒筛的旋转出料。冷却后即为陶粒产品。生产现场照片见图 6-19。

(a)生产车间全景

(b)盘式成球机

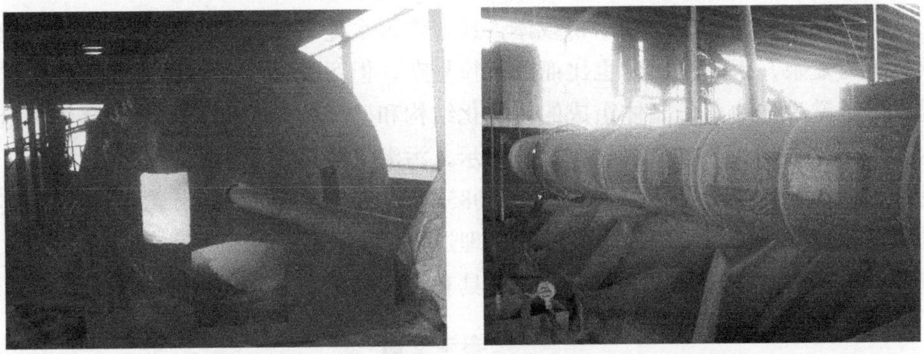

(c)回转窑　　(d)滚筒筛

图 6-19　污泥陶粒生产现场图片

6.5.3　产品性能测试

参考《水处理用滤料》（CJ/T 43—2005）中的有关测试方法，测得所生产的污泥陶粒的盐酸可溶率为 0.18%，破碎率为 0.4%，符合质量要求。为了对比污泥陶粒和商品陶粒的孔隙性能，采用美国康塔仪器公司 PoreMaster-60-4 型孔隙分布测定仪进行陶粒孔隙结构的测定。结果列于表 6-10。

表 6-10　污泥陶粒和商品陶粒性能测试结果一览表

指标		污泥陶粒	商品陶粒
堆积密度/（kg/m^3）		1.3181	1.8898
表观密度/（kg/m^3）		2.1165	2.5098
比表面积/（m^2/g）		8.9892	3.0454
总孔隙率/%		37.6906	24.7024
粒内孔隙率/%		37.6316	24.5452
孔径分布/μm	10%孔径小于	30.8452	51.4132
	50%孔径小于	63.3219	71.9086
	90%孔径小于	73.2336	74.3743

注：1.粒内孔隙率指颗粒内部的孔容积占整个样品容积的比例。粒间孔隙率指颗粒之间的孔容积占整个样品容积的比例。颗粒内部孔隙率和颗粒间的孔隙率之和等于颗粒总孔隙率。

2. 比表面积指单位质量或单位体积固体的总表面积，它包括颗粒的外表面积和颗粒内孔隙的面积两部分。对于多孔介质来说，其外表面积比内表面积小得多，因此在比表面积的计算中一般忽略外表面积。

可见，所生产的污泥陶粒无论是堆积密度还是表观密度都小于商品陶粒，其总比表面积（$8.9892m^2/g$）是商品陶粒的（$3.0454m^2/g$）2.95 倍，因为其粒内孔隙率高达 37.6316%，大大高于商品陶粒的 24.5452%。

本章采用污泥和粉煤灰制备陶粒，通过性质表征研究，探讨了制备工艺参数对陶粒性能的影响，并阐述了污泥陶粒的制备机理，在实验室小试和实验室动态烧结的基础上，成功进行了污泥陶粒的中试生产，结果证明污泥陶粒烧制工艺合理，生产过程容易控制，产品性能稳定，具备工业化放大条件。从研究结果发现，与商品陶粒相比，污泥陶粒具有粗糙的表面，丰富的孔隙结构，较高的比表面积和孔隙率，以及更低的堆积密度和表观密度等，使其具有了作为生物滤池填料应具备的物化性能。从填料孔结构特性的角度看，污泥陶粒是一种优良的微生物载体，适合作为水处理用的填料。由于污泥陶粒滤料的原料更为复杂，因此其成分也比商品陶粒复杂。但污泥陶粒基本同商品陶粒一样，主要是以离子键为主的离子晶体组成的。氧化结构和硅酸盐结构是污泥陶粒晶体中最重要的两类结构。同时，经重金属浸出实验显示，污泥陶粒所有重金属浸出浓度均低于《危险废物鉴别标准　浸出毒性鉴别》（GB 5085.3—2007）中规定的阈值。因此，将其作为水处理填料是安全可行的，不会引起水处理过程中的二次污染问题，该技术的深入研究和有效利用将对发展循环经济和保护环境具有重大的意义。

参考文献

[1] Monteiro S N, Alexandre J, Margem J I, et al. Incorporation of sludge waste from water treatment plant into red ceramic[J]. Construction and Building Materials, 2008, 22(6): 1281-1287.

[2] 王兴润，金宜英，杜欣，等. 城市污水厂污泥烧结制陶粒的可行性研究[J]. 中国给水排水, 2007, 23(7): 11-15.

[3] 杜欣，金宜英，张光明，等. 城市生活污泥烧结制陶粒的两种工艺比较研究[J]. 环境工程学报, 2007, 1(4): 109-114.

[4] 王兴润，金宜英，聂永丰，等. 污泥制陶粒技术可行性分析与烧结机理研究[J]. 环境科学研究, 2008, 21(6): 80-84.

[5] Wang X R, Jin Y Y, Wang Z Y, et al. A research on sintering characteristics and mechanisms of dried sewage sludge [J]. Journal of Hazardous Materials, 2008, 160(2-3): 489-494.

[6] 金宜英，杜欣，王志玉，等. 采用污水厂污泥制陶粒的烧结工艺及配方研究[J]. 中国环境科学, 2009, 29(1): 17-21.

[7] Zou J L, Xu G R, Li G B. Ceramsite obtained from water and wastewater sludge and its characteristics affected by Fe_2O_3, CaO, and MgO[J]. Journal of Hazardous Materials, 2009, 165(1-3): 995-1001.

[8] Xu G R, Zou J L, Li G B. Ceramsite obtained from water and wastewater sludge and its characteristics affected by (Fe_2O_3+CaO+MgO)/ (SiO_2+Al_2O_3)[J]. Water Research, 2009, 43(11): 2885-2893.

[9] Xu G R, Zou J L, Li G B. Effect of sintering temperature on the characteristics of sludge ceramsite[J]. Journal of Hazardous Materials, 2008, 150(2): 394-400.

[10] 严捍东. 电镀污泥与海滩淤泥复合烧制陶粒重金属固化效果的试验分析[J]. 化工进展, 2005, 24(4): 383-386.

[11] Merino I, Arevalo L F, Romero F. Characterization and possible uses of ashes from wastewater treatment plants[J]. Waste Management, 2005, 25(10): 1046-1054.

[12] 罗晖，钱觉时，陈伟，等. 污水污泥页岩陶粒烧胀特性[J]. 硅酸盐学报, 2010, 38(7): 1247-1252.

[13] 樊先平，洪樟连，翁文剑. 无机非金属材料科学基础[M]. 杭州：浙江大学出版社, 2004.

[14] Tsai C C, Wang K S, Chiou I J. Effect of SiO_2-Al_2O_3-flux ratio change on the bloating characteristics of lightweight aggregate material produced from recycled sewage sludge[J]. Journal of Hazardous Materials, 2006, 134(1-3): 87-93.

[15] Riley C M. Relation of chemical properties to bloating of clays[J]. American Ceramic Society, 1951, 34(4): 121-128.

[16] 李家驹. 陶瓷工艺学[M]. 北京：中国轻工业出版社, 2001.

[17] Tsai C C, Wang K S, Chiou I J. Effect of SiO_2-Al_2O_3-flux ratio change on the bloating characteristics of lightweight aggregate material produced[J]. Journal of Hazardous Materials, 2006, 134(1-3): 87-93.

[18] Ducman V, Mirtic B. The applicability of different waste materials for the production of lightweight aggregates[J]. Waste Management, 2009, 29(8): 2361-2368.

[19] 陈烈芳. 烧胀粉煤灰陶粒的膨胀机理研究[J]. 砖瓦, 2005(11): 7-11.

[20] 关长斌，郭英奎，赵玉成. 陶瓷材料导论[M]. 哈尔滨：哈尔滨工程大学出版社, 2005.

[21] 韩秀丽. 无机材料岩相学[M]. 北京：化学工业出版社, 2005.

[22] 匡少平. 铬渣的无害化处理与资源化利用[M]. 北京：化学工业出版社, 2007.

[23] 查建明，张苗苗，王立久. 生物陶粒在污水处理中作滤料的研究与应用[J]. 广东建材, 2005(1): 8-10.

[24] 鲁敏. 滤料对曝气生物滤池处理城市污水效果的影响研究[D]. 上海：同济大学, 2004.

[25] Kent T D, Fitzpatrick C S B, Williams S C. Testing of biological aerated filter (BAF) media[J]. Water Science and Technology, 1996, 34(3-4): 363-370.

第三篇

污泥陶粒的应用

- ▶ 超轻污泥陶粒用于曝气生物滤池深度处理工业废水
- ▶ 超轻污泥陶粒用于厌氧生物滤池处理高浓度有机模拟废水
- ▶ 轻质污泥粉煤灰陶粒用于 A/O 一体式曝气生物滤池处理生活污水
- ▶ 污泥粉煤灰陶粒用于厌氧生物滤池进行合成污水的脱氮除磷
- ▶ 煤渣陶粒和污泥陶粒联用于厌-好氧串联生物滤池处理四环素废水
- ▶ 污泥陶粒基绿色建筑材料

在陶粒发明和生产之初，它主要用于建材领域，由于技术的不断发展和人们对陶粒性能认识得更加深入，陶粒的应用早已超过建材这一传统范围，现已被广泛应用于污水处理领域的好氧、厌氧和兼氧设施中。

与普通黏土陶粒相似，污泥陶粒同样具有较规则的形状、较高的机械强度、适中的密度、良好的生物化学稳定性、适宜的比表面积和孔径分布等优点，用于水处理设施中能够承受较高的水力负荷且阻力较小。并且得益于污泥中有机碳对陶粒膨胀的促进作用，污泥陶粒具备相对较低的密度以及更大的比表面积和孔隙率，更利于微生物的附着和生长；同时，其价格相对常规生物滤料以及普通商品陶粒（即黏土陶粒）来讲更为低廉，因此完全可以考虑作为水处理设施的填料。将污泥陶粒用于污水处理中，在达到以废治废目标的同时也可以降低污水处理的投资成本。

该部分将详细介绍污泥陶粒在好氧、厌氧以及兼氧等多种水处理条件下的应用研究实例，讨论水处理条件对污水处理效果的影响，验证污泥陶粒作为填料的可行性以及与普通商品陶粒相比的潜在优越性，为污泥陶粒在水处理领域的应用推广提供科学依据。此外，还将介绍污泥陶粒在建材中的两个新型应用研究——基于污泥陶粒的绿色建材混凝土砌块和适用于民用建筑室温调节的污泥陶粒基多元脂肪酸定型相变材料，为污泥陶粒在绿色节能建材中的推广应用提供研究基础。

第7章 超轻污泥陶粒用于曝气生物滤池深度处理工业废水

曝气生物滤池是一种新型且灵活高效的生物反应器，用于废水处理属于生物处理的生物膜法范畴。该工艺应用范围比较广泛，主要用于废水深度处理、微污染源水处理、难降解有机物处理、低温污水的硝化、低温微污染水处理等，其最大的特点是集生物氧化和截留悬浮物于一体，节省了后续的二次沉淀池，在保证处理效果的前提下使处理工艺简化。生物滤料作为曝气生物滤池的核心组成部分，影响着该工艺的处理效果和运行控制，故选择合适的滤料对曝气生物滤池工艺的推广和应用意义重大。对于曝气生物滤池而言，其生物滤料应具备以下基本要求：a.具有较好的生物膜附着力以及较大的比表面积；b.孔隙率大，截污能力强；c.水流流态良好，有利于增强传质效果；d.阻力小，强度大，化学和生物稳定性好，经久耐用；e.形状规则，尺寸均一，使进水在滤料间形成均一的流速；f.货源充足，价格便宜，运输和安装施工方便。污泥陶粒在物理化学特性、水力学特性及经济性等方面均满足上述要求，因此可以作为曝气生物滤池的填料并用于废水处理。

本章将着重介绍超轻污泥陶粒在曝气生物滤池深度处理大豆蛋白废水和制药废水中的应用，验证超轻污泥陶粒作为生物滤料用于废水处理的可行性，并研究运行条件对废水处理效果的影响，从而为实际应用提供理论基础和现实依据。

7.1 超轻污泥陶粒的性能表征

7.1.1 物理性质

采用以济南某污水处理厂的污泥和淄博黏土为原料烧制的超轻污泥陶粒（污泥最佳

添加量为 20%），其物理性质（表 7-1）表明：所制超轻污泥陶粒的颗粒密度为 865.30kg/m^3，略低于水的密度，且吸水率较低。在水中浸泡一段时间后，所制陶粒刚好沉于水底，而且此时陶粒的吸水量已经达到饱和，陶粒的质量趋于稳定。因此，当通过曝气生物滤池底部曝气系统进行曝气时，在气流的冲击下，陶粒将会处于悬浮状态，能够有效地增强污水和氧气的传质效果，同时降低滤池堵塞的可能性，延长反冲洗的周期。当滤池需要反冲洗时，只需要稍微增大曝气强度，超轻污泥陶粒便会进入膨胀状态，这不仅能够降低反冲洗的难度，而且可以降低反冲洗所需的水量和氧气量，从而降低污水处理的运行成本。

表 7-1 最佳工艺条件下制备的超轻污泥陶粒的物理性质

项目	堆积密度/（kg/m^3）	颗粒密度/（kg/m^3）	吸水率/%
超轻污泥陶粒	330.80	865.30	5.30
GB/T 17431.2—2010	<500.00	—	<15.00

所制陶粒的物理性质分析显示：所制陶粒的物理性质完全符合生物滤料的要求，完全适合用作曝气生物滤池的滤料。该条件下制备的超轻污泥陶粒，按照 GB/T 17431 系列标准属于 400 号超轻陶粒的范畴。

7.1.2 微观结构分析（SEM）

当黏土和污泥的添加比（质量比）为 8∶2 时，所制超轻污泥陶粒的微观结构分析（图 7-1）表明：所制超轻污泥陶粒表面比较粗糙，这直接增加了陶粒的比表面积，一方面有利于挂膜阶段微生物的附着，使陶粒表面容易形成生物膜，有效地缩短了挂膜阶段所需的时间；另一方面，陶粒较高的粗糙度能够增加陶粒表面的生物量，并提高陶粒表面的

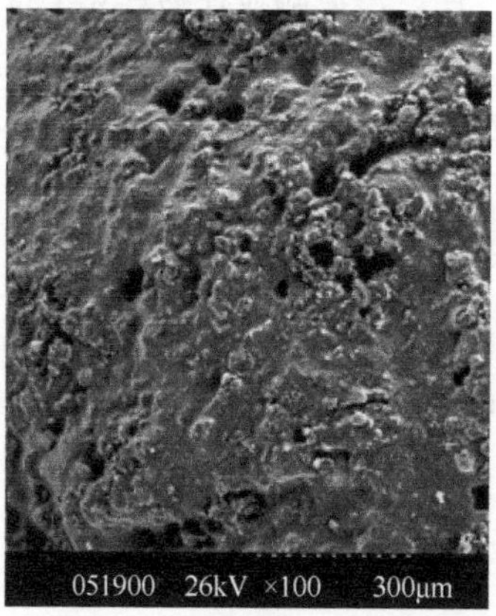

(a)表面

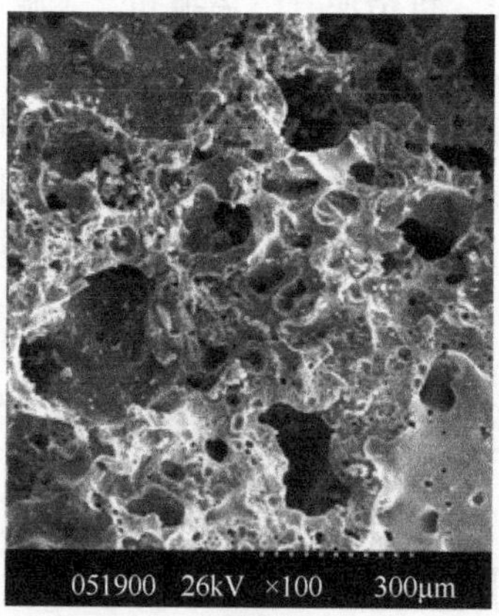

(b)断面

图 7-1 超轻污泥陶粒的微观结构图

生物膜密度，直接提高了生物膜对污水的处理效果。此外，所制陶粒的表面存在较多孔隙，这有利于污水进入陶粒内部，而且表面孔隙较小，有利于污水在陶粒内部的分布，增加了陶粒内部污水的传质效果。同时，陶粒内部孔隙较多且孔径较大，内部框架已经形成。一方面，便于微生物进入陶粒内部，从而在陶粒内部形成厌氧生物膜，且污水容易在陶粒内部流通，便于为微生物的生长和繁殖提供充足的碳源；另一方面，陶粒内部形成厌氧生物膜后，内部将进行反硝化和聚磷菌释磷，结合陶粒外部的硝化和聚磷作用，可对污水进行脱氮除磷处理，同时去除了污水中的有机物。

从微观结构角度考虑，所制超轻污泥陶粒的微观结构完全符合生物滤料的要求，且完全适合用作曝气生物滤池的滤料。

7.1.3　超轻污泥陶粒的 Zeta 电位和红外分析

除了表面粗糙度，载体表面的电荷性和亲水性也直接影响微生物附着的动力学过程。根据微生物生长的 pH 环境，在 4 个不同的 pH 值下测定了超轻污泥陶粒表面的 Zeta 电位。pH 值为 8.03、7.23、6.77 和 6.05 时，对应混合液的 Zeta 电位分别为−45mV、−40mV、−34mV 和−39mV。由此可以看出，超轻污泥陶粒的表面带负电，在微生物较适宜生长的 pH 值范围内，超轻污泥陶粒的平均 Zeta 电位为−39.5mV。

为了更好地分析滤料表面带电机理，采用傅里叶变换红外光谱仪（FTIR）对滤料进行了红外光谱分析（图 7-2），结果表明，最有意义的红外特征吸收带出现在两个区域。一般来说，3800～3000cm^{-1} 区域是矿物中结构水和层间水及羟基的伸缩振动形成的吸收带。尤其在 3400cm^{-1} 左右，一般为水的振动吸收带以及层间水吸收带，常为明显且较宽的吸收带，甚至掩盖羟基吸收带（图中为 3429.45cm^{-1} 处的条带）。另一个区域范围是 1100～900cm^{-1} 的吸收带，由四面体中 Si—O 键的吸收造成，Si—O 振动一般产生在

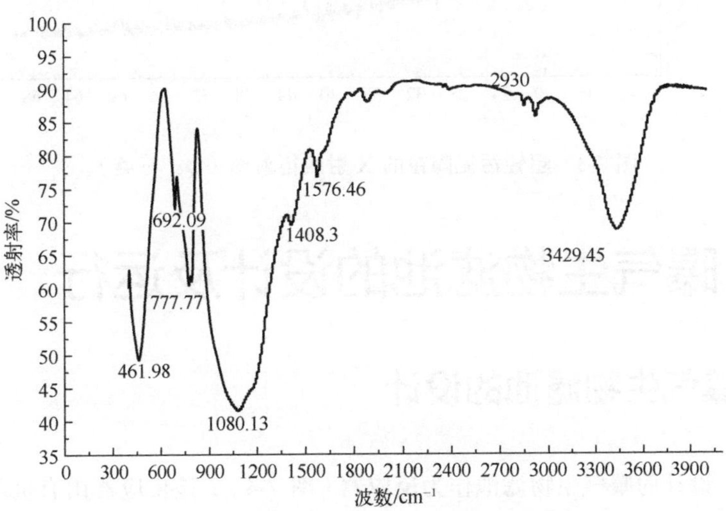

图 7-2　超轻污泥陶粒的 FTIR 谱图

1000cm^{-1} 频率处。1080.13cm^{-1} 处的条带代表了 Si—O—Si 键的伸缩振动。另外，777.77cm^{-1}、692.09cm^{-1} 以及 461.98cm^{-1} 处的条带，分别与 Si—O 的对称伸缩振动以及弯曲振动相关。红外光谱分析结果表明，超轻污泥陶粒主要包含二氧化硅。非金属氧化物的胶体粒子带负电，并且 SiO_x 中的 Si—O 键键能较大。除此之外，与超轻污泥陶粒表面电位密切相关的还有表面负电性官能团—OH。

在生物滤池处理废水的过程中，微生物在滤料表面的附着固定除了受载体粗糙多孔性影响外，还在一定程度上取决于载体表面电性和亲水性。

7.1.4　超轻污泥陶粒的晶体结构

在矿物学研究中，X 射线衍射分析法被广泛用于分析材料的成分、材料内部原子或分子的结构或形态。结果表明（图 7-3），所制陶粒的晶体结构较为复杂，但主要成分为 SiO_2，这与红外光谱分析结果相一致。SiO_2 使得粗糙多孔的陶粒展现出了较高的强度特性。

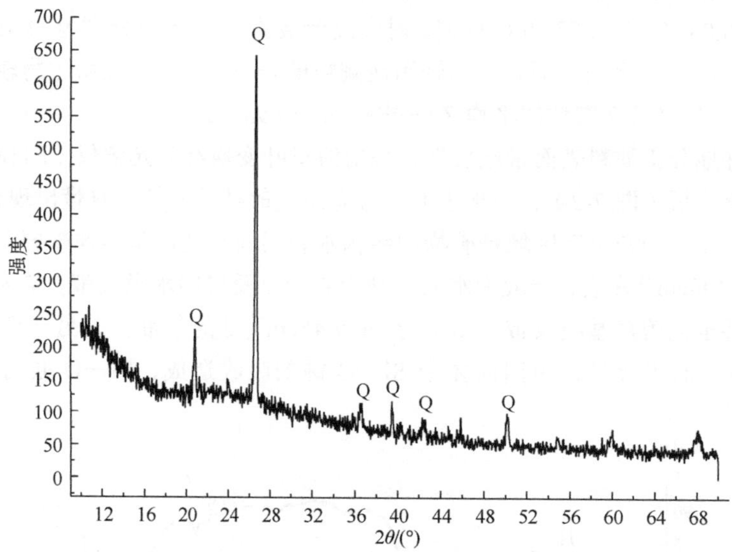

图 7-3　超轻污泥陶粒的 X 射线衍射图（Q：石英）

7.2　曝气生物滤池的设计及运行

7.2.1　曝气生物滤池的设计

采用自行设计的曝气生物滤池作为反应器（图 7-4），该反应器由有机玻璃制成，分为上部圆柱形反应器、下部污泥斗以及支撑铁架三部分。上部圆柱形反应器（内径 20cm，高 1.9m）从下往上依次设有缓冲布水区（10cm）、承托层（鹅卵石，20cm）、滤料层（超轻污泥陶粒，120cm）以及缓冲出水区（35cm）。反应器下端设有污泥斗（高 20cm，倾斜角度 60°），用于收集污水处理过程中产生的少量污泥和悬浮物。整个反应器通过法兰固定在支撑铁架上，以便平稳地放置于地面。污水经蠕动泵输送至反应器中，并通过污泥斗下端进入，依次流经缓冲布水区、承托层、滤料层以及缓冲出水区，最终，经处理后的出水由上端出水口排出反应器，出水收集于储水罐中，用于反应器的反冲洗，实现了出水再利用。

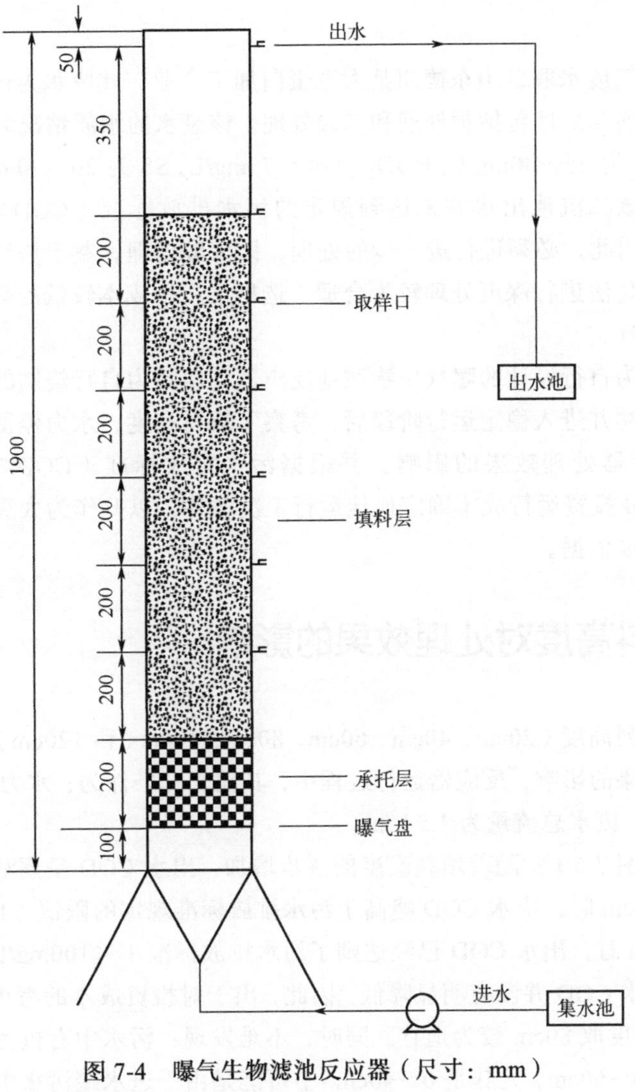

图 7-4　曝气生物滤池反应器（尺寸：mm）

7.2.2 曝气生物滤池的挂膜与运行

采用接种挂膜法启动曝气生物滤池，所用接种污泥取自济南城市污水处理厂的 A/O 工艺曝气池。将接种污泥注入反应器中，依次经过闷曝、间歇进水及连续进水三个阶段，当出水水质达到稳定时，可以断定挂膜成功。需要注意的是，挂膜初期必须严格控制有机负荷和水力负荷。挂膜成功后，反应器开始正常运行，考察系统工况条件（填料高度、水力停留时间和气水比等）对系统去除效果的影响，每次更改工况条件，待系统稳定后进行相关水质测定。最终，确定最佳工况条件。

7.3　大豆蛋白生产废水的深度处理

大豆蛋白加工废水取自山东德州某大豆蛋白加工企业，此废水为该企业污水处理厂的二沉池出水，前期处理包括预处理和二级处理。该废水的水质情况为：COD 为 200～250mg/L，NH_4^+-N 为 25～30mg/L，BOD_5 为 60～75mg/L，SS 为 20～30mg/L，pH 值为 6～9。可以看出：该二沉池出水并未达到规定的污水排放标准（COD≤100mg/L，NH_4^+-N≤15mg/L），因此，必须进行进一步的处理，即深度处理。鉴于该废水具有较好的可生化性，使用生化法进行深度处理较为合适，选用了运行成本较低的曝气生物滤池对此废水进行深度处理。

所用反应器为自行设计的曝气生物滤池反应器，填料为自行烧制的超轻污泥陶粒。在反应器挂膜成功并进入稳定运行阶段后，考察了填料高度、水力停留时间、气水比等运行工况对反应器处理效果的影响，并根据污水排放标准（COD≤100mg/L，NH_4^+-N≤15mg/L）以及投资运行成本确定最佳运行工况条件，以此作为大豆蛋白废水深度处理工程设计的重要依据。

7.3.1　填料高度对处理效果的影响

选用 6 个填料高度（20cm、40cm、60cm、80cm、100cm 和 120cm），考察其对曝气生物滤池处理效果的影响，反应器运行过程中，其他工况条件为：水力停留时间为 12h，气水比为 15：1，废水总流量为 1.5 L/h。

结果显示（图 7-5）：随着填料高度的逐步增加，出水 COD 呈逐渐降低的趋势，当填料高度达到 60cm 时，出水 COD 略高于污水排放标准规定的限值（100mg/L），当填料高度达到 80cm 时，出水 COD 已经达到了污水排放标准（＜100mg/L），进一步增加填料高度时，出水 COD 并没有明显降低，因此，出于对投资成本的考虑，若单独考虑出水 COD，填料高度取 80cm 较为适宜。同时，不难发现：污水中有机污染物的去除主要发生在进水端（0～60cm，尤其是 0～40cm），可能是由于进水端污水中的有机物浓度较高且氧气较为充足，为好氧异养菌的生长和繁殖提供了充足的碳源和氧气，这些均有利于好氧异养菌降解有机物。因此，在进水端的滤料层表面，生物膜生物主要以好氧异养菌为主，且生物膜的密度较高，这非常有利于污水中有机物的降解，也直接导致了此阶段出水 COD 的迅速降低。当填料高度较高时（＞60cm），出水 COD 较为平缓，这可能是因为此段填料层远离进水端，流经此段滤料层的污水中有机物的浓度较低，而且由于进水端微生物对氧气的消耗以及上端硝化菌对氧的竞争作用，导致了此段滤料层的供氧不足，这些因素均抑制了好氧异养菌的生长和繁殖。因此，在此段滤料层，好氧异养菌的数量急剧减少，生物膜的密度也相应降低，污水中的有机物不能得到有效的降解，相应的出水 COD 并未明显降低。

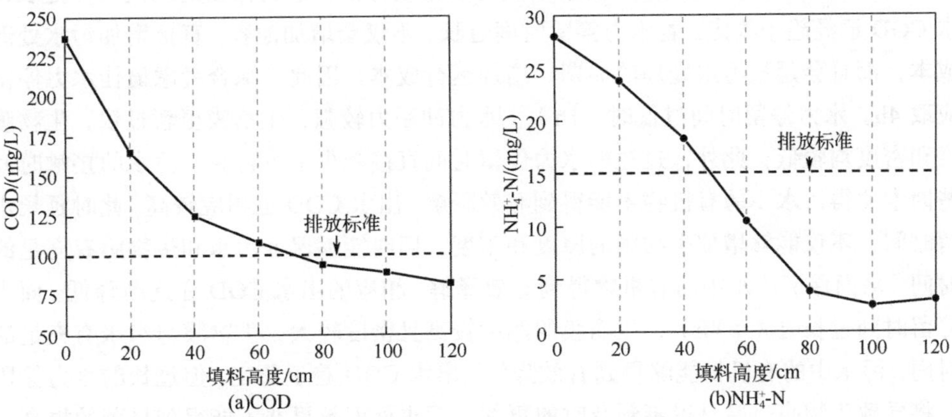

图 7-5　填料高度对出水水质的影响

此外，出水氨氮（NH_4^+-N）呈现出与 COD 相似的变化趋势，即随着填料高度的逐步增加，出水 NH_4^+-N 也呈现逐渐降低的趋势。结果表明，若单独考虑出水 NH_4^+-N 能否达到污水排放标准，填料高度应取 60cm，若想获得更低的出水 NH_4^+-N，填料高度应取 80cm。值得注意的是，填料高度较高时（40～80cm），出水 NH_4^+-N 降低幅度更大，原因是进水端营养物质和氧气较为充足，使得好氧异养菌成为进水端的优势菌种，菌种间的竞争作用极大地抑制了硝化菌的生长。因此，进水端硝化菌的数量较少，污水的 NH_4^+-N 不能被大量地去除。而当填料高度较高时（40～80cm），出水 NH_4^+-N 迅速降低，且降低幅度较大，主要是此段滤料层远离进水端，污水中的有机物浓度较低，好氧异养菌不能大量繁殖，而硝化菌能够进行有效的繁殖，且逐渐成为优势菌种。此外，由于好氧异养菌的数量急剧减少，好氧异养菌并不能对氧气产生竞争作用，污水中有足够的氧气提供给硝化菌进行硝化反应。因此，在此段滤料层，硝化菌的数量较多且氧气充足，废水中的 NH_4^+-N 能够得到有效去除，出水 NH_4^+-N 也随着填料高度的增加而迅速降低。当填料高度高于 80cm 时，出水 NH_4^+-N 趋于稳定。

综合考虑，为了使出水的 COD 和 NH_4^+-N 均能够达到污水排放标准，并尽可能降低滤池的投资成本和污水处理的运行成本，此曝气生物滤池深度处理大豆蛋白加工废水的最佳填料高度为 80cm。

7.3.2　水力停留时间对处理效果的影响

根据进水流量以及反应器的有效容积，实验选用 7 个水力停留时间（HRT）（12h、

10h、8h、6h、4h、2h 和 1h），考察水力停留时间对出水效果的影响，其他操作条件始终保持不变，即填料高度 80cm，气水比 15∶1。

结果表明（图 7-6），随着水力停留时间的延长，出水 COD 呈逐渐降低的趋势，当水力停留时间较短（≤2h）时，出水 COD 高于污水排放标准（≤100mg/L），而当水力停留时间达到 4h 时，出水 COD 能够达到污水排放标准，水力停留时间进一步延长时，出水 COD 已经趋于稳定。若水力停留时间过长，不仅会增加池容，直接增加污水处理投资成本，而且会延长污水处理的周期，增加运行成本。因此，综合考虑最佳水力停留时间应取 4h。水力停留时间过低时（1h），水力冲刷力较强，生物膜更新过快，生物膜的厚度和密度均较低；此外，过短的水力停留时间直接减少了生物膜与污水的接触时间，这些因素使得污水中的有机物不能得到有效降解，出水 COD 也相应较高。此时延长水力停留时间，不仅能够增加生物膜的厚度和密度，同时能够保证污水和生物膜有充足的接触时间，从而保证废水中的有机物得到有效降解，相应的出水 COD 亦逐渐降低。而当水力停留时间过长时（＞4h），生物膜的厚度较高且密度较大，生物膜与污水有充足的接触时间，污水中的有机物能够得到有效降解，出水 COD 趋于稳定。但过长的水力停留时间，将导致生物膜过厚且得不到及时的更新，污水处理效果并不能得到显著的提高，因此，过长的水力停留时间对出水水质的提高作用已经很小，出水 COD 也趋于稳定。

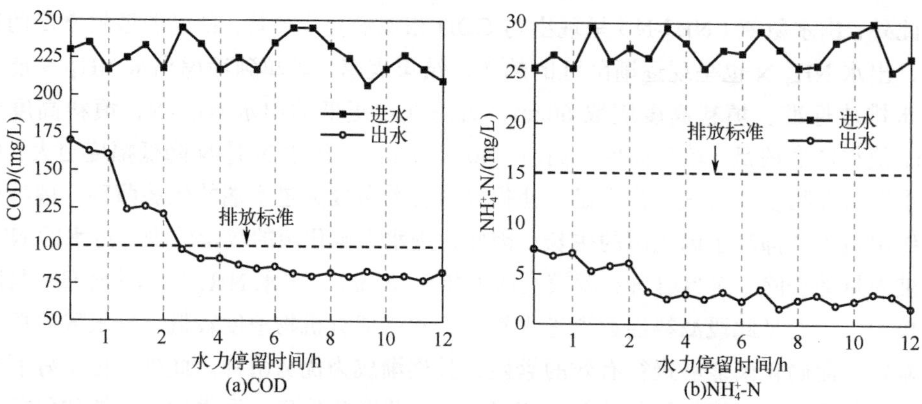

图 7-6 水力停留时间（HRT）对出水水质的影响

随着水力停留时间的延长，出水 NH_4^+-N 呈缓慢降低的趋势。HRT 从 1h 延长至 12h，出水 NH_4^+-N 均低于污水排放标准规定的上限（15mg/L），因此，原则上，水力停留时间可以选择在此区间内的任何时间，但考虑到污水处理的投资和运行成本，应选择较短的水力停留时间。当水力停留时间较短时（1～2h），出水 NH_4^+-N 要明显高于水力停留时间较长时（＞2h），原因可能是水力停留时间过短时，较高的有机负荷导致进水端的好氧异养菌层发生上移，这扩大了滤池下部的好氧异养菌层并缩小了上部硝化菌层，最终导致了出水 NH_4^+-N 的显著升高。反之，水力停留时间的延长有助于扩大滤池上部的硝化菌层，污水的 NH_4^+-N 得到了有效的去除，出水 NH_4^+-N 也相应的降低。此外，不难发现，水力停留时间对出水 COD 的影响明显大于对出水 NH_4^+-N 的影响。

综合考虑，此曝气生物滤池深度处理大豆蛋白加工废水的最佳水力停留时间为 4h。

7.3.3 气水比对处理效果的影响

根据进水流量，实验选用了 5 个气水比（1∶1、5∶1、10∶1、15∶1 和 20∶1）考察其对处理效果的影响，填料高度和水力停留时间均采用前期选定的最佳值，即填料高度 80cm 和水力停留时间 4h。结果表明（图 7-7），当气水比较低时（1∶1～5∶1），出水 COD 受气水比的影响较大，出水 COD 随着气水比的增加而急剧下降；当气水比高于 5∶1 时，出水 COD 受气水比的影响很小，基本保持不变。当气水比为 1∶1 时，出水 COD 明显高于污水排放标准规定的数值（100mg/L），而当气水比≥5∶1 时，出水 COD 均能达到污水排放标准。因此，综合考虑气水比应取 5∶1。

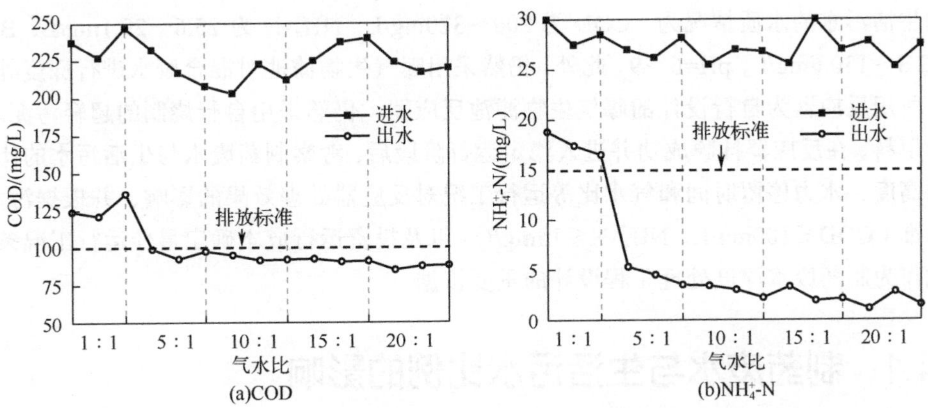

图 7-7　气水比（A/L）对出水水质的影响

当气水比较低时（1∶1），一方面，水中较低的溶解氧浓度严重抑制了滤池中好氧异养菌的生长和繁殖，直接导致了污水中有机污染物得不到有效的降解。另一方面，气水比较低时，较小的气体冲刷力使得老化的生物膜不易脱落，严重阻碍了生物膜的更新，因此降低了生物膜对污水中有机物的降解效果。以上两个因素是出水 COD 较高的主要原因。气水比的提高（5∶1）不仅增加了污水中的溶解氧，而且提高了气体对生物膜的冲刷力，促进了生物膜的更新，这些均有利于好氧异养菌的生长，直接提高了滤池对污水中有机物的降解效果。而当气水比较高时（>5∶1），较强的气体冲刷力使得生物膜更加容易脱落，导致了生物膜的过快更新，这不利于生物膜密度的提高，因此，过高的气水比极易造成处理效果的降低，从而导致出水 COD 迅速升高。

对于 NH_4^+-N，与 COD 类似，气水比应取 5∶1。当气水比较低时，污水中的溶解氧浓度较低，且好氧异养菌对氧气的竞争作用使得硝化菌的生长和硝化反应受到严重的抑制，因此，硝化反应不能有效地去除 NH_4^+-N。气水比（5∶1）的增加使得污水中的溶解氧浓度升高，促进了硝化菌的生长和硝化反应，污水中的氨氮也得到了较好的去除，出水 NH_4^+-N 也相应降低。当继续提高气水比（>5∶1）时，水中的溶解氧可能已经达到饱和，继续增加气水比对水中溶解氧的浓度影响很小，出水 NH_4^+-N 亦趋于稳定。

综上所述，为使出水 COD 和 NH_4^+-N 均能满足污水排放标准的要求，且尽可能地降低污水处理运行成本，此曝气生物滤池深度处理过程的最佳气水比为 5∶1。

7.4 制药废水的深度处理

所用废水取自齐鲁制药污水处理厂的二沉池，水质情况如下：COD 为 198～260mg/L，NH_4^+-N 为 34.8～39.7mg/L，BOD_5 为 32.5～39.8mg/L，pH=6～9。可以看出：此废水并未达到污水排放标准（COD≤100mg/L，NH_4^+-N≤15mg/L）的要求，因此必须对此废水进行进一步的深度处理。然而，该废水的可生化性较差，直接采用生化法进行深度处理很难获得理想的效果。可采用添加部分生活污水的方法提高此废水的可生化性，所用生活污水的水质情况为：COD 为 200～320mg/L，NH_4^+-N 为 25.6～29.1mg/L，BOD_5 为 82.3～130.6mg/L，pH=6～9。此外，仍然采用曝气生物滤池对混合废水进行深度处理。

所用反应器为自行设计的曝气生物滤池反应器，仍然采用自行烧制的超轻污泥陶粒作为填料。在反应器挂膜成功并进入稳定运行阶段后，考察制药废水与生活污水的比例、填料高度、水力停留时间和气水比等运行工况对反应器处理效果的影响，并根据污水排放标准（COD≤100mg/L，NH_4^+-N≤15mg/L）以及投资运行成本确定最佳运行工况条件，以此作为制药废水深度处理工程设计的重要依据。

7.4.1 制药废水与生活污水比例的影响

采用 5 个制药废水与生活污水的比例（PW/DW，1∶4、2∶3、3∶2、4∶1 和 5∶1）评估其对反应器处理效果的影响，结果表明（图 7-8），一方面，随着混合废水中制药废水比例的升高，出水 COD 不断升高，当制药废水的比例不高于 80%（即 PW/DW≤4∶1）时，出水 COD 均小于排放标准（100mg/L），而当制药废水的比例过高时（＞80%），出水 COD 超过了排放标准。当制药废水的比例较低时，混合废水中生活污水的含量较高，可生化性较好，废水容易被曝气生物滤池中的微生物降解，因此，废水中制药废水的比例越低，出水 COD 越低。当制药废水的比例高于 80%（即 PW/DW≥4∶1），废水中生活污水的含量较低，废水的可生化性降低，废水不易被微生物降解，相应的出水水质较差，COD 则高于排放标准（100mg/L）。另一方面，该曝气生物滤池对氨氮的去除效果较为理想，制药废水的比例对氨氮去除效果的影响很小，这可能是制药废水比例的变动并未对反应器中硝化细菌的生长造成较大的影响，因此出水氨氮浓度较为稳定。

综合考虑，为了能够保证出水水质以及原制药废水的处理量，混合废水中制药废水的比例不应高于 80%，即制药废水与生活污水的最佳比例（PW/DW）为 4∶1。

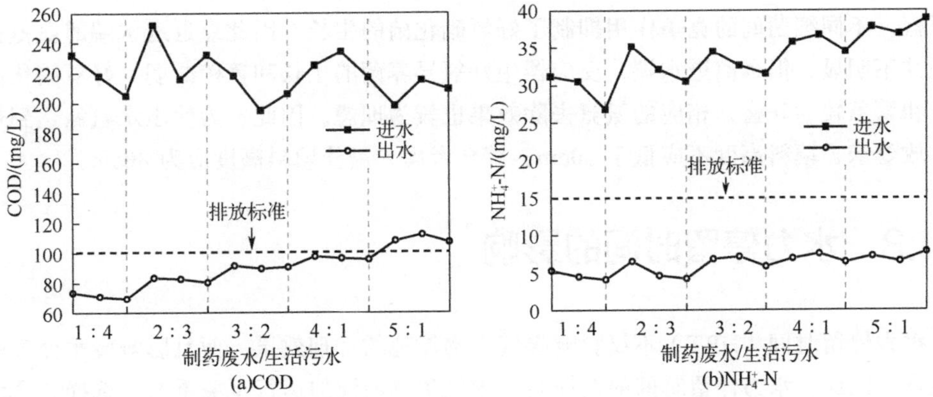

图 7-8　制药废水与生活污水比例（PW/DW）的影响

7.4.2 填料高度的影响

曝气生物滤池处理废水的过程中，选择合适的填料高度至关重要。本部分选择了 6 个填料高度（20cm、40cm、60cm、80cm、100cm 和 120cm），考察其对反应器处理效果的影响，并根据出水效果确定最佳填料高度。

结果显示（图 7-9）：出水 COD 随着填料高度的增加而逐渐降低，当填料高度低于 60cm 时，出水 COD 明显高于排放标准（100mg/L），而当填料高度继续增加时（>60cm），出水 COD 完全达到排放标准。值得注意的是，COD 的去除主要发生在反应器的进水端（0～60cm），主要原因是进水端的废水中营养物质较为充分，好氧异养菌的生长和繁殖较为旺盛，微生物对有机物的降解能力较强，相应的 COD 去除能力也较强。当远离进水端时，废水中的营养物质较为匮乏，好氧异养菌的生长和繁殖受到了严重的抑制，微生物对有机物的降解能力极速下降，这直接导致了 COD 去除率的下降。因此，考虑到对出水 COD 的要求（<100mg/L），填料高度不宜低于 60cm。对于氨氮的去除，主要发生在反应器的上端即近出水端（40～80cm），主要是因为进水端好氧异养菌的生长与繁殖较

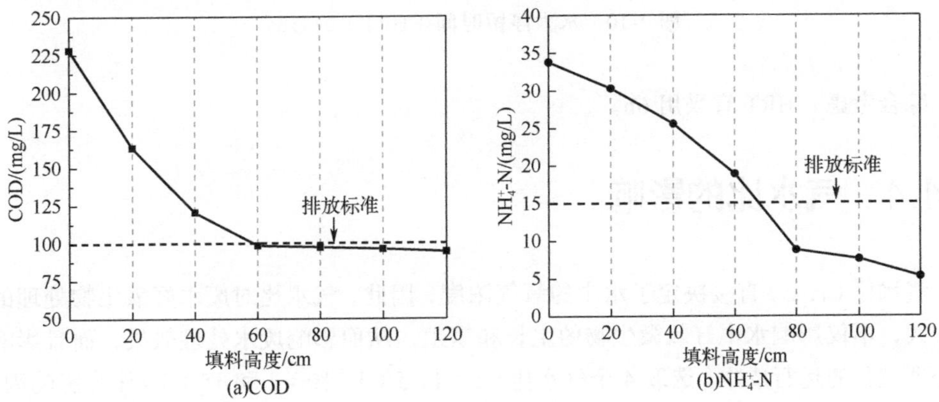

图 7-9　填料高度的影响

为旺盛，不同细菌间的竞争作用抑制了好氧硝化菌的生长，因此靠近进水端的氨氮去除效果并不明显，但远离进水端，反应器中好氧异养菌的生长和繁殖减弱，好氧硝化菌的生长和繁殖较为旺盛，相应的氨氮去除效果也较为理想。因此，为使出水氨氮达到规定的排放要求，填料高度不应低于 80cm。综合考虑，最佳填料高度应为 80cm。

7.4.3　水力停留时间的影响

水力停留时间（HRT）不仅影响曝气生物滤池的处理效果，而且影响废水处理的运行成本，因此，水力停留时间的选择对于曝气生物滤池的运行至关重要。选择 5 个水力停留时间，考察其对反应器处理效果的影响，结果表明（图 7-10），随着水力停留时间（HRT）的缩短，出水 COD 逐渐升高，当 HRT 不低于 6h 时出水 COD 低于规定的排放标准（100mg/L），当 HRT 进一步缩短时（＜6h）出水 COD 超过了规定的排放标准（100mg/L）。较长的 HRT 能够保证废水中有机物的充分降解，而 HRT 过短时，微生物不能有效地降解水中的有机物。因此，为了保证有机物能够得到有效的降解，并确保出水 COD 能够达标排放，HRT 不宜低于 6h。此外，HRT 对出水氨氮的影响较小，随着 HRT 的降低，出水氨氮一直比较稳定，始终低于规定的排放标准（15mg/L）。

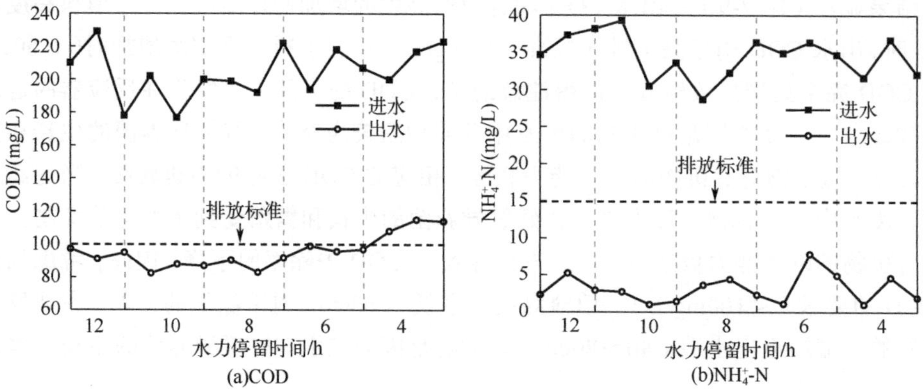

图 7-10　水力停留时间（HRT）的影响

综合考虑，HRT 宜采用 6h。

7.4.4　气水比的影响

气水比（A/L）直接决定了水中的氧气浓度，因此，气水比对废水好氧生物处理的影响较大，不仅影响水中好氧微生物的生长和繁殖，从而影响废水处理效果，而且影响废水处理过程的运行成本。选取 4 个气水比（1∶1、5∶1、10∶1 和 15∶1）作为影响因素，考察其对曝气生物滤池处理效果的影响。

结果表明（图 7-11），当气水比从 1∶1 增加至 5∶1，出水 COD 明显降低，而当气水比进一步增加至 15∶1，出水 COD 较为稳定。当气水比不低于 5∶1 时，出水 COD 能够达到规定的排放标准（100mg/L）。原因可能是：气水比过低时，水中较低的溶解氧浓度不能满足好氧异养菌等微生物生长和繁殖的需要，微生物不能有效地降解水中的有机物，相应的出水 COD 也较高。相反，气水比较高时，水中的溶解氧足够满足好氧异养菌微生物生长和繁殖的需要，使水中的有机物得到有效的降解，出水 COD 也较低。对于氨氮的去除，与 COD 类似，气水比的改变导致了水中溶解氧浓度的变化，从而影响了水中好氧硝化菌的生长和繁殖。综上考虑，气水比宜选择 5∶1。

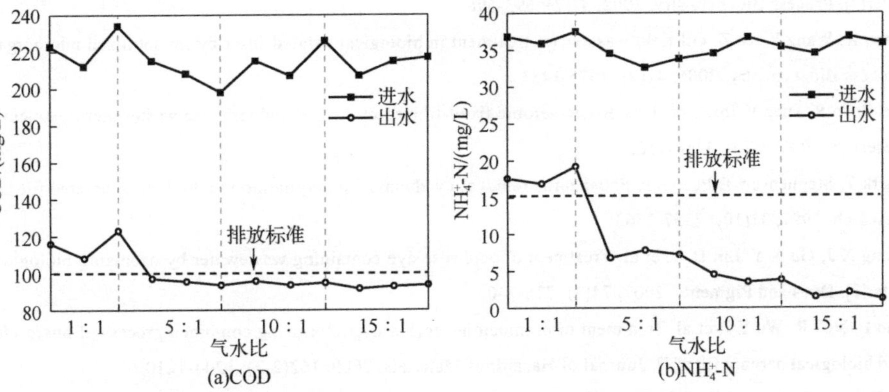

图 7-11　气水比（A/L）的影响

以上结果进一步证明：超轻污泥陶粒完全适合用作曝气生物滤池的填料，并且能够达到较为理想的制药废水深度处理效果。考虑到出水水质、投资成本以及运行成本，曝气生物滤池深度处理制药废水的最佳运行条件为：制药废水与生活污水的最佳比例为 4∶1，填料高度为 80cm，水力停留时间为 6h，气水比为 5∶1，在此条件下出水完全符合规定的污水排放标准（COD≤100mg/L，NH_4^+-N≤15mg/L）。该结果为污泥陶粒基曝气生物滤池在工业废水深度处理中的广泛应用提供了可靠的依据，同时也为超轻污泥陶粒在水处理领域的推广提供了理论研究基础。

参考文献

[1] Qi Y F, Yue Q Y, Han S X, et al. Preparation and mechanism of ultra-lightweight ceramics produced from sewage sludge[J]. Journal of Hazardous Materials, 2010, 176(1-3): 76-84.

[2] Wu S Q, Yue Q Y, Qi Y F, et al. Preparation of ultra-lightweight sludge ceramics (ULSC) and application for pharmaceutical advanced wastewater treatment in a biological aerobic filter (BAF)[J]. Bioresource Technology, 2011, 102(3): 2296-2300.

[3] Shen J Y, He R, Wang L J, et al. Kinetics of COD removal in a biological aerated filter in the presence of 2,4,6-trinitrophenol (picric acid)[J]. Chinese Journal of Chemical Engineering, 2009, 17(6): 1021-1026.

[4] Qiu L P, Zhang S B, Wang G W, et al. Performances and nitrification properties of biological aerated filters with zeolite, ceramic particle and carbonate media[J]. Bioresource Technology, 2010, 101(17): 7245-7251.

[5] Allan M, Leopoldo M E, Tom S. A comparison of floating and sunken media biological aerated filters for nitrification[J].

Journal of Chemical Technology and Biotechnology, 1998, 72(3): 273-279.

[6] Cheng P, Zhao H Z, Zhao B, et al. Pilot treatment of wastewater from *Dioscorea zingiberensis* C.H. Wright production by anaerobic digestion combined with a biological aerated filter[J]. Bioresource Technology, 2009, 99(12): 2918-2925.

[7] Cheng W H. Using a biological aerated filter to treat mixed water-borne volatile organic compounds and assessing its emissions[J]. Journal of Environmental Sciences, 2009, 21(11): 1497-1502.

[8] Payraudeau M, Paffoni C, Gousailles M. Tertiary nitrification in an up flow biofilter on floating media: Influence of temperature and COD load[J]. Water Science and Technology, 2000, 41(4-5): 21-27.

[9] Osorio F, Hontoria E. Wastewater treatment with a double-layer submerged biological aerated filter, using waste materials as biofilm support[J]. Journal of Environmental Management, 2002, 65(1): 79-84.

[10] Chang W S, Hong S W , Park J. Effect of zeolite media for the treatment of textile wastewater in a biological aerated filter[J]. Process Biochemistry, 2002, 37(7): 693-698.

[11] Zhao X, Wang Y, Ye Z. Oil field wastewater treatment in biological aerated filter by immobilized microorganisms[J]. Process Biochemistry, 2006, 41(7): 1475-1483.

[12] Del Pozo R, Diez V. Integrated anaerobic-aerobic fixed-film reactor for slaughterhouse wastewater treatment[J]. Water Research, 2005, 39(6): 1114-1122.

[13] Clark T, Stephenson T, Pearce P. Phosphorus removal by chemical precipitation in a biological aerated filter[J]. Water Research, 1997, 31(10): 2557-2563.

[14] Wang X J, Gu X Y, Lin D X, et al. Treatment of acid rose dye containing wastewater by ozonizing-biological aerated filter[J]. Dyes and Pigments, 2007, 74(3): 736-740.

[15] Fan L, Ni J R, Wu Y J, et al. Treatment of bromoamine acid wastewater using combined process of micro-electrolysis and biological aerobic filter[J]. Journal of Hazardous Materials, 2009, 162(2-3): 1204-1210.

[16] Ju F, Hu Y Y. Removal of EDTA-chelated copper from aqueous solution by interior microelectrolysis[J]. Separation and Purification Technology, 2011, 78(1): 33-41.

[17] Carrera J, Vicent T, Lafuente J. Effect of influent COD/N ratio on biological nitrogen removal (BNR) from high-strength ammonium industrial wastewater[J]. Process Biochemistry, 2004, 39(12): 2035-2041.

[18] Shen J Y, He R, Yu H X, et al. Biodegradation of 2,4,6-trinitrophenol (picric acid) in a biological aerated filter (BAF)[J]. Bioresource Technology, 2009, 100(6): 1922-1930.

[19] Liu F, Zhao C C, Zhao D F, et al. Tertiary treatment of textile wastewater with combined media biological aerated filter (CMBAF) at different hydraulic loadings and dissolved oxygen concentrations[J]. Journal of Hazardous Materials, 2008, 160(1): 161-167.

[20] Carrera J, Vicent T, Lafuente J. Effect of influent COD/N ratio on biological nitrogen removal (BNR) from high-strength ammonium industrial wastewater[J]. Process Biochemistry, 2004, 39(12): 2035-2041.

[21] Ye C, Yang H, Lin J, et al. The performance of electropositive nanofibrous filter media[J]. Desalination, 2011, 270(1): 188-192.

[22] 王宝俊，李敏，赵清艳，等. 煤的表面电位与表面官能团间的关系[J]. 化工学报, 2004, 55(8): 1329-1334.

[23] Wegmann M, Michen B, Luxbacher T, et al. Modification of ceramic microfilters with colloidal zirconia to promote the adsorption of viruses from water[J]. Water Research, 2008, 42(6): 1726-1734.

[24] 何乐年. PECVD 非晶 SiO_x: H 薄膜的 Si—O—Si 键红外吸收特性研究[J]. Vacuum Science and Technology, 2001, 21(1): 60-63.

[25] Truesdail S, Lukasik J, Farrah S, et al. Analysis of bacterial deposition on metal (hydr) oxide-coated sand filter media[J]. Journal of Colloid and Interface Science, 1998, 203(2): 369-378.

第8章 超轻污泥陶粒用于厌氧生物滤池处理高浓度有机模拟废水

厌氧生物处理已被广泛用于中高浓度有机废水的处理，其中，厌氧生物滤池因为生物固体浓度高、有机负荷高、无需污泥回流、运行管理方便等优点，曾使厌氧生物处理达到了一个新的高度。然而，在实际应用中，厌氧生物滤池仍旧存在着一些缺点，如易堵塞、启动时间稍长、易受温度影响等，较大程度地抑制了其广泛应用。因此，如何克服这些缺点显得尤为重要。填料是厌氧生物滤池的核心部分，通过选择合适的填料以及适宜的操作，不仅能提高整个反应系统的处理效果，还能克服厌氧生物滤池本身的缺点。

本章将进一步考察超轻污泥陶粒作为厌氧生物滤池的填料在处理中高浓度有机模拟废水过程中的表现，并评估填料高度、水力停留时间、有机物浓度、运行条件的突变、温度等对整个反应系统产生的影响。同时，通过分子生物学技术，对超轻污泥陶粒表面及间隙中的微生物群落结构进行分析，研究反应器中的优势菌种和不同微生物对于污水的降解作用和贡献，从而推测生化反应的机理。

8.1 厌氧生物滤池的设计及运行

8.1.1 厌氧生物滤池的设计

选用自行设计的厌氧生物滤池作为反应器（图 8-1），进水方式为上流式。圆柱形反应器为中空贯通的塔体，由有机玻璃制成，内径 20cm，高 1.7m，通过法兰固定在支撑铁架上，以便平稳地放置于地面。反应器自下而上包括进水缓冲区（进水口位于进水缓冲区的底端）、穿孔滤板、承托层、填料层以及出水缓冲区（出水口距离反应器顶端 20cm 处）。进水缓冲区（20cm）起到了缓冲布水的作用。穿孔滤板上按级配分布方式填充不同粒径的鹅卵石以构成承托层（10cm），以保证布水均匀。填料层（1m）填充超轻污泥陶粒（ULSCs），有效容积约为 15 L。出水缓冲区（20cm）填充 10cm 左右的小鹅卵石，起到缓冲出水并防止滤料被冲出反应器的作用。距离反应器承托层每隔 20cm 设有一个取样口（共 5 个），每个取样口和出水口均对称设置，以防止因堵塞而无法及时取样与出水。

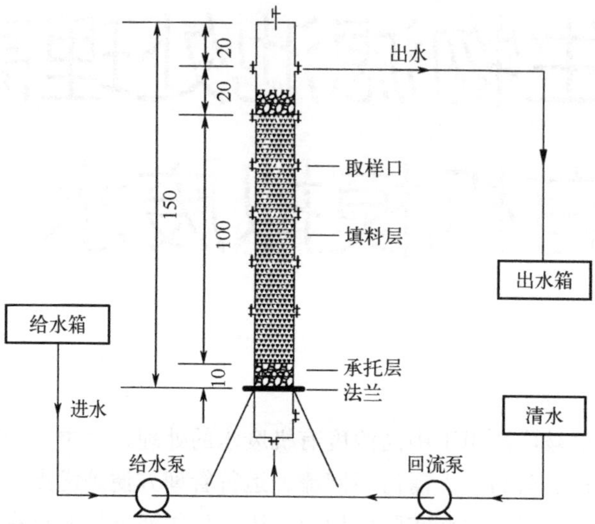

图 8-1　实验装置原理图（尺寸：cm）

8.1.2　水质与监测项目

厌氧生物滤池进水均采用模拟废水，启动初期的废水组成为葡萄糖（$C_6H_{12}O_6$）、硫酸铵[（NH_4）$_2SO_4$]和磷酸二氢钾（KH_2PO_4），碳酸氢钠用来调节 pH 值。实验后期为了将碳源复杂化并且减少硫酸根的摄入，废水组成调整为蔗糖（$C_{12}H_{22}O_{11}$）、氯化铵（NH_4Cl）和磷酸二氢钾（KH_2PO_4），同时添加微生物生长所需元素（Co^{2+}、Fe^{2+}、Mn^{2+}和 Zn^{2+}等）。缓冲物质为乙二胺四乙酸（EDTA）和碳酸氢钠（$NaHCO_3$）。启动阶段的 C∶N∶P 为 100∶5∶1，进入稳定阶段后，更改为（200～300）∶5∶1。整个研究过程中主要对进出水的 pH 值、COD_{Cr}、氨氮（NH_4^+-N）和温度等严格按照水和废水监测分析方法（第四版）进行测定，每个水样取 3 个平行样。定期进行反冲洗，防止厌氧生物滤池堵塞。实验期间室温变化范围从 15℃到 31℃。

8.1.3　厌氧生物滤池的接种与启动

采用接种挂膜法启动厌氧生物滤池。接种污泥取自山东省济南市污水处理厂消化池的浓缩活性污泥。在反应器启动初期，将模拟废水与污泥等体积混合后倒入反应器，并在厌氧条件下静置几天，随后将模拟的废水以低流速持续引入反应器。该阶段的操作参数如下：水力停留时间（HRT）为 24h，总流速为 0.83 L/h，COD 浓度为 1000mg/L，有机负荷率（OLR，以 COD 计）为 1.33kg/（m^3·d），C：N：P 为 100：5：1。反冲洗周期为 5d，以减小对接种污泥的扰动并促进活性污泥在填料表面的固化附着。此阶段比较脆弱且不稳定，因此要严格控制进水水质和有机负荷。连续运行一段时间后，生物膜逐渐成熟，其标志是各种微生物组成的生态系统达到平衡与稳定，这直接体现为系统对污染物的去除率以及出水各项指标趋于稳定，此时可以断定挂膜成功。挂膜成功后，启动阶段结束，反应器开始进入稳定阶段，后逐步变换运行条件，以研究不同条件下反应器对废水的处理效果。每次更改操作条件后，经过 2d 的稳定期，之后进行相关水质测定。

8.2 操作条件对处理效果的影响

8.2.1 厌氧生物滤池启动阶段

反应器的启动主要在（29±2）℃的室温下进行，启动的第 1 周，定期测量反应器中的 pH 值和温度，并通过投加碳酸氢钠来调节 pH 值保持在 6.8～7.2 的最适范围。随后，除了日常的 pH 值和温度监测，每隔一天测定进出水中 COD 和 NH_4^+-N 的浓度。

反应器启动阶段 COD 去除率和 pH 值随时间的变化情况（图 8-2）表明，在启动初期的两周，系统 pH 值和 COD 去除率浮动较大，且去除率较低。主要是因为系统启动初期，反应器里的生物膜尚未形成，对有机物的去除主要是由接种活性污泥中的微生物来完成，由于生物量浓度不高，因此去除率较低。随后，悬浮微生物不断生长并逐步附着于超轻污泥陶粒表面从而形成生物膜。模拟废水持续以适当的流速进入反应器，不仅为

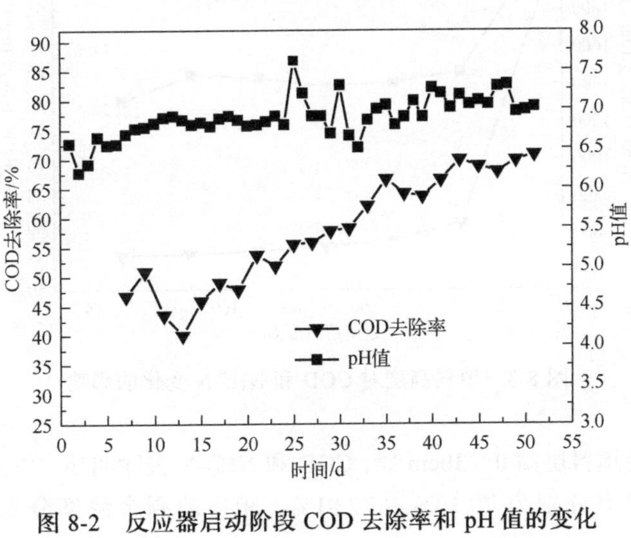

图 8-2　反应器启动阶段 COD 去除率和 pH 值的变化

微生物提供了营养物质，还能够通过水力冲刷作用及时更新生物膜，以保留足够的生物量。随着反应器的运行，出水 pH 值和 COD 去除率趋于稳定，且 COD 去除率呈现稳步上升的趋势。虽然在 25～30d 期间，由于温度的较大变化导致了 pH 值随之浮动，但这并没有对 COD 的去除产生较大影响。生物膜逐渐成熟的标志是生物膜上的细菌及各种微生物组成的生态系统以及对有机物的降解功能都达到平衡和稳定的状态。由此可以判定，仅耗时 45d，此厌氧反应器便启动成功。

厌氧生物处理的一个重要的缺点是启动时间较长，一般为 2～3 个月甚至长达 3～6 个月。因为在启动阶段，系统中存在复杂的微生物群落，在形成生物膜并建立多样性共生关系的过程中，它们通过不断地反应和进化以达到一个平衡点。此阶段相对比较脆弱，因此，大多数处理系统往往都采用加热的方式使反应装置在 35～38℃左右的中温条件下启动，虽然会在一定程度上缩短启动时间，但同时也消耗了热能，并且效果也不甚理想。而填充超轻污泥陶粒的厌氧生物滤池在常温[（29±2）℃]条件下启动，且未设置任何加热装置，仅耗时 45d 便启动成功，大大缩短了厌氧启动周期，充分证明了装有该新型陶粒的厌氧生物滤池在污水处理中的优越性。

8.2.2 填料高度的影响

当启动阶段结束后，反应器进入稳定阶段。考虑到微生物的适应性，需逐步变换运行条件。首先，将 COD 平均浓度由 1000mg/L 调整为 2000mg/L，其他运行条件不变：HRT 为 24h，C∶N 为 100∶5。选用 6 个填料高度（30cm、50cm、70cm、90cm、110cm 和 130cm）进行相关研究，考察填料高度对反应器中 COD 和 NH_4^+-N 浓度的影响（图 8-3）。

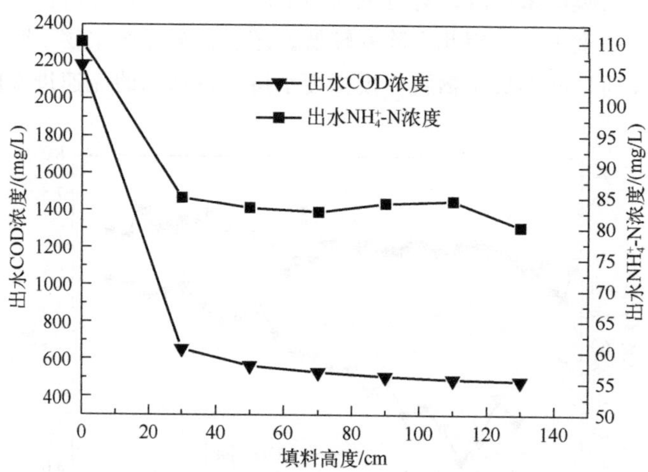

图 8-3 填料高度对 COD 和 NH_4^+-N 变化的影响

结果表明，在填料层高 0～30cm 段，COD 和 NH_4^+-N 去除明显，30cm 出口处对 COD 和 NH_4^+-N 的去除率分别为 70.19%和 22.91%，相应的剩余浓度分别为 650.5mg/L 和

84.95mg/L。然而，当填料高度从 30cm 增长至 130cm 的过程中，出水 COD 和 NH_4^+-N 的浓度呈现出较小的变化。但随着填料高度的逐步增加，出水 COD 仍然呈现出连续降低的趋势。说明了当废水从底部流入厌氧生物滤池后，水中有机污染物的去除主要发生在反应器的底部（30cm 以下），主要是因为对于上流式生物滤池，进水端的有机物浓度较高，营养物质相对较为丰富，因此，此阶段的碳源较为充足，足以供给微生物生长繁殖，生物量较大且生物膜密度较高。废水中大部分有机物在底端被去除后，随着填料高度的增加，流经此阶段废水中的营养物质逐渐减少，抑制了微生物在此阶段大量的生长繁殖，因此，生物量逐渐减少，生物膜的密度也随之降低，从而出水 COD 呈缓慢下降趋势。

此外，相比于 COD 的变化，NH_4^+-N 的变化较为复杂。在 0～70cm 填料层，NH_4^+-N 浓度呈现降低趋势。主要是因为反应器中的微生物以同化作用将废水中的 NH_4^+-N 转化为有机氮从而吸收利用，但是厌氧条件下 NH_4^+-N 的去除不明显。然而，在 70～110cm 填料层，出水中的 NH_4^+-N 浓度却出现了一定程度的增加，这可能是因为有机氮又转化为 NH_4^+-N 或者硝酸盐被异化产生 NH_4^+-N。一方面，由于同化作用，微生物将 NH_4^+-N 作为氮源吸收利用；另一方面，一些细菌会将有机氮分解为 NH_4^+-N。通常情况下，这两个过程同时发生，但第一个过程经历的时间较长。总之，在纯厌氧过程中，NH_4^+-N 不易被有效地去除。

综合考虑去除率以及经济效益，填料高度不宜高于 1.0m，同时，考虑到良好的混合接触和节流作用效果，填料在厌氧生物滤池中的填装高度一般不低于滤池高度的 2/3。因此，该反应器的填料高度应设定为 1.0m。

8.2.3　有机负荷的影响

在污水生物处理中，系统的有机负荷率与系统中微生物量成正比关系，微生物量越多，可以承受的 COD 负荷率越高。由于厌氧生物滤池具有较高的 COD 负荷率，从而提高了对有机负荷变化的适应性。在厌氧生物滤池中，引起有机负荷率变化的原因有两种：一种是进水的 COD 不变，但流量增大，引起了 HRT 的减小，从而使有机负荷率增大，该情况下有机负荷率的变化对 COD 去除率的影响实际上表现为 HRT 对 COD 去除率的影响，随着有机负荷率的增大，HRT 缩短，COD 的去除率明显下降；另一种情况是进水流量不变，但进水中的 COD 增大引起有机负荷率的增大，该情况实际上是进水 COD 浓度对 COD 去除率的影响。实际上对于厌氧生物滤池来说，有机负荷率的增加虽然造成了 COD 去除率的下降，但 COD 总去除能力却出现了提高。

8.2.3.1　进水有机物浓度对反应器的影响

厌氧生物处理作为一种高效低耗的方法，已经被广泛运用于废水中有机污染物的降解，尤其是高浓度有机废水。因此本部分模拟中高浓度有机废水，通过改变进水 COD 的浓度来评估自行设计反应器的运行效果，以及所制超轻污泥陶粒在实际废水处理中实现工业化的可行性。此部分分为 5 个阶段进行研究，其他运行条件为：HRT 为 24h，进水流量为 1L/h。

进出水中有机物浓度的变化和去除率的变化情况（图 8-4）表明，第一阶段即反应器的启动和稳定阶段，进水 COD 平均为 1000mg/L，出水 COD 的去除率在 40%～70%之间波动，平均去除率不到 60%。相对较低的去除率和不稳定性归结于微生物尚未适应新环境，因此，无法大量地生长繁殖。随后在第二阶段和第三阶段分别将平均进水 COD 浓度提升为 2000mg/L 和 3000mg/L。这两个阶段的 COD 去除率处于稳步上升的趋势，但仍未达到较为理想的效果。原因可能是系统虽然已经处于稳定期，但仍处于稳定阶段的初期，附着和悬浮微生物的数量和质量仍未达到一定的规模，因此有机物的去除效果并不显著。然而，当反应进入第四阶段和第五阶段，进水平均 COD 浓度分别被调整为 4000mg/L 和 5000mg/L，已经属于中高浓度有机废水的范畴。虽然进水 COD 浓度在不断上升，但是出水 COD 浓度却在不断下降，这两个阶段的平均去除率已经达到了 86%和

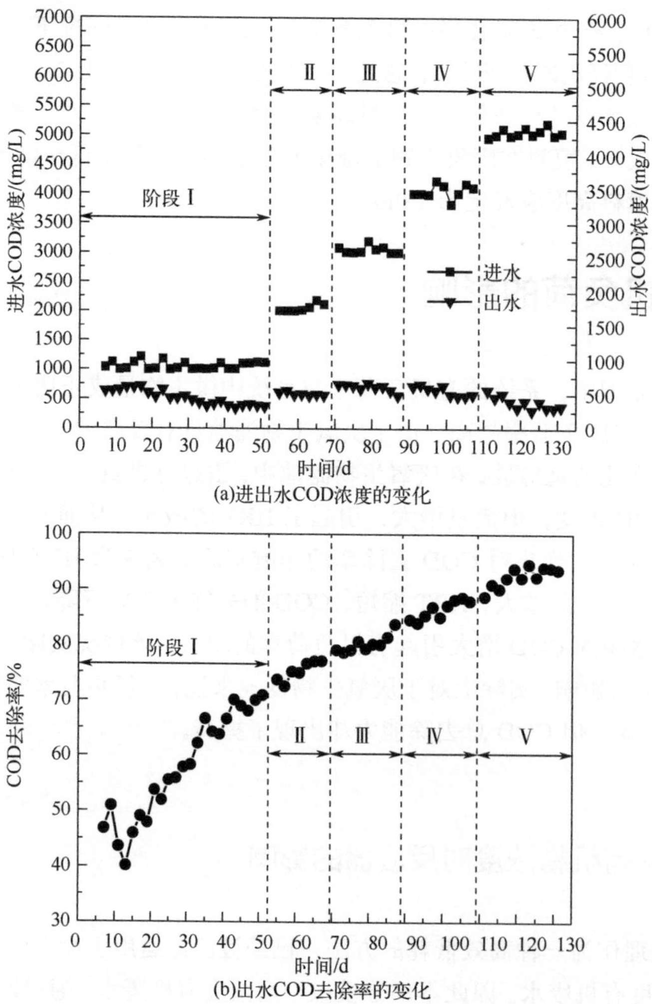

(a)进出水COD浓度的变化

(b)出水COD去除率的变化

图 8-4　进水 COD 浓度对去除率的影响

92%，呈现了理想的处理效果。该研究中，出水 COD 浓度的不断降低说明了操作的合理性，并且厌氧反应器展现了良好的性能。这意味着工况条件的改变和该范围内的 COD 浓度并未对整个反应系统产生负面的影响。换言之，生物量在数量和质量上均得到了较大的提高，并显示出对有机物质降解的巨大潜能。

结果显示，在进水 COD 平均浓度由 1000mg/L 增长至 5000mg/L 的过程中，出水 COD 的去除率一直保持上升的趋势且并未出现不良反应，在 COD 浓度达到 5000mg/L 时，去除率稳定接近于 95%。另外，在每个阶段 COD 浓度发生变化时，出水 COD 的去除仍保持相对的连续性且并未出现过渡期。这说明该厌氧生物滤池中，细菌群落适应性较强，生物膜生长良好。

综上所述，以上厌氧反应器在高浓度有机模拟废水的处理中运行良好，在污染物去除方面表现出了较强的优越性以及更大的潜能，因此在后续的研究中可以尝试更高浓度有机物的处理。

8.2.3.2　水力停留时间（HRT）对反应器的影响

HRT 是生物法处理污水的重要操作参数之一。根据进水流量以及反应器的有效容积，选取 4 个水力停留时间（24h、20h、16h 和 12h）进行相关研究，其他运行参数设定如下：进水 COD 浓度为 5000mg/L，C∶N∶P 为 200∶5∶1。每次更改操作条件时，有 2d 的适应期，从第 3 天开始进行取样和出水水质的测定。

HRT 对出水 COD 和 NH_4^+-N 的影响（图 8-5）情况表明：随着水力停留时间的增加，出水 COD 呈逐渐降低的趋势。COD 平均去除率从 66%（HRT 为 12h）上升至 92%（HRT 为 24h）。当水力停留时间从 12h 增长为 20h 的过程中，COD 去除率上升得较为明显，平均达到了 88%。而当继续增长到 24h 时，出水 COD 已经趋于稳定，降低幅度也较小。考虑到出水 COD 的浓度，水力停留时间不宜低于 20h，而过长的水力停留时间不仅会造成剩余污泥的积累，造成反应器堵塞，直接增加污水处理的难度，而且会延长污水处理的周期，增加运行成本。因此，综合考虑，对于 COD 的处理最佳水力停留时间应取 20h。

一般来说，合适的水力条件对应着适宜的流速，影响着微生物的生长繁殖和新陈代谢。较短的水力停留时间意味着较高的水力负荷以及较大的水流剪切力，虽然增加了有机物质的传送率，能使老化脱落的生物量尽快排出反应器，但也同时减少了生物膜与污水的接触时间，污水没有经过完全的处理就被排出反应器，这直接影响了出水 COD 浓度，并且较大的剪切力可能将尚未稳固的新生生物膜冲出反应器，阻止了生物量正常的增长；相反，较长的水力停留时间代表着较低的水力负荷和较小的水流剪切力，这不但能够增加生物膜的厚度和密度，同时能够保证废水中的有机物能够得到有效的降解，但出水 COD 的去除率提升幅度可能较小。若继续延长水力停留时间，不但不会对出水水质的提高有较大作用，还会使生物膜过厚且得不到及时的更新，造成反应器的堵塞，因此过长水力停留时间对出水水质的提高作用非常有限。

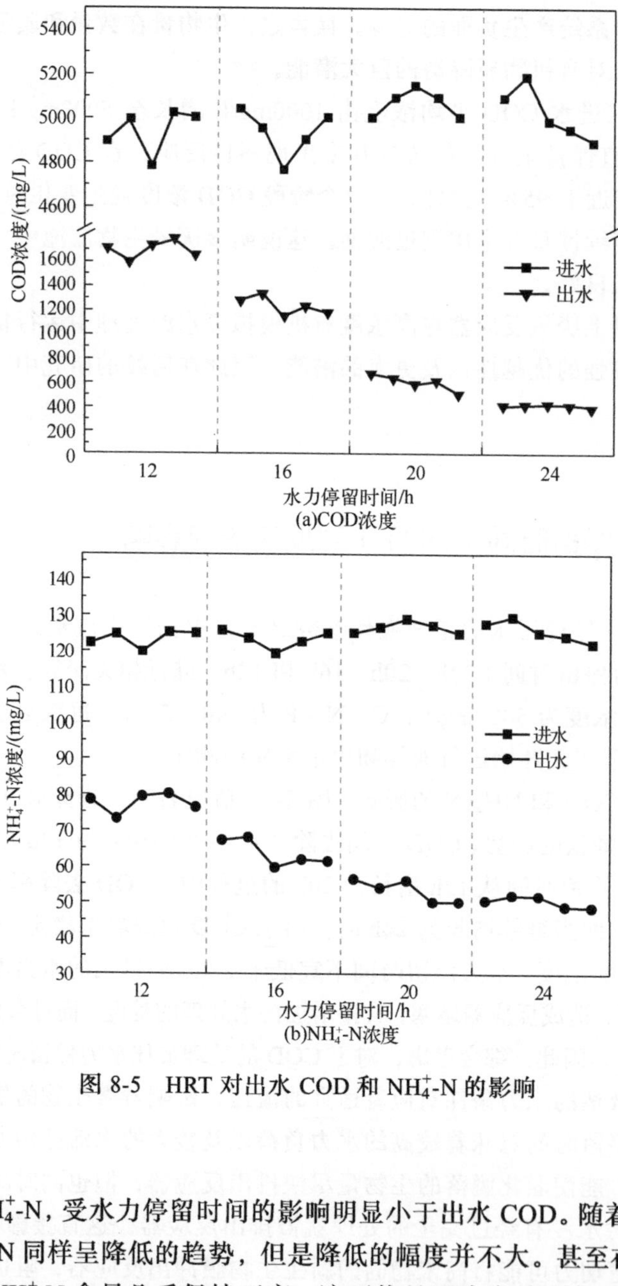

图 8-5 HRT 对出水 COD 和 NH_4^+-N 的影响

对于出水 NH_4^+-N，受水力停留时间的影响明显小于出水 COD。随着水力停留时间的延长，出水 NH_4^+-N 同样呈降低的趋势，但是降低的幅度并不大。甚至在 20h 增长到 24h 的过程中，出水 NH_4^+-N 含量几乎保持不变。这可能是因为在纯厌氧环境中，NH_4^+-N 的去除主要依靠微生物的同化吸收作用，水力停留时间过长，导致微生物的新陈代谢降低，活性减弱，影响了对 NH_4^+-N 的吸收利用。曾有文献报道，进水碳源是脱氮的限制性因素。

综上所述，鉴于对整个系统运行和去除效果以及经济效益的考虑，此厌氧生物滤池处理中高浓度模拟废水的最佳水力停留时间为 20h。

8.2.4 突变因素的影响

厌氧生物处理极易受外界环境变化的影响，在实际运行中很多环境的变化不可避免，且往往存在多因素同时变化。该阶段的研究模拟了水力负荷和基质比同时发生变化对厌氧生物滤池处理效果的影响，旨在评估设计的厌氧生物滤池反应器系统的抗突变能力以及突变后的恢复能力。此阶段其他运行条件如下：进水 COD 浓度 5000mg/L，C：N：P 为 100：5：1，HRT 为 24h。

结果表明（图 8-6）：当反应器正常运行时，突然将 C: N: P 改变为 300：5：1，并将水力停留时间由 24h 大幅下降为 12h，此时，出水 COD 去除率急剧下降，由 91.77%降为 68.5%，且 pH 值也出现了降低与波动。氨氮的去除同样受到了影响，但影响程度低于 COD。在突变期间，反应器的出水颜色变成了黄色，并伴有明显的酸臭味。这主要是因为反应条件的突变往往会导致中间产物挥发性脂肪酸的积累，从而致使系统酸化和崩溃。氢分压在调控厌氧反应中各中间产物的比例上发挥着关键作用，在非正常压力下，很可能会使微生物的正常代谢转移至不利的途径上，导致挥发性脂肪酸的生产者和消费者之间的比例失衡。尽管突变较为严重且持续了 20d，但该反应器并未崩溃且 COD 的去除率仍能够维持在 60%以上。更加值得注意的是，突变结束后，将 C：N：P 调整为 200：5：1 且恢复 HRT 至 24h 后，反应器很快恢复至原来正常的表现，出水质量好转且各项指标也恢复正常。这些可以归功于反应器内生物的特殊存在和生长方式，可以随操作条件而变化。一方面，粗糙多孔的超轻污泥陶粒为微生物的生长和抵御外界变化提供了大量适宜的栖息地。微生物固着生长于填料上，因此更加稳定；另一方面，厌氧生物滤池中的生物群体以生物膜或者絮凝体的特殊形式存在，被大量的胞外聚合物（EPS）包裹，较长的污泥龄使得其中的生态系统含有较长的食物链，因而具有更好的恢复性能和更高的生产力。

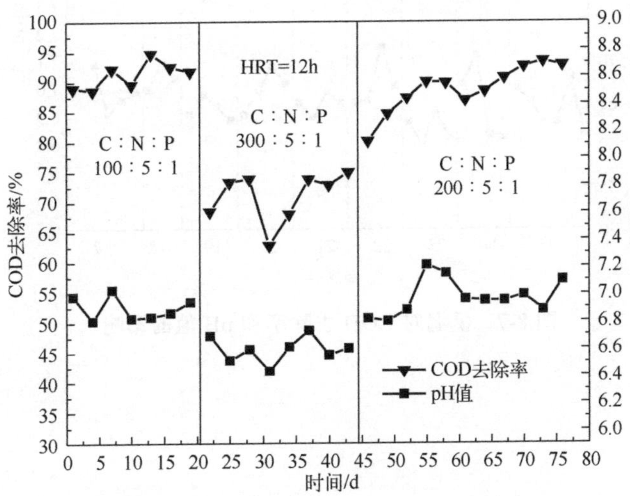

图 8-6　水力停留时间和进水基质比同时发生变化对出水 COD 和 pH 值的影响

综合以上分析，自行设计的厌氧生物滤池系统具有足够的能力抵御外界干扰，且能够短期内恢复，展现了良好的潜能，因此完全可以应用于实际废水处理工程。

8.2.5 低温条件的影响

温度是生物处理中必须考虑的因素，当温度下降时会对嗜常温的厌氧产甲烷菌的新陈代谢活性产生负面影响，并且在较冷环境中生化反应速率明显低于中温条件。目前，大部分厌氧处理系统都需要外加能量以用于生物反应器的加热，使其处于 30～40℃的中温条件下运行，这往往会导致能量的损失。因此，相比于加热条件下，常温运行的厌氧生物反应器处理中高浓度废水时，通常能够带来更多的经济效益。该阶段研究中，厌氧反应器启动阶段接种的是常温菌，并且整个研究在常温下运行，并未设置任何加热设施。

COD 去除率和 pH 值随着温度变化情况（图 8-7）表明，反应器的 COD 去除率和 pH 值分别在 90%和 7 左右波动，并未随温度的降低而受到较大的影响。原因有两个：一是反应器的结构，尤其是它保留有效生物量的能力，以及内部填充的粗糙多孔的超轻污泥陶粒具备的隔热保温性能；二是微生物本身特殊的存在方式，附着于填料的厌氧生物膜，包含更长和更复杂的食物链，被嵌入高分子聚合物物种丰富的生态系统，具有比物种匮乏的群落更稳定、生产力更高的优点。

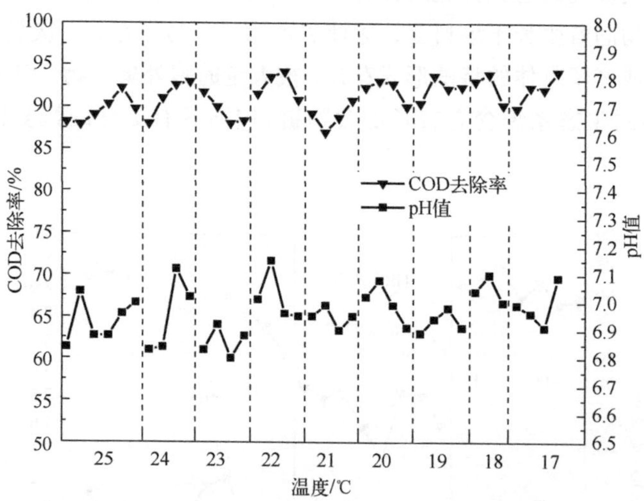

图 8-7 低温对 COD 去除率和 pH 值的影响

8.3 超轻污泥黏土陶粒为填料的厌氧生物滤池微生物学研究

微生物是整个生物处理系统的关键。其群落结构和多样性是微生物生态学和环境科学研究的热点内容，对于微生物资源的开发，揭示其群落结构与功能的联系，阐明微生物群落与其生境的关系，都有着重要的意义。厌氧微生物以附着于滤料表面的生物膜和栖息于滤料孔隙之间的悬浮微生物两种形态存在于厌氧生物滤池中。反应器内的生物种群随着环境以及操作条件的改变而发生着变化。因此，在不同运行时期的厌氧生物滤池内提取生物膜以及絮状污泥，对其生物种群进行相关研究，可以更加深入地分析反应器此时期的处理机制。在同一处理系统，同一时期、同一高度条件下，以不同方式存在的生物群体，其内部生物单元的数量和种类也存在着差异。但是限于研究手段，目前这方面的研究较少。

本节先对在冬季稳定运行的厌氧生物滤池中超轻污泥陶粒上的微生物采用扫描电镜（SEM）进行直观的分析观察，然后通过聚合酶链式反应-变性梯度凝胶电泳（PCR-DGGE）、克隆测序等分子生物学技术，对超轻污泥陶粒表面的生物膜及间隙中絮状厌氧污泥中相关的微生物群落结构进行深入的跟踪分析，对研究此阶段的优势菌种和不同微生物对于反应器运作所起的降解作用和贡献，以及反应器生化反应的机理，意义十分重大，可为优化工艺运行条件，提高污染物处理效率提供理论依据。

8.3.1 微生物学研究方法

8.3.1.1 生物样品的制备

在进水温度为 15℃左右的冬季，取距离反应器底部 30cm 处附近的生物量。分别在 20～30cm、30～40cm 范围内各设一个取样点，同一取样点分别取生长有微生物的超轻污泥陶粒和陶粒间隙的絮状菌胶团，放入提前装有煮沸水（去除 O_2）的灭菌离心管中。对于超轻污泥陶粒上的生物膜通过超声波和化学剥落法获得。分别将装有生物膜和絮状污泥的离心管于 8000r/min、4℃下离心 5min，沉淀以灭过菌的 1×TE 缓冲液洗涤，同样条件下离心，弃上清，加聚丁二酸丁二醇酯（PBS）悬浮，样品保存在 4℃冰箱，过夜孵育后进行后续使用。

8.3.1.2 填料表面微生物的形态分析

扫描电镜可生动真实地显示污水处理中活性颗粒污泥、絮状污泥及各类载体（活性炭、陶粒、沸石、膜丝、载网等）上的微生物膜生长状态。为研究微生物在污水处理中的作用、机理、污水处理的效果，提供直观有力的证据。

本部分将生长有微生物的超轻污泥陶粒取出反应器，用去离子水轻轻洗净，然后再进行扫描电镜之前的预处理，步骤如下：2.5%戊二醛固定 4h 以上→磷酸缓冲液清洗 3 次→乙醇梯度脱水，30%、50%、70%、85%和 95%各 1 次，100%乙醇 2 次，15～20min 一次→乙酸异戊酯置换 2 次，20min 一次→冷冻干燥。然后将制备好的微生物陶粒样品粘台，镀金，在 28kV 的加速电压下进行电镜观察。

8.3.1.3 微生物中 DNA 的提取和 PCR 扩增方法

（1）总 DNA 的提取

生物膜样本和絮状污泥样本的制备见本节生物样品的制备。实验采用美国 UltraClean® Microbial DNA Isolation Kit 提取微生物样品的总 DNA，提取方法酌情参考试剂盒使用说明书。此时 DNA 在滤液中可直接用于下游实验，无需进一步处理。

提取的 DNA 用 1.2%的琼脂糖进行电泳检验，在低温下（−20℃）冷冻备用。

（2）PCR 扩增

1）扩增引物

以提取的 DNA 作为模板，利用美国 Bio-Rad 公司 Mycycle Thermal Cycle PCR 扩增仪进行 PCR 扩增。细菌 PCR 扩增区域为细菌 16S rDNA 的 V3 区，上游引物为 338F-GC（5′-CGCCCGCCGCGCGCGGCGGGCGGGGCGGGGGCACGGGGGGACTCCTACGGGAGGCAGCAG-3′），下游引物为 518R （5′- ATTACCGCGGCTGCTGG-3′）。

2）扩增体系与条件

实验采用 50μL 体系。

全菌 PCR 体系为：25μL 的 Premix Taq™ （TaKaRa Ex Taq™ Version 2.0），Premix Taq 包括 DNA 聚合酶、PCR 缓冲液和脱氧核糖核苷三磷酸（dNTP）混合物，14μL 的 ddH_2O，2μL 的 338FGC 以及 2μL 的 518R，1μL 的牛血清白蛋白（BSA），2μL 的 $MgCl_2$，4μL 的 DNA 模板。

全菌 PCR 条件为：采用降落式 PCR 策略。95℃预变性 4min；94℃变性 30s，65～55℃退火 45s，72℃延伸 45s，每个循环退火温度降低 0.5℃，共 20 个循环；94℃变性 30s，55℃退火 45s，72℃延伸 45s，共 10 个循环；最后 72℃延伸 5min。

3）扩增产物检测

PCR 扩增产物用 1.5%的琼脂糖凝胶电泳检测，选择 DL2000 为标记（marker），上样量为 3μL。电压为 100 V，电泳时间为 30min。

8.3.1.4 DGGE 分析

（1）变性梯度凝胶的制备

对上述 PCR 反应产物，采用 Bio-Rad 公司 Dcode^{TM} 基因突变检测系统进行分离。

使用 Bio-Rad 475 型梯度混合装置，制备 8%的聚丙烯酰胺凝胶，变性剂浓度范围为 30%～55%，其中变性剂的浓度从胶的上方向下方依次递增。不同变性剂浓度胶溶液的配制组分如表 8-1 所列。

表 8-1　不同变性剂浓度胶溶液的配制组分

试剂	浓度	
	30%	55%
40%丙烯酰胺/甲叉双丙烯酰胺/mL	4.0	4.0
50×TAE/mL	0.4	0.4
去离子甲酰胺/mL	2.4	4.4
尿素/g	2.52	4.62
ddH_2O	至 20mL	至 20mL

凝胶制备的具体操作步骤为：

① 组装制胶玻璃板；将海绵垫固定在制胶架上，把类似“三明治”结构的制胶板系统垂直放在海绵上方，短玻璃的一面正对着自己，用偏心轮固定好制胶板系统。

② 在两个 30mL 注射器上分别标记“高浓度”与“低浓度”，并安装上相关的配件。将长 9cm 的聚乙烯细管的一端与 Y 型接头相连，另一端连接旋转接头。另两根长为 15.5cm 的细管的一端分别连在两个注射器上。

③ 逆时针方向旋转齿轮到起始位置。旋松体积调整旋钮以设置理想的传送体积。将注射器固定在体积设置显示装置上并调整到目标体积设置，旋紧体积调整旋钮。例如制备 16cm×16cm 凝胶（1mm 厚）需设体积调整装置到 14.5mL。

④ 取 20mL 配好的两种变性浓度的聚丙烯酰胺溶液到两个离心管中。

⑤ 每管加入 20μL 四甲基乙二胺（TEMED）和 90μL 10%过硫酸铵（APS），迅速盖上并旋紧帽后上下颠倒数次混匀。用连有聚乙烯管标有“高浓度”的注射器吸取所有高浓度的胶，对于低浓度的胶，操作同上。通过移动注射器推动杆小心赶走气泡，并推动溶液到聚丙烯管的末端。

⑥ 采用顶部填充方式灌胶，分别将高浓度、低浓度注射器放在梯度传送系统的正确一侧固定好，再将注射器的聚丙烯管同 Y 形接头相连。

⑦ 匀速且缓慢地推动凸轮传送溶液，小心插入梳子。立即清洗注射器、细管和 Y 形接头几次。

⑧ 胶聚合完毕后，小心拔下梳子。

（2）电泳分离及凝胶成像

将大约 45μL 的 PCR 产物与 10μL 的缓冲液（稀释 6 倍）混合均匀，然后将混合液点入 8%的聚丙烯酰胺凝胶。电泳条件为 60℃，120 V，电泳缓冲液为 1×TAE，电泳时间为 7.5h。电泳结束后，依次关闭电泳槽加热装置、回流泵、电源及电泳仪电源。取下玻璃板，将凝胶从玻璃板上小心剥离，在含有 0.5μg/mL 溴化乙锭（EB）的 1×TAE 电泳缓冲液中染色 30min，去离子水冲洗 2 次。在 Tanon-2500 凝胶成像仪的紫外光下观察并拍照。

（3）DGGE 图谱分析

观察各样品的 PCR 产物经变性梯度凝胶电泳（DGGE）分离后的电泳图谱照片，采用 Quantity One 分析软件（Bio-Rad）对 DGGE 图谱进行相关的分析。

8.3.1.5　克隆测序

PCR 扩增产物经 DGGE 分离后，对 DGGE 图谱进行分析，挑选有代表性的条带进行切胶回收、PCR 扩增、纯化、连接和克隆测序。

（1）DGGE 产物切胶回收

用灭菌的手术刀将待检测的条带中间部分挑取到干净的离心管中，用 50μL 酒精漂洗 2 遍，晾干；然后用 50μL 1×TE 缓冲液漂洗两遍，晾干；加入 20μL 双蒸水，用灭菌的枪头将凝胶捣碎，置于−20℃备用。

（2）回收 DNA 的扩增

取回收的 DNA 模板，采用不带 GC 发卡的引物，按照前述的 PCR 扩增体系与条件进行扩增，扩增产物用 1.5%的琼脂糖凝胶电泳检测。

（3）PCR 产物纯化

将 PCR 扩增产物采用 1.5%的琼脂糖凝胶进行电泳（大梳子制胶，点样量 30～40μL），电泳后在 Tanon-2500 凝胶成像仪的紫外光下观察并切取目的条带。切下的凝胶条带采用琼脂糖凝胶回收试剂盒（OMEGA Biotech，China）进行回收，回收后产物用 1.5%琼脂糖凝胶进行检验。

（4）T 载体连接

PCR 产物纯化后，立即进行 T 载体连接。采用日本 Takara 公司的 pMD19-T Vector，具体步骤如下：将 50μL 离心管放入冰盒内，在离心管中配制反应体系（pMD19-T Vector 1.0μL，目标 DNA 4.0μL，然后加入 5μL 溶液Ⅰ，稍稍混匀）16℃反应 30min。连接后的 DNA 置于−20℃备用。

（5）克隆转化

选用日本 Takara 公司的 *E. coli* DH5α 感受态细胞作为宿主细胞，按照使用说明进行转化，具体如下：

① 把感受态细胞放入冰中融化。将 100μL 感受态细胞移至灭菌处理的 1.5mL 离心管内。将 10μL 已经配制好的连接产物加入 100μL *E. coli* DH5α 感受态细胞中，冰中放置 30min。

② 42℃加热 60s 后，于冰中放置 1min。

③ 往离心管中加入 37℃预热好的 SOC 培养基，使最终体积为 1mL。然后将离心管放入恒温振荡箱于 37℃，150r/min 振荡培养 60min。

④ 取 100μL 培养好的菌液均匀涂布在预先制备的蓝白筛选平板上。待接种液完全吸收后，颠倒培养板于 37℃培养箱中培养 7～8h，直到长出菌落。然后将平板取出于 4℃放置数小时，使蓝色在这一期间充分显色。

⑤ 挑选单个白色菌落于含有 100μg/mL 氨苄青霉素的液体 LB 培养基中，将试管放在 37℃，150r/min 的恒温振荡箱中培养至液体浑浊，取 1000μL 菌液到 1.5mL 灭菌的离心管中，进行下一步的测序。

（6）序列测定与分析

将克隆后的产物送出测序。测序委托北京六合华大基因科技股份有限公司（现北京六合华大基因科技有限公司）完成。

利用 BLAST 软件，将测定得到的基因序列与 GenBank 数据库进行序列比对分析，获取相近典型菌株的基因序列。然后对比对结果的优势菌种进行生物学的分析。

8.3.2　生物膜形态分析

微生物的扫描电镜可以很直观地显示出菌落的生长情况和生存状态。在反应器稳定运行的冬季，将超轻污泥陶粒取出，其扫描电镜图如图 8-8 所示。从图 8-8 中可以看出，超轻污泥陶粒的表面和断面都附着有大量的菌落，主要呈现出了三种形态，还有的被细胞分泌物连接在一起，以生物膜的形态覆盖了载体的表面。图 8-8（a）～（d）分别显示了在形态上与球状菌、杆状菌和螺旋菌相似的细菌。图 8-8（e）展现的是菌落被胞外聚合物包裹的现象。图 8-8（f）上密密麻麻的菌落则说明了超轻污泥陶粒上附载了较大质量和数量的微生物。

(a)形态上与球状菌相似的细菌　　(b)形态上与杆状菌相似的细菌

图 8-8

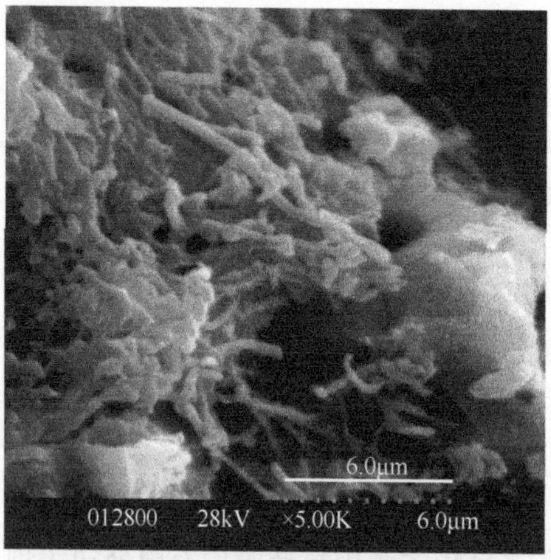

(c)形态上与螺旋菌相似的细菌1

(d)形态上与螺旋菌相似的细菌2

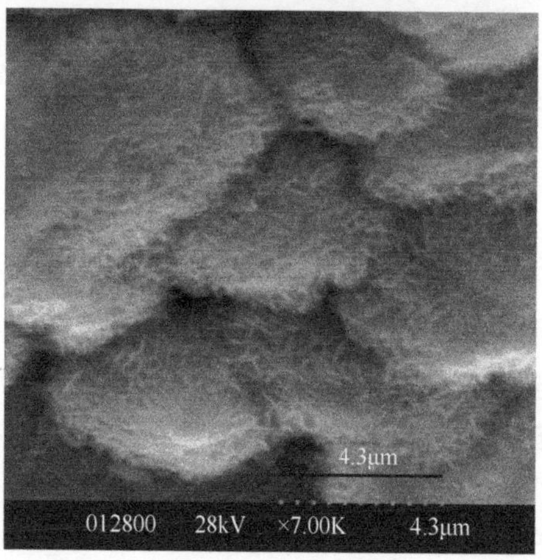

(e)菌落被胞外聚合物包裹

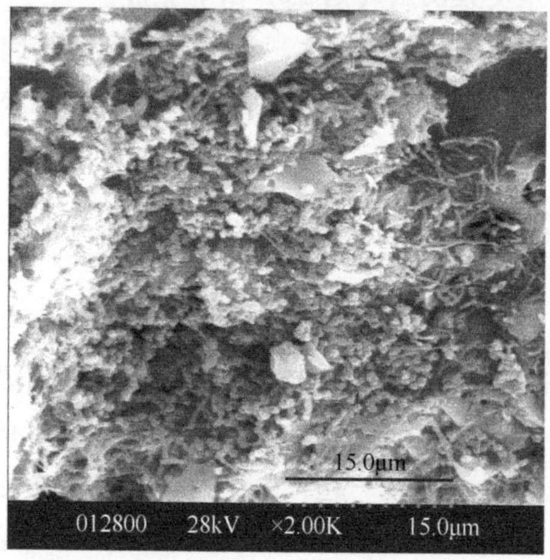

(f)超轻污泥陶粒上附载了较大质量和数量的微生物

图 8-8　超轻污泥陶粒上微生物的扫描电镜（SEM）

8.3.3　细菌的 DGGE 图谱分析

不同样品 DNA 的 PCR 扩增产物通过变性梯度凝胶电泳分离后，呈现不同的条带图谱。DGGE 凝胶上的条带反映着细菌的群落结构，特定位置的条带与特定的细菌种类密切相关，条带的数量代表着群落的多样性。每个独立分离的条带通常是由多个种属细菌组成的，可以被看作是一个运算分类单元（operational taxonomic unit，OTU）来处理。图 8-9 显示了样品的 DGGE 图谱。图中样品 $1^{\#}$和 $3^{\#}$分别代表了填料高度 30～40cm 处的絮状厌氧污泥和生物膜，样品 $2^{\#}$和 $4^{\#}$分别代表了填料高度 20～30cm 处的絮状厌氧污泥和生物膜。

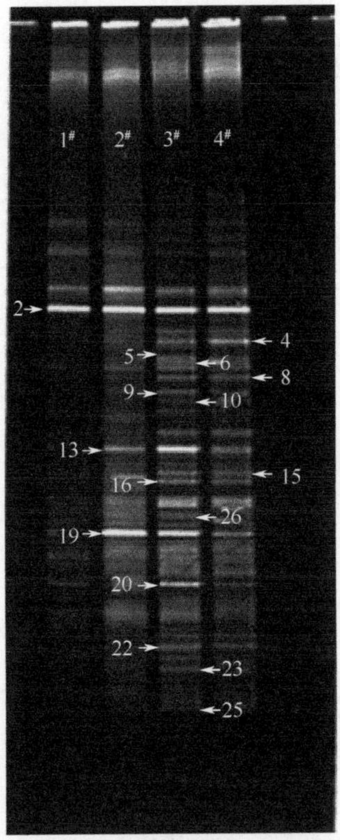

图 8-9　细菌的 DGGE 图谱

从图 8-9 中可以看出，生物膜上微生物与悬浮污泥中微生物种群表现出了一定的差别，且生物膜样品的 DGGE 条带数量明显多于悬浮污泥样品，表明生物膜上微生物群落结构较悬浮污泥更加丰富。这是由于生物膜附着在生物填料上，其独特的生存方式使之具有较长的污泥龄，可以存活一些世代时间较长、比增殖速度较小的细菌（如硝化菌和亚硝化菌），因此生物膜展现出了更丰富的群落结构。

其中微生物群落相关性分析主要分析反应器不同部位、不同存在方式的微生物种群相似性。用 Quantity One 软件计算相似度的方法为戴斯系数（Dice coefficient），图 8-10（a）、（b）和（c）分别用比较泳道图像、相似矩阵和系谱树三种相关的方法描述了相似度，其中系谱树采用 UPGMA 算法建成。从这些图中可以看出，虽然这 4 个样品存在差异，但是由于取样高度差别不大，且进水水质较单一，所以这些样品表现出了较大的相似性，变化不大。

8.3.4　部分优势细菌 DNA 片段的克隆测序和菌种鉴定

目前，Genbank 基因库中存有大量各类微生物的基因组和序列可供检索、比对。一般来说，当微生物的 16S rDNA 序列的同源性达到 97%或以上时，可以将这些菌划为一个种；同源性达到 94%或以上时，可以将这些菌划为一个属。

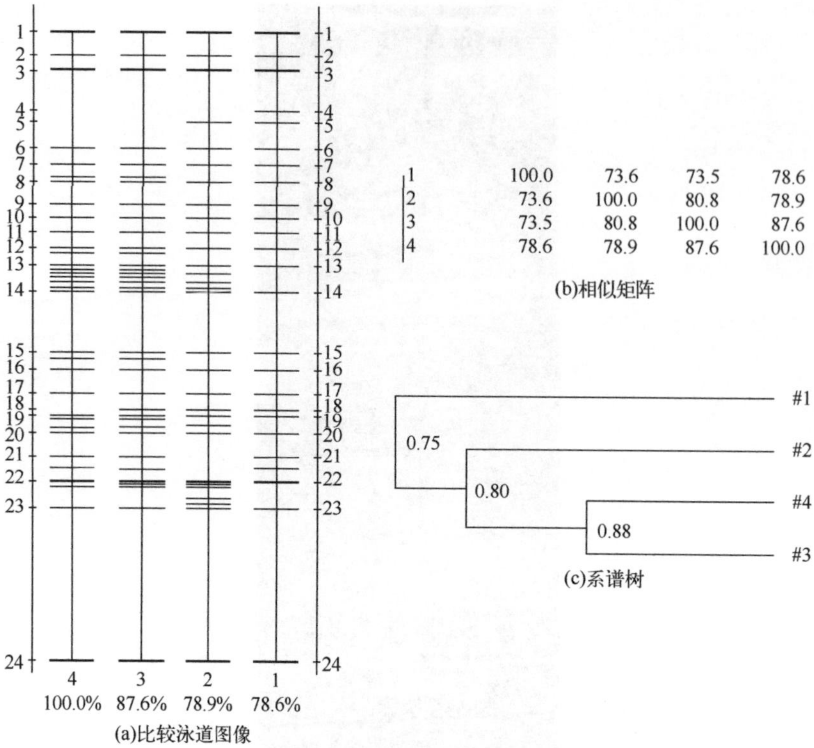

图 8-10 Quantity One 软件中三种相关性的分析

在 DGGE 分离后的条带中，挑选一部分主要的和特殊的独立条带进行切胶回收、重新 PCR 扩增和克隆测序。测序结果送美国国家生物技术信息中心（NCBI）基因库进行比对，用基于局部比对算法的搜索工具（BLAST）进行检索和同源性分析，选取序列最为接近的部分菌种。对这一阶段厌氧生物滤池中超轻污泥陶粒上的生物膜以及陶粒间隙的厌氧污泥进行进一步的细菌群落分析。结果如表 8-2 所列。

表 8-2 分细菌条带 16S rDNA 序列比对结果

条带编号	Genebank 比对结果		
	查询号	相似基因	相似性/%
2	NR_074548.1	*Acetobacterium woodii* DSM 1030strain DSM 1030 16S rRNA，完整序列	90
4	NR_102986.1	*Candidatus Cloacamonas acidaminovorans* str. Evry strain Evry 16S rRNA，完整序列	89
5	NR_102873.1	*Arcobacter nitrofigilis* DSM 7299strain DSM 7299 16S rRNA，完整序列	97
6	NR_074698.1	*Ignavibacterium album* JCM 16511strain JCM 16511 16S rRNA，完整序列	98
8	NR_104803.1	*Eubacterium contortum* strain DSM 3982 16S rRNA，部分序列	98

续表

条带编号	Genebank 比对结果		
	查询号	相似基因	相似性/%
9	NR_044333.1	*Deinococcus alpinitundrae* strain ME-04-04-52 16S rRNA，部分序列	91
10	NR_104797.1	*Treponema zuelzerae* strain DSM 1903 16S rRNA，部分序列	97
13	M_59109.2	*Clostridium oroticum* strain ATCC 13619 16S rRNA gene，部分序列	98
15	NR_108114.1	*Sunxiuqinia faeciviva* strain JAM-BA0302 16S rRNA，部分序列	88
16	FJ_752803.1	Uncultured Chloroflexi bacterium clone NdGal45 16S rRNA gene，部分序列	93
19	CU_918169	Uncultured *Clostridium* bacterium clone QEEB2CE06	99
20	NR_104786.1	*Pelobacter massiliensis* strain HHQ7 16S rRNA，部分序列	84
22	NR_028780.1	*Desulforegula conservatrix* strain Mb1Pa 16S rRNA，部分序列	90
23	NR_074963.1	*Leptospirillum ferrooxidans* C2-3strain C2-3 16S rRNA，完整序列	87
25	NR_027565.1	*Victivallis vadensis* ATCC BAA-548 16S rRNA，部分序列	94
26	NR_024989.1	*Smithella propionica* strain LYP 16S rRNA，部分序列	96

从测序结果来看，这 16 条 DGGE 带谱所代表的细菌种类可以分为 10 大门类，其中包括已经确定命名的 8 大门类，分别为厚壁菌门(Firmicutes)，变形菌门(Proteobacteria)、异常球菌-栖热菌门（Deinococcus-Thermus）、螺旋体门（Spirochaetes）、拟杆菌门（Bacteroidetes）、绿弯菌门（Chloroflexi）、硝化螺旋菌门（Nitrospirae）和黏胶球形菌门（Lentisphaerae）。还有两大新门类，分别为 Cloacimonetes 和 Ignavibacteriae。

条带 2 为伍氏醋酸杆菌（*Acetobacterium woodii* DSM 1030），属于醋酸杆菌属（厚壁菌门），相似性为 90%。厚壁菌门类细菌是与降解有关的细菌，表明该类群与反应过程中 COD 的降解有关。醋酸杆菌是一类能使糖类和酒精氧化成醋酸等产物的短杆菌。

条带 4 被检测可能为一种新型的菌种，*Candidatus Cloacamonas acidaminovorans* str.。属于 Cloacimonetes 门类。这种细菌可能会从氨基酸的发酵过程获得大部分的碳和能量，属于互养的细菌。

条带 5 为硝化弓形菌（*Arcobacter nitrofigilis* DSM 7299strain），属于弓形杆菌属（*Arcobacter*），相似性为 97%。弓形杆菌在 15℃低温条件下也可以生长，能利用有机酸与氨基酸作为碳源，可还原硝酸盐为亚硝酸盐。

条带 6 为一种新菌，*Ignavibacterium album* JCM 16511，属于 Ignavibacteriae 门，*Ignavibacterium* 属种，相似性为 98%。是一种严格厌氧的革兰氏阴性菌，与绿菌门细菌有相似性。

条带 8 为扭曲真杆菌（*Eubacterium contortum*），属于真杆菌属，相似性为 98%。真杆菌为化能有机营养型，发酵代谢，有些种利用碳水化合物。

条带 9 可能属于异常球菌-栖热菌门（Deinococcus-Thermus），相似性为 91%。本门包括一些能抵抗严酷环境的球状细菌。

条带 10 为 *Treponema zuelzerae* 菌，属于密螺旋体属，相似性为 97%。分解利用糖类或者氨基酸，无发酵产物。属于螺旋体门（Spirochaetes）。

条带 13 为乳清酸梭菌(*Clostridium oroticum*),属于梭状芽孢杆菌属,相似性为 98%。梭状芽孢杆菌为厌氧性革兰氏阳性杆菌，能在恶劣的环境条件下存活。

条带 15 为一种新菌 *Sunxiuqinia faeciviva*，属于拟杆菌门，相似性为 88%。这种菌为兼性厌氧的有机异养生物，生长温度范围比较广。

条带 16 与绿弯菌的同源性达到了 93%，属于绿弯菌门。绿弯菌门（Chloroflexi）是一类通过光合作用产生能量的细菌，又称作绿非硫细菌。它们是兼性厌氧生物，在光合作用中不产生氧气，不能固氮。利用 3-羟基丙酸途径，而不是常见的卡尔文途径来固定二氧化碳。

条带 19 与一种 Uncultured *Clostridium* bacterium 相似性为 99%。属于厚壁菌门（Firmicutes）。

条带 20 可能为一种暗杆菌属（*Pelobacter massiliensis*），相似性 84%，属于变形菌门，除硫单胞菌目下的种属，厌氧菌，有发酵的性质。为主要的产氢产乙酸细菌，把各种挥发性脂肪酸降解为乙酸和 H_2。

条带 22 为一种新型的脱硫杆菌（*Desulforegula conservatrix*），相似性为 90%，属于变形菌门。*Desulfomicrobium* 在低碱度时发挥硫酸盐还原作用，提高碱度时 *Desulforegula* 是优势的硫酸盐还原菌（SRB）。

条带 23 可能为硝化螺旋菌门。硝化螺旋菌门（Nitrospiraa）是一类革兰氏阴性细菌，是存在于污水处理厂和实验室反应器中主要的亚硝酸氧化菌。

条带 25 为 *Victivallis vadensis* 菌，属于食物谷菌科，相似性为 94%。这是一种新型菌，生长范围较广，严格厌氧，降解纤维二糖。对于蔗糖的降解起到了关键作用。属于黏胶球形菌门（Lentisphaerae）。

条带 26 为 *Smithella propionica* 菌，属于互营菌科，相似性为 96%。*Smithella propionica* 是一种新型的丙酸氧化菌，这类菌可将丙酸转化为产甲烷菌可利用的乙酸和 H_2/CO_2，在厌氧产甲烷系统中占据独特的生态位。

总细菌的测序结果及分析综合表明：在此阶段挑选的菌种中，大多是与降解有关的细菌，其中变形菌门（Proteobacteria）（条带 5、20、22、26）和厚壁菌门（Firmicutes）（条带 2、8、13、19）所占比重较大。变形菌门中包含有种类较多的菌种，降解能力可变，作用广泛。对于厚壁菌门，很多可以产生内生孢子，它可以抵抗脱水和极端环境。这就很好地说明了在不同运行条件下，反应器内会繁衍与当时的外界条件及进水水质相适应的微生物，并形成优势种属，这种现象非常有利于微生物新陈代谢功能的充分发挥和有机污染物的降解。另外，生物膜上富集了一些特有的菌属，如世代时间比较长的微生物（条带 5 和条带 23 有硝化作用的菌属），符合厌氧生物滤池中微生物多样性的特点，使得整个系统运行稳定，效果良好。

本章利用超轻污泥陶粒作为厌氧生物滤池的滤料处理模拟中高浓度有机废水，在常温和低温下均可取得良好的处理效果。一方面归功于新型填料粗糙多孔的结构和隔热保温的良好性能，使得微生物有较好的生物附着力以及适宜生长的栖息地；另一方面归功于厌氧生物滤池中微生物的存在方式，微生物大多被截留在浓稠的胞外多聚物残留物中，微生物膜的结构具有保护微生物、抵抗外部环境干扰的作用。以超轻污泥陶粒填充的厌氧生物滤池中具有物种丰富的生态系统，使得反应器内的微生物更稳定，具有更高的生产力。本章结果为优化超轻污泥陶粒基厌氧生物滤池工艺运行条件和阐明其中污染物的降解机理提供了理论依据。

参考文献

[1] Annachhatre A, Bhamidimarri S. Microbial attachment and growth in fixed-film reactors: Process startup considerations [J]. Biotechnology Advances, 1992, 10(1): 69-91.

[2] Ince O, Donnelly T. Attachment, strength and performance of a porous media in an upflowanaerobic filter treating dairy wastewater [J]. Water Science and Technology, 2000, 41(4-5): 261-270.

[3] van Rijn J, Tal Y, Schreier H J. Denitrification in recirculating systems: Theory and applications [J]. Aquacultural Engineering, 2006, 34(3): 364-376.

[4] 韩术鑫. 新型填料——污泥粉煤灰陶粒在生物滤池中处理合成废水的效果研究 [D]. 济南: 山东大学, 2010.

[5] Leitão R C, van Haandel A C, Zeeman G, et al. The effects of operational and environmental variations on anaerobic wastewater treatment systems: A review [J]. Bioresource Technology, 2006, 97(9): 1105-1118.

[6] Lettinga G, Rebac S, Zeeman G. Challenge of psychrophilic anaerobic wastewater treatment [J]. Trends in Biotechnology, 2001, 19(9): 363-370.

[7] LaPara T M, Nakatsu C H, Pantea L M, et al. Stability of the bacterial communities supported by a seven-stage biological process treating pharmaceutical wastewater as revealed by PCR-DGGE [J]. Water Research, 2002, 36(3): 638-646.

[8] 谢家仪，董光军，刘振英. 用于污水处理的微生物制样方法和扫描电镜观察 [J]. 电子显微学报, 2006, 25(B08): 272-273.

[9] 倪红，熊哲，张珊，等. 多孔陶粒固定化微生物效果及扫描电镜观察 [J]. 湖北大学学报: 自然科学版, 2011, 33(2): 182-186.

[10] Li C, Li Y, Cheng X, et al. Immobilization of *Rhodococcus rhodochrous* BX2(an acetonitrile- degrading bacterium) with biofilm-forming bacteria for wastewater treatment [J]. Bioresource technology, 2013, 131: 390-396.

[11] 胡振. 缺氧-好氧生物脱氮系统中 N_2O 的释放机理与减量化控制研究 [D]. 济南: 山东大学, 2011.

[12] 刘志恒. 现代微生物学 [M]. 北京: 科学出版社, 2002.

[13] 赵林林，王海燕，杨慧芬，等. PCR-DGGE 研究臭氧耦合 ASBR/SBR 控氮磷污泥减量化工艺中的细菌多样性 [J]. 环境工程技术学报, 2011, 1(2): 123-130.

[14] Pelletier E, Kreimeyer A, Bocs S, et al. "*Candidatus Cloacamonas acidaminovorans*": Genome sequence reconstruction provides a first glimpse of a new bacterial division [J]. Journal of Bacteriology, 2008, 190(7): 2572-2579.

[15] Kiehlbauch J, Brenner D, Nicholson M, et al. *Campylobacter butzleri* sp. nov. isolated from humans and animals with diarrheal illness [J]. Journal of Clinical Microbiology, 1991, 29(2): 376-385.

[16] Grabowski A, Nercessian O, Fayolle F, et al. Microbial diversity in production waters of a low-temperature biodegraded oil reservoir [J]. FEMS Microbiology Ecology, 2005, 54(3): 427-443.

[17] Iino T, Mori K, Uchino Y, et al. *Ignavibacterium album* gen. nov., sp. nov., a moderately thermophilic anaerobic bacterium isolated from microbial mats at a terrestrial hot spring and proposal of *Ignavibacteria classis* nov., for a novel lineage at the periphery of green sulfur bacteria [J]. International Journal of Systematic and Evolutionary Microbiology, 2010, 60(6): 1376-1382.

[18] Abt B, Göker M, Scheuner C, et al. Genome sequence of the thermophilic fresh-water bacterium *Spirochaeta caldaria* type strain (H1T), reclassification of *Spirochaeta caldaria*, *Spirochaeta stenostrepta*, and *Spirochaeta zuelzerae* in the genus *Treponema* as *Treponema* caldaria comb. nov., *Treponema* stenostrepta comb. nov., and *Treponema* zuelzerae comb. nov., and emendation of the genus *Treponema* [J]. Standards in Genomic Sciences, 2013, 8(1): 88-105.

[19] Takai K, Abe M, Miyazaki M, et al. *Sunxiuqinia faeciviva* sp. nov., a facultatively anaerobic organoheterotroph of the *Bacteroidetes* isolated from deep subseafloor sediment [J]. International Journal of Systematic and Evolutionary Microbiology, 2013, 63(Pt 5): 1602-1609.

[20] Pischedda L, Militon C, Gilbert F, et al. Characterization of specificity of bacterial community structure within the burrow environment of the marine polychaete *Hediste (Nereis) diversicolor* [J]. Research in Microbiology, 2011, 162(10): 1033-1042.

[21] Zhang G, Wang K, Zhao Q, et al. Effect of cathode types on long-term performance and anode bacterial communities in microbial fuel cells [J]. Bioresource Technology, 2012, 118: 249-256.

[22] Rees G N, Patel B K. *Desulforegula conservatrix* gen. nov., sp. nov., a long-chain fatty acid-oxidizing, sulfate-reducing bacterium isolated from sediments of a freshwater lake [J]. International Journal of Systematic and Evolutionary Microbiology, 2001, 51(5): 1911-1916.

[23] 杜丽琴, 庞浩, 胡媛媛, 等. 蔗糖富集环境土壤微生物宏基因组分析及蔗糖水解相关酶基因克隆 [J]. 应用与环境生物学报, 2010, 16(3): 403-407.

[24] Zoetendal E G, Plugge C M, Akkermans A D, et al. *Victivallis vadensis* gen. nov., sp. nov., a sugar-fermenting anaerobe from human faeces [J]. International Journal of Systematic and Evolutionary Microbiology, 2003, 53(1): 211-215.

[25] Liu Y, Balkwill D L, Aldrich H C, et al. Characterization of the anaerobic propionate-degrading syntrophs *Smithella propionica* gen. nov., sp. nov. and *Syntrophobacter wolinii* [J]. International Journal of Systematic Bacteriology, 1999, 49(2): 545-556.

[26] 班巧英, 李建政, 张立国, 等. HRT 对 UASB 运行效能及丙酸氧化菌群组成的影响 [J]. 化工学报, 2012, 63(11): 3673-3679.

第9章 轻质污泥粉煤灰陶粒用于A/O一体式曝气生物滤池处理生活污水

生物脱氮需要缺氧阶段以完成硝酸盐的反硝化过程。因此，通过在上流式反应器的底部创造缺氧段（A区）并在中部注入空气形成好氧段（O区）可以实现曝气生物滤池的一体化设计，以同步去除碳基质、总氮、氨氮和固体悬浮物。A/O一体式曝气生物滤池可将两种具有不同生物功能的反应模块置于同一单元中，使其相对于活性污泥法更加紧凑，进一步彰显了该工艺的优点。

本章将前期制备的污泥粉煤灰陶粒用于A/O一体式曝气生物滤池中，着重考察各项水处理操作条件（例如水力停留时间、气水比、填料高度和回流比等）对污水去除效果的影响，验证所制备的污泥粉煤灰陶粒是否能够达到A/O一体式曝气生物滤池生物膜载体的要求。并进一步与普通商品陶粒填充的曝气生物滤池进行同步水处理研究，对比两者的优势或者缺陷，以验证污泥粉煤灰陶粒取代商品陶粒用于污水处理的可能性。

9.1 A/O一体式曝气生物滤池的运行方式

9.1.1 A/O一体式曝气生物滤池实验装置

实验采用自行设计的A/O一体式曝气生物滤池作为反应器（图9-1），进水方式采用上流式，圆柱形反应器由有机玻璃制成，直径为10cm，高度为1.6m。柱内填充约9L污泥粉煤灰陶粒，其中约7L位于好氧区，2L位于缺氧区，填充后柱内有效容积约2.5L。曝气头（2个）放置于距反应器底部40cm处，将反应器分割成缺氧区（25cm）和好氧区

（80cm）两个功能区；其中，一个曝气头为O区供给空气，另一个用于反冲洗。在反应器顶部，预留35cm的缓冲区，以防止气水联合反冲洗时将填料冲出。原水从反应器底部进入柱内，依次流经A区和O区；O区出水收集到废水槽，并回流进入A区。距离反应器底部25cm、70cm、110cm和145cm设有4个取样口。

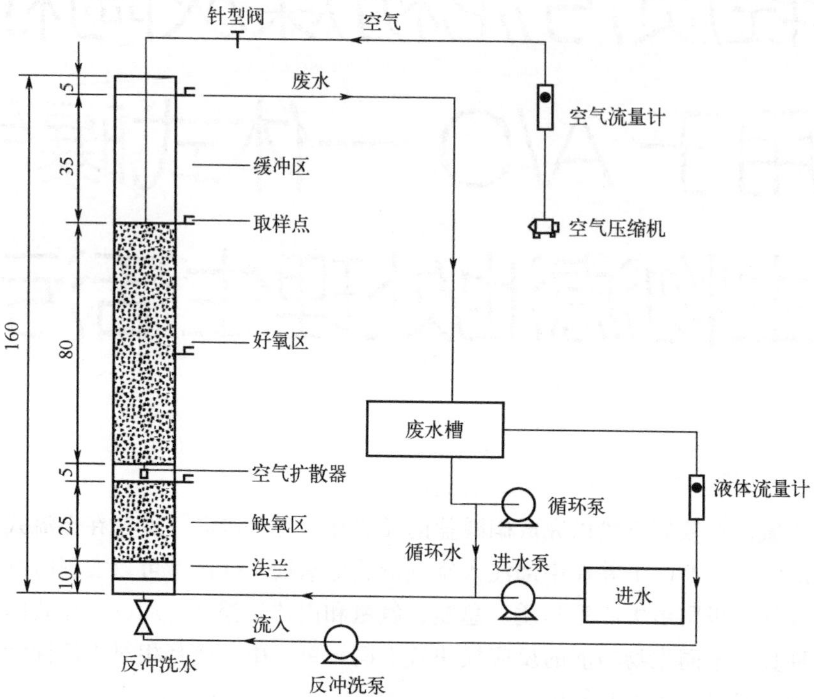

图9-1　A/O一体式曝气生物滤池实验装置图（尺寸：cm）

9.1.2　反冲洗操作流程

在反应器稳态运行阶段，曝气生物滤池反冲洗周期为24h。循环回流后的出水可以用作反冲洗水，可有效减少反冲洗水的用量。完整的反冲洗流程包括气体反冲洗、气水联合反冲洗和水反冲洗三个步骤。反冲洗气与反冲洗水的表观流速分别为25.5m/h和38.2m/h。具体的反冲洗操作过程是：首先，关闭进水泵，同时开启反冲洗气体空气压缩机，持续进行气体反冲洗5min；然后，打开反冲洗泵，采用气体-自来水联合反冲洗5min；最后，关闭反冲洗气体阀门和空气压缩机，继续开启反冲洗泵，采用循环回流水代替自来水完成反冲洗最后一个阶段，并持续5min。

9.1.3　反应器接种与启动

反应器接种污泥取自济南市水质净化二厂氧化沟工艺中曝气池的浓缩活性污泥。接种污泥的相关参数如下：污泥沉降比 SV=33%，混合液悬浮固体浓度 MLSS=4g/L，污泥体积指数 SVI=82mL/g。在反应器启动阶段，反应器在起初一周采用间歇批次进水方式，减小对接种污泥的扰动以促进活性污泥在填料表面的固化附着，之后采用连续进水方式培养。该阶段的操作参数如下：水力停留时间为 2.5h，气水比为 10，回流比为 100%。同时根据 COD_{Cr}、NH_4^+-N 和 TN 的去除效果，对进水有机负荷进行调整。反应器启动阶段的反冲洗每隔 1d 进行，且反冲洗强度相比稳态运行时要低。最终，基于出水水质结果，反应器于 3 周后结束适应启动阶段，进入稳态运行。

9.2　操作条件对合成污水处理效果的影响

本节相应研究期间，曝气生物滤池反应器进水均采用合成污水。其组成如下：葡萄糖（$C_6H_{12}O_6$，103～147mg/L）、可溶性淀粉[（CH_2O）$_n$，117～130mg/L]、三水合乙酸钠（$CH_3COONa·3H_2O$，187～267mg/L）、硫酸铵[（NH_4）$_2SO_4$，114～117mg/L]、蛋白胨（33.7～100mg/L）和磷酸二氢钾（KH_2PO_4，18.4～21.5mg/L）。

研究主要考察曝气生物滤池操作条件（包括水力停留时间、气水比、填料高度、回流比等）对污水 COD_{Cr}、NH_4^+-N 和 TN 这几项指标去除效果的影响。对进出水的 COD_{Cr}、NH_4^+-N、TN、NO_3^--N、pH 值和温度进行监测，考察反应器中 COD_{Cr}、NH_4^+-N、NO_3^--N、TN 和 pH 值的变化情况。实验期间室温变化范围从 19.2°C 到 25.1°C。

9.2.1　水力停留时间的影响

水力停留时间（HRT）是生物法处理污水的重要操作参数之一。根据反应器的有效容积，选取了 5 个 HRT（0.5h、1.0h、1.5h、2.0h 和 2.5h）进行研究。其他实验参数设定如下：气水比为 5∶1，回流比为 100%。进水流速变化范围为 0.5～2.5L/h，相对应地气速由 0.08 L/min 增大到 0.42 L/min。每个 HRT，反应器缓冲适应两天后取样。

HRT 对各种污染物的去除效果见表 9-1。

表 9-1　HRT 对合成污水去除效果的影响

HRT /h	COD_{Cr}/（mg/L）			NH_4^+-N/（mg/L）			TN/（mg/L）		
	进水	出水	去除率/%	进水	出水	去除率/%	进水	出水	去除率/%
2.5	229	16.2	92.9	25.6	0.29	98.9	27.0	14.7	45.6
2.0	273	34.1	87.5	25.9	0.26	99.0	27.3	12.3	54.9
1.5	228	38.0	83.3	27.5	0.81	97.1	27.4	14.3	47.8
1.0	251	53.8	78.6	27.0	1.11	95.9	29.4	20.3	31.0
0.5	249	86.5	65.3	29.1	9.53	67.3	29.6	21.5	27.4
标准偏差	16.6	23.6	9.38	1.25	3.58	12.2	1.32	3.71	10.4

从表 9-1 中可见，随着 HRT 的增加，COD_{Cr} 的去除率也逐步增加，从 0.5h 的 65.3%，上升为 2.5h 的 92.9%。除 0.5h 外，NH_4^+-N 在其他 HRT 均可达到 95%以上的去除率。但是，TN 受 HRT 的影响较为复杂，在 2.0h 出现去除峰值，进一步延长停留时间并未对 TN 的去除产生更好的效果。通常，HRT 较短时，有机负荷、进水流量与曝气量相应较高，使反应器受到较大的冲击负荷和较强的气水剪切力，曝气生物滤池对 COD_{Cr}、NH_4^+-N 和 TN 的去除效果较差；而在缺氧段，由于不能有效地利用进水碳源，使得进入 O 区的有机物浓度较高，异养好氧菌与自养氨氧化菌、硝化菌竞争加剧，硝化过程受到明显抑制，进而直接影响 A 区脱氮的效果。例如，NH_4^+-N 和 TN 在 HRT 为 0.5h 时，去除率仅有 67.3%和 27.4%。此外，高曝气量使回流水中溶解氧进入缺氧区，进一步抑制了该段微生物的活性。随着 HRT 的延长，A 区微生物能更高效地利用进水碳源，使 O 区微生物的空间分布更有利于硝化过程；但 HRT 过长，有机负荷降低，A 区的反硝化菌得不到足够的碳源，而 O 区的硝化过程进行得很充分，表明进水碳源是脱氮的限制性因素，而非回流水中 NO_3^--N 的浓度。例如，在 HRT 为 2.5h 时，尽管 COD_{Cr} 和 NH_4^+-N 去除率较高，但是 TN 的去除率却低于 2.0h 时的去除率。因此，只有合理控制 HRT，微生物的活性才能维持在较高水平。总体而言，HRT 为 2.0h 时，反应器对各项污染物指标均有较好的去除效果，可确定为最佳的水力停留时间。

9.2.2 气水比的影响

选定 HRT 为 2.0h，原水进水量为 0.625L/h，回流比为 100%，气水比（A/L）分别为 5：1、10：1、15：1、20：1、25：1，即曝气量为 0.1L/min、0.2L/min、0.3L/min、0.4L/min、0.5L/min。考察不同气水比下各污染物的处理效果，结果见图 9-2。

从图 9-2（a）和（c）可知，A/L 对有机物和 TN 的去除效果影响较大，但是对硝化过程的影响较小。由于原水中含有长碳链的可溶性淀粉等难降解物质，相比于乙酸盐或葡萄糖，其不易被微生物利用。适当地增加 A/L 可以增加进入回流水中的溶解氧浓度（DO），因此，A 区的兼性水解酸化菌可利用 DO 作为电子受体，将难于被反硝化菌利用的碳源转化为可利用碳源，从而大大提高了脱氮活性。这合理地解释了 A/L 从 5：1 增

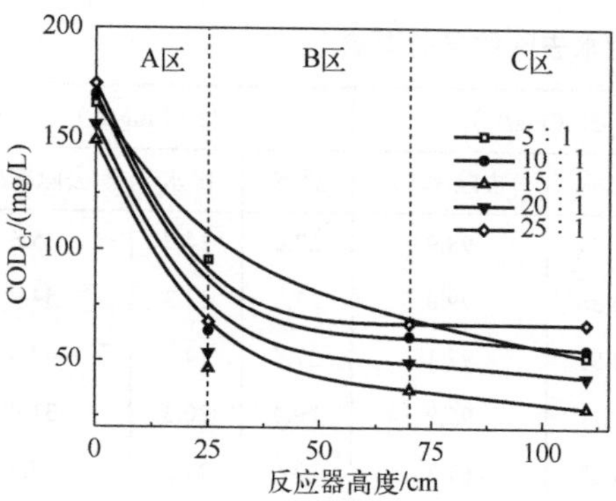

(a)COD_{Cr}

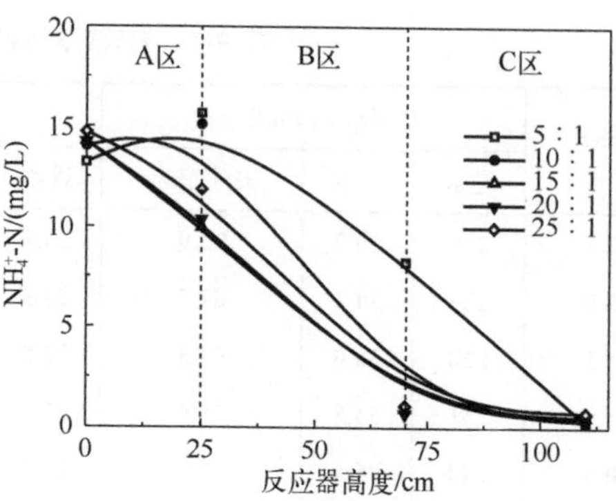

(b)NH_4^+-N

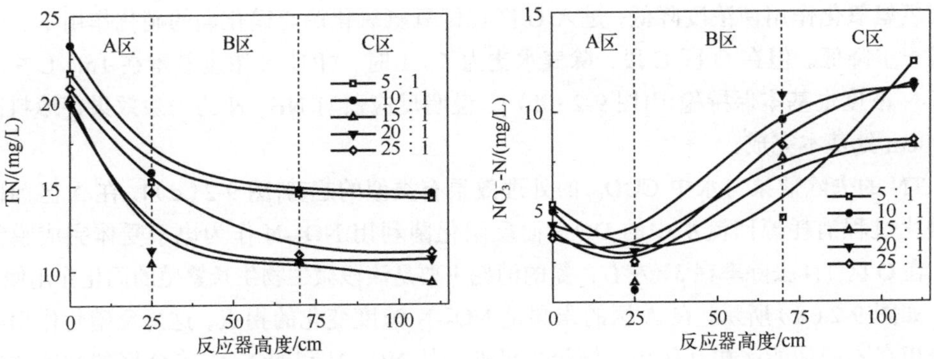

(c)TN　　(d)NO_3^--N

图 9-2　反应器高度与气水比对曝气生物滤池中 COD_{Cr}、NH_4^+-N、TN 和 NO_3^--N 浓度变化的影响

加到 15：1 时，脱氮效率的不断提高。此外，适当地提高 A/L，产生的气水湍流作用对生物膜表面的冲刷作用有利于老化生物膜的脱落、更新，可以防止因生物膜增长过厚而引起的内部厌氧，对生物膜的更新以及保持曝气生物滤池的稳定处理效果十分关键。但 A/L 超过一定界限后，O 区过强的剪切力与 A 区过高的 DO 均对系统的运行产生负效应；此外，气水比过高将增加动力消耗和运行成本。在 A/L 为 15：1 时，COD_{Cr} 和 TN 去除效果出现了拐点，此时的 A/L 具有最高的曝气生物滤池运行效率。

9.2.3　填料高度的影响

为探讨填料层高度对各污染物的去除效果，在 A 区末端、O 区中部和 O 区末端设置 3 个取样点，距离进水口分别为 250mm、700mm 和 1100mm。考察不同气水比下，COD_{Cr}、NH_4^+-N、NO_3^--N 和 TN 随填料高度的变化情况（图 9-2 中高度为 0cm 处各污染物的数值为回流水与原水混合后的浓度值）。

图 9-2(a)显示，在不同 A/L 条件下，COD_{Cr} 都主要在 A 区被降解，去除率在 65.9%～82.7%之间，该段的水解酸化菌利用原水碳源完成大分子碳向小分子碳的转化，同时被反硝化菌利用完成反硝化脱氮过程。进入 O 区（填料高度 25cm 处），COD_{Cr} 在 95.4mg/L 和 46.5mg/L 之间变化，异养好氧菌对 COD_{Cr} 的降解作用非常微弱，呈缓慢下降趋势，即在 A 区末端（25cm）基本完成对有机物的降解过程。实验过程中也发现，O 区 B 段可明显观察到包裹于填料表面的浅黄色生物膜，而 C 段基本上观察不到，说明在 O 区的前半段与后半段分别为异养菌和自养菌占优势。

图 9-2（b）表明，进入反应器后，NH_4^+-N 在 A 区的浓度变化较为复杂。在 A/L 较低时（5：1 和 10：1），A 区出水浓度却高于进水浓度，这可能与原水中的有机氮（主要来自蛋白胨）在 A 区发生的氨解作用有关，也可能与 NO_3^--N 异化还原成氨有关（DNRA）。其中 DNRA 过程常出现在低 DO 条件下，发酵菌不能将有机物还原的情况下。在 A/L 较高的情况下，NH_4^+-N 在 A 区和 O 区 B 段均呈显著下降趋势，在 A 区 NH_4^+-N 可能与 NO_2^--N 发

生厌氧氨氧化作用使浓度降低，进入 O 区在好氧氨氧化菌与硝化菌的硝化作用下，NH_4^+-N 进一步降低。但在 O 区 C 段，除气水比为 5∶1 时，NH_4^+-N 浓度基本在 1mg/L 左右且 NO_3^--N 浓度也基本保持稳定[图 9-2（d）]，说明反应器对 NH_4^+-N 的去除效果在填料高度为 70cm 处基本完成。

TN 的去除效果与水中 COD_{Cr} 的处理效果有类似的趋势[图 9-2（c）]，在 A 区前段水解酸化过程消耗掉回流水中的 DO，而反硝化菌利用 NO_3^--N 作为电子受体完成脱氮过程。在 O 区 TN 去除率在 3%左右，氮的消耗主要是该段微生物生长繁殖的同化作用使然。

如图 9-2（d）所示，在 A 区的末端是 NO_3^--N 浓度变化的拐点，这是反硝化作用与硝化作用在不同功能区相互作用的结果。另外，从 NH_4^+-N 和 NO_3^--N 在 O 区的浓度变化趋势看，适当提高氨氮负荷更有利于 O 区的硝化功能的充分利用。

9.2.4 回流比的影响

回流比也是影响生物滤池的关键因素之一。图 9-3 显示的是回流比对污水中 COD_{Cr}、NH_4^+-N、TN 和 NO_3^--N 浓度影响的变化情况。实验选定 HRT 为 2.0h，气水比为 15∶1，分别在回流比为 100%、200%和 300%的条件下连续运行 1 周。每天对 A 区与 O 区的进出水进行取样检测。

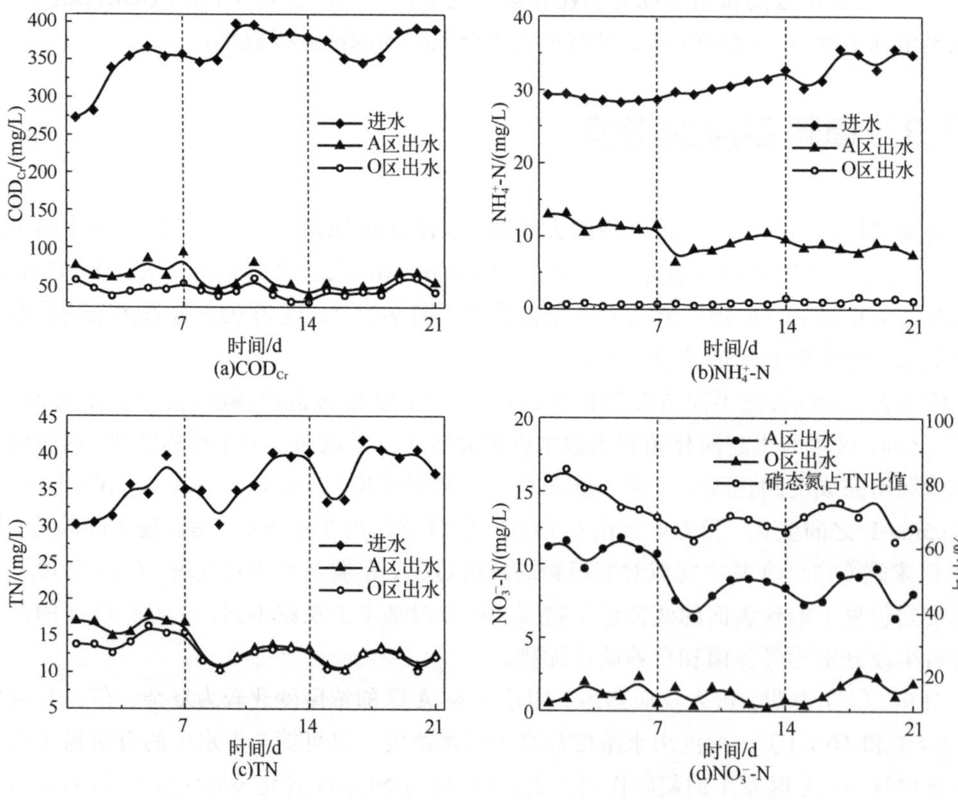

图 9-3　回流比对曝气生物滤池中 COD_{Cr}、NH_4^+-N、TN 和 NO_3^--N 浓度变化的影响

图 9-3（a）表明，在 O 区回流比为 100%、200%和 300%时，COD_{Cr}的平均去除率为 86.0%、89.9%和 88.1%，相对应的 A 区的去除率为 78.3%、86.8%和 86.0%，可见 COD_{Cr}的去除对回流比和功能区并不敏感，绝大部分 COD_{Cr}在 A 区完成了降解。相似地，由图 9-3（b）可知，尽管 NH_4^+-N 在 A 区末端出水浓度在 13.1mg/L 到 7.42mg/L 变化，但是 O 区出水浓度只在 0.38mg/L 与 1.65mg/L 之间细微变动，即 NH_4^+-N 在各回流比中均能基本实现完全硝化。另外，图 9-3（a）和（b）反映出 COD_{Cr}与 NH_4^+-N 的去除具有明显的功能分区，这对规避异养菌与自养菌在好氧区的竞争，并实现完全硝化是有利的。

TN 是非常关键的水质指标。如图 9-3（c）所示，随着回流比的增加，TN 的去除率分别为 57.0%、66.3%和 69.4%。回流比在 O 区对 TN 的去除效果影响不显著。需要指出的是，氮的同化，氨的挥发，生物膜的吸附和同步硝化反硝化并未在本实验中考虑。从图 9-3（d）可以确认，NO_3^--N 是出水中主要的氮的存在形态。回流比为 100%、200%和 300%时，NO_3^--N 分别占 O 区出水 TN 的 76.6%、66.3%和 70.3%。

从消耗容积负荷的角度看（表 9-2），回流比 200%时，ΔCOD_{Cr}为 4.06kg/（m^3·d）高于其他回流比时的去除负荷；且回流比在 200%和 300%时 NH_4^+-N 与 TN 消耗容积负荷相差不大。另外，该回流比也满足较低的运行成本要求。因此，回流比 200%是 A/O 一体式曝气生物滤池最佳的回流运行参数。

表 9-2　回流比对 COD_{Cr}、NH_4^+-N 和 TN 平均消耗容积负荷的影响

回流比	HRT/h	A/L	ΔCOD_{Cr} /[kg/（m^3·d）]	ΔNH_4^+-N /[kg/（m^3·d）]	ΔTN /[kg/（m^3·d）]	$\Delta TN/\Delta NH_4^+$-N 值
100%	2.0	15：1	3.44	0.34	0.23	0.68
200%	2.0	15：1	4.06	0.36	0.29	0.81
300%	2.0	15：1	3.92	0.39	0.32	0.82

从表 9-2 还可知，对于 NH_4^+-N 与 TN，消耗容积负荷随回流比增大而增加，且 ΔNH_4^+-N 高于 ΔTN，随回流比增大，$\Delta TN/\Delta NH_4^+$-N 值分别为 0.68、0.81 和 0.82，表明 NH_4^+-N 不能完全转化为 N_2O 或 N_2。Ha 和 Ong 采用砂子作为曝气生物滤池填料，其中 COD_{Cr}、NH_4^+-N 和 TN 的消耗容积负荷分别为 2.75kg/(m^3·d)、0.20kg/(m^3·d)和 0.22kg/(m^3·d)，因此，采用污泥粉煤灰陶粒为填料的曝气生物滤池系统与之相比有明显优势，从而也验证了该新型填料具有广阔的应用价值。

经过 3 周的连续运行，曝气生物滤池的脱氮效率在 60%～70%之间，除了回流比之外，以下条件也对其产生了影响：一是，本研究采用的模拟生活污水 COD_{Cr}/N 值在 8.3～11.6 之间变化（图 9-3），而对前置反硝化系统要求比值需大于 15；二是，乙酸和甲醇等易于微生物吸收的小分子物质作为碳源具有较高脱氮效率，而本研究选择了葡萄糖、淀粉和乙酸钠组成的复合碳源；三是，曝气生物滤池的气体反冲洗和气水联合反冲洗环节也对 A 区的反硝化过程造成较大影响，反应器脱氮过程需要一定的恢复时间，例如实验过程发现反冲洗后 18h，其出水浓度方能达到平稳值。

9.2.5 不同回流比下出水 pH 值随填料高度的变化

pH 值的变化也是反映曝气生物滤池运行效果的重要参数之一。如表 9-3 所列，进水 pH 值呈弱酸性，在 6.68～6.80 之间变化。经过 A 区后，由于反硝化过程产生碱度，pH 值上升至 8.0 左右。而硝化作用的最佳 pH 值范围是 7.5～8.0，因此，A 区的出水 pH 值不会影响 O 区的处理效果。从硝化作用的反应方程式 $NH_4^+ + 2O_2 \longrightarrow NO_3^- + 2H^+ + H_2O$ 可知，该过程会导致 pH 值的降低。但实验发现，O 区的出水与 A 区相比只有很小的波动，没有明显的下降，并且受回流比的影响也较小。这说明该曝气生物滤池系统具有较强的缓冲能力。一方面，进水中含有如乙酸钠、磷酸二氢钾等具有缓冲能力的物质，从而减小了 pH 值的波动；另一方面，污泥粉煤灰陶粒中含有许多碱性物质（CaO、MgO、K_2O、Na_2O、Fe_2O_3 和 Al_2O_3），当其包裹在 pH 值较低的环境中时，可能与 H^+发生如下反应：$MO_{n/2} + nH^+ \longrightarrow M^{n+} + n/2H_2O$（M 为 Ca、Mg、Na、K、Fe 和 Al），以维持 pH 值的相对稳定。

表 9-3　回流比对不同填料高度处平均出水 pH 值的影响

回流比	HRT/h	A/L	进水	厌氧段出水	好氧段出水
100%	2.0	15：1	6.77	7.97	8.04
200%	2.0	15：1	6.68	7.98	7.87
300%	2.0	15：1	6.80	7.97	7.95
标准偏差			0.051	0.005	0.069

9.3 污泥粉煤灰陶粒与商品陶粒在曝气生物滤池中处理合成污水的效果对比

本节研究中，采用污泥粉煤灰陶粒与商品陶粒分别填充两个同样规格的曝气生物滤池，同步运行合成污水的处理操作，对比两套装置对污水的处理效果。

9.3.1 运行过程中 pH 值的变化

对配制废水的处理过程中，进出水的 pH 值变化如图 9-4 所示，进水 pH=6.52～7.71，商品陶粒柱出水 pH=7.12～7.81，污泥陶粒柱 pH=7.14～7.85，变化幅度都不大。

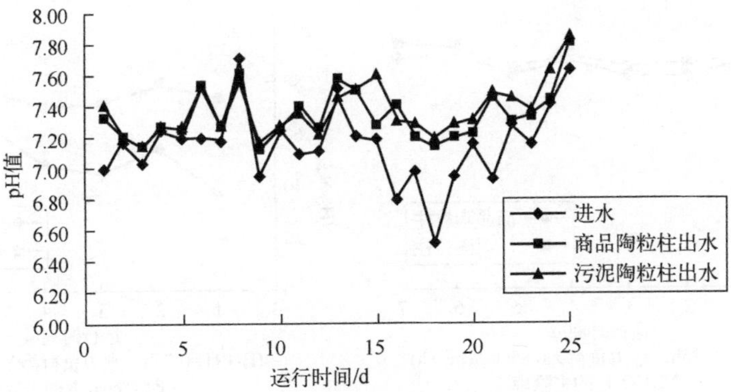

图 9-4　配制废水处理中进出水 pH 值的变化

9.3.2　不同水力负荷下的处理效果

为了考察两套装置在不同水力负荷下的处理效果，选取了 3 种不同的水力条件，其水力负荷分别为 0.214m^3/（m^2・h）、0.428m^3/（m^2・h）和 0.856m^3/（m^2・h），水力停留时间分别为 3h、1.5h 和 0.75h，3 种水力条件下 COD_{Cr} 和 NH_4^+-N 的去除率结果如图 9-5 所示。

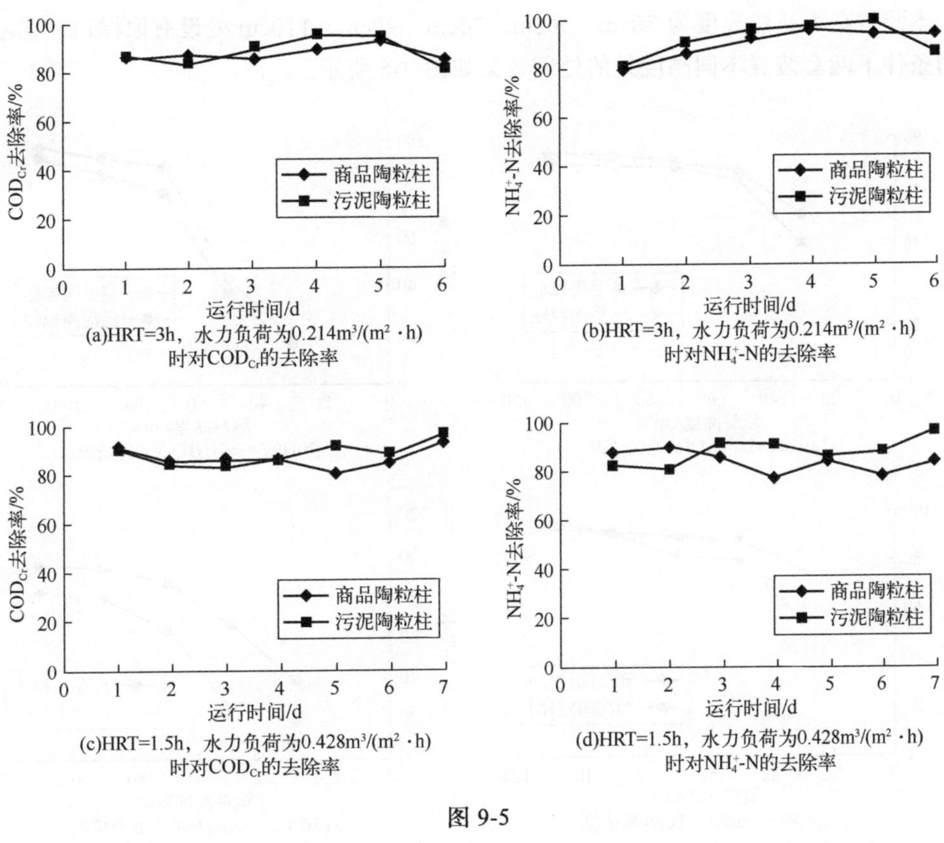

图 9-5

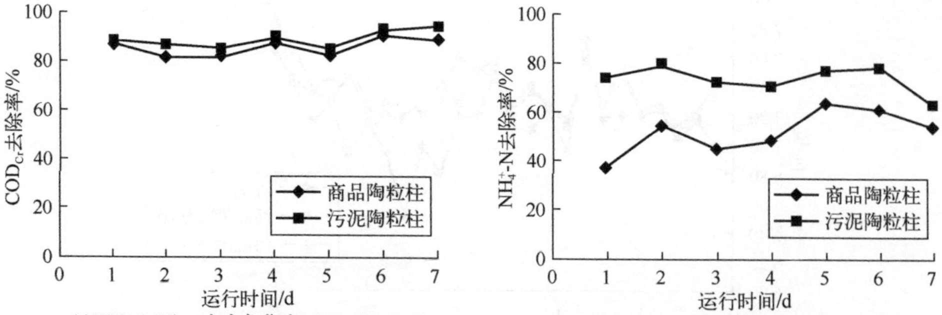

(e)HRT=0.75h，水力负荷为0.856m³/(m²·h)时对COD_{Cr}的去除率　(f)HRT=0.75h，水力负荷为0.856m³/(m²·h)时对NH_4^+-N的去除率

图 9-5　两套曝气生物滤池分别在 HRT 为 3h、1.5h 和 0.75h 时对 COD_{Cr} 和 NH_4^+-N 的去除率

由图 9-5 可以看出，在 3 种水力条件下，污泥陶粒柱和商品陶粒柱对 COD_{Cr} 均有良好的去除效果，去除率均稳定在 80%以上；在 HRT 为 3h 和 1.5h 时，两柱对 NH_4^+-N 的去除效果良好，在 HRT 为 0.75h 时对 NH_4^+-N 的去除效果均明显下降，但此时污泥陶粒柱的去除效果要明显好于商品陶粒柱。

9.3.3　污染物去除效果沿填料高度变化情况

本装置在填料层高度为 30cm、50cm、70cm、90cm、110cm 处设有取样口，在不同水力条件下两套装置不同高度处的处理效果如图 9-6 所示。

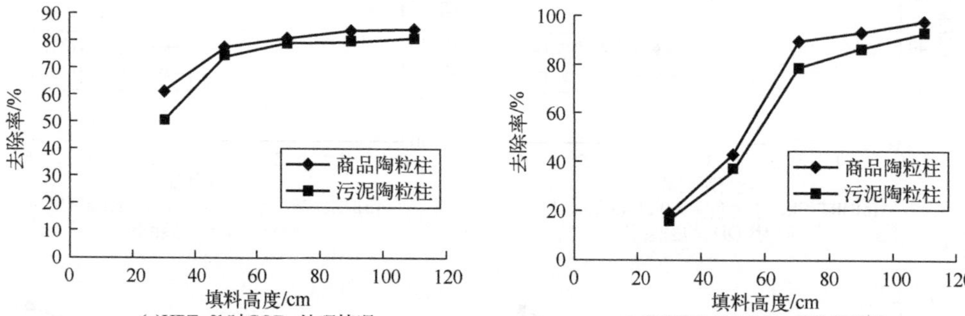

(a)HRT=3h时COD_{Cr}处理情况　(b)HRT=3h时NH_4^+-N处理情况

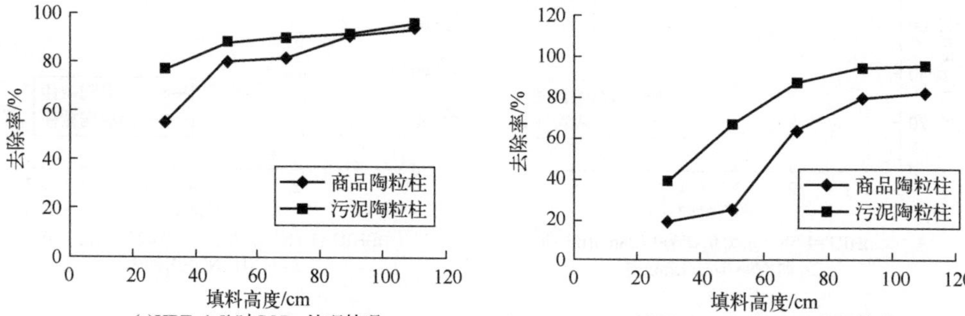

(c)HRT=1.5h时COD_{Cr}处理情况　(d)HRT=1.5h时NH_4^+-N处理情况

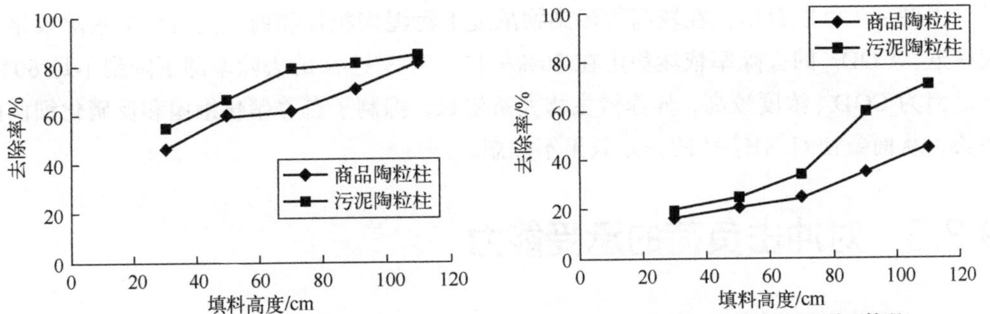

(e)HRT=0.75h时COD_{Cr}处理情况　　(f)HRT=0.75h时NH_4^+-N处理情况

图 9-6　两套曝气生物滤池在 HRT 为 3h、1.5h 和 0.75h 时不同填料高度处 COD_{Cr} 和 NH_4^+-N 的去除率

由图 9-6 可以看出：

① 在 3 种不同的水力条件下，COD_{Cr} 的去除主要集中在前半段：在填料高度为 30cm 时，COD_{Cr} 的去除率已经达到了 50%左右，然后平稳上升，到 90cm 处去除率达到 80%。这是因为前半段进水中碳源充足，微生物生长迅速，生物量较大，而随着水样中碳源的减少，微生物量也随之减少。

② 而 NH_4^+-N 的去除主要集中在后半段：在填料高度为 50cm 时，NH_4^+-N 的去除率仅为 30%左右，在 50～90cm 之间去除率上升较快，这是因为在前半段好氧异养菌大量生长，抑制了硝化细菌的繁殖，而随着高度的上升，填料中的好氧异养菌减少，硝化细菌得以大量生长，从而对 NH_4^+-N 的去除率得以迅速提高。

③ 总体而言，污泥陶粒柱和商品陶粒柱对 COD_{Cr} 和 NH_4^+-N 的去除率比较接近，并且污泥陶粒柱在大部分实验阶段内还有一定的优势，这可能是污泥陶粒的比表面积较大，附着的微生物量较多的缘故。

9.3.4　较高污染物浓度下的处理效果

上述研究所用配制废水的污染物浓度不高，COD_{Cr} 约为 200mg/L，NH_4^+-N 约为 20mg/L，为了考察两套装置对较高浓度废水的处理能力，将进水浓度调高，COD_{Cr} 约为 350mg/L，NH_4^+-N 约为 30mg/L，其处理效果如图 9-7 所示。

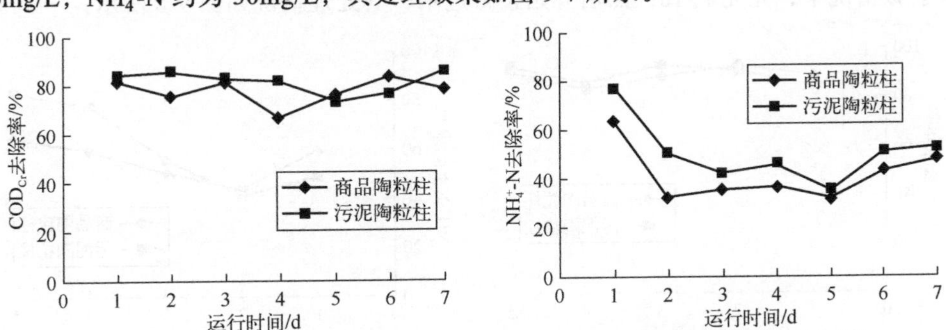

(a)HRT=1.5h时COD_{Cr}去除率　　(b)HRT=1.5h时NH_4^+-N去除率

图 9-7　两套曝气生物滤池在较高污染物浓度下对 COD_{Cr} 和 NH_4^+-N 的去除率

由图 9-7 可以看出，在较高的污染物浓度下污泥陶粒柱和商品陶粒柱的去除效果比较接近。COD_{Cr} 的去除率依然稳定在 80%左右，但 NH_4^+-N 的去除率却下降到不足 60%，这是因为 COD_{Cr} 浓度较高，异养微生物大量生长，抑制了自养硝化细菌和反硝化细菌的生长，从而致使对 NH_4^+-N 的去除效果不理想。

9.3.5 对冲击负荷的承受能力

在实际废水的处理过程中，水质不可能一直稳定，这也就是说污水处理设施不可避免地要遇到冲击负荷的问题，本研究通过提高进水的污染物浓度，检验了两套装置对冲击负荷的承受能力。去除效果如表 9-4 和表 9-5 所列。

表 9-4 冲击负荷下 COD_{Cr} 的去除效果

项目	进水 COD_{Cr}/(mg/L)	出水 COD_{Cr}/(mg/L)	去除率/%
污泥陶粒柱	736	210	71.47
商品陶粒柱	736	246	66.58

表 9-5 冲击负荷下 NH_4^+-N 的去除效果

项目	进水 NH_4^+-N/(mg/L)	出水 NH_4^+-N/(mg/L)	去除率/%
污泥陶粒柱	34.19	17.04	50.15
商品陶粒柱	34.19	19.50	42.96

由表 9-4 和表 9-5 可知，污泥陶粒柱和商品陶粒柱均具有一定的抗冲击负荷能力，而且污泥陶粒柱的抗冲击负荷能力要强一些。

9.3.6 短暂停歇后的恢复能力

为考察曝气生物滤池在特殊情况下的应激恢复能力，将装置断电停止运行 24h 后再启动。该情况下，先充氧 1h，然后开始正常进水，其处理情况如图 9-8 所示。

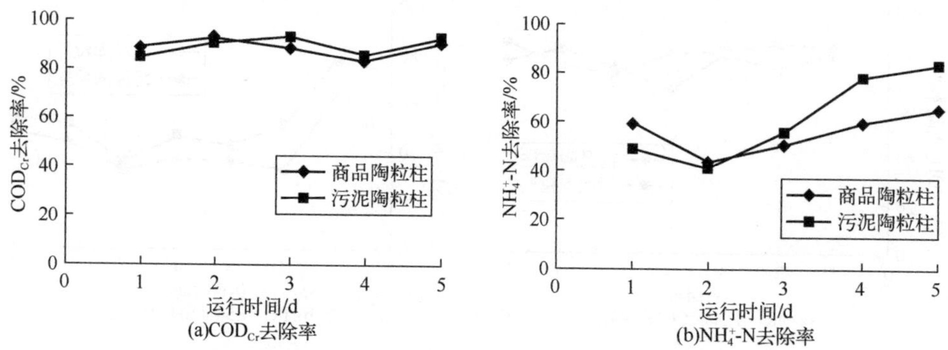

图 9-8 两套曝气生物滤池在短暂停歇后 COD_{Cr} 和 NH_4^+-N 去除效果的恢复情况

由图 9-8 可以看出，两套装置在停止运行 24h 之后，很快便可恢复正常。恢复运行后第 1 天 COD_{Cr} 的去除率便能达到 80%，恢复迅速；NH_4^+-N 的去除率受到了一定影响，不过在正常运行之后的第 4 天也恢复了正常。

9.4　污泥粉煤灰陶粒与商品陶粒处理实际生活污水

实际污水取自济南市水质净化一厂初沉池出水，COD_{Cr} 约为 150mg/L，BOD_5 约为 35mg/L，pH 值为 7.3～7.8。本节研究中，采用污泥粉煤灰陶粒与商品陶粒分别填充两个同样规格的曝气生物滤池，同步运行，对比两套装置对污水的处理效果。两套装置对实际废水的处理情况如图 9-9 所示。

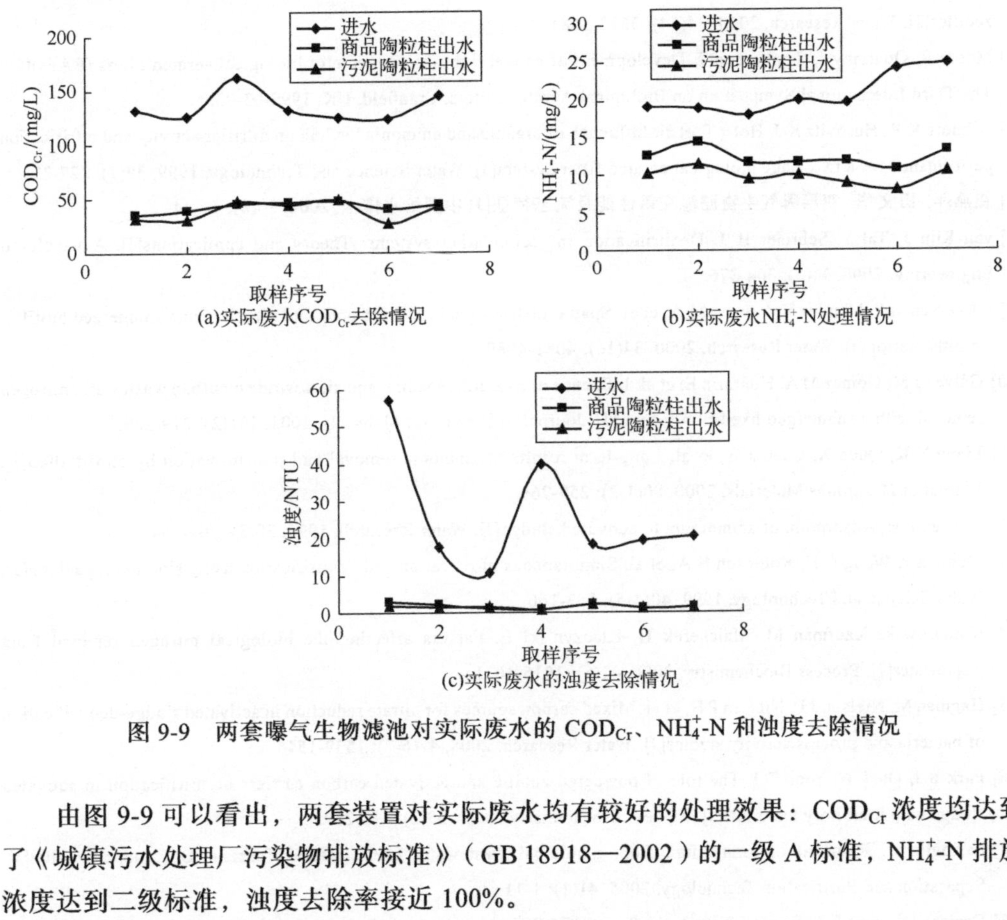

图 9-9　两套曝气生物滤池对实际废水的 COD_{Cr}、NH_4^+-N 和浊度去除情况

由图 9-9 可以看出，两套装置对实际废水均有较好的处理效果：COD_{Cr} 浓度均达到了《城镇污水处理厂污染物排放标准》（GB 18918—2002）的一级 A 标准，NH_4^+-N 排放浓度达到二级标准，浊度去除率接近 100%。

本章将污泥粉煤灰陶粒应用于 A/O 一体式曝气生物滤池系统，着力研究了不同污水处理运行条件下反应器系统对污水的处理效果，确定了污水处理的优化运行参数。并进一步将该反应器系统与普通商品陶粒填充的曝气生物滤池进行平行对比，研究其对生活污水的处理效果。结果证明，污泥粉煤灰陶粒填充的曝气生物滤池与普通商品陶粒填充的曝气生物滤池相比，在用于生活污水处理时对有机污染物的降解和含氮污染物的脱除均具有明显优势，并对高有机负荷、水力冲击负荷和突发暂停等情况有良好的适应性和恢复力。因此，污泥粉煤灰陶粒可以取代普通商品陶粒作为曝气生物滤池的滤料，具有广阔的市场前景和应用价值。

参考文献

[1] Ha J H, Ong S K. Nitrification and denitrification in partially aerated biological aerated filter (BAF) with dual size sand media[J]. Water Science and Technology, 2007, 55(1-2): 9-17.

[2] Su D L, Wang J L, Liu K W, et al. Kinetic performance of oil-field produced water treatment by biological aerated filter[J]. Chinese Journal of Chemical Engineering, 2007, 15(4): 591-594.

[3] He S B, Xue G, Kong H N. The performance of BAF using natural zeolite as filter media under conditions of low temperature and ammonium shock load[J]. Journal of Hazardous Materials, 2007, 143(1-2): 291-295.

[4] Rozic M, Stefanonvic S C, Kuranjica S, et al. Ammonium nitrogen removal from water by treatment with clay sand zeolites[J]. Water Research, 2000, 34(14): 3675-3681.

[5] Moore R, Quarmby J, Stephenson T. Development of anovel lightweight mediafor biological aerated filters (BAFs)[C]. The Third International Symposium on Biological Aerated Filters, Cranfield, UK, 1999-03-03.

[6] Gilmore K R, Husovitz K J, Holst T, et al. Influence of organic and ammonia loading on nitrifier activity and nitrification performance for a two-stage biological aerated filter system[J]. Water Science and Technology, 1999, 39(7): 227-234.

[7] 崔燕萍，田文华. 双层曝气生物滤池充氧性能及流态特征[J].中国给水排水，2004, 30(8): 41-44.

[8] van Rijn J, Tal Y, Schreier H J. Denitrification in recirculating systems: Theory and applications[J]. Aquacultural Engineering, 2006, 34(3): 364-376.

[9] Fdz-Polanco F, Méndez E, Urueña M A, et al. Spatial distribution of heterotrophs and nitrifiers in a submerged biofilter for nitrification[J]. Water Research, 2000, 34(16): 4081-4089.

[10] Gálvez J M, Gómez M A, Hontoria E, et al. Influence of hydraulic loading and air flowrate on urban wastewater nitrogen removal with a submerged fixed-film reactor[J]. Journal of Hazardous Materials, 2003, 101(2): 219-229.

[11] Liang Y K, Quan X, Chen J W, et al. Long-term results of ammonia removal and transformation by biofiltration[J]. Journal of Hazardous Materials, 2000, 80(1-3): 259-269.

[12] Nielsen P H. Adsorption of ammonium to activated sludge[J]. Water Research, 1996, 30(3): 762-764.

[13] Menoud P, Wong C H, Robinson H A, et al. Simultaneous nitrification and denitrification using siporaxtm packing[J]. Water Science and Technology, 1999, 40(4-5): 153-160.

[14] Komorowska-Kaufman M, Majcherek H, Klaczyn'ski E. Factors affecting the biological nitrogen removal from wastewater[J]. Process Biochemistry, 2006, 41(5): 1015-1021.

[15] Hagman M, Nielsen J L, Nielsen P H, et al. Mixed carbon sources for nitrate reduction in activated sludge-denitrification of bacteria and process activity studies[J]. Water Research, 2008, 42(6-7): 1539-1546.

[16] Park S J, Oh J W, Yoon T I. The role of powdered zeolite and activated carbon carriers on nitrification in activated sludge with inhibitory materials[J]. Process Biochemistry, 2004, 39(2): 211-219.

[17] Sarioglu M. Removal of ammonium from municipal wastewater using natural Turkish (Dogantepe) zeolite[J]. Separation and Purification Technology, 2005, 41(1): 1-11.

[18] Carrera J, Vicent T, Lafuente J. Effect of influent COD/N ratio on biological nitrogen removal (BNR) from high-strength ammonium industrial wastewater[J]. Process Biochemistry, 2004, 39(12): 2035-2041.

第10章 污泥粉煤灰陶粒用于厌氧生物滤池进行合成污水的脱氮除磷

在第9章的研究中，已经将污泥粉煤灰陶粒（SFCP）成功地应用于A/O一体式曝气生物滤池进行生活污水的处理。为进一步考察SFCP在不同污水处理设施中的表现，本章将对比SFCP与传统商品陶粒（CCP）在厌氧生物滤池这一工艺中的水处理性能。

本章所有研究均围绕反应器对污水的脱氮除磷效果展开。尽管在活性污泥系统中，有许多报道显示，反硝化过程中的最佳碳氮比（C/N值）在3.7～5.2之间（以甲醇作为碳源），但是在厌氧生物滤池系统中，这方面的研究较少。因此，确定最佳的C/N值成为研究开展的首要目标。C/N值优化完成后，着重对SFCP与CCP反应器对冲击负荷的适应能力进行研究，以判断填料在该过程中的影响。此外，本章还将重点讨论在厌氧生物滤池重启动阶段，SFCP与CCP反应器在不同C/N值下的脱氮除磷效果，旨在更充分地考察SFCP对比CCP的潜在优越性和可替代性。

10.1 厌氧生物滤池的运行方式

10.1.1 厌氧生物滤池实验装置

实验装置简图如图10-1所示，其主要构件与A/O一体式曝气生物滤池装置相同。主要区别是：两反应器的有效容积为3L；反应器无曝气装置和回流装置；反冲洗环节只有水反冲洗，其强度主要通过底部反冲洗口的流量大小来调整，反冲洗时间一般控制在5min左右。

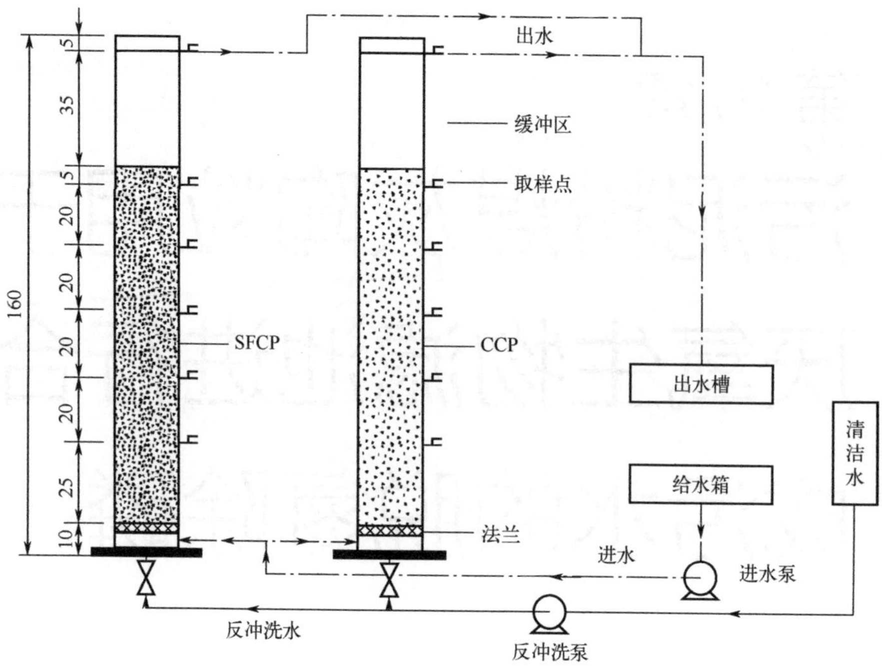

图 10-1 厌氧生物滤池实验装置（尺寸：cm）

10.1.2 进水水质与监测项目

整个实验过程中，进水均为合成污水，主要由三水合乙酸钠（$NaAc \cdot 3H_2O$）、硝酸钾（KNO_3）和磷酸二氢钾（KH_2PO_4）组成。它们分别作为厌氧生物滤池进水的碳源、氮源和磷源。合成污水均现配现用，以防止营养物质的自发降解。其中，KNO_3 和 KH_2PO_4 分别维持在 35mg/L 和 5mg/L 左右。根据 Ha 和 Isaacs 的报道，COD_{Cr} 的浓度可以根据乙酸钠的量进行换算，即 1.0mg $NaAc \cdot 3H_2O$=0.47mg COD_{Cr}。因此，通过控制 $NaAc \cdot 3H_2O$ 的投加量，即可获得实验所需的 C/N。

实验监测项目中，除 COD_{Cr} 外，对 NH_4^+-N、NO_3^--N、NO_2^--N、PO_4^{3-}-P、pH 值和温度均进行了监测。TN 通过 NH_4^+-N、NO_3^--N 和 NO_2^--N 的加和获得（有机氮忽略不计）。实验期间，温度控制在 20～28°C 之间。

10.1.3 反应器接种、启动与重启动

采用两段法进行反应器接种：首先，进行好氧生物膜培养，将陶粒置于装有合成污水的桶中，并在曝气状态下培养 2 周（其间并未加活性污泥）；然后，将生物膜注入反应器，在兼氧条件下培养 1 周后转入启动阶段。需要指出的是，接种时并未采用污水处理厂的活性污泥。这主要是由于浓缩后的活性污泥如果直接灌注到厌氧生物滤池中，将引起反应器阻塞，接种泥因局部缺氧而发黑失活，从而最终影响接种过程。

在启动阶段，两反应器在厌氧条件下连续运行 1 个月的时间以提高柱内的生物质浓度。启动阶段的运行参数如下：HRT 为 3.0h，C/N 值为 3.0，进水 KNO_3 和 KH_2PO_4 分别维持在 35mg/L 和 5mg/L 左右。当出水水质稳定后，反应器达到稳定状态，启动阶段结束。另外，在接种和启动阶段，反应器没有进行反冲洗操作，防止其对微生物的增殖和固化附着产生不利影响。反应器达到稳态后，反冲洗操作正常进行。

厌氧生物滤池稳定运行后，用 2 个月的时间完成了最佳 C/N 值与抗容积负荷率两项实验研究。接着，厌氧生物滤池被封存且封存期间没有进行营养供给和反冲洗操作。1 个月后，厌氧生物滤池重新启动，且没有经过适应期，只用自来水连续清洗反应器 3d，以去除封存期间老化的生物膜。

10.1.4 实验进程

为确定最佳的乙酸钠投加量，以获得最高的反硝化速率，实验设计的 C/N 值从 1.0 增加到 7.0。其他实验操作参数与反应器启动时相同。每批次实验均对应一个 C/N 值，且取样分析前，反应器均缓冲适应 2d。

C/N 值优化后，通过分析各监测指标沿填料高度的变化情况，设计抗冲击负荷实验。容积负荷率的变化通过两种途径实现。

① 途径一：进水的 NO_3^--N 浓度控制在 37.5mg/L 左右，通过改变 HRT 来改变容积负荷率（VLR）；根据厌氧生物滤池有效容积，共选定了 6 个 HRT（0.5h、1.0h、1.5h、2.0h、2.5h 和 3.0h）进行研究。

② 途径二：HRT 保持 2.0h 不变，通过改变进水的 NO_3^--N 浓度来改变 VLR；NO_3^--N 浓度从 37.5mg/L 增加到 305mg/L，共对应 7 个批次的实验。

该部分实验均在最佳 C/N 值下进行，进水 PO_4^{3-}-P 浓度为 5mg/L 左右。

在反应器重启动阶段，进水的 NO_3^--N 和 PO_4^{3-}-P 浓度分别为 30mg/L 和 5mg/L。选定的 C/N 值在 0～7 之间，对应 10 个以上的实验批次。同时，根据时间间隔从下往上依次取样。为确保各实验批次实验条件的一致性，每完成一个 C/N 值均进行一次反冲洗，且取样分析前，反应器均有一段缓冲适应期（根据 HRT 确定）。共进行两个子阶段：阶段一 HRT 为 2.0h，阶段二 HRT 为 1.0h。

10.2 厌氧生物滤池最佳 C/N 值的确定

图 10-2 显示了 C/N 值对 SFCP-厌氧生物滤池中各种形态氮浓度变化的影响。

由该图可知，随着 C/N 值的增加，反硝化效率不断增加。在 C/N 值为 3.44 时，NO_3^--N 去除率达到 100%，而 TN 在 C/N 值为 4.03 时才出现最高去除率。出水 NH_4^+-N 浓度比进水稍高，但均维持在较低水平（不超过 1.7mg/L）。在 C/N 值较低时，NO_3^--N 不能完全转化成 N_2，而是还原为 NO_2^--N。该过程在 C/N 值为 3.0 左右时最为显著。受此影响，

TN 的去除率波动较大，但是当 C/N 值不低于 4.03 时，TN 去除率可维持在 98%以上。因此，乙酸钠的投加量对氮的转化过程起着至关重要的作用。在碳源不足的情况下，反硝化细菌与异养菌之间的竞争加剧，影响反硝化过程。但是，当柱内的微生物菌群达到一定的平衡后，即使加大碳源投加量也不能进一步提高 TN 去除率。

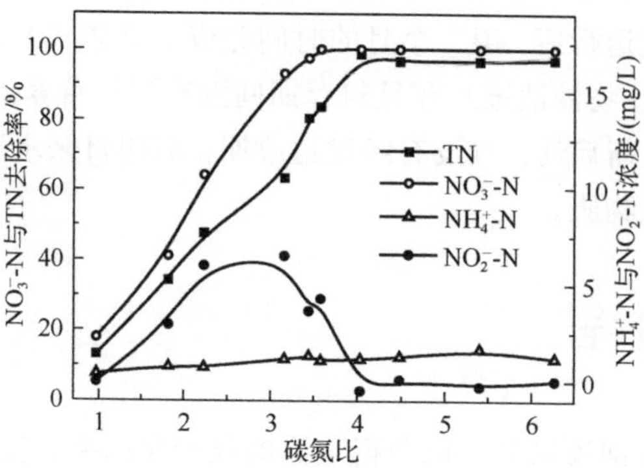

图 10-2 C/N 值对 SFCP-厌氧生物滤池中 NO_3^--N、NO_2^--N、NH_4^+-N 和 TN 浓度变化的影响

通常，NO_3^--N 的转化过程存在两条路径，每条路径对应一组微生物菌群：

途径（1）：

$$NO_3^- \rightarrow NH_2OH \rightarrow NH_3 \rightarrow \text{有机氮} \tag{10-1}$$

途径（2）：

$$NO_3^- \rightarrow NO_2^- \rightarrow NO \rightarrow N_2O \rightarrow N_2 \tag{10-2}$$

途径（1）中，微生物将硝酸盐还原为氨，最终用于合成有机氮；而途径（2）即通常所说的反硝化过程，即硝酸盐经过亚硝酸盐、一氧化氮和一氧化二氮后，最终转化为氮气。实验结果中，NO_3^--N 与 TN 在去除率上的不同可以表明亚硝酸盐的累积或者氨氮的形成过程可能成为实现完全脱氮的限制性步骤。这两种可能的过程我们并不希望发生，因为它们不仅影响脱氮而且对水体生物具有较大的毒害作用，但是氨氮的产生却是不可避免的，因为两种菌群往往是共生共长的。

途径（1）的形成机制被称为硝酸盐异化还原氨（dissimilatory nitrate reduction to ammonia，DNRA）。研究表明，DNRA 过程与 C/N 值有密切的关系；在厌氧环境下，较高的 C/N 值更有利于该过程的发生，将硝酸盐转化成氨而非氮气，故被认为是反硝化的逆过程。另外，途径（2）中亚硝酸盐还原成氮气的过程也直接影响脱氮效率；碳源类型、pH 值、氧浓度以及磷酸盐浓度均对亚硝酸盐累积产生影响。而从图 10-2 中可知，通过合理地投加碳源，可以消除亚硝酸盐累积对脱氮过程的影响，使 TN 去除率达到 98%以上。综上所述，C/N 值为 4.03 时反应器可以达到最佳的脱氮效果，可作为后续研究的优化运行参数之一。

10.3 SFCP 与 CCP 反应器在不同容积负荷率下脱氮效果的对比研究

图 10-3 显示的是 TN 随填料高度的浓度变化情况。从图中可知，TN 在柱高 25cm 之后浓度基本保持不变，相对应地，pH 值从 7.67 上升至 9.08。该结果表明，反硝化菌主要占据在厌氧滤池进水端 25cm 左右的位置。因此，相对于 1m 左右的填充高度，反应器有很大的潜能来承受更高的 VLR。

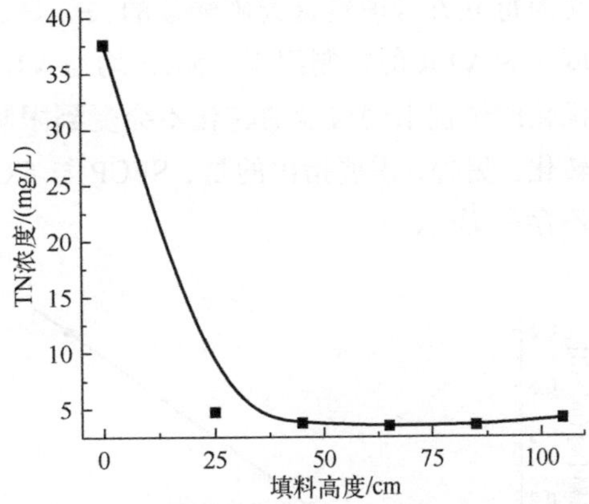

图 10-3　SFCP-厌氧生物滤池柱中 TN 浓度随填料高度的变化情况

如前所述，分别采用 HRT 和进水硝酸盐浓度作为变量，根据反应器的有效容积，计算得到不同的 VLR。当 HRT 作为变量时，VLR（以 TN 计）从 0.33kg/(m^3·d) 变化到 1.68kg/(m^3·d)。从图 10-4（a）可知，HRT 对 TN 的去除率有较大影响。在 HRT 为 2.5h 和 3.0h 时，SFCP 和 CCP 反应器在脱氮效率上相差不多，均在 98%左右。但随着 HRT 的缩短，SFCP 柱在脱氮方面的优势越来越明显。例如，在 HRT 为 1.0h 时，SFCP 与 CCP 柱的 TN 去除率分别为 88.42%和 82.85%。另外，图 10-4（a）还显示，HRT=2.0h 是脱氮效率的拐点，低于 2.0h 时 TN 去除率将迅速下降。因此，当进水硝酸盐浓度作为变量时，HRT 选定 2.0h 并保持不变。

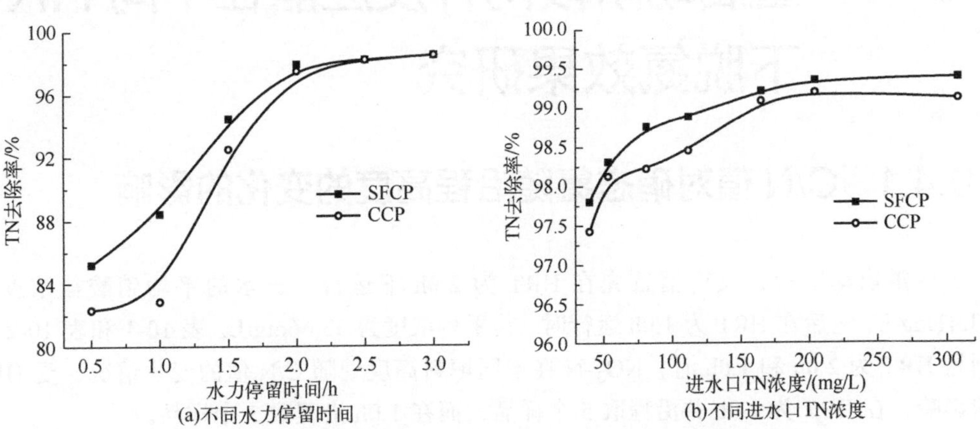

图 10-4　SFCP 与 CCP 反应器在不同容积负荷率下脱氮效果的比较

图 10-4（b）表明，两柱的运行均非常好，TN 去除率在 97.3%～99.5%之间，相应的 VLR 分布在 0.48～3.69kg/（m^3·d）之间。但经过仔细比较可以看出，SFCP 柱在脱氮方面仍然占有相对优势。因此，可以推测，SFCP 本身具有的优良特性（较高的孔隙率和比表面积）对反应器的运行起着非常积极的作用。另外，VLR 的两个变量中，HRT 比进水浓度对脱氮过程影响更强。总而言之，在抗冲击负荷方面，SFCP 柱展现出了不错的运行效果，具有替代传统滤料 CCP 的潜质和相对的优越性。

此外，硝酸盐吸收率（NUR）是表征硝酸盐转化速率的重要指标。本研究中，NUR 定义为每立方米填料每天硝酸盐的去除量。从图 10-5 的结果可知，不管 HRT 还是进水浓度作为 VLR 的控制因素，NUR 均与 VLR 之间呈线性关系。从而可以推断出，在 C/N 值优化的情况下硝酸盐的转化不会受到限制，即在不同的 VLR 下，硝酸盐均可以实现完全转化。另外，需要指出的是，SFCP 与 CCP 柱的 NUR 并没有差别，填料的差异对其几乎不存在影响。

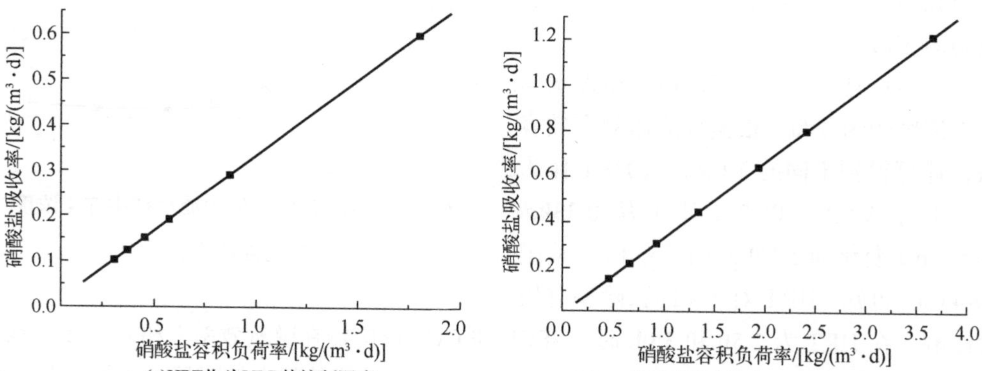

(a)HRT作为VLR的控制因素　(b)进水浓度作为VLR的控制因素

图 10-5　硝酸盐吸收率与硝酸盐容积负荷率之间的关系

10.4 重启动阶段两种反应器在不同 HRT 下脱氮效果研究

10.4.1 C/N 值对硝态氮随沿程高度的变化的影响

在重启动阶段，反应器首先在 HRT 为 2.0h 下运行，进水的平均硝酸盐浓度为 33.41mg/L；之后在 HRT 为 1.0h 运行时，其平均浓度为 33.66mg/L。表 10-1 和表 10-2 分别是 HRT 为 2.0h 和 1.0h 时，NO_3^--N 在不同填料高度处随 C/N 值的变化情况。受 HRT 的影响，在 HRT 为 2.0h 共沿程取 5 个样品，而在 1.0h 沿程取 3 个样品。

表 10-1　重启动阶段 C/N 值与填料对沿程硝态氮去除率的影响（HRT=2.0h）

填料高度/m	SFCP									CCP								
	C/N 值									C/N 值								
	0.0	0.91	1.37	2.23	2.68	3.12	3.71	3.92	4.52～6.58	0.0	0.91	1.37	2.23	2.68	3.12	3.71	3.92	4.52～6.58
0.00 (进水)	33.30	33.16	32.95	33.68	33.68	33.78	32.44	34.50	33.16	33.30	33.16	32.95	33.68	33.68	33.78	32.44	34.50	33.16
0.25	24.90	22.11	19.94	15.60	7.75	5.99	2.19	0.91	0.00	25.52	20.56	19.83	12.81	6.87	6.16	1.69	0.83	0.00
0.45	25.00	22.52	19.52	16.01	8.63	6.53	1.40	0.62	0.00	26.86	21.18	19.11	13.22	7.23	6.28	1.03	0.62	0.00
0.65	24.90	22.83	19.73	15.60	8.57	6.12	1.32	0.54	0.00	26.45	20.97	19.01	12.91	7.33	6.20	1.03	0.50	0.00
0.85	24.69	22.42	19.83	15.50	8.32	5.70	1.32	0.54	0.00	26.03	21.28	19.32	13.02	7.08	5.87	0.99	0.45	0.00
1.05	25.21	22.52	19.63	15.08	7.85	5.41	1.40	0.58	0.00	26.45	21.18	19.32	13.12	7.02	5.62	0.87	0.45	0.00
平均排放量/(mg/L)	24.94	22.48	19.73	15.56	8.22	5.95	1.53	0.64	0.00	26.26	21.03	19.32	13.02	7.11	6.03	1.12	0.57	0.00
平均去除率/%	25.11	32.21	40.12	53.81	75.58	82.39	95.30	98.15	100.00	21.14	36.57	41.37	61.35	78.90	82.16	96.54	98.35	100.00
标准偏差	0.19	0.26	0.16	0.33	0.41	0.42	0.37	0.16	0.00	0.51	0.29	0.32	0.16	0.18	0.27	0.32	0.16	0.00

表 10-2　重启动阶段 C/N 值与填料对沿程硝态氮去除率的影响（HRT=1.0h）

填料高度/m	SFCP									CCP								
	C/N 值									C/N 值								
	0.0	1.11	2.00	2.45	3.13	3.45	3.93	4.43	4.96～6.29	0.0	1.11	2.00	2.45	3.13	3.45	3.93	4.43	4.96～6.29
0.00 (进水)	38.25	29.72	33.07	33.76	33.53	33.53	33.64	33.53	33.91	38.25	29.72	33.07	33.76	33.53	33.53	33.64	33.53	33.91
0.25	35.83	23.38	15.89	9.54	4.58	3.57	2.49	1.38	0.24	37.33	22.81	14.85	8.80	4.42	4.45	4.19	2.35	0.36
0.65	36.75	22.69	15.20	7.84	1.82	0.13	0.13	0.00	0.00	37.10	22.00	14.39	6.47	1.84	0.23	0.25	0.00	0.00
1.05	36.99	22.69	14.04	7.70	1.59	0.00	0.00	0.00	0.00	37.10	22.88	14.50	5.92	1.68	0.00	0.00	0.00	0.00
平均排放量/(mg/L)	36.52	22.92	15.04	8.36	2.66	1.23	0.87	0.46	0.08	37.18	22.23	14.58	7.07	2.65	1.56	1.48	0.78	0.12
平均去除率/%	4.51	22.88	54.51	75.24	92.06	96.32	97.40	98.63	99.76	2.80	25.21	55.91	79.07	92.10	95.36	96.54	97.67	99.65
标准偏差	0.50	0.33	0.76	0.84	1.36	1.65	1.14	0.65	0.11	0.11	0.41	0.20	1.25	1.26	2.04	1.92	1.11	0.17

从表 10-1 和表 10-2 中可见，随着 C/N 值的增加，两厌氧生物滤池柱的 NO_3^--N 浓度逐渐下降。每个 C/N 值下，NO_3^--N 浓度在柱高 25cm 之后只有小幅度的变动，说明填料高度在 25cm 以上硝酸盐的去除较微弱。相对应地，各取样口出水浓度的标准偏差值较小（HRT 为 1.0h 的标准偏差值比 2.0h 大些，这主要与取样个数有关系）。该结果同图 10-3 的结果一致，表明厌氧生物滤池重启动后，柱内的微生物菌群的分布格局没有发生太大的变化。值得注意的是，在不投加碳源的情况下，两柱均存在 NO_3^--N 的去除。比如，在 HRT=2.0h 下，SFCP 与 CCP 反应器的 NO_3^--N 去除率分别为 25.11%和 21.14%；而在 1.0h 时，二者硝态氮的去除率分别是 4.51%和 2.80%。

在空白实验进行前，反应器均连续进自来水 3d，以去除封存期间柱内因生物膜老化降解而产生的有机与无机碳源。但是 HRT 为 2.0h 的实验批次进行前，反应器进行过抗冲击负荷实验，虽经过自来水淘洗但不可能将其完全清除，因此该条件下在 C/N 值为 0 时，NO_3^--N 去除率可达 20%以上。而 HRT 为 1.0h 的结果表明，生物膜的内碳源在无外加碳源的情况下，可以为硝态氮的转化提供能量。另外，在 C/N 值为 0 时，SFCP 柱硝态氮的转化率比 CCP 柱更高，说明其柱内的生物质浓度更高。而且，在无外碳源情况下，厌氧生物滤池反应器不经过适应期即转入批次实验，并证明了微生物活性的存在，充分说明了其超强的适应性。在长期没有给养的条件下，柱内的微生物可能通过转入“休眠”状态维持生物活性；一旦条件适宜，其活性可迅速恢复，展开正常的代谢活动。

随着外碳源的引入，NO_3^--N 去除率不断提高。而令人感兴趣的是，CCP 反应器的硝态氮转化率要比 SFCP 反应器稍好些，该现象在 HRT 为 2.0h 最为明显；而在 1.0h 时，随着 C/N 值的提高，SFCP 柱硝态氮的转化效率由落后 CCP 柱到逐渐实现反超。这种现象反映了柱内硝酸盐还原菌种群数量的相对大小，总体而言，CCP 柱内的硝酸盐还原菌群比 SFCP 更大些，但这种格局随着 C/N 值的增加会逐渐改变。

从表 10-1 和表 10-2 可知，硝态氮去除率在 C/N 值为 1.0～3.5 之间迅速提高。C/N 值为 3.5 左右时，95%以上的 NO_3^--N 被去除。当 C/N 值在 4.5 以上时，出水硝态氮已无法检出。另外，可以看出硝酸盐的变化趋势受填料和 HRT 的影响较小，主要与 C/N 值有关。

10.4.2　两种反应器在不同 HRT 下 C/N 值对亚硝酸盐累积率的影响

亚硝酸盐是硝酸反硝化过程中氮的中间形态，也是氮元素由液相转入气相的关键环节。图 10-6 反映的是 SFCP 与 CCP 厌氧生物滤池中，亚硝酸盐累积率受 C/N 值影响的变化情况。由图可知，亚硝酸盐累积（NA）主要发生在 C/N 值低于 3.5 的条件下，即在硝态氮存在的情况下，NA 过程最为突出。有研究显示，当硝态氮与亚硝态氮共存时，二者的还原酶为获得电子相互竞争，这种状况只有在硝态氮不存在的情况下才能得到缓解，NA 效应才会逐渐消失。该观点与图中所示的结果刚好吻合。当 C/N 值超过 3.5 时，硝态氮已经完全转化（表 10-1 和表 10-2），相对应地，NA 的变化曲线开始出现拐点，其累积率迅速下降，最终在 C/N 值大于 5 时亚硝态氮完全转化。

另外，反硝化过程会产生碱度，在柱内形成一个高 pH 值的环境（见表 10-3）。而亚硝酸盐还原酶被报道位于细胞周质间隙的位置，该位置的质子在高 pH 值环境下可能会变得稀少，从而抑制了亚硝态氮的还原反应。相比而言，前种解释更符合实验结果，因为在 C/N 值为 5 以上时，虽然对应的 pH 值很高，但 NA 效应基本消失。

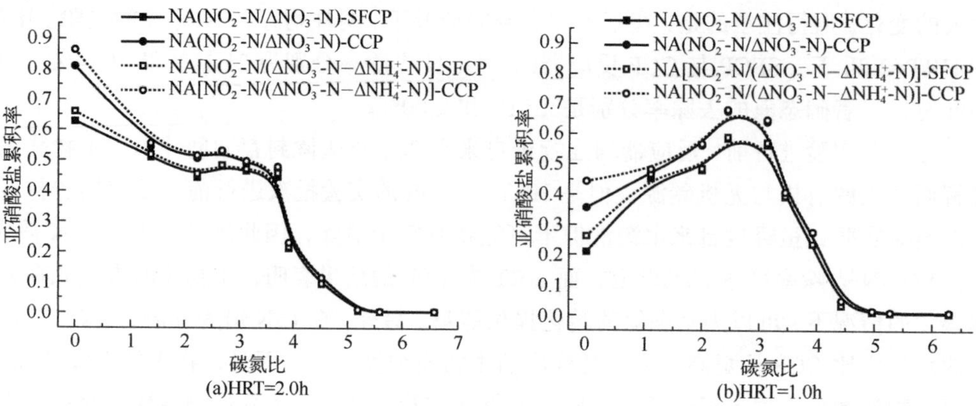

图 10-6 重启动阶段 SFCP 与 CCP 反应器在不同 HRT 下 C/N 值对亚硝酸盐累积率的影响

表 10-3 重启动阶段不同 C/N 值下的平均出水 pH 值

HRT=2.0h	C/N 值							
	0	1.37	2.23	3.12	3.92	4.52	5.6	6.58
进水 pH 值	8.13	7.48	7.58	7.72	7.79	7.75	7.76	7.78
SFCP 反应器出水	8.14	7.91	8	8.35	8.73	8.94	9.05	9.11
CCP 反应器出水	8.07	7.9	7.98	8.26	8.71	8.91	9.04	9.13
HRT=1.0h	C/N 值							
	0	1.11	2	3.45	3.93	4.43	4.96	6.29
进水 pH 值	8	8.11	7.97	7.66	7.62	7.64	7.6	7.4
SFCP 反应器出水	7.98	8.17	8.27	8.44	8.46	8.39	8.53	8.58
CCP 反应器出水	8.01	8.22	8.26	8.43	8.43	8.38	8.53	8.59

HRT 对亚硝酸盐的累积作用有非常重要的影响。HRT=2.0h 且 C/N<3.5 时，亚硝酸盐的累积率在 0.5 左右波动。而 HRT=1.0h 且 C/N 值<3.5 时，亚硝酸盐累积率逐渐升高，在 C/N 值为 2～3 之间达到峰值。最高的累积率接近 0.70。说明 HRT 较长时，碳源的传质利用效率更高，能够有效地抑制 NA 过程。但是当 C/N 值>3.5 时，由于碳源供给充足，HRT 对 NA 的影响会逐步减小，最终亚硝酸盐累积率表现出相似的变化趋势。另外，在 C/N 值为 0 时，亚硝酸盐累积率在不同 HRT 下表现出很大的差别，这主要与不加碳源时柱内硝酸盐的转化情况有关。由于无外加碳源时，两批次中柱内原有的可利用的碳源或微生物的内碳源的含量高低无法准确定量，使硝酸盐的转化率出现很大不同，直接影响

了 NA 过程。当外碳源投加后，微生物优先利用外碳源，可逐步消除上述影响。

另外，如前所述，硝酸盐在厌氧条件下存在两种转化路径：DNRA 过程和反硝化过程。从表 10-4 可知，DNRA 过程在重启动阶段依然存在，但强度较弱，随 C/N 值增加出水浓度只有小幅波动。当 DNRA 过程作为 NA 效应的影响因子时，从图 10-6 可以发现，在 C/N 值较低时影响较为明显，使亚硝酸盐累积率升高；但随着硝态氮转化率的提高，DNRA 过程的影响可忽略不计。

表 10-4 重启动阶段不同 C/N 值下的平均出水氨氮浓度 单位：mg/L

HRT=2.0h	C/N 值							
	0	1.37	2.23	3.12	3.92	4.52	5.60	6.58
进水	0.25	0.30	0.25	0.18	0.28	0.63	0.18	0.25
SFCP 反应器出水	0.56	0.47	0.70	0.53	1.03	0.97	0.39	0.37
CCP 反应器出水	0.57	0.53	0.60	0.60	0.90	1.02	0.39	0.38
HRT=1.0h	C/N 值							
	0	1.11	2.00	3.45	3.93	4.43	4.96	6.29
进水	0.41	0.03	0.28	0.25	0.28	0.25	0.11	0.11
SFCP 反应器出水	0.71	0.24	0.45	0.48	0.52	0.48	0.34	0.14
CCP 反应器出水	0.59	0.22	0.42	0.50	0.52	0.46	0.32	0.18

除了 C/N 值、HRT 和 DNRA 过程对 NA 有着不同程度的影响外，填料的影响也十分显著。在整个重启动阶段，SFCP-厌氧生物滤池均表现出更优的运行效果，柱内的 NA 效应更低，且在 C/N 值低于 3.5 的情况时最为明显。尽管硝态氮的转化率在 SFCP 柱稍低，但并没有引起亚硝态氮累积率的升高。其原因可能是，SFCP 的原料组成更为复杂，其中可能含有更为丰富的微量元素（如 Fe 等），可以被固化附着在表面的生物膜所利用（类似于催化剂填料），提高了亚硝酸盐还原酶的活性，从而有效抑制了 NA 过程。另外，SFCP 具有更高的比表面积，使柱内的生物质浓度更高，这在 C/N 值为 0 时可以明显表现出来。无论 HRT 高或低，SFCP 柱的亚硝酸盐累积率均低于 CCP，说明在没有外加碳源的情况下，SFCP 柱中的内碳源更丰富，而内碳源与生物质浓度呈正相关性，因此亚硝酸盐还原菌利用内碳源实现亚硝酸盐转化的能力更强。

10.4.3 两种反应器在不同 HRT 下 C/N 值对 TN 的影响

TN 去除率是多种氮形态（NO_3^--N、NO_2^--N 和 NH_4^+-N）浓度变化的综合反映。从表 10-5 可知，TN 的变化趋势主要受 NA 过程的影响，C/N 值达到亚硝态氮转化的阈值后，TN 去除率迅速增加。相应地，NA 过程消失后，TN 去除率达到最高值。由于 SFCP 柱表现出更佳的抑制 NA 过程的能力，因此其 TN 的去除效果更优于 CCP 柱。

表 10-5　重启动阶段不同 C/N 值下的 TN 去除率　　单位：%

HRT=2.0h	C/N 值							
	0	1.37	2.23	3.12	3.92	4.52	5.60	6.58
SFCP 反应器	12.13	19.28	28.39	42.84	74.59	87.75	98.39	98.50
CCP 反应器	7.97	18.31	29.04	40.45	73.66	85.70	98.28	98.36
HRT=1.0h	C/N 值							
	0	1.11	2.00	3.45	3.93	4.43	4.96	6.29
SFCP 反应器	2.81	11.84	27.59	57.33	73.11	94.15	97.61	98.62
CCP 反应器	1.34	12.76	23.81	55.60	68.08	91.89	97.32	97.98

另外，如前所述，DNRA 过程在厌氧生物滤池启动和重启动阶段均在实验中发现。虽然其强度因为 C/N 值较低的缘故不是很高，但是对 TN 的去除会产生负效应，这使得 TN 不能实现 100%的去除。因此，在反硝化阶段如何通过条件控制，有效地抑制 DNRA 过程将是一项非常具有挑战性的工作，需要进一步的研究。

10.5　重启动阶段两种反应器在不同 HRT 下 C/N 值对正磷酸盐吸收率的影响

一般地，生物法磷的吸收需要经好氧-厌氧交替过程完成。但是，有学者发现，一些异养反硝化菌可以吸收超过自身代谢所需 P 的量，将其储存在体内。它们从外碳源的氧化过程中获得能量，以硝酸盐作为电子受体用于聚磷的合成。该类型的吸磷过程已经在淡水和海水循环系统中被证实。

如图 10-7 所示，厌氧吸磷现象在厌氧生物滤池重启动阶段也被观察到，这可能与实验设计的进水水质有直接关系，经过长期的培养驯化，筛选出了反硝化吸磷菌。由于在

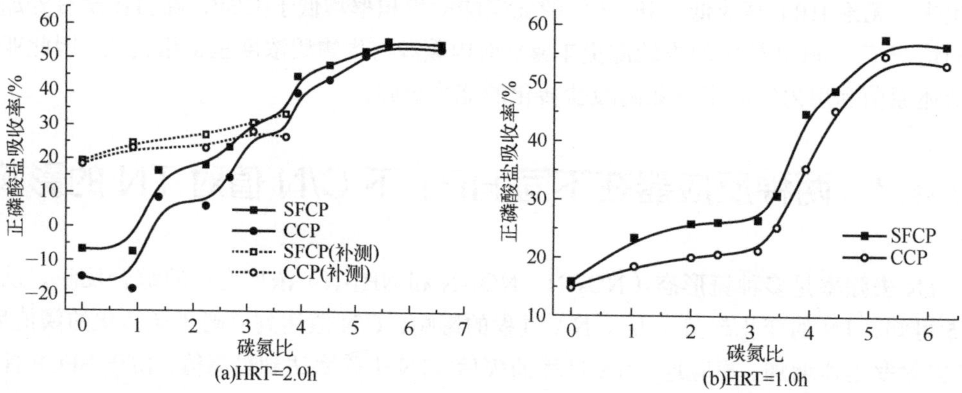

图 10-7　重启动阶段 SFCP 与 CCP 反应器在不同 HRT 下 C/N 值对正磷酸盐吸收率的影响

厌氧生物滤池启动阶段未进行正磷酸盐吸收率（OU）的测定，因此无法比较前后两个阶段对磷吸收率的高低。但按照两阶段中厌氧生物滤池在脱氮方面的运行结果看，启动阶段肯定也存在该现象。

需要指出的是，HRT 为 2.0h 时的相关实验刚好在厌氧生物滤池抗冲击负荷实验结束并封存后进行。因此，尽管用自来水淘洗反应器 3d，柱内仍然残存着老化生物膜解体后的物质。其中，在实验进行的初期，P 的释放现象非常明显，OU 为负值，而且 CCP 柱的释放强度更高，说明在封存期间该柱内生物解体可能更剧烈，对恶劣环境的适应能力相对 SFCP 更差。随着实验的深入进行，厌氧吸磷现象逐渐表现出来，并随着 C/N 值的提高，吸收率不断呈增加趋势。但 OU 不会一直增加，最高值在 55%左右，增加外碳源并不会进一步提高去除率。这主要是，反硝化进行的后期虽然碳源充足，硝酸盐等已经基本完全去除，没有电子受体的存在，聚磷的合成过程也不能继续进行下去。因此，TN 与 OU 的最高值都出现在 C/N 值为 5.0 附近，即二者的去除峰值存在正相关性。

为了排除 HRT 为 2.0h 时前期生物膜解体引起的 P 释放对厌氧吸磷过程的影响，在实验后期对 C/N 值为 0～3 之间的 OU 进行了补测，结果如图 10-7（a）所示。通过与图 10-7（b）的比较可知，不加外碳源时，反应器同样存在厌氧吸磷过程。在 HRT 为 2.0h 和 1.0h 时 OU 值分别在 20%和 15%左右。另外，从变化趋势看，在 C/N 值为 3.5 左右时（对应着硝态氮转化的平衡点），吸磷率迅速上升。该现象说明硝酸盐的存在不仅对 NA 过程有重要影响，而且对 OU 可能也存在负效应。

在厌氧吸磷过程中，填料依然表现着重要的作用。从图 10-7 可以看出，SFCP 柱不仅表现出更佳的 TN 去除效果，对正磷酸盐的去除率依旧表现得比 CCP 柱好。SFCP 柱内更高的生物质浓度意味着反硝化吸磷菌的群落比 CCP 更发达，可以通过从外碳源中提取更多能量的方式提高聚磷合成过程（SFCP 柱对硝态氮的转化率并不占优势）。

10.6　重启动阶段 SFCP 反应器总氮与正磷酸盐去除率随填料高度的变化

为考察重启动阶段反应器填料高度对 TN 与正磷酸盐去除率的影响，选定 HRT 为 1.0h 时 SFCP-厌氧生物滤池柱的运行结果进行了研究，结果见图 10-8。

如图 10-8（a）所示，OU 随填料高度的增加具有较明显的分层。这种分层性在较高的 C/N 值下表现得更为明显。相比而言，TN 去除率在较高填料高度处（65cm 和 105cm）没有明显的变化，分层性不如正磷酸盐明显[图 10-8（b）]。但总体上讲，脱氮除磷过程在填料层高度为 25cm 处基本完成，随填料层高度的升高去除率仅有小幅度的提高，即微生物群落在重启动阶段主要占据在反应器的进水端。该结果与厌氧生物滤池启动阶段微生物群落的分布特性相一致。该结果与 Ince 等的研究报道相吻合，附着在填料表面的生物质的量在柱子的底部最高。由于反应器的上层营养物质缺乏，微生物的增殖受到明显抑制不能进一步地降解污水中的氮磷。

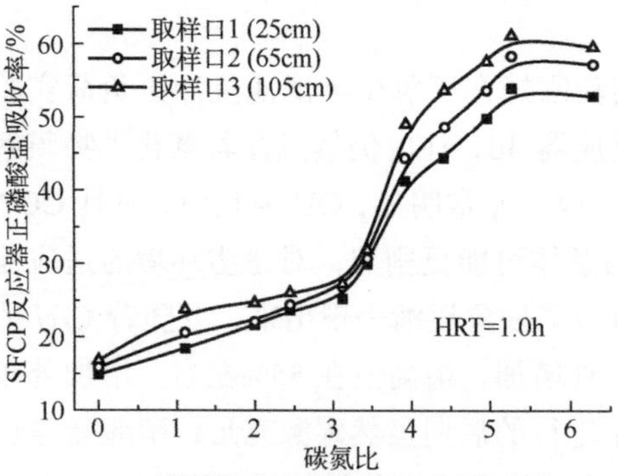

(a) 填料高度对正磷酸盐吸收率的影响 (b) 填料高度对总氮去除率的影响

图 10-8 不同 C/N 值下 SFCP-厌氧生物滤池柱填料高度对 TN 与正磷酸盐去除率的影响

10.7 HRT 对两种反应器中亚硝酸盐累积率的影响

通过对重启动阶段厌氧生物滤池反应器在不同 C/N 值下脱氮除磷效果的研究发现，脱氮的限制性步骤是由亚硝态氮转变成气态氮的环节。因此，有必要对该环节进行更深入的研究。为更好地考察 HRT 对 NA 过程的影响，选定 C/N 值为 2.60 左右（图 10-6 显示，在该碳氮比下 NA 效应非常明显）时亚硝酸盐累积率随 HRT 的变化情况，结果见图 10-9。

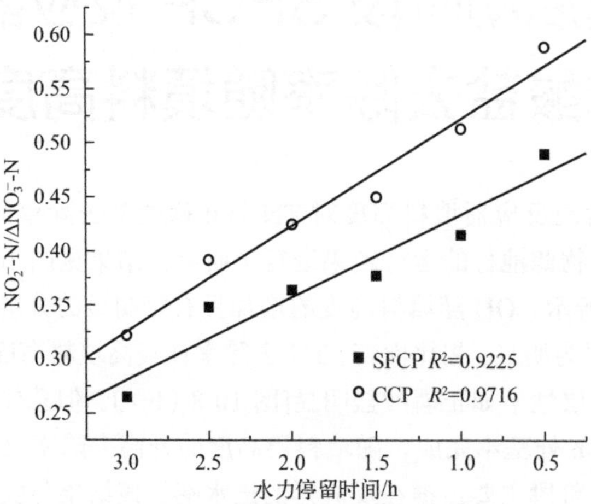

(a)NO_2^--N/ΔNO_3^--N

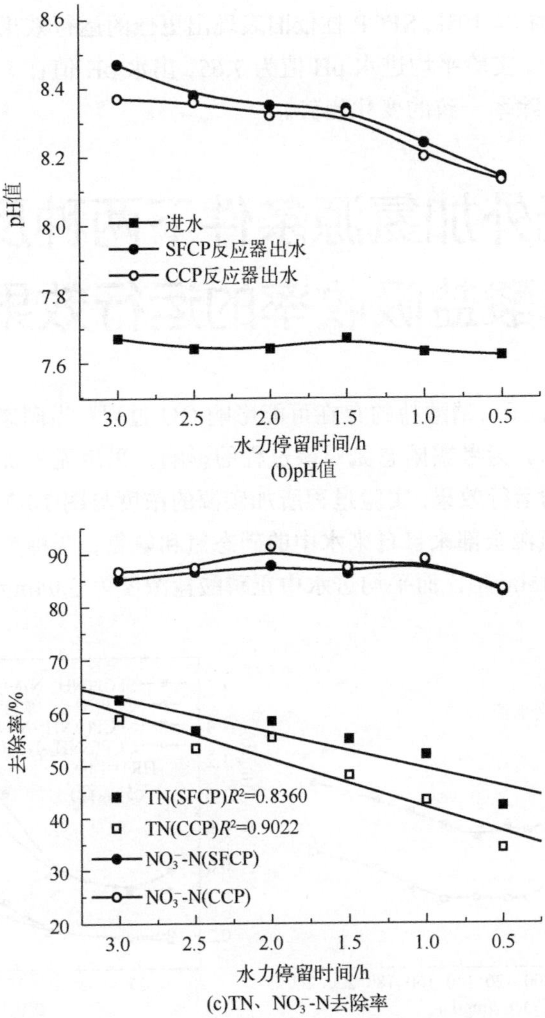

图 10-9 HRT 对 SFCP 与 CCP 反应器中亚硝酸盐累积率的影响（C/N=2.57 ± 0.06）

从图 10-6 可知，DNRA 效应在实验研究的 C/N 值范围内对 NA 的影响主要集中在 C/N 值非常低的情况下。故本节中，HRT 对 NA 的影响并未考虑 DNRA 过程。

图 10-9（a）表明，HRT 对 NA 过程的影响非常明显。例如，若把 CCP 柱在 HRT 为 3.0h 的亚硝酸盐累积率的值视为 1，则其他 HRT 的累积率值（HRT 按高到低的顺序）分别是 3.0h 的 1.22 倍、1.32 倍、1.40 倍、1.59 倍和 1.83 倍，二者的线性相关性非常高，R^2 为 0.9716，而 SFCP 柱中二者的 R^2 也达到了 0.9225。而从图 10-9（c）可知，相比亚硝酸盐累积率与 HRT 极好的线性相关性，TN 与 HRT 的线性关系要差些；SFCP 与 CCP 柱中二者的 R^2 分别为 0.8360 和 0.9022，这主要与硝态氮在 C/N 值为 2.60 左右时不能实现完全转化有密切关系，该 C/N 值下 SFCP 与 CCP 柱中硝态氮的平均转化率分别为 86.21%和 87.53%。

另外，填料对 NA 过程施加的影响也十分明显，SFCP 柱中平均亚硝酸盐累积率约为同等条件下 CCP 柱的 84.10%。SFCP 柱依旧表现出更佳的运行效果，具备了代替 CCP 作为水处理填料的性能。实验平均进水 pH 值为 7.65，出水 pH 值在 8.15～8.50 之间小幅变动，表现出与 TN 去除率一致的变化趋势。

10.8 无外加氮源条件下两种反应器对正磷酸盐吸收率的运行效果

图 10-7 的结果显示，硝酸盐的存在可能影响 OU 过程：当硝态氮完全转化后，反应器吸磷效率显著提高。为考察硝态氮对该过程的影响，采用无外加氮源条件研究反应器对正磷酸盐吸收率的运行效果。实验过程所加碳源的浓度与图 10-7 相应点的浓度完全相同，HRT 为 1.0h，氮源全部来自自来水中的硝态氮和氨氮，两种氮源的平均进水浓度分别为 4.54mg/L 和 0.15mg/L，而平均进水中正磷酸盐浓度为 5.04mg/L，结果见图 10-10。

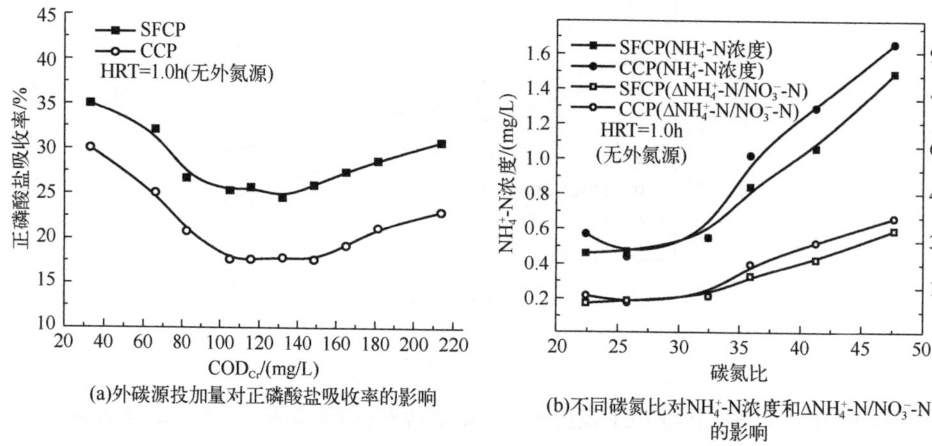

图 10-10 无外加氮源条件下 SFCP 与 CCP 反应器对正磷酸盐吸收率的运行效果

由图 10-10（a）所示，在不加外氮源的情况下，反硝化过程已基本不存在。在外碳源投加量相同的情况下，柱内的微生物群落随着碳源的增加，逐渐发生结构性改变。在实验初期，反硝化吸磷现象仍然可以观察到，OU 值 25%以上，但其逐渐下降的趋势则说明反硝化吸磷活动正在逐渐因异养厌氧菌的不断增殖而受到抑制。最终在 COD_{Cr} 浓度在 100～150mg/L 之间时，两种菌群达到了相对平衡状态，SFCP 与 CCP 柱的 OU 值分别稳定在 25.18%和 17.69%。随着外碳源投加量的进一步增加，反硝化吸磷菌的活动被完全抑制，异养厌氧菌占据种群优势，迅速增长繁殖，OU 值的提高并非由于厌氧吸磷过程产生，而是由微生物大量增殖对 P 的需求量急剧增加引起的。在实验后期，虽然 OU 值呈上升趋势，但最高值依旧没有超过初期厌氧吸磷过程的 OU 值，这也从侧面证明了初期与后期正磷酸盐的去除机理是不同的。另外，实验期间，反应器从外观上也发生着明显的变化：实验初期时，生物膜主要集中在柱子底部，颜色为淡黄色；而实验中后期，底部生物膜颜色逐渐由淡黄色变成黑色，其分布范围也从柱底不断向上延伸，最终整个反应器变成黑色，与反应器在封存阶段的状况类似；这种现象也说明柱内微生物种群正发生着转化替代过程。在不加硝酸盐的情况下，由于反硝化过程的弱化，使得硝酸盐对正磷酸盐吸收率的影响变得更加复杂化。

在实验前期，DNRA 效应并未考虑到，但经过实验发现，该过程与异养厌氧菌的种群变化趋势相一致[图 10-10（b）]。在实验中期（C/N 值不超过 30），反硝化吸磷菌与异养厌氧菌达到平衡状态，DNRA 过程维持在较低水平，与之前的实验结果类似。但是在异养厌氧菌占种群优势时，DNRA 效应随 C/N 值呈现线性变化，出水氨氮浓度迅速增加。这与 van Rijn 等的报道相一致，同时，C/N 值只有超过一定阈值后，DNRA 效应才能表现得很明显。另外，从 NH_4^+-N /NO_3^--N 的角度看，实验前中期二者之比在 10%左右，实验后期则呈线性变化，最高可达 30%以上。由于需要将碳源投加量一一比对之前实验的用量，后续的实验并未进行，但从变化趋势看 DNRA 效应还会持续增强。

另外，即使在无外氮源投加的情况下，SFCP 柱仍然表现出更高的正磷酸盐去除率和更低的 DNRA 效应。该结果更加充分地说明了，在不同的实验条件下，SFCP 具有极好的适应性，能够承受复杂多变的水质条件引起的各种冲击。因此，SFCP 对 CCP 具有潜在优越性和可替代性，是一种非常有前景的环保填料。

本章将污泥粉煤灰陶粒应用于厌氧生物滤池的污水处理工艺中，通过与普通商品陶粒对污水处理效果的分析比较，论证了填料性能的差异对水质净化效果的影响，着重讨论了污泥粉煤灰陶粒用于污水处理的可行性与可应用性、潜在的优越性与可替代性。结果发现在厌氧生物滤池启动与重启动阶段，污泥粉煤灰陶粒填充的厌氧生物滤池在脱氮除磷方面始终保持着相对高的运行效率，进一步说明污泥粉煤灰陶粒更具优越性，是一种非常有前景的环保填料。

参考文献

[1] Rhu D H, Lee W H, Kim J Y, et al. Polyhydroxyalkanoate (PHA) production from waste[J]. Water Science and Technology, 2003, 48(8): 221-228.

[2] Foglar L, Briški F. Wastewater denitrification process – The influence of methanol and kinetic analysis[J]. Process Biochemistry, 2003, 39(1): 95-103.

[3] Foglar L, Briški F, Sipos L, et al. High nitrate removal from synthetic wastewater with the mixed bacterial culture[J]. Bioresource Technology, 2005, 96(8): 879-888.

[4] Cyplik P, Grajek W, Marecik R, et al. Application of a membrane bioreactor to denitrification of brine[J]. Desalination, 2007, 207(1-3): 134-143.

[5] Ha J H, Ong S K. Nitrification and denitrification in partially aerated biological aerated filter (BAF) with dual sizes and media[J]. Water Science and Technology, 2007, 55(1-2): 9-17.

[6] Isaacs S H, Henze M. Controlled carbon source addition to an alternating nitrification-denitrification wastewater treatment process including biological P removal[J]. Water Research, 1994, 29(1): 77-89.

[7] Fernández-Nava Y, Marañón E, Soons J, et al. Denitrification of wastewater containing high nitrate and calcium concentrations[J]. Bioresource Technology, 2008, 99(17): 7976-7981.

[8] Ovez B. Batch biological denitrification using *Arundo donax*, *Glycyrrhiza glabra*, and *Gracilaria verrucosa* as carbon

source[J]. Process Biochemistry, 2006, 41(6): 1289-1295.

[9] Hamlin H J, Michaels J T, Beaulaton C M, et al. Comparing denitrification rates and carbon sources in commercial scale upflow denitrification biological filters in aquaculture[J]. Aquaculture Engineering, 2008, 38(2): 79-92.

[10] Ackerman P A, Wicks B J, Iwama G K, et al. Low levels of environmental ammonia increase susceptibility to disease in *Chinook salmon* smolts[J]. Physiological and Biochemical Zoology, 2006, 79(4): 695-707.

[11] Eschar M, Lahav O, Mozes N, et al. Intensive fish culture at high ammonia and low pH[J]. Aquaculture, 2006, 255(1-4): 301-313.

[12] van Rijn J, Tal Y, Schreier H J. Denitrification in recirculating systems: Theory and applications[J]. Aquaculture Engineering, 2006, 34(3): 364-376.

[13] Greenan C M, Moorman T B, Kaspar T C, et al. Comparing carbon substrates for denitrification of subsurface drainage water[J]. Journal of Environmental Quality, 2006, 35(3): 824-829.

[14] Go'mez M A, Hontoria E, Gonza'lez-Lo'pez J. Effect of dissolved oxygen concentration on nitrate removal from groundwater using a denitrifying submerged filter[J]. Journal of Hazardous Materials, 2002, 90(3): 267-278.

[15] Hunter W J. Accumulation of nitrite in denitrifying barriers when phosphate is limiting[J]. Journal of Contaminant Hydrology, 2003, 66(1-2): 79-91.

[16] van Rijn J, Tal Y, Barak Y. Influence of volatile fatty acids on nitrite accumulation by a *Pseudomonas stutzeri* strain isolated from a denitrifying fluidized bed reactor[J]. Applied and Environmental Microbiology, 1996, 62(7): 2615-2620.

[17] Glass C, Silverstein J. Denitrification kinetics of high nitrate concentration water: pH effect inhibition and nitrite accumulation[J]. Water Research, 1998, 32(3): 831-839.

[18] Stouthamer A H. Metabolic regulation including anaerobic metabolism in *Paracoccus denitrificans*[J]. Journal of Bioenergetics and Biomembranes, 1991, 23(2): 163-185.

[19] Barak Y, van Rijn J. A typical polyphosphate accumulation by the denitrifying bacterium *Paracoccus denitrificans*[J]. Applied and Environmental Microbiology, 2000, 66(3): 1209-1212.

[20] Barak Y, van Rijn J. Biological phosphate removal in a prototype recirculating aquaculture treatment system[J]. Aquaculture Engineering, 2000, 22(1-2): 121-136.

[21] Shnel N, Barak Y, Ezer T, et al. Design and performance of a zero-discharge tilapia recirculating system[J]. Aquaculture Engineering, 2002, 26(3): 191-203.

[22] Gelfand I, Barak Y, Even-Chen Z, et al. A novel zero-discharge intensive seawater recirculating system for culture of marine fish[J]. Journal of the World Aquaculture Society, 2003, 34(3): 344-358.

[23] Ince O, Ince B K, Donnelly T. Attachment, strength and performance of a porous media in an upflow anaerobic filter treating dairy wastewater[J]. Water Science and Technology, 2000, 41(4-5): 261-270.

第 11 章 煤渣陶粒和污泥陶粒联用于厌-好氧串联生物滤池处理四环素废水

生物滤池是一种重要的污水生物处理工艺，特别是近年来高效高负荷生物滤池的发展，使得生物滤池在有机废水处理中得到越来越多的应用。在应用过程中，生物滤池也出现了启动时间长、易堵塞、对环境变化敏感等缺点，而填料是生物滤池的核心，它直接影响生物滤池的各项功能，因此探索新型的生物填料可以作为进一步提高生物滤池性能的一个新方向。厌氧生物滤池有机负荷高、处理效率高、抗性强，适合处理高浓度废水，而好氧生物滤池对低浓度污染物处理效率高，出水水质好，适合二次处理，在前述研究中已将污泥陶粒成功用于生物滤池进行生活污水处理。

本章使用新型的轻质煤渣陶粒和污泥陶粒分别作为升流式厌氧生物滤池（up-flow anaerobic bio-filter, UAF）和升流式曝气生物滤池（up-flow biological aerated filter, UBAF）的填料，设计了新型厌氧-好氧串联生物滤池（UAF-UBAF）用于四环素（TET）模拟废水的处理。一方面验证两种新型填料在污水处理中的表现，另一方面探索新工艺在抗生素废水处理中的优缺点，并通过分析厌-好氧生物滤池内的微生物种类和功能性群落的变化，阐述四环素废水的降解机制，为四环素废水的处理提供新材料和新方法。

11.1 材料的制备、表征以及反应器的运行方式

11.1.1 煤渣陶粒和污泥陶粒的制备

与之前的研究相比，本章所用陶粒的制备方法进行了适当的改进：一是改变了原材料的配比，进一步降低了黏土用量，增加了污泥及煤渣的比例，并加入少量粉末状秸秆作为造孔剂；二是烧结过程中烧结温度的改变，预热阶段温度由室温加热到400℃，以20℃/min的速率升温，在400℃预热20min，然后从400℃以20℃/min速率升温到1100℃，在1100℃下烧结15min。与之前相比，降低了烧结温度，使得在实际生产过程中更易达到烧结温度也更易操作（实际烧结时，烧结温度越高，一方面使得陶粒受热不均匀，容易破裂；另一方面温度过高造成热量流失，浪费部分热源），节约了生产成本。陶粒的制备过程基本上分为原料的处理、造粒、烧结3个步骤。

（1）原料的处理

制作两种陶粒的原料主要有黏土（取自于附近的建筑工地弃土）、污泥、煤渣和秸秆。原材料先在105℃下烘干，然后粉碎，过100目筛，储存在聚乙烯瓶中备用。

（2）造粒

污泥陶粒是先将脱水污泥和黏土以一定的比例混合后，加入少量粉末状秸秆作为造孔剂，在成球机里进行滚制，以去离子水为黏合剂（加入比约7%），制得的陶粒经4～5mm筛筛选后放在备用桶中晾干。煤渣陶粒是将煤渣、粉煤灰和黏土以一定比例混合，同样加入少量造孔剂秸秆粉末，然后在成球机里造粒，以去离子水为黏合剂（加入比约7%），然后过6～8mm筛，所得陶粒晾干备用。

（3）烧结

按照改进后的烧结步骤进行预热和烧结。烧结完成后将所得陶粒放在通风橱里降至室温。

11.1.2 煤渣陶粒和污泥陶粒的性质表征

11.1.2.1 新型轻质陶制填料的物理性质测试及分析

两种新型填料的物理性质测试是根据国标GB/T 17431.2—2010上的标准方法测定的，表11-1所列为测定的结果。

表 11-1 两种新型轻质陶粒的物理性质分析表

陶粒类别	堆积密度/(kg/m^3)	颗粒密度/(kg/m^3)	吸水率/%	孔隙率/%	粒径/mm
UBAF 填充污泥陶粒	896.72	1565.59	11.93	42.46	5～8
UAF 填充煤渣陶粒	434.89	789.83	7.60	44.94	10～16
GB/T 17431.1—2010	<1200		<20		

从结果中可以看出，与国标相比，污泥陶粒和煤渣陶粒的各项指标均在标准范围内。从污泥陶粒和煤渣陶粒的堆积密度和颗粒密度来看，两者均属于轻质陶粒，特别是煤渣陶粒，其颗粒密度（789.8348kg/m^3）小于水的密度（1000kg/m^3），属于超轻填料。填料具有较低的堆积密度和颗粒密度，一方面有利于生物滤池的反冲洗，生物膜老化脱落后容易流出，避免滤池堵塞；另一方面有利于降低反应器材料的承载强度，从而降低反应器的生产成本。污泥陶粒和煤渣陶粒的孔隙率较大使得进水在滤料间的流动充分，从而为滤料表面和滤料间的微生物生长繁殖提供充分的营养物质，有利于生物滤池的快速启动。另外，两种陶粒均为球形，形状规则，大小均匀，减少了水流阻力，使得布水均匀，有助于微生物的生长和生物膜的形成。

11.1.2.2 新型轻质陶制填料的微观结构测试及分析（SEM）

为了更好地表现两种陶粒的表面粗糙度和孔隙分布情况，使用扫描电镜对陶粒的表面和断面进行了扫描，其图像如图 11-1 所示。由图中可以看出煤渣和污泥陶粒的表面高低不平，沟壑纵横，孔洞很多，粗糙度较大。粗糙的表面使陶粒的比表面积更大，增加

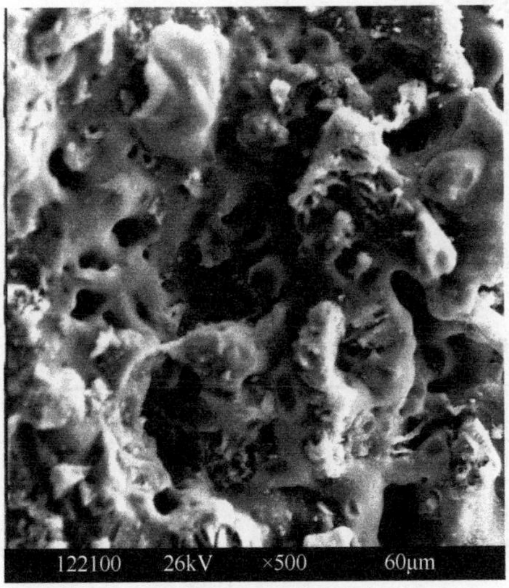

(a) 煤渣陶粒表面微观结构

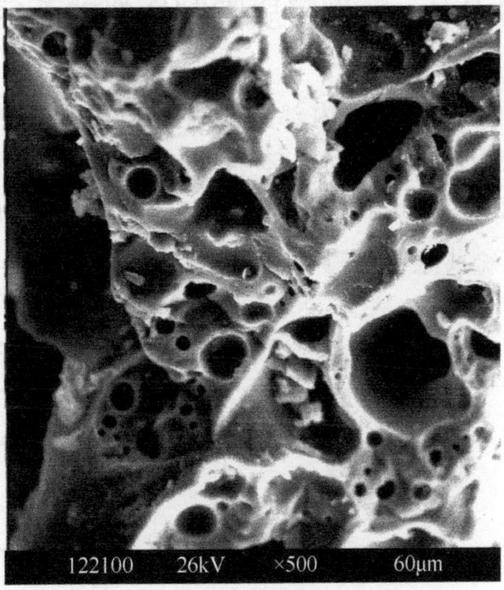

(b) 煤渣陶粒断面微观结构

图 11-1

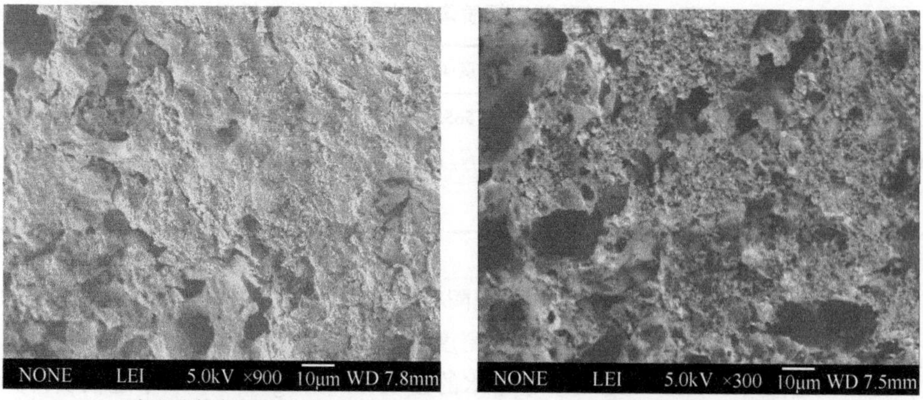

(c) 污泥陶粒表面微观结构　　(d) 污泥陶粒断面微观结构

图 11-1 两种新型轻质陶粒的扫描电镜图

了细菌与载体间的有效接触面积，使悬浮污泥更易附着，而微生物的附着过程是生物膜形成的关键，直接影响生物滤池的启动周期。陶粒表面的中孔、突起等对黏附的细菌起到保护作用，减少进水和反冲洗水对附着微生物的剪切冲刷作用，从而减少新生生物膜的脱落。较大的比表面积会使得生物膜的面积更大，这样所固定的微生物总量加大，易于污水的生物降解，增强了生物滤池的污水处理能力。观察陶粒的断面扫描图像，两者断面也分布着较多的孔洞，有些孔的深度可以到达表面。陶粒内部成孔的原因主要是秸秆和污泥等有机物质作为造孔剂在烧结过程中释放气体。这些中孔一方面为微生物的生存提供了一个绝佳的场所，另一方面中孔可以截流部分污水，使得污水与微生物的接触时间延长，污水中的有机物能够被充分降解。

11.1.2.3 新型轻质陶制填料的孔径分布分析

陶粒表面和内部的孔洞对陶粒的比表面积、粗糙度以及挂膜效率都有重要的影响。陶粒中的孔按孔径主要分为微孔（孔径<2nm）、介孔（孔径 2～50nm）和大孔（孔径>50nm），不同孔径的孔具有不同的作用，为深度分析新型陶粒的孔径分布情况，使用核磁共振仪对陶粒进行分析测试。表 11-2 显示了污泥和煤渣陶粒的全孔隙度数据。

表 11-2 两种新型轻质陶粒全孔隙度表

陶粒类别	压汞法/%	核磁共振仪法/%	差值/%
UAF 填充陶粒	63.37	52.67	10.70
UBAF 填充陶粒	48.71	36.60	12.11

由表 11-2 可知，煤渣和污泥陶粒都具有较大的孔隙度，特别是用于厌氧滤池的煤渣陶粒，它具有更高的孔隙度，使得它的颗粒密度低于水，这得益于制作过程中秸秆等造

孔剂的加入。较大的孔隙度一方面使陶粒的堆积密度和颗粒密度降低，便于陶粒的运输和应用；另一方面极大地提高了陶粒的比表面积，促进生物膜的快速形成，缩短了生物滤池的启动周期。为了能够更加准确地反映新型轻质陶粒的孔隙度，使用了传统压汞法与新型核磁共振仪法两种方法进行检测。对比两种测定方法，可以发现传统压汞法测得的全孔隙度的数据高于核磁共振仪法的数据，这是因为陶粒中含有一些顺磁性的物质能够促进陶粒中某些信号的衰减，从而使得核磁共振仪检测到的有效信号数量减少，测得的结果偏低。陶粒的 T2 弛豫信号经过反演后的分布图（T2 弛豫谱图）可较准确地反映两种新型陶粒中孔径的大小及数量，如图 11-2 所示（书后另见彩图）。

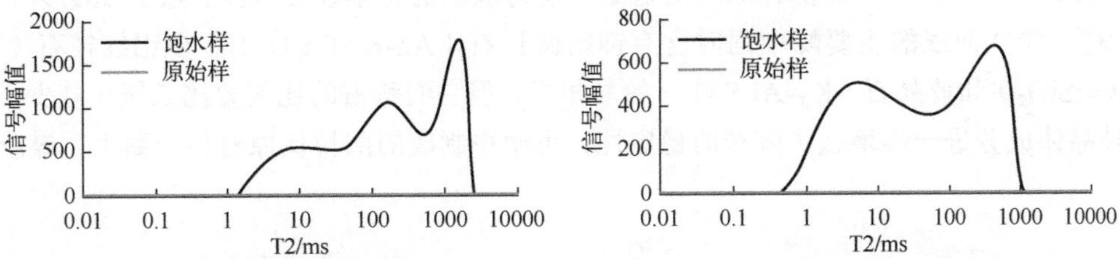

(a) 煤渣陶粒的T2弛豫谱图 (b) 污泥陶粒的T2弛豫谱图

图 11-2 两种新型轻质陶粒的 T2 弛豫谱图

T2 谱图信号分布与孔隙尺寸有关，峰的位置与孔径大小有关，峰的面积大小与对应孔径的多少相关。孔径越大，孔中的水的弛豫时间越长；孔径越小，孔中的水受到的束缚程度越大，弛豫时间越短。从图中可以看出原始样的谱峰幅值很小，说明原始样含水量很少，而样品做饱水处理后 T2 分布的形态有明显的变化，饱水后的样本的 T2 谱各峰面积均有大幅上涨，总体上水含量明显增加，表现为 T2 谱中各个峰的面积增加的量很大。利用峰值的面积，可看到不同孔隙液体的比例，也可得到样本总孔隙度。T2 弛豫谱图经过运算转化可以得出新型轻质陶粒的孔径分布图，如图 11-3 所示。

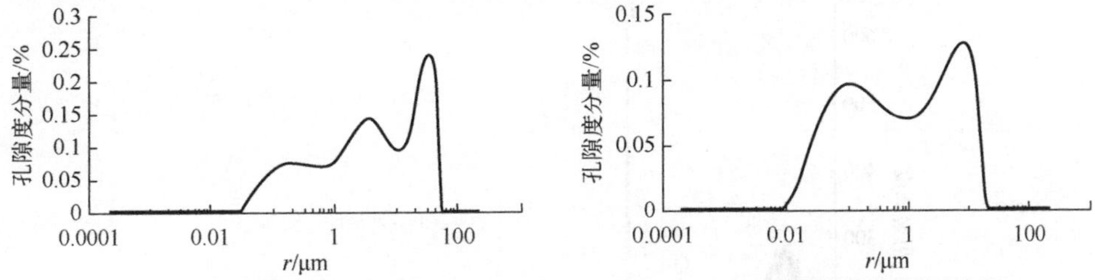

(a) 煤渣陶粒的孔径分布图 (b)污泥陶粒的孔径分布图

图 11-3 两种新型轻质陶粒的孔径（r）分布图

对于好氧污泥陶粒来说，陶粒中孔的直径主要集中在 0.01～60μm，且以孔径为 0.1～1μm 的孔所占比例最多。但对于厌氧煤渣陶粒来说，陶粒中孔的直径分布能够从 0.01μm 一直到 90μm 左右，且以 1～90μm 的大孔所占的比例最多，这也很好地解释了厌氧煤渣陶粒颗粒密度更低的原因。总体来看，两种陶粒中的孔多为中孔和大孔，中孔能够截留吸附某些有害物质，大孔可以为微生物黏附和生长繁殖提供可靠场所，因此两种新型陶粒的使用能够极大提高生物滤池的污水处理能力。

11.1.2.4 新型轻质陶制填料的晶体成分测试及分析（XRD）

使用 X 射线衍射仪器对煤渣和污泥陶粒的晶体成分进行分析，其结果如图 11-4 所示。由图中可以看出：两种轻质陶粒的主要晶相峰是二氧化硅（Q-SiO_2），它构成了陶粒晶体结构的主体。SiO_2 晶体结构的稳定性使得陶粒的基本强度较高。除了 SiO_2 外，两种陶粒 XRD 曲线的主要峰中同时含有钾斜微长石（An-$KAlSi_3O_8$）、多铝红柱石（M-$Al_2O_3 \cdot SiO_2$）和蓝晶石（Ky-Al_2SiO_5）的晶相峰，但它们所占的比例要比二氧化硅少。这三种晶体成分进一步增强了陶粒的稳定性，也使得制成的陶粒比原材料中黏土、煤渣、

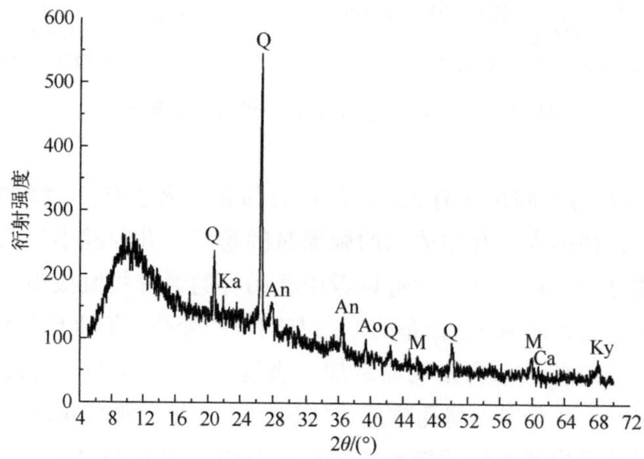

(a) 轻质污泥陶粒晶体成分

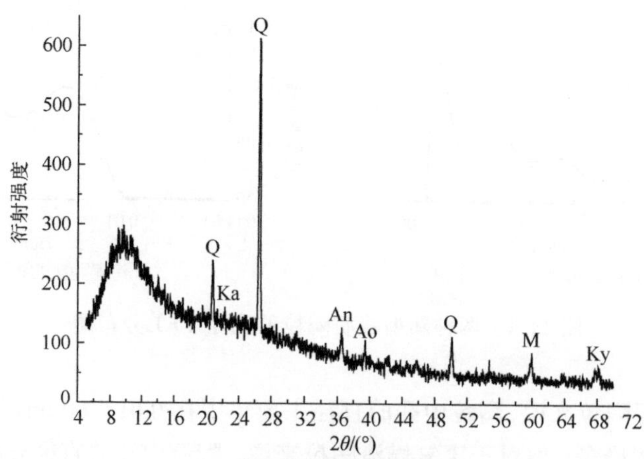

(b) 超轻煤渣陶粒晶体成分

图 11-4 两种新型轻质陶粒的晶体成分分析

Ka—高岭石；Ca—方解石；Ao—有序钙钠长石

污泥等成分的强度更高。$KAlSi_3O_8$、$Al_2O_3 \cdot SiO_2$ 和 Al_2SiO_5 主要是在陶粒烧结过程中形成，在高温环境下，二氧化硅四面体网状结构中的部分 Si^{4+} 会被 Al^{3+} 所取代，从而形成了 Al_2SiO_5。陶粒中钾斜微长石等长石晶体的形成则主要由于原材料中大量易熔融物质如 CaO、Na_2O 和 K_2O 等氧化性金属的存在。同样在高温条件下，Al_2O_3 能够以 AlO_4^{4-} 四面体的形态进入二氧化硅原有的四面体网状结构中并且替代部分的 SiO_4^{4-} 群体，这样四面体结构中+4 价态的 Si 被+3 价的 Al 所取代，为了维持整体结构的电中性，一些碱金属离子如 Na^+、Ca^{2+} 和 K^+ 就会与四面体中物质相结合而填补缺失的电荷，如此便形成了钾斜微长石等长石晶体。

对比污泥陶粒与煤渣陶粒可以看到，污泥陶粒有更多的晶相峰，说明污泥陶粒的晶体结构要更复杂。总的来说，经过高温烧结，陶粒原材料中热稳定性较差的物质转变成了具有较强热稳定性结构的新型物质，使得两种新型轻质陶粒在颗粒密度较低的同时保持了较高的稳定性和强度。

11.1.2.5　新型轻质陶制填料的有毒金属浸出实验及分析

由于本实验中所用的两种轻质填料分别以污泥、煤渣等固体废物为主要原材料，这些原材料中含有某些有毒重金属，一方面为检测陶粒的耐酸性，另一方面为了避免在陶粒的实际应用中产生二次污染问题，本节对新型陶粒进行了有毒金属浸出测试，测试方法主要依据 HJ/T 299—2007，其结果如表 11-3 所列。GB 5085.3—2007 对轻集料浸出液中有毒金属的浓度做了明确的规定，将测试结果与国标进行了比较，由表 11-3 可知：两种陶粒浸出液中有毒金属的浓度（Cu、Pb、Cr、Ba 等）远远低于国家标准，像 Cd 和 Hg 等毒性较强的金属甚至都没有出现在浸出液中。陶粒浸出液中极低的有毒金属浓度主要得益于两种新型陶粒稳定的晶体结构。另外，如 Zn、Ca 和 Fe 等微生物生长繁殖所需的微量元素也在浸出液中出现并且其浓度较高，能够在后续应用过程中促进生物滤池中微生物的生长。总体来说，有毒金属浸出实验的结果证明，两种陶粒能够被应用于生物滤池中且不会产生二次污染。

表 11-3　两种新型轻质陶粒浸出液中金属成分分析

重金属	浸出浓度/（mg/L）		国家标准限值/（mg/L）
	UAF 填充陶粒	UBAF 填充陶粒	
Cu	0.0566	0.0467	100.00
Zn	0.0432	0.0278	100.00
Cd	未检出	0.0080	1.00
Pb	0.0339	0.0780	5.00
Cr	0.0203	0.0630	15.00
Hg	未检出	未检出	0.10

续表

重金属	浸出浓度/(mg/L)		国家标准限值/(mg/L)
	UAF 填充陶粒	UBAF 填充陶粒	
Ba	0.0106	0.0236	100.00
Ni	0.0020	0.0056	5.00
Ca	8.6900	9.9700	未涉及
Fe	0.0956	0.1167	未涉及

11.1.3 UAF-UBAF 系统的设计和运行

11.1.3.1 UAF-UBAF 系统的设计

在本实验中设计了两种实验室规模的柱状反应器。如图 11-5 所示，反应器的材料是有机玻璃。两种反应器的直径为 20cm，高度为 1.7m，下部用法兰连接在钢铁支撑架上，以便反应器能够被放置在地面上并能移动。两旁分别设有取样口，两边取样口的高度各相差 1cm 左右。最上部的取样口设定为出水口，各有两个，有高度差，以防止一个堵塞而影响出水。厌氧、好氧反应器的布水方式均为上流式，进水口在反应器的底部。反应器自下而上包括进水缓冲区、穿孔滤板、承托层、填料层以及出水缓冲区。反应器的进水动力均由蠕动泵提供。厌氧反应器和好氧反应器的连接由一个出水桶构成，厌氧生物滤池出水进入出水桶中，可以根据情况进行预处理，再由蠕动泵将厌氧出水泵入好氧生物滤池中继续处理。

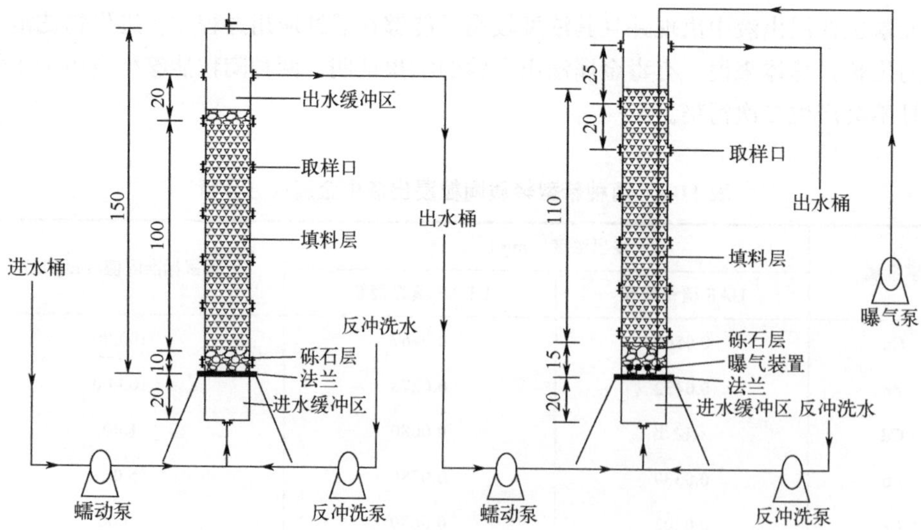

图 11-5 串联 UAF-UBAF 实验装置的原理（尺寸：cm）

11.1.3.2　四环素模拟废水的配制

整个实验期间，所用废水均模拟四环素的生产废水。实验初期的废水组成为葡萄糖（$C_6H_{12}O_6$）、氯化铵（NH_4Cl）和磷酸二氢钾（KH_2PO_4），三者分别提供碳、氮和磷源，碳酸氢钠用于调节 pH 值。启动初期，对于厌氧反应器，C∶N∶P 为 100∶5∶1，对于好氧反应器，C∶N∶P 为 50∶5∶1。除了上述基本营养元素外，同时添加美国医药纯级别的盐酸四环素到模拟废水中，以模拟废水中的四环素类物质。盐酸四环素的添加量按照计划逐级添加。在启动阶段，厌氧和好氧生物滤池的进水四环素浓度均<2mg/L，该浓度既不会影响生物滤池中微生物的繁殖和生长，又能够使微生物逐步适应四环素的抑菌和毒害性质，以此来逐步培养专性四环素降解菌。实验后期为了将碳源复杂化以及使废水更接近实际四环素废水，废水组分变为蔗糖（$C_{12}H_{22}O_{11}$）、氯化铵和磷酸二氢钾，厌氧的碳氮磷比例不变，好氧的碳氮磷比例变为 100∶5∶1。同时添加微生物生长的必需元素 Co^{2+}、BO_3^{3+}、Fe^{2+}、Mn^{2+}、Zn^{2+}、Cu^{2+}、Mo^{6+}、Ni^{2+}、Se^{4+}、Al^{3+}、Mg^{2+}和 Ca^{2+}等，这些营养元素均以盐的形式加入。厌氧生物滤池进水缓冲物质由氯化钙（$CaCl_2$）、EDTA 和碳酸氢钠（$NaHCO_3$）组成，三者按照一定的质量比进行添加，确保进水能够在可控的范围内。

11.1.3.3　UAF-UBAF 系统的启动、连接和运行

如图 11-5 所示，厌氧生物滤池底部承托层由大小不同的鹅卵石组成，其粒径大小随高度而减小，承托层高度为 10cm。承托层上方为填料层，所用填料为新型超轻煤渣陶粒，填料层高度约为 100cm，然后是砾石层。设置砾石层的原因是所用煤渣陶粒的密度低，在水中能够漂浮，上部用小鹅卵石压住填料层以防止陶粒漂浮从而堵塞出口。好氧生物滤池配置与厌氧滤池相当，只是好氧滤池承托层为 15cm 左右，填料层为 110cm 左右，所用填料为轻质污泥陶粒。由于污泥陶粒的颗粒密度比水大，好氧滤池最上方未设置砾石层。好氧生物滤池承托层上部设置 3 个曝气头作为曝气的设施。生物滤池装填完成后，使用蠕动泵以最高流速泵入自来水，以冲刷掉装填过程中出现的脏物，冲刷时间约为 24h。装填完成后，测得厌氧生物滤池的有效容积为 20L，好氧生物滤池的有效容积为 12L。

接种污泥取自济南光大水务一厂曝气池的活性污泥，取泥时使用 120 目筛去除污泥中的杂质与轮虫。UAF 接种时，将配好的废水和接种污泥以相同的体积混合后，将泥水混合物倒入反应器，在厌氧的条件下静置 5d，随后以低流速通入合成废水。该阶段的运行参数如：进水 COD 为 1000mg/L，有机负荷（OLR，以 COD 计）为 1.000kg/（m^3·d），HRT 为 24h，总流速为 0.83 L/h，C∶N∶P 为 100∶5∶1。在 UAF 接种 4 周后，好氧生物滤池开始接种活性污泥，接种方法与厌氧滤池相同，只是接种后的 5d 内只曝气不进水。5d 后，开始通入模拟废水，对于 UBAF 来说，启动阶段的运行参数是：进水 COD 为

350mg/L，HRT 为 12h，进水流速为 1 L/h，OLR 为 0.5kg/（m^3·d），气水比为 5∶1。环境温度和进出水 pH 值每天都要测量以确保两个生物滤池能够稳定运行，并避免厌氧滤池的酸化。好氧滤池出水溶解氧浓度每隔 3d 测量一次以确保污水溶解氧浓度维持在正常范围内。启动阶段厌好氧生物滤池的运行温度在 27～30℃之间，厌氧进水四环素浓度在 2mg/L 以下，好氧进水四环素浓度在 0.5mg/L 以下。生物滤池的反冲洗时间为 7～9d，以确保生物滤池中的微生物能够及时更新。以此条件连续运行一段时间后，生物膜逐渐成熟，其标志是反应器中各种微生物组成的生态系统达到平衡与稳定，直接体现为出水中各污染物的去除效果。当各项出水指标以及污染物的去除率趋于稳定，此时可以推断挂膜成功，挂膜成功后启动阶段结束。

厌氧生物滤池、好氧生物滤池在启动完成后，开始两者的连接。在连接初期，为了能够有充足时间让 UBAF 适应厌氧滤池的出水，先用厌氧出水与好氧原配废水以 1∶1 的比例混合作为好氧进水，以此条件培养 1 周。1 周后，厌氧出水全部作为好氧进水，这样厌氧-好氧串联生物滤池便启动成功了。此时，反应器开始进入稳定运行阶段，在本阶段 UAF 和 UBAF 的 HRT 分别为 20h 和 12h，之后逐步根据计划变换运行条件来研究不同条件下废水的处理效果。每次更改操作条件后都要经过 5d 的稳定期，之后进行相关水质测定。

11.2 UAF-UBAF 系统对四环素废水的处理效果

11.2.1 填料对 UAF 及 UBAF 启动过程的影响

污水的生物处理工艺是一项复杂的工程，特别是生物反应器的启动过程，它直接决定整个污水处理工程的成败并影响污水处理的效率。通常来说，厌氧生物滤池的启动时间为 2～3 个月，在某些环境较差的地方启动时间甚至达到 3～6 个月，而好氧生物滤池的启动时间虽然较短但一般也会在 15d 以上。本节对厌氧及好氧生物滤池启动过程中出水 COD、NH_4^+-N、pH 值等进行了检测，根据污水处理效果实时反映生物滤池中微生物的生长状态，其结果如图 11-6 所示。

在开始培养的前 30d 内，UAF 中的 COD 去除率每天变化幅度较大，呈上下波动的无规律状态。这段时间 COD 的去除率维持在 40%～60%之间，总体较低，说明此时生物滤池中的微生物浓度较低且其活性不强，不能有效适应四环素类废水及周围环境的变化。培养 30～40d 期间，COD 去除率的变化幅度较前一阶段有所缩小，且其数值上升到 60%左右。这说明经过一段时间的培养，厌氧滤池内悬浮微生物的数量有所上升，并且部分悬浮微生物已经开始在粗糙的陶粒表面附着，逐渐形成微生物簇和小部分微生物膜。这个过程是循序渐进和不稳定的，它对进水水质和周围环境的变化仍然敏感，由于培养

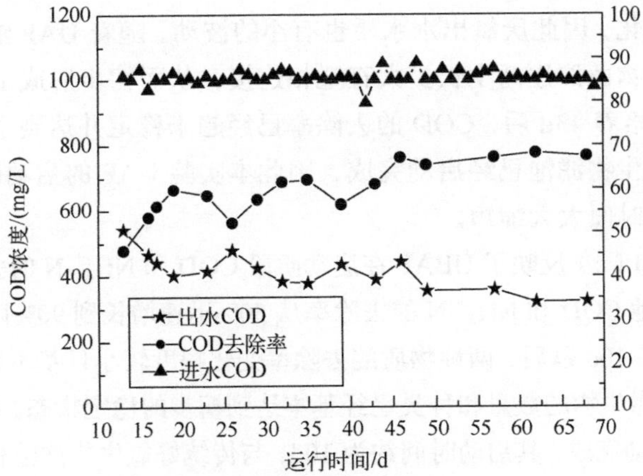

(a) 厌氧生物滤池中COD去除率的变化

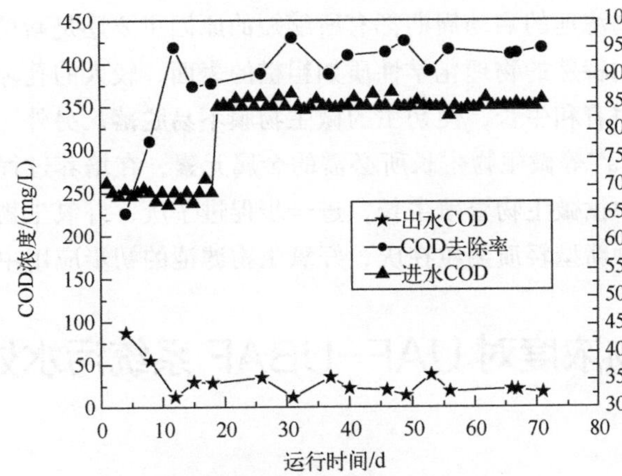

(b) 好氧生物滤池中COD去除率的变化

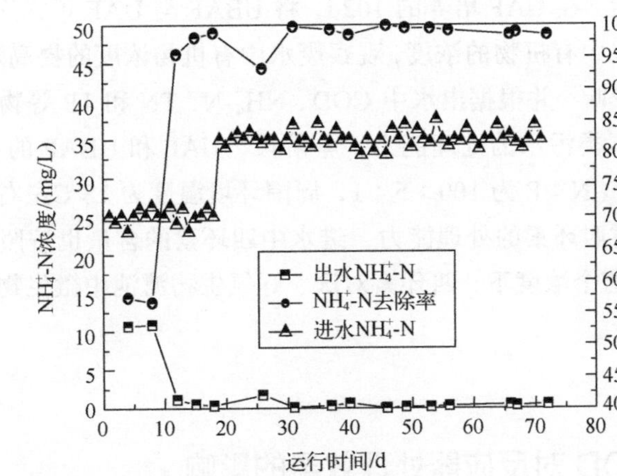

(c) 好氧生物滤池中NH_4^+-N去除率的变化

图 11-6　启动阶段厌氧及好氧生物滤池中 COD 和 NH_4^+-N 去除效果随时间的变化

环境中温度有较小变化，因此厌氧出水水质也有小的波动。随着 UAF 继续培养，附着在陶粒表面的各种微生物菌群逐渐生长扩大直至相连接，从而初步形成了整体的微生物膜结构。从图中来看，培养 43d 后，COD 的去除率已经趋于稳定并达到了 70%以上，这种现象通常被认为厌氧生物滤池已经启动完成，因此本实验 UAF 的启动时间在 42d 左右，与传统工艺相比启动时间大大缩短。

图 11-6 的（b）和（c）反映了 UBAF 在启动阶段 COD 和 NH_4^+-N 的去除情况。在培养的前 10d 内，好氧滤池 COD 和 NH_4^+-N 的去除率从 50%迅速增长到 90%以上，NH_4^+-N 的去除率甚至超过了 95%。10d 以后，两种物质的去除率变化幅度较小且基本稳定，这说明经过培养好氧生物滤池中微生物的数量和种类已经基本达到初步的稳定状态。在这种状态下，我们认为 UBAF 已经启动完成，其启动时间约为 10d，与传统好氧生物滤池相比较启动时间有所缩短。另外，启动完成后，UBAF 出水 COD 浓度基本在 20mg/L 左右，NH_4^+-N 的浓度更是维持在 1mg/L 左右，这种现象体现出使用新型填料的 UBAF 具有很强的生物降解力。

本阶段，两种生物滤池的启动周期都有所缩短的原因主要还是新型轻质污泥陶粒和煤渣陶粒的使用，它们特殊的物理化学性质如粗糙的表面、较大的孔隙度等促进了生物滤池中悬浮微生物的附着和生长，使初生的微生物膜不易脱落。另外，由于制作陶粒的原材料中含有 Fe^{2+}、Ca^{2+}等微生物生长所必需的金属元素，在培养过程中，部分金属离子会从陶粒进入废水中供微生物繁殖生长，进一步促进了厌、好氧生物滤池中生物膜的形成。总体来说，两种新型轻质陶粒在厌、好氧生物滤池的初步应用中是成功的。

11.2.2 有机物浓度对 UAF-UBAF 系统污水处理效果的影响

在厌氧及好氧生物滤池分别启动完成后，按照计划继续分别培养，以使两个反应器的运行状态进一步稳定。在 UAF 培养的 102d，将 UBAF 与 UAF 正式连接，其后稳定一段时间后逐渐增加进水中有机物的浓度，观察废水中有机物浓度的提高对厌氧-好氧串联生物滤池运行效果的影响，并根据出水中 COD、NH_4^+-N、TN 和 TP 等物质的浓度来反映串联生物滤池对四环素类污水的处理能力。本阶段，UAF 和 UBAF 的 HRT 分别为 20h 和 12h，所配废水中 C：N：P 为 100：5：1，周围环境温度为 18℃左右。为了进一步提高生物滤池中微生物对四环素的处理能力，进水中四环素的含量也按照计划逐步提升，浓度均低于 10mg/L。这个浓度下，四环素对厌、好氧生物滤池中微生物的毒性很小，几乎不影响反应器的运行。

11.2.2.1 进水 COD 对反应器处理效果的影响

如图 11-7 所示，本过程按照有机物浓度的不同可分为 4 个阶段，原水 COD 由 1000mg/L 增长到 4000mg/L,厌氧和好氧出水 COD 浓度分别反映了两种反应器的运行情况。

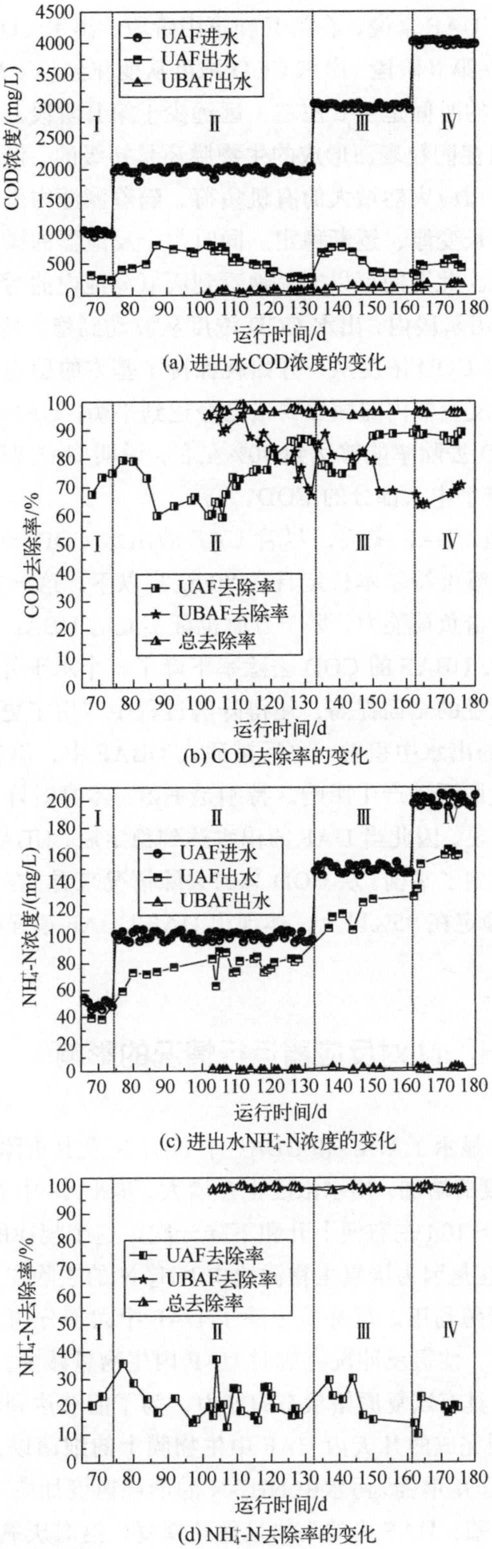

图 11-7　进水 COD 及 NH_4^+-N 浓度对 UAF-UBAF 污水处理效果的影响

对于厌氧生物滤池 UAF 来说，在第Ⅱ和第Ⅲ阶段，出水 COD 浓度曲线先有较大波动，后逐渐趋于稳定。在第Ⅱ阶段，出水 COD 浓度从变化到趋于稳定的时间大约是 50d，而在第Ⅲ阶段恢复稳定的时间是 17d 左右，远远少于第Ⅱ阶段。这种结果的原因是虽然 UAF 已经启动完成，但在陶粒表面形成的生物膜还是初级的，仍旧很脆弱，UAF 内的微生物需要充足的时间去适应突然增大的有机负荷。随着滤池内微生物的继续繁殖生长，陶粒上的生物膜持续增长变厚，逐渐稳定。同时整个反应器的微生物总量在增大，其抗冲击负荷的能力在增强。此期间可以明显地看到厌氧滤池内的污泥在增多，陶粒表面的生物膜在增厚，因此第Ⅲ阶段内，出水 COD 浓度从波动到稳定所需的时间自然减少。第Ⅳ阶段内，UAF 的出水 COD 浓度从一开始就保持了基本的稳定，说明此时生物膜系统已经完全成熟和稳定，反应器内的微生物量已经达到平衡，UAF 能够很快适应进水的波动。最终，UAF 的 COD 去除率能够达到 90%左右，说明 UAF 对有机物降解能力强，总体来看，UAF 去除了进水中大部分的 COD。

对于好氧生物滤池 UBAF 来说，尽管 UAF 的出水 COD 一直在波动，但 COD 在 UBAF 出水中的浓度能够维持基本稳定且在 80mg/L 以下。这一方面说明 UBAF 具有很强的有机物降解和抗冲击负荷能力，另一方面也证实此时 UBAF 内的生物膜已经成熟稳定。在第Ⅲ和第Ⅳ阶段，UBAF 的 COD 去除率下降了一个水平并保持基本稳定，主要原因是厌氧进水有机物浓度的全面提高，使得降解过程中产生了更多的还原性物质如 H_2S 等，这些物质在 UAF 的出水中积累，之后被通入 UBAF 中，消耗 UBAF 中的溶解氧并对好氧微生物的新陈代谢活动产生影响。特别是 H_2S，本身对好氧微生物就有毒性，在高浓度下毒害作用更明显。因此当 UAF 的出水达到稳定后，UBAF 中好氧微生物的降解能力在受到抑制后也达到了平衡。从 COD 总的去除情况来看，在所有阶段内最终出水的 COD 去除率一直能够稳定在 95%以上，体现出 UAF-UBAF 很强的 COD 降解能力。

11.2.2.2 进水 NH_4^+-N 对反应器运行情况的影响

图 11-7(c)和(d)显示了 UAF 和 UBAF 中 NH_4^+-N 及其去除率的变化。在 UAF 中，随着进水 NH_4^+-N 的浓度的增加，出水浓度也在增大。但 UAF 中 NH_4^+-N 的去除率是有规律的上下波动即每隔 7～10d 左右便上升和下降一次。这个规律的变化时间正好与 UAF 的反冲洗时间相一致，这是因为厌氧生物滤池中 NH_4^+-N 的去除主要依靠厌氧微生物的同化作用即细菌的生长繁殖利用。反冲洗去除了 UAF 中大部分的老化细菌和生物膜以及部分有活力的悬浮细菌，使得反冲洗完成时 UAF 内生物量减少。由于 UAF 是一个成熟的微生物生态系统，它具有恢复原始状态的能力，为了能够达到原来的生物量和污水处理能力，在反冲洗刚刚完成的几天内 UAF 中生物膜上的细菌以及悬浮的细菌均加快了繁殖和生长速度，同化作用增强，污水中 NH_4^+-N 的消耗速度加快，NH_4^+-N 的去除率上升。随着厌氧细菌的持续增殖，UAF 内的生物量逐渐恢复，这时厌氧细菌的繁殖速度降低，同化作用减弱，出水 NH_4^+-N 浓度上升，如此往复便形成了 NH_4^+-N 去除率的规律性变化。

尽管 UAF 的出水 NH_4^+-N 的浓度一直在变化，但 UBAF 的出水 NH_4^+-N 基本稳定在 2mg/L 以下，表现出很强的去除 NH_4^+-N 的能力，其原因在于 UBAF 极强的亚硝化和硝化作用。在第Ⅳ阶段通过测定硝态氮和亚硝态氮得知在厌氧出水中几乎不含有硝态氮和亚硝态氮，而 UBAF 出水中亚硝态氮以及硝态氮的含量却能够分别达到 51mg/L 和 42mg/L，这种现象显示了 UBAF 中硝化反应强烈。从 NH_4^+-N 总的去除效果来看，在各个阶段内 NH_4^+-N 总的去除率均能够稳定在 99%左右，显示出整个 UAF-UBAF 系统的成功。

从所有阶段的 COD 和 NH_4^+-N 的去除效果来看，UAF-UBAF 系统展现出极强的有机物降解能力。归根结底，一方面的原因是新型煤渣和污泥陶粒的应用，使得附着在陶粒表面的生物膜系统更加稳定，特别是某些细菌可以在陶粒的孔中生长，使 UAF 和 UBAF 所承载的生物量更多，其去除污水中废物的能力更强；另一方面是 UAF 和 UBAF 两者的串联使得两者优势互补，具有较强的去除 NH_4^+-N 和 COD 的能力。

11.2.3　四环素浓度对 UAF-UBAF 系统污水处理效果的影响

在 11.2.2 部分中展示了废水有机物浓度的提高对厌氧-好氧串联生物滤池运行情况及有机物降解能力的影响，本部分重点探究废水中四环素浓度对该系统运行情况的影响。由于四环素物质具有较强的抑菌作用，其浓度的增加必然会对串联生物系统的运行产生影响。本研究根据出水中各种物质的去除情况来展现四环素（TET）的作用机制并确定出 UAF-UBAF 系统的最佳处理四环素浓度。特别指出的是，本阶段厌氧进水 C：N：P 仍为 100：5：1，其中 COD、NH_4^+-N 和 TP 分别为 4000mg/L、200mg/L 和 40mg/L 左右。本研究阶段正值冬季，周围环境的温度较低，反应器平均运行温度为 16℃左右。

11.2.3.1　四环素浓度升高对系统 COD、NH_4^+-N 去除率的影响

本阶段内，COD 和 NH_4^+-N 的浓度和去除率随进水 TET 含量的变化如图 11-8 所示。图 11-8（e）表示的是厌氧滤池出水 pH 值的变化。

当进水四环素的浓度从 10mg/L 增长到 45mg/L 时，UAF 的 COD 去除率稍微上升；在进水 TET 为 45mg/L 时，UAF 中 COD 的去除率达到最大，大约为 90%。但当进水 TET 含量继续增大到 55mg/L 时，UAF 中 COD 的去除率很快降低到 70%以下，说明此时的 TET 浓度已经超出了厌氧滤池内厌氧细菌的承受范围，TET 已经对细菌产生了强烈的抑制和毒害作用。UAF 内微生物的新陈代谢及降解活动受到严重抑制，特别是酸化菌及产甲烷菌的活动，它们对有机物的去除起主要作用。对于 UBAF 来说，在进水 TET 浓度较低时，UBAF 出水 COD 浓度保持在较低数值。但当进水 TET 达到 65mg/L 时，UBAF 出水中的 COD 迅速增大，COD 去除率急剧减小。因为此时 UAF 出水中 TET 的浓度也很

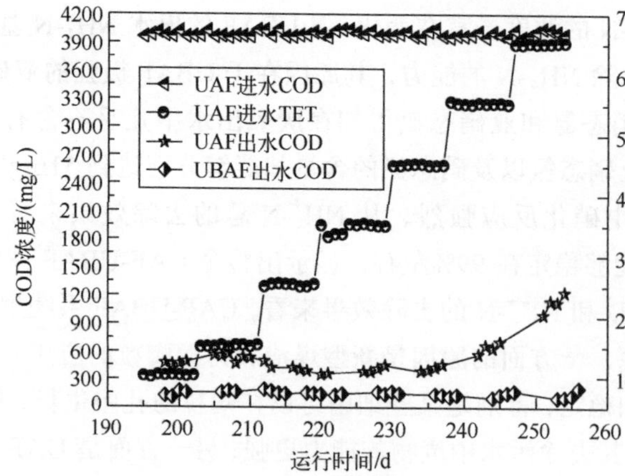

(a) 出水COD浓度的变化

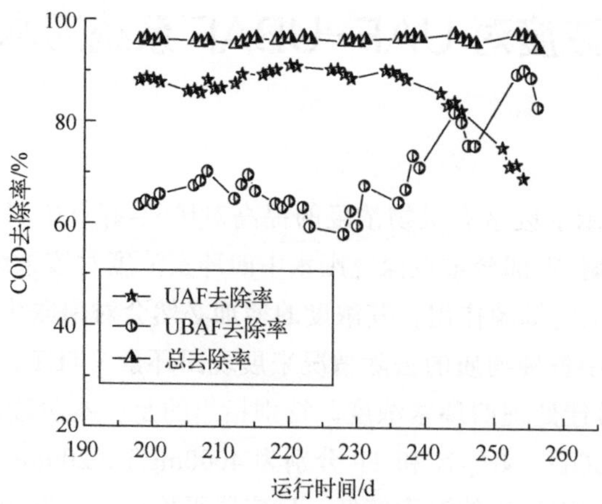

(b) COD去除率的变化

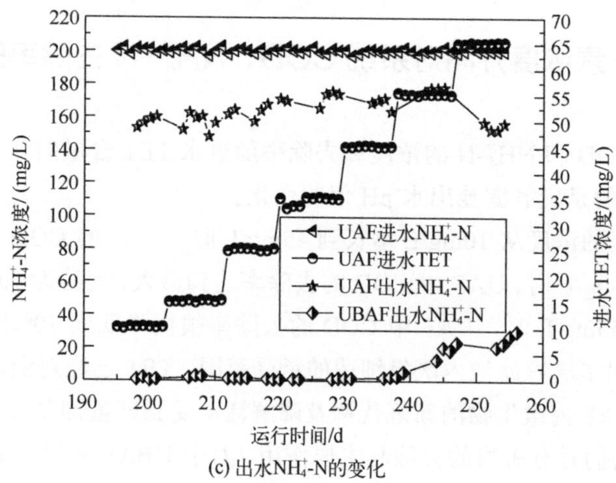

(c) 出水NH$_4^+$-N的变化

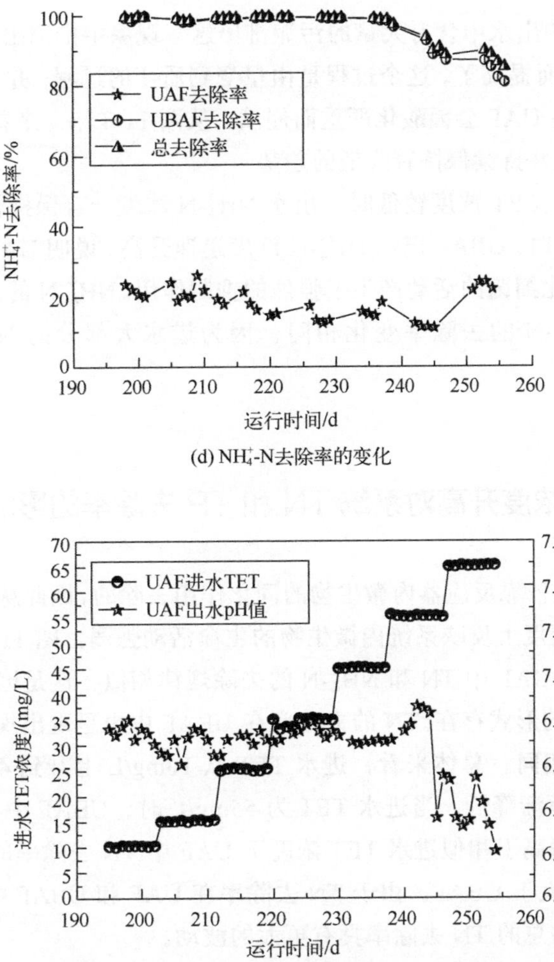

(d) NH$_4^+$-N去除率的变化

(e) UAF出水pH值的变化

图 11-8　TET 负荷的提高对系统出水 COD 和 NH$_4^+$-N 浓度及 UFA 出水 pH 值的影响

高，TET 已经对好氧细菌的活动产生了抑制和毒害作用。在进水 TET 浓度较低时（10～55mg/L），随着 TET 浓度的上升，总的 COD 去除率较为稳定，能够保持在 96%± 1%左右。由于最后高浓度 TET 对 UAF 和 UBAF 产生了毒害作用，两者去除 COD 的能力减弱，因此最后总的 COD 去除率迅速降低并一直保持着下降的趋势。结果表明，UAF 仍旧去除了进水中大部分的 COD。

NH$_4^+$-N 在 UAF-UBAF 中的变化规律如图 11-8（c）和（d）所示。UAF 中 NH$_4^+$-N 的去除率仍然呈现规律性的上下浮动如本章 11.2.2 部分中所描述的那样。但总体来看 UAF 中 NH$_4^+$-N 的去除率呈下降的趋势，这是因为 TET 对细菌作用机制是通过与 30s 核糖体相结合来切断 tRNA 和转录子的联系从而影响蛋白质的形成。随着 TET 浓度的增大，蛋白质的合成减少，NH$_4^+$-N 消耗的量便降低了。当 TET 浓度增长到 65mg/L 时，此浓度下 TET 对 UAF 产生了强烈的毒害作用，UAF 内大量的厌氧细菌开始死亡，UAF 已经变得不稳定了。但 UAF 内的微生物膜生态系统仍旧具有还原作用，因此出现了大量的新生细菌，这点可以从 UAF 的出水中含有大量的污泥排出这一现象中推测出来。所以此时 UAF 对 NH_4^+-N 的去除率反而提高了。这个过程是由量变到质变的过程，并且这种质变已经被证实是不可逆的。最终 UAF 会因酸化严重而崩溃，从图 11-8（e）来看，此时 UAF 的出水 pH 值已经开始降低并持续保持着降低的趋势。

对于 UBAF 来说，TET 浓度较低时，出水 NH_4^+-N 浓度一直保持较低水平。当进水 TET 浓度达到 55mg/L 时，UBAF 出水 NH_4^+-N 浓度迅速升高，说明 UAF 出水中高浓度的 TET 对 UBAF 内的硝化细菌的活动产生了强烈的抑制作用。NH_4^+-N 的总去除率的变化基本上与 UBAF 中 NH_4^+-N 的去除率变化相同，因为进水大部分的 NH_4^+-N 是由 UBAF 去除的。

11.2.3.2　四环素浓度升高对系统 TN 和 TP 去除率的影响

本阶段 TN 主要是依靠反应器内微生物的同化作用去除的，因此从这种原因来说 TN 的去除规律能在一定程度上反映系统内微生物的生命活动强弱。图 11-9（a）和（b）显示了 TN 的去除情况。UAF 中 TN 和 NH_4^+-N 的去除规律相似，这是因为 UAF 模拟废水中 TN 主要以 NH_4^+-N 的形式存在。TN 的去除率在 UBAF 中也呈现出规律性的上下波动，其周期与反冲洗周期相同。总体来看，进水 TET 从 10mg/L 上升到 45mg/L，UBAF 和 UAF 中 TN 的去除率逐渐降低。当进水 TET 为 55mg/L 时，UBAF 中 TN 去除率突然上升，且其变化程度显著高于相似进水 TET 浓度下 UAF 中 TN 去除率的变化，说明 UAF 对 TET 的耐受能力要大于 UBAF。由于 TN 去除率在 UAF 和 UBAF 中都具有周期性的浮动，使得整个系统的总的 TN 去除率具有更大的波动。

TP 在系统中的去除主要依靠两种过程来完成，一是系统内所有细菌的同化作用，二是依靠聚磷菌的吸磷和释磷反应除磷。由于 UAF-UBAF 系统的周期性反冲洗，与 TN 的变化规律相似，TP 的去除率也具有周期性的波动，这也说明串联系统中 TP 的去除主要还是依靠微生物的同化作用。进水 TET 浓度较小时，聚磷菌（PAB）在 UBAF 内的吸磷作用明显，因此整个系统中 TP 的去除率能够达到 60%左右。随着进水 TET 负荷的不断升高，PAB 的聚磷作用以及微生物的同化作用均逐渐减弱，TP 的去除率也随之降低。在 TET 为 45mg/L 时 UBAF 内的微生物受四环素的抑制作用增强，排泥量增加，导致 TP 去除率升高。此外，UBAF 较为成熟的微生物膜系统为恢复较高生物量，细菌繁殖增多，进一步利用了 TP。由于 UBAF 对 TET 的耐受能力要低于 UAF，随着培养时间的延长，在 TET 的浓度为 55mg/L 时 UAF 中的微生物受较高浓度四环素的影响，排泥量增多，总磷去除率开始提高。但是，最终 UBAF 和 UAF 内 TP 的去除率未能提高到早期的水平，这是因为聚磷菌在早期 TP 的去除过程中起到了很大的作用，但最后由于高浓度 TET 的抑制和毒害作用，聚磷菌的活动基本停止，系统内 TP 的去除仅仅依靠细菌的繁殖、生长和部分脱落生物膜的吸附等。

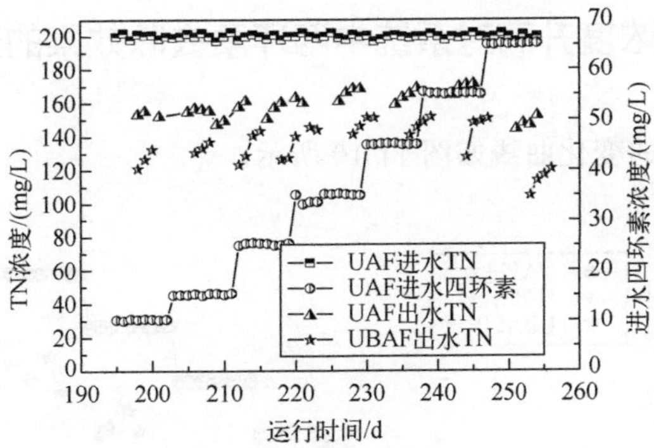

(a) 系统中TN浓度的变化

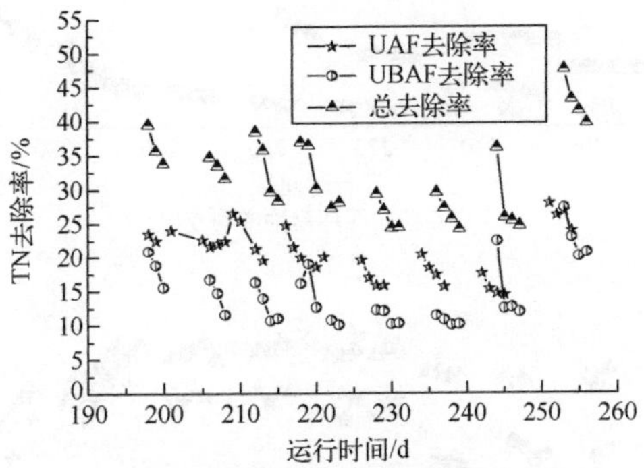

(b) 系统TN去除率的变化

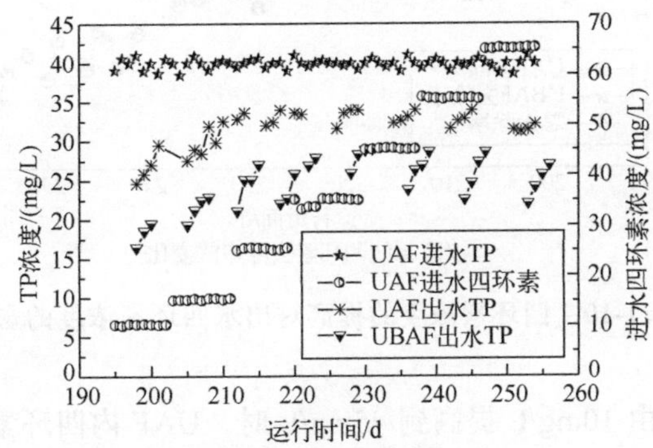

(c) 系统中TP浓度的变化

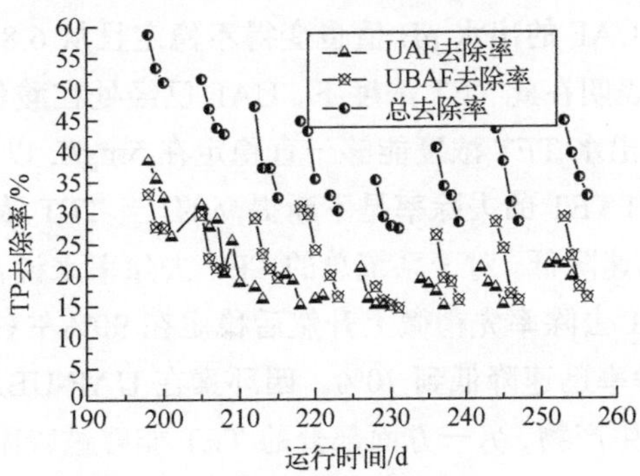

(d) 系统TP去除率的变化

图 11-9　四环素浓度的提高对出水 TN 和 TP 浓度的影响

11.2.3.3 四环素浓度升高对系统中四环素去除效果的影响

系统中 TET 浓度的变化曲线如图 11-10 所示。

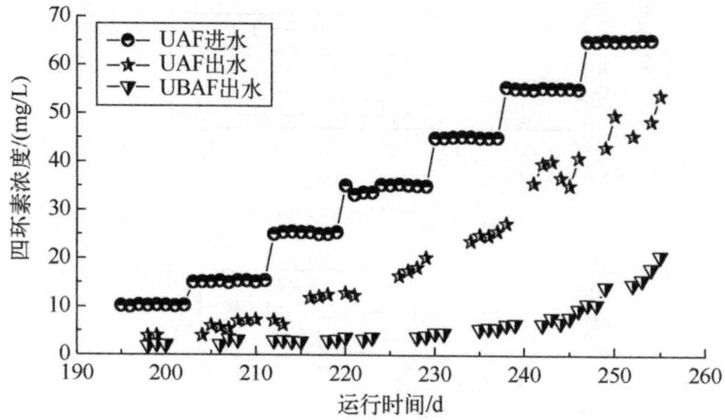

(a) 系统中四环素浓度的变化

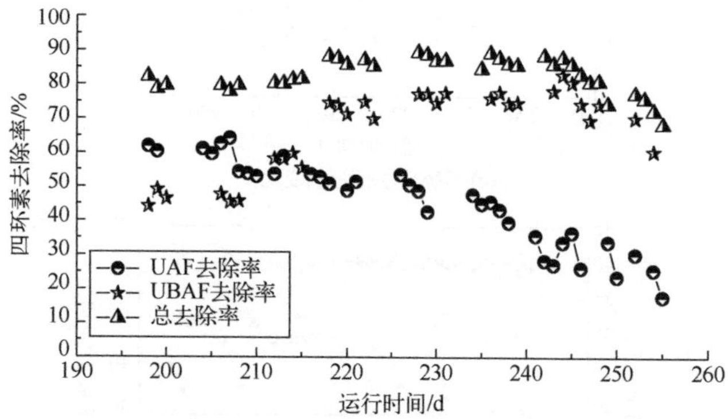

(b) 系统四环素去除率的变化

图 11-10 四环素浓度的提高对出水四环素浓度的影响

当进水 TET 浓度由 10mg/L 提高到 45mg/L 时，UAF 内四环素的去除率下降缓慢。但当 TET 浓度达到 55mg/L 和 65mg/L 时，UAF 中 TET 的去除率总体呈下降趋势，并迅速降低到 20%以下。此时 UAF 的出水 pH 值也变得不稳定且从 6.8 降低到 6.2，还有持续酸化的趋势。这些情况均表明在此 TET 浓度下，UAF 已经处在酸化和崩溃的状态。对于 UBAF 来说，初期 UBAF 出水 TET 浓度能够一直稳定在 5mg/L 以下，但由于 UAF 出水 TET 浓度的升高，UBAF 内 TET 的去除率是不断提高的。当 TET 浓度增长到 55mg/L 时，UBAF 中 TET 的去除率迅速降低。对于系统总的 TET 去除率来说，当 TET 从 25mg/L 增长到 45mg/L 时，总的 TET 去除率先稍微上升然后稳定在 90%左右。但随着 TET 浓度的继续升高，总的 TET 去除率迅速降低到 70%。四环素在 UAF-UBAF 系统内的去除一方面是被微生物降解成为次生产物，另一方面部分的 TET 能够被吸附在活性污泥里并随着污泥而排放到外部环境中。在 TET 为 10～45mg/L 时，得益于 UAF 强大的微生物降解能力，超过 1/2 的 TET 是在 UAF 中被去除的；当 TET 浓度达到 55mg/L 以后，UAF 和

UBAF 内细菌的新陈代谢活动受到强烈的抑制，但此时 UBAF 中细菌的繁殖和生长速度加快，污泥泥龄（SRT）变短，大量的 TET 被吸附在 UBAF 内的活性污泥中并随出水被排放出去。此阶段内可以发现 UBAF 出水中活性污泥的数量明显增多，这种现象很好地验证了上述推论。

总的来说，当进水 TET 为 45mg/L 时，UAF-UBAF 出水 COD、NH_4^+-N 和 TET 的浓度分别是 60mg/L、1mg/L 和 5.5mg/L，达到了国家排放标准（GB 21903—2008）。UAF-UBAF 中总的 COD、NH_4^+-N 和 TET 去除率能够达到 97%、98%和 89%，优于同等热力条件下其他常用工艺的去除效果。从去除效果来看，本阶段的低温环境（<16℃）并没有对系统的降解和去除能力产生较大的影响。较高的 TET 去除率主要得益于两种新型陶粒粗糙和多孔的微观结构。轻质污泥和煤渣陶粒中含有大量的介孔可以吸附和截留部分 TET，从而使得 TET 与微生物能够充分接触并且降解时间延长。

11.3　UAF-UBAF 系统内微生物种群结构及多样性分析

11.3.1　微生物群落结构及多样性分析的重要性

UAF-UBAF 系统对四环素废水强大的处理能力已经在以上章节中介绍，但其内在的原因却没有完整表述。由于微生物是生物滤池系统中发挥降解作用的核心物种，它的数量、种类和比例等能够决定整个生物滤池系统的废水降解能力，因此分析生物滤池内微生物的种类和比例、群落结构以及多样性对解释 UAF-UBAF 在四环素废水处理中的优异表现具有重要意义。为了更好地说明新型轻质填料对生物滤池中微生物种群结构的影响以及四环素降解过程中微生物群落的演变，UAF 和 UBAF 中不同高度上的生物膜及生物絮体被取出以研究其微生物种类、比例及群落组成。同时，四环素废水中 COD、NH_4^+-N、TN、TP 以及 TET 浓度随高度的变化也被测量，一方面详细探究了四环素废水的降解过程，另一方面与微生物的群落变化相结合以提供更多的理论依据。

微生物群落及多样性的分析一是测定生物膜的胞外聚合物（EPS），二是对取出的样品进行 DNA 提取然后进行高通量测序。EPS 是某些细菌的分泌物，它能够把微生物分泌的聚合物、细菌菌株、有机和无机颗粒相结合，从而组成生物膜，因此 EPS 对生物膜的结构、表面电荷、强度和过滤性等具有决定性的作用。EPS 中多糖、蛋白质和 DNA 的含量和比例可以从一定程度上反映生物膜结构的稳定性，因此本研究使用两种方法分析了反应器中 EPS 随高度的变化，一方面为 EPS 选择一种较合适的提取方法，另一方面为生物膜结构分析提供更多依据。高通量测序（HTS）是近年来随着新一代测序技术的发展而应用在环境微生物领域的一种 DNA 测序新技术。高通量测序能够同时分析微生物在分类学和功能多样性等多方面的变化，从而为分析微生物种类和群落随高度的演变提供依据。

11.3.2 UAF-UBAF系统内微生物样品的分析方法

11.3.2.1 生物膜样品的采集和制备

串联UAF-UBAF系统处理四环素废水的实验完成之后，分别在UAF和UBAF反应器的35～40cm、65～70cm和100～105cm处取得附着有生物膜的陶粒样品。将样品放置在无菌的聚乙烯瓶中在3℃左右的冰箱中储存待用。陶粒表面的生物膜采用超声波法剥落，将分离的生物膜和生物絮体放置在磷酸缓冲液中备用。

11.3.2.2 EPS样品的处理与测定

陶粒样品先轻轻地用去离子水洗去表面的脏物，然后用无菌的手术刀刮去陶粒表面的生物膜，将生物膜放到0.1mol/L的磷酸盐缓冲液（PBS）中，同时用磷酸缓冲液将陶粒表面冲洗干净。将含有生物膜及生物絮体的溶液放在无菌的离心管中，在转速5000r/min、温度3℃左右条件下离心10min，弃上清液，然后保存。在EPS提取前使用标准方法测定了生物膜样品的总悬浮固体（TSS）和挥发性悬浮固体（VSS）含量。EPS提取使用了热提法（heat extraction method，HEATM）和阳离子交换树脂提取法（cation exchange resin extraction method，CERM）两种方法。EPS中多糖采用硫酸-蒽酮比色法，核酸的测量采用二苯胺显色法。蛋白质测定采用改进的Lowry法测定，使用特定的蛋白质测定试剂盒（Pierce，Rockford，IL）。

11.3.2.3 扫描电镜样品的制备

首先将生长有微生物膜的轻质陶粒样品取出，使用无菌去离子水轻轻洗净，然后进行扫描电镜之前的预处理。其主要步骤如下：2.5%戊二酸固定4h—磷酸缓冲液清洗3次—乙醇梯度脱水，每次15min—乙酸异戊酯置换2次，每次20min；之后使用标准的冷冻干燥仪（DW-HL100，中国香港）将陶粒样品进行冷冻干燥。最后将干燥后的生物膜样品粘台，镀金，进行电镜观察。

11.3.2.4 生物膜样品DNA的提取和高通量测序

将制备完成的含有生物膜及生物絮体的样品用于DNA的提取和微生物种类的测定。采集的生物膜样品先在无菌的离心管中在1000r/min、3℃的条件下离心10min，然后弃去上清液。将离心物重新溶解到0.1mol/L的磷酸缓冲液中，再次进行相同条件下的离心。如此操作 3 次以洗去样品中的杂物。然后使用专门的 DNA 提取试剂盒（50，D3350-01，OMEGA，USA）按照标准程序提取生物膜样品中的基因组 DNA。每个样品 DNA 提取 3 次，然后使用 1%琼脂糖凝胶进行电泳，测定所提取 DNA 的纯度是否符合高通量测序的标准。将符合标准的同一样品的 DNA 提取液相混合，用于高通量测序。

高通量测序的数据分析：DNA 测序仪所得到的原始数据首先使用 FLASH 软件将双末端序列合并，从而使 reads1 和 reads2 中的重叠部分合并，这些双末端序列根据其特定的条形码而被分配到不同的样品中；然后使用 QIIME software package 分析所得序列数据。原始序列经过 QIIME quality filters 过滤，然后使用 pick_de_novo_otus.py 去选择 operational taxonomic unit （OTU）。序列中有 97%相似度以上的序列被分配到一个 OTU 中，选择最具代表性的序列来代表一个 OTU，然后使用 RDP classifier 将所有的 OTU 进行生物学分类。为了分析系统中微生物的 Alpha Diversity 和 Beta Diversity，使用 in-house Perl scripts 分析了所有序列组成的 OTU table。Alpha Diversity 中的 Chao1，Observed Species、Shannon index 和 Rank Abundance 等均被测定，其中 Chao1 和 Observed Species 代表物种丰度，Shannon index 反映每个样品物种的丰富度和均匀度，Rank-Abundance 显示了所测序列的多少及深度。QIIME 同时计算了加权和未加权 unifrac 数据来分析生物系统发育情况（Beta Diversity）。用未加权的 unifrac 数据进行 Principal Coordinate Analysis（PCoA）分析和 Unweighted Pair Group Method with Arithmetic mean（UPGMA）clustering 分析。所用的原始数据及分析的数据已经上传到 NCBI 数据库，网址为（http://www.ncbi.nlm.nih.gov/pubmed/），项目编号为 SRR2099847。

11.3.3 四环素废水中各个污染物的降解过程

本阶段串联 UAF-UBAF 系统的运行条件为：原始进水 COD、NH_4^+-N、TP 和 TET 分别为 4000mg/L、200mg/L、40mg/L 和 65mg/L。然后 UAF 和 UBAF 8 个高度上的出水被取出测量，这 8 个高度为两个反应器的预留取样口高度。本实验图表中是以 UAF 和 UBAF 的进水口高度为 0cm 进行计算和测量的。

11.3.3.1 UAF 中 COD、NH_4^+-N、TP 和 TET 随高度的变化

UAF 中不同污染物浓度随高度的变化情况如图 11-11 所示。在 UAF 反应器中，当高度由 0cm 增长到 50cm 时，COD、TET 和 NH_4^+-N 的浓度迅速降低。3 种污染物在这个高度范围内的平均去除速率是所有高度范围内最快的，这是因为 UAF 的底部含有较多的营养物质，其微生物生长繁殖和新陈代谢反应较快。本高度生物膜表面细菌的降解能力强，各种污染物的降解、转化和利用较多，速度较快，去除速率较大。随着高度的进一步增大，3 种污染物的去除速率在 50～70cm 处逐渐降低，在 70～150cm 范围内趋于停止。例如，COD、TET 在 70cm 高度时的去除率就已经达到 73.5%和 37.5%左右，之后两

者的去除率增长很少。出现这种变化的原因是随着高度的上升，污水中各种营养物质逐渐被消耗，反应器中微生物可以利用的物质越来越少，生长繁殖减缓，密度减小，微生物群落的降解能力降低，各类污染物的去除速率降低。

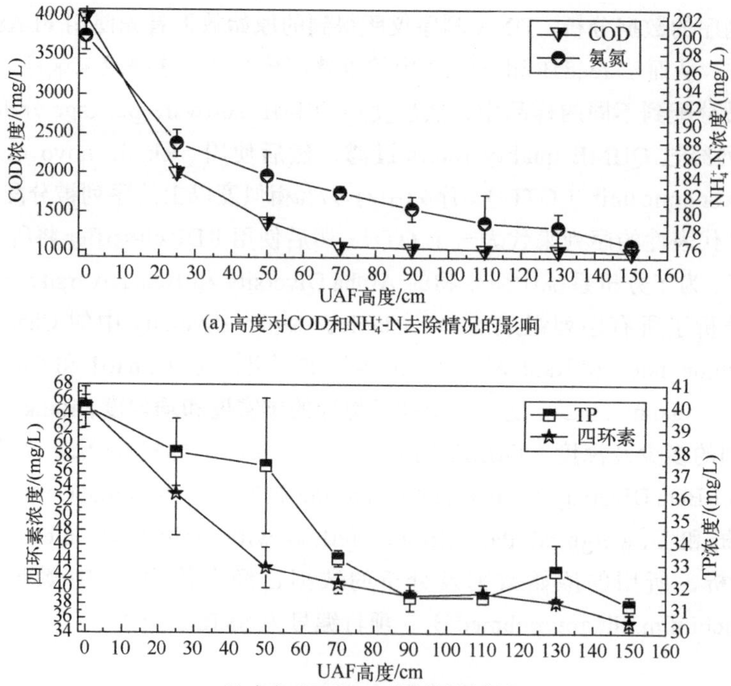

(a) 高度对COD和NH_4^+-N去除情况的影响

(b) 高度对TP和TET去除情况的影响

图 11-11 UAF 中高度对 COD、NH_4^+-N、TP 和 TET 去除情况的影响

图 11-11（b）中所示的 TP 的去除规律与其他物质的去除规律不同，TP 在 50～90cm 处的去除速率要比 0～50cm 范围内高。这种现象说明 TP 的去除要比其他物质滞后，这主要是聚磷菌（PAB）与其他异养细菌竞争营养物质造成的。在 0～50cm 处 PAB 类细菌由于受到其他异养细菌的竞争，其生长繁殖和代谢活动受到抑制；之后营养物质浓度随高度的变化改变了部分细菌的竞争关系使得 PAB 得以繁殖和生长。微生物种类和比例分析实验证实 PAB 类细菌在 0～50cm 处几乎没有，而在 50～90cm 处发现其存在一定的数量。因此，在 UAF 的下部 TP 的去除仅是细菌的同化作用去除，而在 50～90cm 部分由于营养物质浓度的改变少量的 PAB 得以繁殖生长，尽管大部分细菌的生长繁殖减缓，但此时少量的 PAB 能够利用 UAF 中少量的溶解氧进行吸磷作用形成磷酸盐储存在细胞中，反而使 TP 的去除速率要大于其他物质的去除速率。当填料高度在 90～130cm 范围时，UAF 从兼性厌氧变为完全厌氧，PAB 开始进行释磷反应，TP 浓度有所上升；UAF 的最上部 130～150cm 高度处，由于该部分与空气直接接触，部分氧溶解在水中，使得这部分又回归到兼性厌氧状态，部分 PAB 在少量溶解氧的状态下又进行吸磷作用，TP 浓度又迅速降低。对于 NH_4^+-N 来说，由于其主要依靠微生物的同化作用去除，因此最终出水 NH_4^+-N 的浓度仍然较高。经过 UAF 的处理，最终出水 COD、NH_4^+-N、TP 和 TET 的

去除率能够分别达到 75%、12%、23%和 46%。

11.3.3.2　UBAF 中 COD、NH_4^+-N、TP 和 TET 随高度的变化

UAF 和 UBAF 连接以后，UAF 的出水直接用蠕动泵泵入 UBAF 中，并没有曝气等预处理步骤。UBAF 中 COD、NH_4^+-N、TP 和 TET 等物质的浓度随高度的变化如图 11-12 所示。

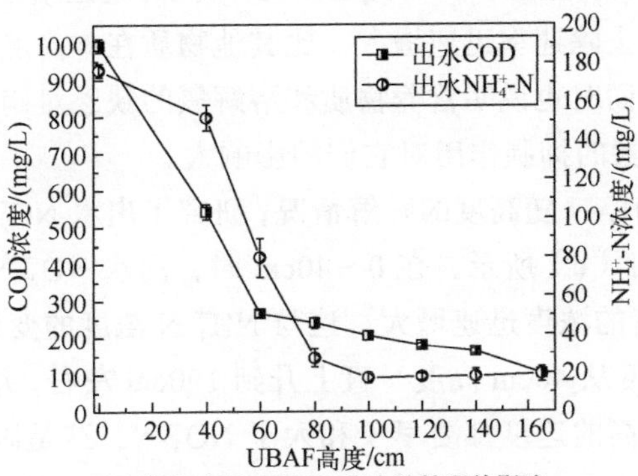

(a) 高度对COD和NH_4^+-N去除情况的影响

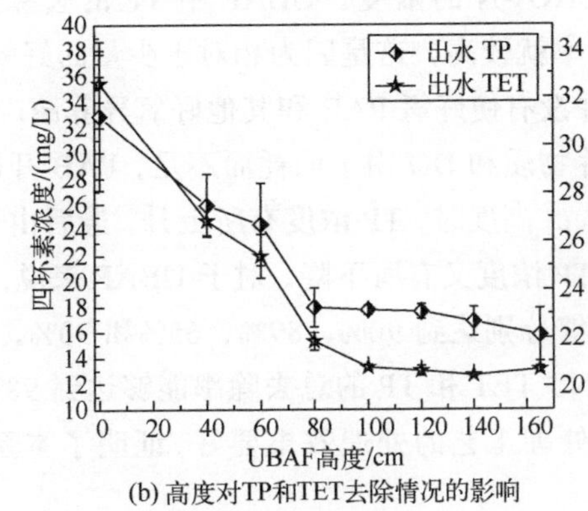

(b) 高度对TP和TET去除情况的影响

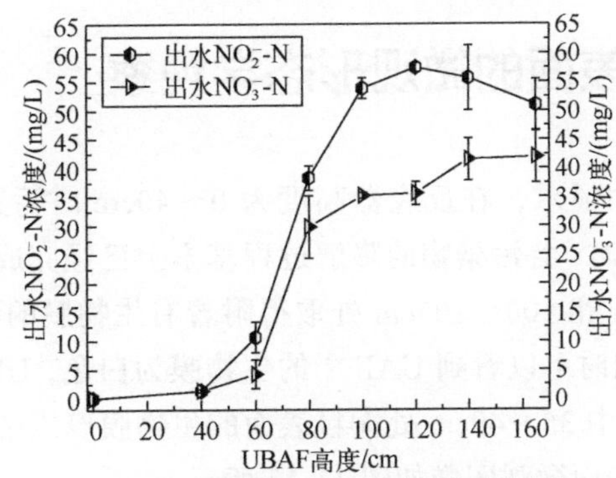

(c) 出水NO_2^--N和NO_3^--N浓度随高度的变化

图 11-12　UBAF 中高度对 COD、NH_4^+-N、TP 和 TET 去除情况的影响

对于好氧细菌来说，UBAF 下部溶解氧（DO）和营养物质的含量较丰富，好氧细菌的繁殖和生长力强，其降解污染物能力强，因此 COD、TP 和 TET 的浓度在高度 0～40cm 时迅速降低。但是在 0～40cm 时，出水 NH_4^+-N 的浓度的下降速率却比其他物质要低，这主要是硝化细菌与其他异养细菌争夺营养物质、空间和 DO 所造成的。部分异养细菌的竞争力强而成为优势菌，硝化细菌竞争氧的能力弱，同时受四环素抑制作用的影响，使得 NH_4^+-N 的去除力弱。随着填料高度的进一步增大，废水中营养物质和 DO 的浓度降低，TET 被逐渐降解，抑菌作用减弱，优势异养菌与硝化细菌的竞争力发生改变。硝化、亚硝化类细菌得以快速的生长繁殖，其 NH_4^+-N 的去除能力迅速增强，因此在 40～80cm 的高度范围内，NH_4^+-N 的去除速率迅速增大，比其他物质在本高度的去除速率要高很多。NH_4^+-N 的这种去除规律同时也说明营养物质和溶解氧的缺乏对硝化、亚硝化类细菌生长繁殖的影响远没有四环素的抑制作用对它们的影响大。

为了更好地说明 NH_4^+-N 随高度的降解情况，研究了出水 NO_2^--N 和 NO_3^--N 浓度随填料高度的变化如图 11-12（c）所示。在 0～40cm 时，出水 NO_2^--N 和 NO_3^--N 浓度很低，40～80cm 高度时，两者的浓度迅速增大，这与 NH_4^+-N 浓度的变化规律相吻合。从图中可以看到，NO_2^--N 的浓度从 40cm 高度一直上升到 100cm 左右，并且 NO_2^--N 浓度开始升高的填料高度以及其升高的速度都要早于和大于 NO_3^--N。这是因为 NH_4^+-N 的氧化主要分为亚硝化和硝化两个反应，第二步会消耗更多的溶解氧，因此也更难发生，所以 NO_3^--N 浓度在同一高度要低于 NO_2^--N 的浓度。UBAF 中 TP 的去除规律与 UAF 不同，在 UBAF 的下部 TP 的去除速率就较高，这是因为相对于少量的好氧 PAB 来说，UBAF 下部充足的营养物质和 DO 并没有使好氧 PAB 和其他好氧异养菌产生竞争。但当填料高度为 120cm 时，UBAF 中营养物质和 DO 由于消耗而不足，PAB 开始分解细胞内部磷酸盐以供给自身能量，因此 120cm 高度时，TP 浓度有所上升，最后由于上部废水与空气能进行氧交换，DO 浓度上升，TP 浓度又有所下降。对于 UBAF 来说，最终出水 COD、NH_4^+-N、TET 和 TP 的去除率能够分别达到 90%、89%、65%和 30%。总的来说，串联 UAF-UBAF 系统对 COD、NH_4^+-N、TET 和 TP 的总去除率能够达到 98%、90%、80%和 45%，比同等热力条件下的其他处理工艺的处理效果要好，证明了本系统强大的污染物降解能力。

11.3.4　生物膜表面的微观形态学观察

11.3.3 部分的研究中显示，在反应器高度为 0～40cm 时污染物的平均去除速率最快，到高度为 80cm 左右时，各污染物的降解过程基本上已经完成。因此我们选择在高度为 35～40cm、65～70cm 和 100～105cm 处取得附着有生物膜的陶粒样品，用于扫描电镜测试。陶粒样品被取出时可以看到 UAF 中的生物膜为白色，UBAF 中的生物膜为黄褐色。另外 UAF 和 UBAF 中 35～40cm 处陶粒表面的生物膜厚度要大于 65～70cm 处的生物膜厚度。微生物膜的表面微观图像如图 11-13 所示。

(a) UAF中35~40cm处的样品

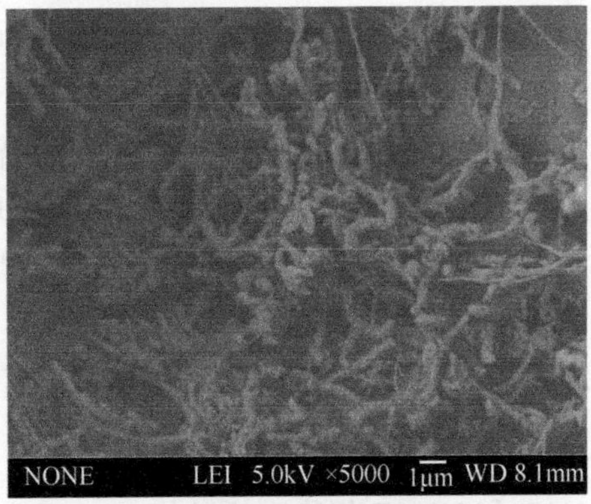

(b) UAF中65~70cm处的样品

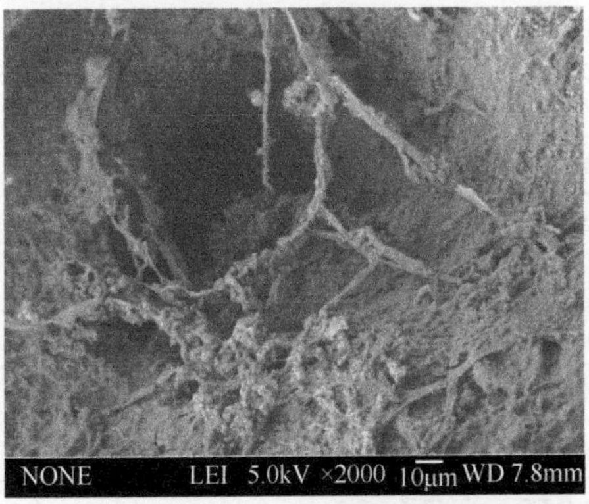

(c) UBAF中35~40cm处的样品

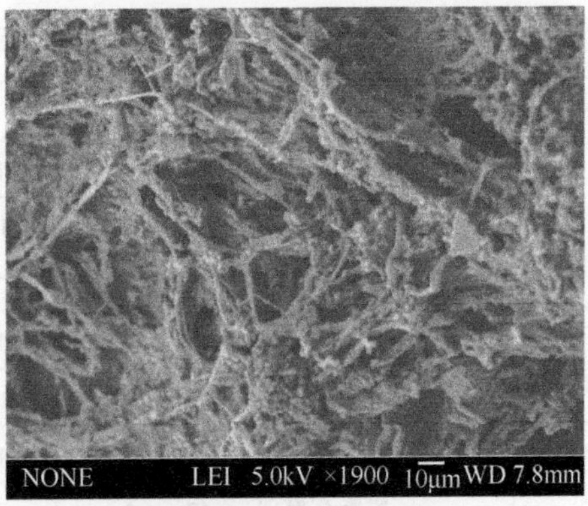

(d) UBAF中65~70cm处的样品

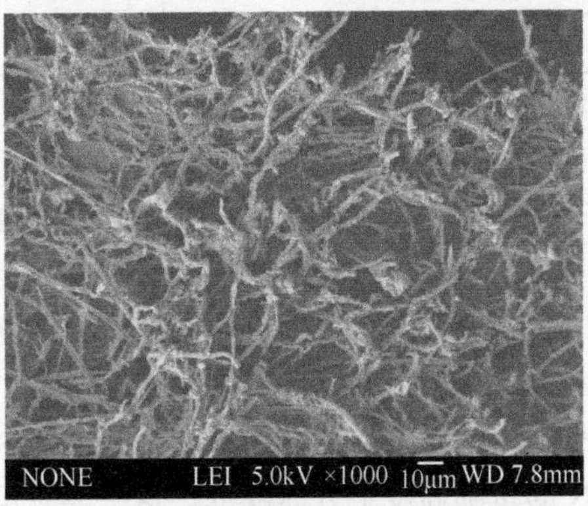

(e) UBAF中100~105cm处的样品

图 11-13　陶粒表面生物膜的扫描电镜图像

生物膜表面附着有大量的不同类型的细菌，一些细菌甚至在陶粒的中孔中生长。另外，从图中可以看到在相同的放大倍数下，35～40cm 处陶粒表面细菌的密度和数量要远大于 60～70cm 处的样品。这种现象发生的原因主要是反应器底部相对于中上部来说其营养物质和 DO 等均较丰富，底部细菌繁殖生长速度快，不受限制。到了反应器上部，营养物质和 DO 的浓度降低限制了大部分细菌的繁殖和生长，细菌的密度和数量开始降低。因而在 100～105cm 处的生物膜表面细菌的密度和数量是 3 个高度中最小的。细微观察，生物膜上细菌的形状有杆状、球状、丝状和螺旋状等多种形状，不同形状的菌代表了不同功能的细菌如亚硝化细菌、硝化细菌、产甲烷菌等。同时，在陶粒表面附着有絮状的物质，细菌都镶嵌或附着在这种絮状物质里，这就是所说的胞外聚合物（EPS），正是 EPS 的聚合作用才将细菌等物质结合形成了生物膜。

11.3.5 生物膜样品的 EPS 分析

UAF 和 UBAF 生物膜样品的 EPS 成分分析结果如表 11-4 所列。

表 11-4 生物膜样品中 EPS 的成分分析表

样品名称	高度/cm	提取方法	EPS 含量/（mg/g）				PN/PS 值
			多糖（PS）	蛋白质（PN）	DNA	PN+PS	
有氧高	65	热提	44.2 ± 2.9	123.5 ± 6.2	10.5 ± 3.2	167.7	2.8
		树脂交换	45.6 ± 1.0	79.1 ± 2.0	18.3 ± 5.4	124.7	1.7
有氧低	35	热提	57.5 ± 6.8	182.1 ± 10.8	7.1 ± 1.1	239.6	3.2
		树脂交换	69.5 ± 3.0	133.8 ± 3.7	14.0 ± 2.8	203.3	1.9
厌氧高	65	热提	42.9 ± 2.4	84.5 ± 1.9	5.0 ± 0.9	127.4	2.0
		树脂交换	43.6 ± 5.1	63.0 ± 3.5	11.4 ± 2.3	106.6	1.4
厌氧低	35	热提	52.2 ± 1.9	108.0 ± 5.3	5.1 ± 1.5	160.2	2.1
		树脂交换	55.7 ± 2.1	89.7 ± 7.5	9.8 ± 1.6	145.4	1.6

EPS 的提取使用了 HEATM（热提）和 CERM（阳离子树脂交换提取）两种方法，根据 EPS 的分析结果确定了一种较好的提取方法。CERM 提取的 EPS 中含有的 DNA 的量要大于 HEATM 所提取的，但 DNA 被视为 EPS 的影响物，其数量应越少越好。CERM 提取的 PN 的量要小于 HEATM 所提取的，蛋白质被视为 EPS 中较难提取的物质。从上述两点来看，对于提取 UAF 和 UBAF 生物膜样品的 EPS，HEATM 法要比 CERM 法好。表 11-4 中显示出样品中 PS 的量低于 PN 的量，证实 PN 是 EPS 中的主要物质。另外，UAF 和 UBAF 中 PS 和 PN 的量随高度上升而降低，这主要是反应器下部有充足的营养物质和 DO 供给细菌繁殖生长，下部细菌产生 EPS 的量较多。同时细菌的水解能力会影响 PN 的产生，水力剪切力会影响 PS 的产量，随高度的增大，细菌水解能力和水力剪切力均在减弱，因而 PN 和 PS 的量也在减少。随高度增大污水中营养物质逐渐被消耗，上部细菌内源呼吸所消耗的自身内部的物质增多，因而 PS 和 PN 的量也有所减少。对于 UBAF 来说，上部 DO 的减少也影响了 EPS 的产量。EPS 中不同物质的比例会随着外部细菌种类和比例的变化而改变，PN/PS 的值便反映了外部细菌的变化。对于 UAF 和 UBAF 两者来说，PN/PS 值随高度仅下降了一点，相对稳定的比值表明两个反应器内成熟的生物膜系统具有较强的自我调节和保护功能，同时也反映出 TET 并没有对反应器内

的微生物系统产生危害。从另一观点来看，同一高度上 UBAF 中 PN/PS 值要大于 UAF 中相应的值，这主要是因为厌氧反应器的污泥停留时间一般要大于好氧反应器，随着 SRT 的增长，细菌的内源呼吸作用也会增强，相对于结构较为复杂的 PN 来说，内源呼吸作用会优先利用 PS，因而 UBAF 中 PN/PS 值较大。

11.3.6　反应器中微生物的种群结构和功能性配置分析

11.3.6.1　高通量测序的原始数据分析

为了全面分析反应器内微生物的种类和种群结构，本部分分析了样品测序所得的所有的序列标签，数量大约为 228470。如表 11-5 所列，UAF 和 UBAF 内样品的序列标签数和 OTU 数随着高度的增大而增多，每个 OTU 对应着不同种类微生物的基因序列。由于四环素废水为人工合成，废水的组成物质相对单一，因此反应器下部细菌种类较少。随着填料高度的上升，废水中的单一物质逐步被水解或降解为多种类型的小分子物质，很多新种类的微生物也随之产生。

表 11-5　Illumina MiSeq 平台基因测序的原始数据分析表

样品	原始数据（bp）	原始拼接序列数（Raw PE）	总序列数（Total tags）	分类序列数（Taxon tags）	不可分类序列数（Unclassified tags）	OTU
AFH1 （65cm）	17947386	49759	47451	44955	0	1067
AFL2 （35cm）	14260401	39517	38232	36453	0	916
BAFL3 （35cm）	18945141	52484	50740	48613	0	1061
BAFH4 （65cm）	34407620	95315	92047	87387	0	1192

样品 OTU 的维恩图如图 11-14 所示。UAF 中 AFL2 和 AFH1 的相似 OTU 个数为 689，两者独有的 OTU 数分别为 227 和 267；UBAF 中 BAFL3 和 BAFH4 的相似 OTU 数为 748，独有的分别为 190 和 236。这说明 UAF 中不同高度上微生物的种类差异要大于 UBAF 内的样品差异，原因是四环素废水中的物质的降解主要是在 UAF 中完成的。

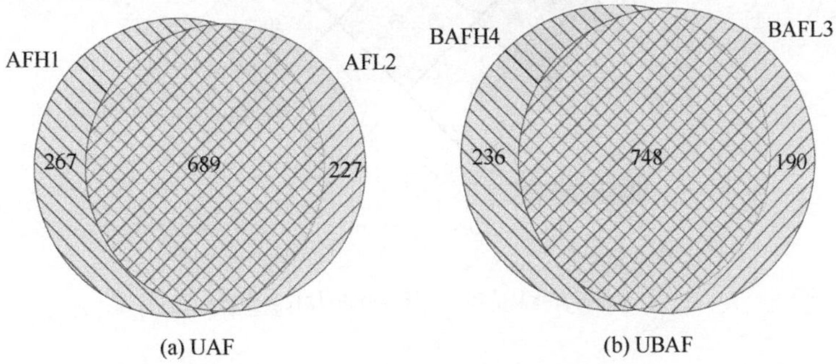

图 11-14　不同样品间 OTU 的维恩图

高通量测序所得的基因标签在界、门、纲、目、科、属、种七种生物学分类水平上的数量分布如图 11-15 所示，由图可见科和属两种水平所分配的基因标签数量最多，因此下文着重分析在科和属两种水平上微生物种类和比例的差异性。

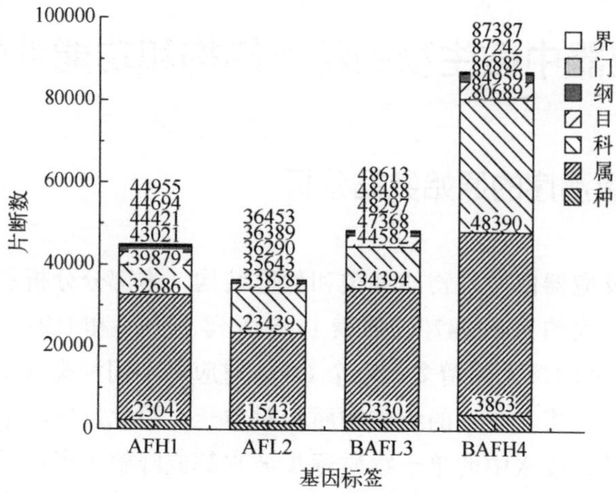

图 11-15　基因分类学标签在不同生物分类学水平上的数量分布图

11.3.6.2　UAF 和 UBAF 内微生物的多样性分析

微生物多样性水平上的 Alpha Diversity 和 Beta Diversity 的测定结果如图 11-16 所示（书后另见彩图）。

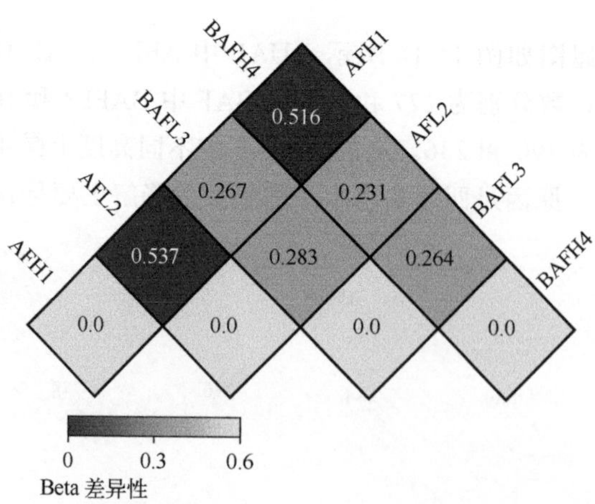

(a) 所有样品的Beta差异性分析(加权类分析)

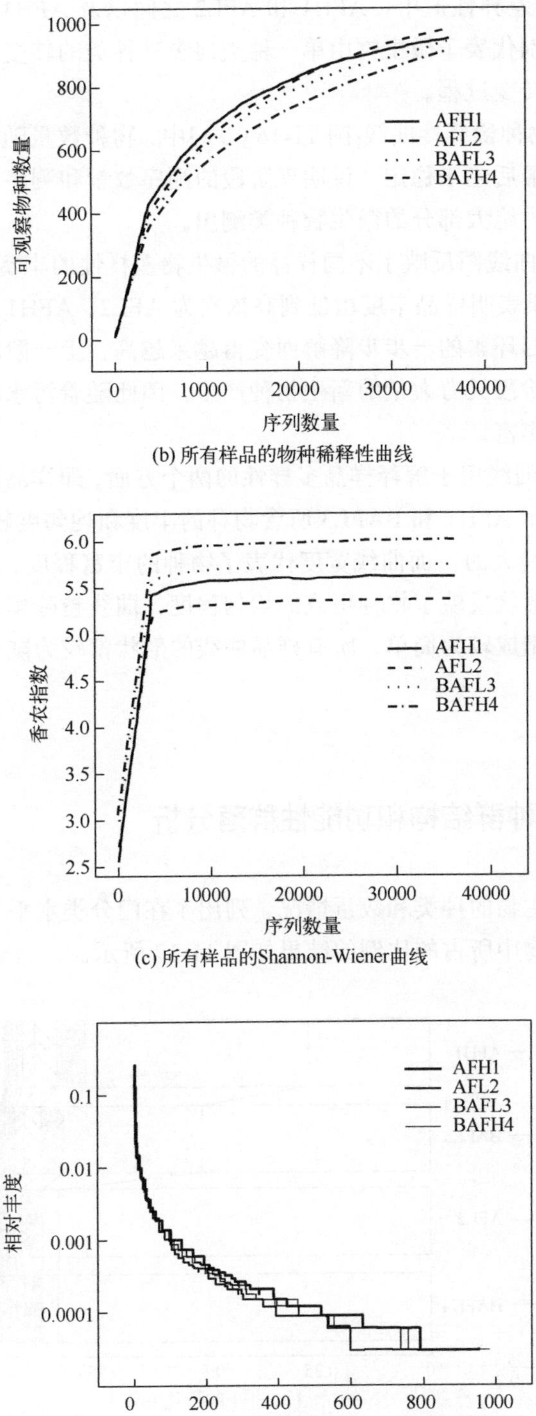

(b) 所有样品的物种稀释性曲线

(c) 所有样品的Shannon-Wiener曲线

(d) 所有样品的Rank-Abundance曲线

图 11-16　所有样品的 Beta 差异性分析（加权类分析）、物种稀释性曲线、Shannon-Wiener 曲线、Rank-Abundance 曲线

所有样品的 Beta 差异性值中，AFH1 和 AFL2 之间以及 AFH1 和 BAFH4 之间的差异性最大。这两组分别代表了微生物由单一种类向多种种类的转变过程以及微生物由厌氧种类向好氧种类的转变过程。

Alpha 差异中的物种稀释性曲线[图 11-16（b）]中，物种数量随测序数量的增多先急剧增大然后缓慢增大最后趋于稳定，说明现阶段的测序数量和测序深度已经很合理，完全能够将两个反应器内绝大部分的微生物种类测出。

Shannon-Wiener 曲线图反映了不同样品的微生物多样性的丰富程度，Shannon 指数越大，丰度越高。结果表明样品丰度由低到高依次为 AFL2、AFH1、BAFL3 和 BAFH4。样品的物种丰度随着四环素的一步步降解而变得越来越高，上一阶段的物种在下一阶段还未完全消失，下一阶段又有大量的新生物种产生，因此随着污水的进一步处理，微生物物种也变得越来越丰富。

Rank-Abundance 曲线用于解释样品多样性的两个方面，即样品所含物种的丰富程度和均匀程度，结果显示 AFH1 和 BAFL3 所含物种的丰度和均匀度较相似。BAFH4 曲线的宽度是所有样品中最大的，而曲线宽度代表了物种的丰富程度，因此 BAFH4 是物种丰度最高的。曲线的形状反映了物种组成的均匀程度，曲线越陡峭表明均匀程度越低。由于所配废水的物质组成较为简单，所有样品曲线的形状都较为陡峭，表明样品物种组成的均匀程度较低。

11.3.6.3 微生物种群结构和功能性群落分析

为了深入分析微生物的种类和数量情况，列出了在门分类水平上的微生物的种类及其在本样品所有微生物中所占的比例的结果如图 11-17 所示。

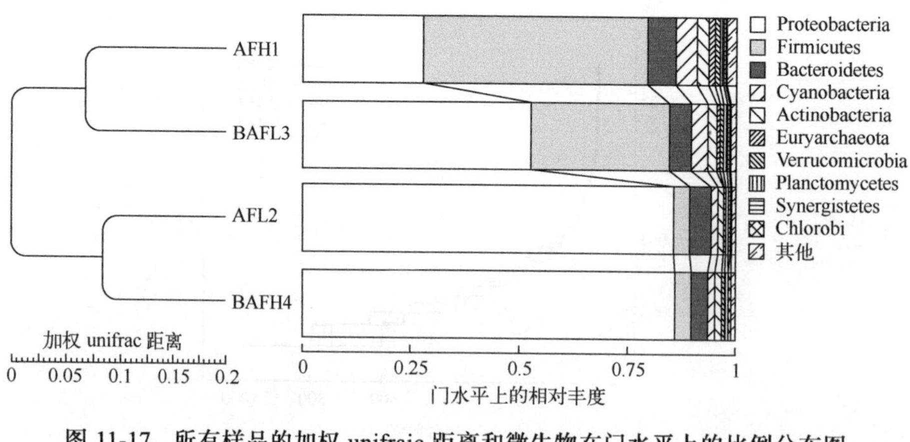

图 11-17 所有样品的加权 unifraic 距离和微生物在门水平上的比例分布图

UAF 和 UBAF 中随着高度的增大，微生物的种类和比例发生了很大变化，但厚壁菌门（Firmicutes）和变形菌门（Proteobacteria）始终是所有样品中主要的微生物大类。在

UAF 中，随着高度的增大变形菌门的比例由 85.5%下降到 27.9%，厚壁菌门的比例由 3.7%增大到 51.4%，其他优势菌门类如放线菌门（Actinoobacteria）、蓝藻菌门（Cyanobacteria）、广古菌门（Euryarchaeota）的比例也有所增大。但在 UBAF 中这些显性菌门的比例的变化却与 UAF 完全相反。由于门类水平包含物种太广，根据图 11-15 中显示基因标签在科和属水平上贡献的物种信息最多，因此为了细化分析显性微生物的比例变化，同时研究其功能属性变化，部分优势菌种在科和属水平上的比例变化如表 11-6 所列。

表 11-6　在科或属分类水平上部分优势菌种随高度的比例变化

界门	科或属	AFH1（65cm）	AFL2（35cm）	BAFL3（35cm）	BAFH4（65cm）
k_Archaea p_Euryarchaeota	f_Methanobacteriaceae;g_*Methanobacterium*	0.030%	0.000%	0.060%	0.000%
	f_Methanocorpusculaceae;g_*Methanocorpusculum*	0.214%	0.003%	0.283%	0.000%
	f_Methanospirillaceae	0.335%	0.000%	0.071%	0.000%
	f_Methanosaetaceae;g_*Methanosaeta*	0.815%	0.008%	0.189%	0.003%
k_Bacteria p_Proteobacteria	o_Burkholderiales;f_Comamonadaceae	2.132%	10.375%	5.654%	16.292%
	f_Oxalobacteraceae	0.488%	0.905%	0.697%	1.234%
	f_Methylophilaceae	0.269%	0.409%	0.477%	0.686%
	f_Nitrosomonadaceae	0.069%	0.107%	0.173%	0.892%
	f_Rhodocyclaceae	1.942%	13.434%	12.882%	25.054%
	f_Rhodocyclaceae;g_*Thauera*	0.612%	5.039%	5.980%	7.997%
	f_Rhodocyclaceae;g_*Zoogloea*	0.283%	1.029%	0.911%	5.124%
	f_Desulfovibrionaceae;g_*Desulfovibrio*	5.978%	1.185%	1.654%	0.883%
	f_Campylobacteraceae;g_*Arcobacter*	3.007%	41.563%	18.618%	20.155%
	f_Aeromonadaceae	0.176%	1.259%	0.475%	0.779%
	f_Methylococcaceae	0.200%	0.362%	0.198%	0.343%
	o_Xanthomonadales;f_Sinobacteraceae	0.296%	2.886%	0.828%	0.645%
	o_Xanthomonadales;f_Xanthomonadaceae	0.645%	2.019%	1.322%	6.609%
	f_Xanthomonadaceae;g_*Dokdonella*	0.494%	1.243%	0.993%	6.049%
	o_Enterobacteriales;f_Enterobacteriaceae	2.450%	1.020%	1.034%	0.946%
k_Bacteria p_Firmicutes	f_Exiguobacteraceae;g_*Exiguobacterium*	0.357%	0.134%	0.236%	0.145%
	f_Streptococcaceae;g_*Lactococcus*	13.749%	1.377%	5.706%	0.878%
	o_Clostridiales;f_Catabacteriaceae	0.609%	0.038%	0.151%	0.066%
	o_Clostridiales;f_Clostridiaceae	0.406%	0.077%	0.082%	0.033%
	f_Syntrophomonadaceae;g_*Syntrophomonas*	0.853%	0.044%	0.140%	0.047%
	f_Veillonellaceae;g_*Acidaminococcus*	0.340%	0.041%	0.384%	0.022%
	f_Veillonellaceae;g_*Anaeromusa*	29.616%	1.273%	20.528%	1.339%
	f_Veillonellaceae;g_*Anaerovibrio*	0.667%	0.019%	0.774%	0.038%

续表

界门	科或属	AFH1（65cm）	AFL2（35cm）	BAFL3（35cm）	BAFH4（65cm）
k_Bacteria p_Firmicutes	f_Veillonellaceae;g_*Veillonella*	1.141%	0.112%	2.186%	0.115%
	f_Erysipelotrichaceae;g_*Bulleidia*	0.716%	0.033%	0.189%	0.038%

注：k 表示界，p 表示门，o 表示目，f 表示科，g 表示属。

UAF 中属于 Proteobacteria 的丛毛单胞菌科（Comamonadaceae）、陶厄氏菌属（*Thauera*）、红环菌科（Rhodocyclaceae）、华杆菌科（Sinobacteraceae）、弓形杆菌属（*Arcobacter*）、动胶菌属（*Zoogloea*）和黄单胞菌科（Xanthomonadaceae）的比例随着填料高度的增大均下降了很多。Comamonadaceae 对苯环、氨基和喹诺酮等化学物质具有很强的降解能力，它的比例由 10.4%下降到 2.1%；*Thauera* 特别适合降解芳香族化合物中的苯环结构，其所占比例也由 5.0%下降到 0.6%。图 11-18（a）中为 Sinobacteraceae 的系统发育树分析，*Hydrocarboniphaga* 和 *Alkanibacter* 属于华杆菌科且两种细菌对长链烃类化学物质有特定的降解功能。

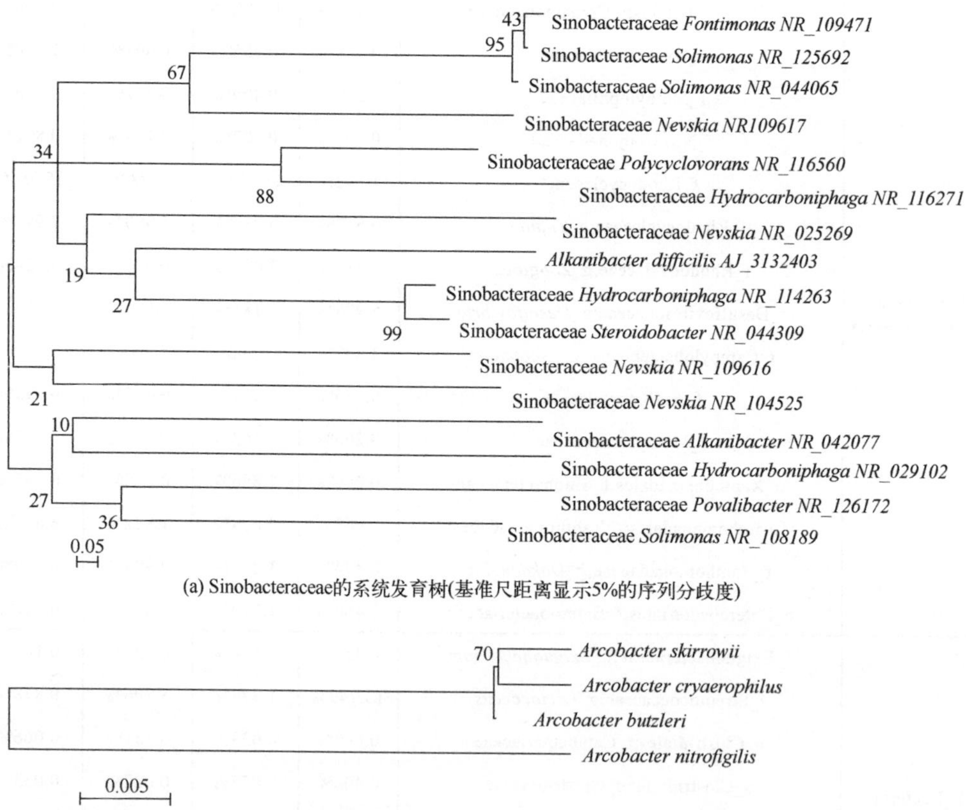

(a) Sinobacteraceae的系统发育树(基准尺距离显示5%的序列分歧度)

(b) *Arcobacter*的系统发育树(基准尺距离显示0.5%的序列分歧度)

图 11-18 Sinobacteraceae 和 *Arcobacter* 的系统发育树

由于所配废水中碳类物质主要为蔗糖，其化学结构简单，只有四环素中含有苯环、氨基、长链烃基等复杂的结构，因此 Comamonadaceae、*Thauera* 和 Sinobacteraceae 是反应器中降解四环素的主要微生物。在 UAF 中它们的比例随高度而降低，且总的微生物密度也在降低，因此三种细菌的数量随高度逐渐减少，导致反应器降解四环素的能力逐渐减弱，这与前文中四环素随高度的降解规律相符合。*Zoogloea*、Xanthomonadaceae 和部分 *Thauera* 能够分别产生菌胶团、黄原胶和 EPS 等物质，这些物质是组成生物膜的重要物质，因此这三种细菌数量的降低导致了生物膜厚度随高度而变薄，EPS 的量随高度而降低。*Zoogloea* 和 *Thauera* 又同属于 Rhodocyclaceae，证实红环菌科对有机废物的降解和生物膜的形成都具有重要的作用。*Arcobacter* 对抗恶劣环境的能力较强，能在低温环境中生存，而 UAF 的培养温度在 16℃以下，因此 *Arcobacter* 所占的比例较大。另外，*Arcobacter* 属的系统发育树显示 *Arcobacter cryaerophilus* 和 *Arcobacter butzleri* 两种细菌具有较强的致病性和抗生素抗性，这也解释了 *Arcobacter* 的数量随高度的变化规律。在 UAF 中随着高度的增大，*Arcobacter* 与四环素的接触时间增多，*Arcobacter* 中没有抗性基因的细菌大量死亡，因此 *Arcobacter* 的比例从 41.6%急剧下降到 3.0%。*Arcobacter* 中存活的细菌由于具有抗性因而得以继续繁殖生长，因此在 UBAF 中 *Arcobacter* 的比例又继续增长到 18.6%，并一直增长到 20.1%左右，这也显示出出水污泥中含有较多的抗性细菌。*Exiguobacterium*，*Clostridia*（Clostridiaceae）是厌氧水解阶段主要的水解性细菌，它们在 UAF 的下部所占的比例较多，在上部则几乎不含有；*Lactococcus* 和 *Anaeromusa* 是厌氧乙酸化阶段的主要细菌，其比例分别由 1.3%和 1.2%增长到 13.7%和 29.6%；Methanomicrobia 属于广古菌门，是主要的产甲烷菌，其比例由 0% 增长到 1.4%，说明在 UAF 的下部没有发生产甲烷反应。上述几种细菌的比例变化表明 UAF 的下部主要发生水解反应，上部主要发生乙酸化和产甲烷反应。由于 UAF 的出水没有经过预曝气等处理而直接作为 UBAF 的进水，因此样品 AFH1 和 BAFL3 中微生物的种类和比例的变化较小。然而外部环境毕竟由厌氧转变为好氧，因此微生物的种类也逐渐由厌氧细菌转变为好氧细菌，在样品 BAFL3 和 BAFH4 中这种规律特别明显。UBAF 中属于 Firmicutes 门的细菌的比例随高度升高均下降了很多，特别是 *Anaeromusa*、*Veillonella* 和 *Lactococcus* 这三种细菌，因为它们均属于厌氧或兼性厌氧菌。Xanthomonadaceae 属于好氧菌，其比例随高度由 1.3%增至 6.6%。Comamonadaceae、*Thauera* 和 Sinobacteraceae 这三种主要的 TET 降解细菌在 BAFL3 和 BAFH4 中的比例均较高，证明了 UBAF 对四环素仍具有较强的深度降解能力。但由于随着高度的增大所有细菌的数量均在减少，因此四环素的去除速率随着高度的增大而逐渐降低。亚硝化单胞菌科（Nitrosomonadaceae）随着高度由 0.173%增长到 0.892%，硝化螺菌属（*Nitrospira*）由 0.066%增长到 0.132%，这两种是去除 NH_4^+-N 的主要细菌，它们数量的增长规律也正好解释了硝态氮和亚硝态氮的增长规律。

为了更好地分析不同的功能性微生物群落在各个样品间的差异性，细菌功能性群落在门水平上的层聚类分析（hierarchical cluster analysis）结果如图 11-19 所示（书后另见彩图）。该图直观地比较了同一物种在不同样品的微生物群落中所占的数量和比例，为前文不同污染物降解速率随高度的变化提供了理论依据。图中标尺的数值越大，其颜色越红，代表本物种在样品中所占的相对丰度越高。

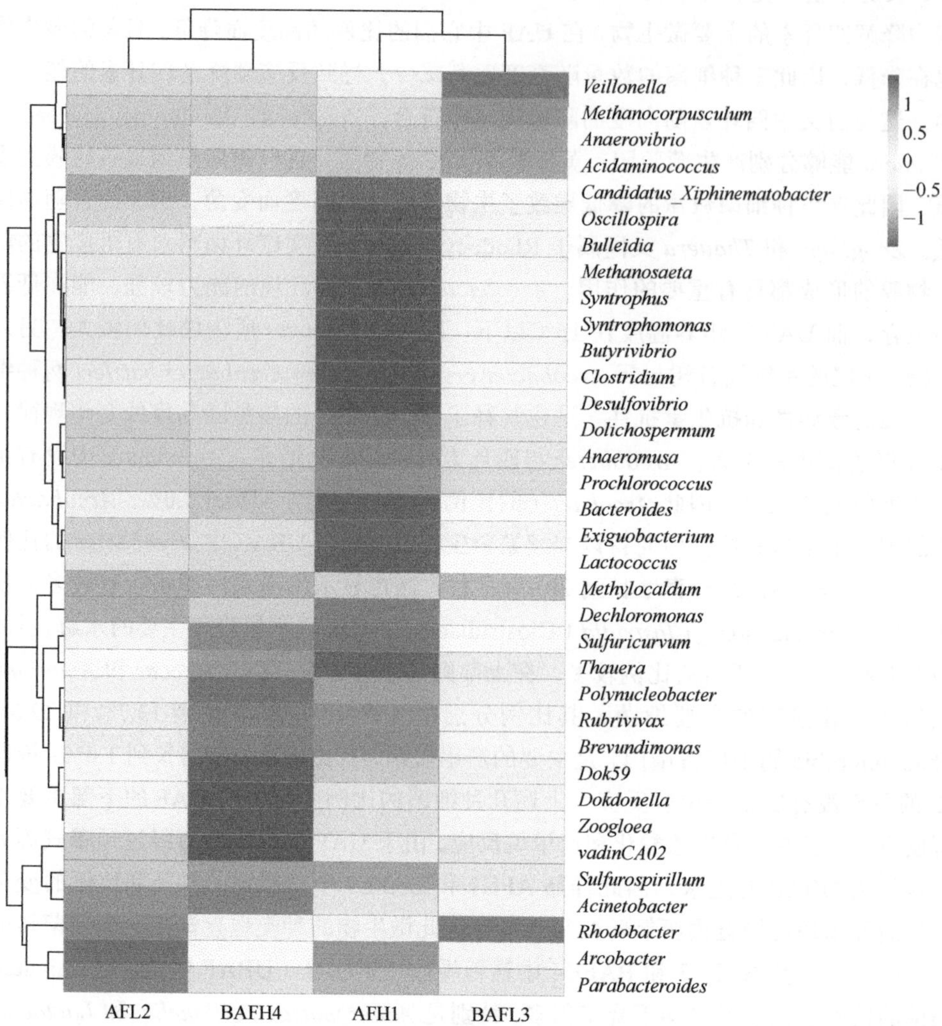

图 11-19　样品微生物群落在属水平上的层聚类分析

本章使用新型超轻煤渣陶粒和轻质污泥陶粒作为厌氧-好氧串联生物滤池系统的填料，并将该系统用于模拟四环素废水的处理中。考察了新型陶粒的各项性质，探究了废水有机物浓度和四环素浓度对 UAF-UBAF 运行情况的影响，并对串联系统中微生物的生长规律和群落变化进行了研究。

结果发现，填装新型轻质煤渣和污泥陶粒的串联 UAF-UBAF 系统对高浓度四环素废水取得了良好的处理效果且基本没有受到低温的影响，优于很多同等热力条件下的其他废水处理工艺。同时证明了两种新型陶粒在废水处理中的优越性，其负载了更多的微生物并使得微生物完全适应了反应器内的环境，达到了以废治废的目标，该研究结果具有重要的理论意义和实际应用价值。

参考文献

[1] Wu S Q, Yue Q Y, Qi Y F, et al. Preparation of ultra-lightweight sludge ceramics (ULSC) and application for pharmaceutical advanced wastewater treatment in a biological aerobic filter (BAF)[J]. Bioresource Technology, 2011, 102(3): 2296-3000.

[2] Qi Y F, Yue Q Y, Han S X, et al. Preparation and mechanism of ultra-lightweight ceramics produced from sewage sludge[J]. Journal of Hazardous Materials, 2010, 176(1-3): 76-84.

[3] Yang K L, Yue Q Y, Han W, et al. Effect of novel sludge and coal cinder ceramic media in combined anaerobic–aerobic bio-filter for tetracycline wastewater treatment at low temperature[J]. Chemical Engineering Journal, 2015, 277: 130-139.

[4] Wu S Q, Qi Y F, Gao Y, et al. Preparation of ceramic-corrosion-cell fillers and application for cyclohexanone industry wastewater treatment in electrobath reactor[J]. Journal of Hazardous Materials, 2011, 196: 139-144.

[5] Han S X, Yue Q Y, Yue M, et al. The characteristics and application of sludge-fly ash ceramic particles (SFCP) as novel filter media[J]. Journal of Hazardous Materials, 2009, 171(1-3): 809-814.

[6] Carrera J, Vicent T, Lafuente J. Effect of influent COD/N ratio on biological nitrogen removal (BNR) from high-strength ammonium industrial wastewater[J]. Process Biochemistry, 2004, 39(12): 2035-2041.

[7] Yahiat S, Fourcade F, Brosillon S, et al. Removal of antibiotics by an integrated process coupling photocatalysis and biological treatment–Case of tetracycline and tylosin[J]. International Biodeterioration & Biodegradation, 2011, 65(7): 997-1003.

[8] Sharp R R, Cunningham A B, Komlos J, et al. Observation of thick biofilm accumulation and structure in porous media and corresponding hydrodynamic and mass transfer effects[J]. Water Science and Technology, 1999, 39(7): 195-201.

[9] Praveen P, Nguyen D T T, Loh K-C. Biodegradation of phenol from saline wastewater using forward osmotic hollow fiber membrane bioreactor coupled chemostat[J]. Biochemical Engineering Journal, 2015, 94: 125-133.

[10] Zuriaga-Agustí E, Bes-Piá A, Mendoza-Roca J A, et al. Influence of extraction methods on proteins and carbohydrates analysis from MBR activated sludge flocs in view of improving EPS determination[J]. Separation and Purification Technology, 2013, 112: 1-10.

[11] Liu Y, Tay J H. The essential role of hydrodynamic shear force in the formation of biofilm and granular sludge[J]. Water Research, 2002, 36(7): 1653-1665.

[12] Sponza D T. Extracellular polymer substances and physicochemical properties of flocs in steady and unsteady-state activated sludge systems[J]. Process Biochemistry, 2002, 37(9): 983-998.

[13] Li X Y, Yang S F. Influence of loosely bound extracellular polymeric substances (EPS) on the flocculation, sedimentation and dewaterability of activated sludge[J]. Water Research, 2007, 41(5): 1022-1030.

[14] Nichkova M, Marco M P. Biomonitoring human exposure to organohalogenated substances by measuring urinary chlorophenols using a high-throughput screening (HTS) immunochemical method[J]. Environmental Science and Technology, 2006, 40(7): 2469-2477.

[15] Zhu R Y, Christian K, Cheng Z W, et al. Styrene removal in a biotrickling filter and a combined UV–biotrickling filter: Steady-and transient-state performance and microbial analysis[J]. Chemical Engineering Journal, 2015, 275: 168-178.

[16] Leandro T, França L, Nobre M F, et al. *Nevskia aquatilis* sp. nov. and *Nevskia persephonica* sp. nov., isolated from a mineral water aquifer and the emended description of the genus *Nevskia*[J]. Systematic and Applied Microbiology, 2012, 35(5): 297-301.

[17] Wan C L, Chen S, Wen L, et al. Formation of bacterial aerobic granules: Role of propionate[J]. Bioresource Technology, 2015, 197: 489-494.

[18] Gallus C, Schink B. Anaerobic degradation of α-resorcylate by *Thauera aromatica* strain AR-1 proceeds via oxidation and decarboxylation to hydroxyhydroquinone[J]. Archives of microbiology, 1998, 169(4): 333-338.

[19] Kjeldgaard J, Jørgensen K, Ingmer H. Growth and survival at chiller temperatures of Arcobacter butzleri[J].

International Journal of Food Microbiology, 2009, 131(2-3): 256-259.

[20] Golder H, Denman S, McSweeney C, et al. Effects of partial mixed rations and supplement amounts on milk production and composition, ruminal fermentation, bacterial communities, and ruminal acidosis[J]. Journal of Dairy Science, 2014, 97(9): 5763-5785.

[21] Yang K L, Yue Q Y, Kong J J, et al. Microbial diversity in combined UAF-UBAF system with novel sludge and coal cinder ceramic fillers for tetracycline wastewater treatment[J]. Chemical Engineering Journal, 2016, 285: 319-330.

[22] Huang M H, Qi F F, Wang J, et al. Changes of bacterial diversity and tetracycline resistance in sludge from AAO systems upon exposure to tetracycline pressure[J]. Journal of Hazardous Materials, 2015, 298: 303-309.

[23] Guan X H, Xu X H, Lu M, et al. Pretreatment of oil shale retort wastewater by acidification and ferric-carbon micro-electrolysis[J]. Energy Procedia, 2012, 17, Part B: 1655-1661.

[24] Auerbach E A, Seyfried E E, McMahon K D. Tetracycline resistance genes in activated sludge wastewater treatment plants[J]. Water Research, 2007, 41(5): 1143-1151.

[25] Zhang W, Huang M H, Qi F F, et al. Effect of trace tetracycline concentrations on the structure of a microbial community and the development of tetracycline resistance genes in sequencing batch reactors[J]. Bioresource Technology, 2013, 150: 9-14.

[26] Hou B L, Han H J, Zhuang H F, et al. A novel integration of three-dimensional electro-Fenton and biological activated carbon and its application in the advanced treatment of biologically pretreated Lurgi coal gasification wastewater[J]. Bioresource Technology, 2015, 196: 721-725.

[27] Zhu Q S, Guo S H, Guo C M, et al. Stability of Fe-C micro-electrolysis and biological process in treating ultra-high concentration organic wastewater[J]. Chemical Engineering Journal, 2014, 255: 535-540.

[28] Jasiewicz K, Cieslak J, Kaprzyk S, et al. Relative crystal stability of Al_xFeNiCrCo high entropy alloys from XRD analysis and formation energy calculation[J]. Journal of Alloys and Compounds, 2015, 648: 307-312.

[29] Tunyogi A, Tanczikó F, Bogdán C, et al. Characterisation of annealed Fe/Ag bilayers by RBS and XRD[J]. Nuclear Instruments and Methods in Physics Research Section B: Beam Interactions with Materials and Atoms, 2010, 268(11-12): 1972-1975.

[30] Ji G D, Tong J J, Tan Y F. Wastewater treatment efficiency of a multi-media biological aerated filter (MBAF) containing clinoptilolite and bioceramsite in a brick-wall embedded design[J]. Bioresource Technology, 2011, 102(2): 550-557.

[31] Soodan R K, Pakade Y B, Nagpal A, et al. Analytical techniques for estimation of heavy metals in soil ecosystem: A tabulated review[J]. Talanta, 2014, 125(11): 405-410.

[32] Zhang Y B, Feng Y H, Yu Q L, et al. Enhanced high-solids anaerobic digestion of waste activated sludge by the addition of scrap iron[J]. Bioresource Technology, 2014, 159: 297-304.

[33] Wang X M, Liu F, Tan W F, et al. Transformation of hydroxycarbonate green rust into crystalline iron (hydr)oxides: Influences of reaction conditions and underlying mechanisms[J]. Chemical Geology, 2013, 351: 57-65.

[34] Xu X Y, Cheng Y, Zhang T T, et al. Treatment of pharmaceutical wastewater using interior micro-electrolysis/Fenton oxidation-coagulation and biological degradation[J]. Chemosphere, 2016, 152(1): 23-30.

[35] Wu J, Zhang H, Oturan N, et al. Application of response surface methodology to the removal of the antibiotic tetracycline by electrochemical process using carbon-felt cathode and DSA (Ti/RuO_2-IrO_2) anode[J]. Chemosphere, 2012, 87(6): 614-620.

[36] Zhou H M, Lv P, Shen Y Y, et al. Identification of degradation products of ionic liquids in an ultrasound assisted zero-valent iron activated carbon micro-electrolysis system and their degradation mechanism[J]. Water Research, 2013, 47(10): 3514-3522.

[37] Zagklis D P, Koutsoukos P G, Paraskeva C A. A combined coagulation/flocculation and membrane filtration process for the treatment of paint industry wastewaters[J]. Industrial & Engineering Chemistry Research, 2012, 51(47): 15456-15462.

[38] Millero F J. Solubility of Fe (Ⅲ) in seawater[J]. Earth and Planetary Science Letters, 1998, 154(1-4): 323-329.

[39] Sirés I, Brillas E. Remediation of water pollution caused by pharmaceutical residues based on electrochemical

separation and degradation technologies: A review[J]. Environment International, 2012, 40: 212-229.

[40] Morgan J L L, Wasylenki L E, Nuester J, et al. Fe isotope fractionation during equilibration of Fe–organic complexes[J]. Environmental Science & Technology, 2010, 44(16): 6095-6101.

[41] Zhu L Z, Yang K, Lou B F, et al. A multi-component statistic analysis for the influence of sediment/soil composition on the sorption of a nonionic surfactant (Triton X-100) onto natural sediments/soils[J]. Water Research, 2003, 37(19): 4792-4800.

[42] Verenich S, Kallas J. Wet oxidation lumped kinetic model for wastewater organic burden biodegradability prediction[J]. Environmental Science & Technology, 2002, 36(15): 3335-3339.

[43] Uke M N, Stentiford E. Enhancement of the anaerobic hydrolysis and fermentation of municipal solid waste in leachbed reactors by varying flow direction during water addition and leachate recycle[J]. Waste Management, 2013, 33(6): 1425-1433.

[44] Wang Y Y, Ren Z J, Jiang F, et al. Effect of copper ion on the anaerobic and aerobic metabolism of phosphorus-accumulating organisms linked to intracellular storage compounds[J]. Journal of Hazardous Materials, 2011, 186(1): 313-319.

[45] Ryu H D, Kim D, Lim H E, et al. Nitrogen removal from low carbon-to-nitrogen wastewater in four-stage biological aerated filter system[J]. Process Biochemistry, 2008, 43(7): 729-735.

[46] Cetecioglu Z, Ince B, Gros M, et al. Chronic impact of tetracycline on the biodegradation of an organic substrate mixture under anaerobic conditions[J]. Water Research, 2013, 47(9): 2959-2969.

[47] Jackiewicz-Rek W, Załęgowski K, Garbacz A, et al. Properties of cement mortars modified with ceramic waste fillers[J]. Procedia Engineering, 2015, 108: 681-687.

[48] Li S, Tang D Z, Xu H, et al. Advanced characterization of physical properties of coals with different coal structures by nuclear magnetic resonance and X-ray computed tomography[J]. Computers & Geosciences, 2012, 48: 220-227.

[49] Puñal A, Trevisan M, Rozzi A, et al. Influence of C：N ratio on the start-up of up-flow anaerobic filter reactors[J]. Water Research, 2000, 34(9): 2614-2619.

[50] Rizvi H, Ahmad N, Abbas F, et al. Start-up of UASB reactors treating municipal wastewater and effect of temperature/sludge age and hydraulic retention time (HRT) on its performance[J]. Arabian Journal of Chemistry, 2015, 8(6): 780-786.

[51] Mun K J. Development and tests of lightweight aggregate using sewage sludge for nonstructural concrete[J]. Construction and Building Materials, 2007, 21(7): 1583-1588.

[52] Trabelsi I, Sellami I, Dhifallah T, et al. Coupling of anoxic and aerobic biological treatment of landfill leachate[J]. Desalination, 2009, 246(1-3): 506-513.

[53] Prado N, Ochoa J, Amrane A. Biodegradation by activated sludge and toxicity of tetracycline into a semi-industrial membrane bioreactor[J]. Bioresource Technology, 2009, 100(15): 3769-3774.

[54] Sponza D T, Çelebi H. Removal of oxytetracycline (OTC) in a synthetic pharmaceutical wastewater by sequential anaerobic multichamber bed reactor (AMCBR)/completely stirred tank reactor (CSTR) system: Biodegradation and inhibition kinetics[J]. Journal of Chemical Technology & Biotechnology, 2012, 87(7): 961-975.

[55] Wu X F, Wei Y S, Zheng J X, et al. The behavior of tetracyclines and their degradation products during swine manure composting[J]. Bioresource Technology, 2011, 102(10): 5924-5931.

[56] Prado N, Ochoa J, Amrane A. Biodegradation and biosorption of tetracycline and tylosin antibiotics in activated sludge system[J]. Process Biochemistry, 2009, 44(11): 1302-1306.

[57] Kümmerer K. Drugs in the environment: Emission of drugs, diagnostic aids and disinfectants into wastewater by hospitals in relation to other sources – A review[J]. Chemosphere, 2001, 45(6-7): 957-969.

[58] Xu J, Sheng G P, Ma Y, et al. Roles of extracellular polymeric substances (EPS) in the migration and removal of sulfamethazine in activated sludge system[J]. Water Research, 2013, 47(14): 5298-5306.

[59] Ismail S B, de La Parra C J, Temmink H, et al. Extracellular polymeric substances (EPS) in upflow anaerobic sludge blanket (UASB) reactors operated under high salinity conditions[J]. Water Research, 2010, 44(6): 1909-1917.

[60] 倪红，熊哲，张珊，等. 多孔陶粒固定化微生物效果及扫描电镜观察[J]. 湖北大学学报：自然科学版，2011, 33(2): 182-186.

[61] 谢家仪，董光军，刘振英. 用于污水处理的微生物制样方法和扫描电镜观察[J]. 电子显微学报，2006, 25(B08): 272-273.

第12章 污泥陶粒基绿色建筑材料

超轻/轻质污泥陶粒作为一种轻集料，可以取代普通砂石配制轻集料混凝土，具有密度小、强度高、保温、隔热、耐火、抗震性能好的特点，在建筑、环保、冶金、化工、石油、农业等部门有着广泛用途，因此近年来得到了迅速发展。

本章将利用前述研究制备的污泥陶粒，进一步进行污泥陶粒作为轻集料制备轻质污泥陶粒实心混凝土砌块和污泥陶粒基多元脂肪酸定型相变材料的研究。本章将详细介绍这两种材料的制备和性质，并对污泥陶粒基多元脂肪酸定型相变材料调节室温的作用进行研究，这将对开发污泥陶粒用于新型绿色建材领域具有重要的意义。

12.1 轻质污泥陶粒实心混凝土砌块

12.1.1 轻质污泥陶粒实心混凝土砌块的原材料指标分析

制备轻质污泥陶粒实心混凝土砌块的原材料及相关指标如表12-1所列。采用自制的轻质污泥陶粒，作为对比的商品混凝土陶粒来自山东省淄博市某陶粒生产厂家，采用的黏结剂为普通硅酸盐水泥，养护用水为自来水。

表12-1 制备轻质污泥陶粒实心混凝土砌块的原材料及指标

原料	名称	堆积密度/(kg/m³)	颗粒密度/(kg/m³)	吸水率/%		筒压强度/MPa		粒度/mm	简称
骨料	轻质污泥陶粒	750	1350	6.5		8.7		8～12	LSC
	商品陶粒	820	1440	6.0		9.2		8～12	CC
原料	名称	强度等级/MPa	抗压强度/MPa		抗折强度/MPa			代号	简称
			3d	28d	3d	28d			
黏结剂	普通硅酸盐水泥	42.5	17.5	42.8	3.5	6.6		P·O	CM

选用的骨料为两种，均属于轻质陶粒的范畴，其具体指标比较相似；水泥选用的是普通硅酸盐水泥，来自济南山水水泥有限公司。

12.1.2 轻质污泥陶粒实心混凝土砌块的制备

轻质污泥陶粒实心混凝土砌块具体制备步骤为：

① 分别选用轻质污泥陶粒（LSC）和商品陶粒（CC）各两份，分别记为轻质污泥陶粒（干，代号 LSC-D）、轻质污泥陶粒（湿，代号 LSC-W）、商品陶粒（干，代号 CC-D）和商品陶粒（湿，代号 CC-W）。其中，LSC-D 和 CC-D 为轻质污泥陶粒与商品陶粒放置于 105℃恒温干燥箱中干燥 5h，LSC-W 与 CC-W 为轻质污泥陶粒与商品陶粒放置于自来水中饱和吸附 24h，随后用拧干的毛巾擦干陶粒表面的游离水。

② 取一定质量的水泥与水，按照 1∶1 的比例（质量比）配制水泥浆。

③ 用量筒准确量取一定体积的四种代号陶粒（每种陶粒各取 9 份，每个养护周期为 3d，所有养护陶粒共计 36 份），放置于已经均匀涂抹养护油的固定模具上（模具内尺寸为 240mm×120mm×55mm）。

④ 按照 2∶1 的体积比例（陶粒∶水泥浆）注入水泥浆。随后连同模具放置于振荡器中振荡均匀（振荡频率为 120 次/min）。

⑤ 放置于相对湿度为 100%，温度为 20℃的养护箱中养护 1d 后拆模，在同样条件下的养护室中继续养护至 3d、7d 和 28d。

⑥ 达到相关养护周期的陶粒混凝土砌块用湿毛巾抹掉表面吸附水分，分别进行抗压强度试验、抗折强度试验，对抗折强度试验中的断面进行 SEM 观察。

12.1.3 轻质污泥陶粒实心混凝土砌块的性质表征

12.1.3.1 轻质污泥陶粒实心混凝土砌块与商品陶粒实心混凝土砌块的抗压、抗折强度分析

选用轻质污泥陶粒（干，LSC-D）实心混凝土砌块（记为 LSC-D-C）、轻质污泥陶粒（湿，LSC-W）实心混凝土砌块（记为 LSC-W-C）、商品陶粒（干，CC-D）实心混凝土砌块（记为 CC-D-C）和商品陶粒（湿，CC-W）实心混凝土砌块（记为 CC-W-C）4 种陶粒混凝土砌块。上述 4 种实心混凝土砌块的抗压强度及抗折强度如表 12-2 所列。

表 12-2 4 种实心混凝土砌块的抗压强度及抗折强度

产品	3d			7d			28d		
	抗折强度/MPa	抗压强度/MPa		抗折强度/MPa	抗压强度/MPa		抗折强度/MPa	抗压强度/MPa	
LSC-D-C	4.4	32.3	31.2	4.2	31.9	30.7	5.5	43.3	39.4

续表

产品	3d			7d			28d		
	抗折强度/MPa	抗压强度/MPa		抗折强度/MPa	抗压强度/MPa		抗折强度/MPa	抗压强度/MPa	
LSC-W-C	3.2	17.3	19.2	4.4	23.6	26.1	5.7	53.2	54.6
CC-D-C	5.0	32.6	34.8	6.2	40.6	37.1	8.0	48.6	50.3
CC-W-C	1.7	6.6	6.5	1.6	9.0	9.0	3.8	14.2	13.2

从表 12-2 可以看出：对照 GB/T 21144—2023 实心混凝土的相关标准，污泥陶粒和商品陶粒在不添加任何添加剂及混凝土调配剂的前提下均可以用于实心混凝土的生产与制备。同时，纯干陶粒的初期强度效果明显，在 3d 左右均可达到实际强度的 70%以上；24h 吸水后的污泥陶粒初期强度不明显，但是强度会随着后期养护作用而逐渐体现出来。对比商品陶粒的混凝土，污泥陶粒不仅可以直接在干基条件下养护实心砌块，更可以在湿润条件下养护为强度更高的砌块。因此具有更广泛的使用条件。而商品陶粒仅仅可以用于干基混凝土砌块的制备，如果其含水率过高则影响砌块强度的正常产生。

除此之外，还需要注意的是：在抗折强度上，不管是干基污泥陶粒还是湿基污泥陶粒，其抗折强度均低于干基商品陶粒所制备的混凝土的抗折强度，因此在使用过程中应当适当避免在对抗折强度有严格要求的建筑物或者构筑物中使用。

12.1.3.2 轻质污泥陶粒实心混凝土砌块与商品陶粒实心混凝土砌块的微观结构 SEM 分析

轻质污泥陶粒（干）实心混凝土砌块（LSC-D-C）、轻质污泥陶粒（湿）实心混凝土砌块（LSC-W-C）、商品陶粒（干）实心混凝土砌块（CC-D-C）和商品陶粒（湿）实心混凝土砌块（CC-W-C）四种实心混凝土砌块 28d 抗折强度产生的断面 SEM 图如图 12-1～图 12-4 所示。

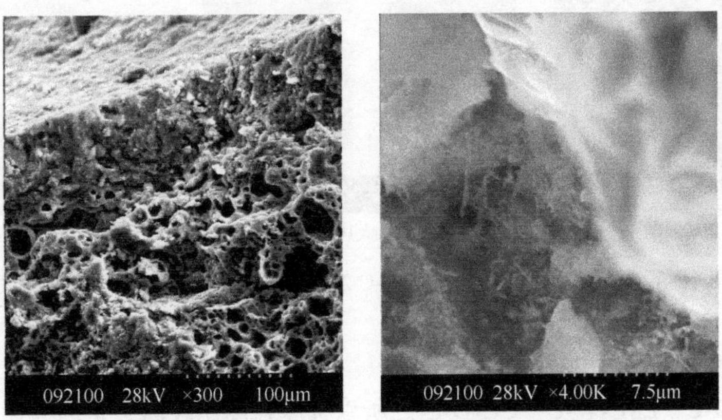

(a) 放大300倍　　(b) 放大4000倍

图 12-1　实心混凝土砌块 LSC-D-C 28d 抗折强度产生的断面 SEM 图

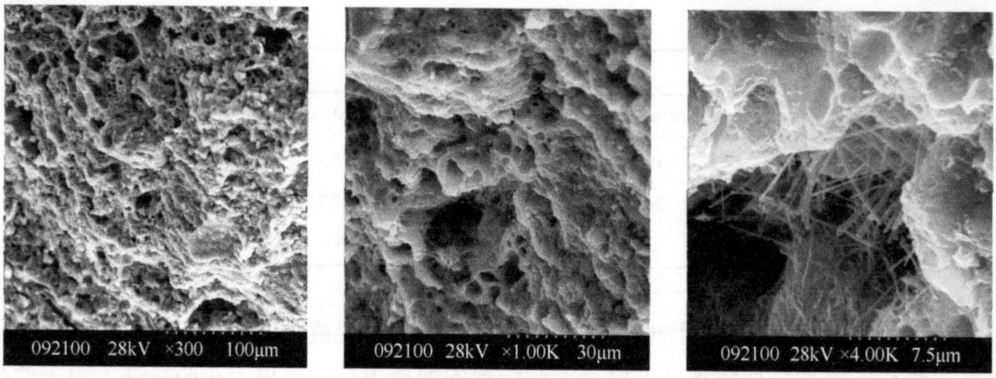

(a) 放大300倍　(b) 放大1000倍　(c) 放大4000倍

图 12-2　实心混凝土砌块 LSC-W-C 28d 抗折强度产生的断面 SEM 图

(a) 放大300倍　(b) 放大1000倍　(c) 放大4000倍

图 12-3　实心混凝土砌块 CC-D-C 28d 抗折强度产生的断面 SEM 图

(a) 放大300倍　(b) 放大1000倍　(c) 放大4000倍

图 12-4　实心混凝土砌块 CC-W-C 28d 抗折强度产生的断面 SEM 图

从 SEM 照片可以看出：

① LSC-D-C、LSC-W-C、CC-D-C 之所以抗压强度比较高，是因为黏结剂（水泥）与陶粒之间以纤维状物质桥接，其中纤维状物质成分主要为硅酸钙晶体。

② 图 12-3 中纤维物质存在数量巨大，与商品陶粒干基实心混凝土砌块具备较强的抗折强度相对应。

③ 图 12-4 中，由于商品陶粒湿基实心混凝土砌块表面未形成明显的纤维状物质，因而其抗折、抗压强度远远低于上述三种陶粒混凝土砌块。侧面说明了水泥中硅酸盐类物质晶体的形成程度及晶体数量直接决定了陶粒混凝土砌块的抗折及抗压强度，或者可以表述为：陶粒混凝土砌块的抗折强度与抗压强度形成原因与陶粒与水泥之间空间内硅酸盐类晶体的多少与形成度有直接关系。

12.2　污泥陶粒基多元脂肪酸定型相变材料

由城市污泥制备的污泥陶粒具有较高的孔隙度，具备成为一个优质多孔复合相变材料的条件。将多元脂肪酸浸入污泥陶粒中，使用合适的方法将其密封，可制备得到一种新型的污泥陶粒基多元脂肪酸定型相变材料。将这种新型环保材料应用到建筑材料中，不仅能调节室内温度，使室温保持在一个让人体感觉舒适的温度范围，减少空调等设备的使用，实现节能；而且还能达到固体废物资源化的目的。

本节分别对复合条件对饱和脂肪酸混合物性质的影响，饱和脂肪酸混合物相图和污泥陶粒基多元脂肪酸定型相变材料的制备、性质表征及其在建筑节能中的应用进行研究。

12.2.1　复合条件对饱和脂肪酸混合物性质的影响

饱和脂肪酸因其性质稳定、价格低廉、熔化潜能高、无毒、无过冷现象等一系列优点而被广泛关注。并且，饱和脂肪酸可以从植物和动物油脂中提取得到，来源丰富。然而，就住宅环境的舒适性而言，一元脂肪酸的熔点过高，不能满足调节室内温度的需求。根据熔点降低原理，混合物的共晶温度低于其中任意组分的熔点。因此，制备脂肪酸混合物是解决一元脂肪酸熔点过高的有效方法。本节采用加热-超声法进行不同饱和脂肪酸的复合，探究了不同复合条件——加热时间、加热温度和超声波振动过程对脂肪酸共晶混合物的热性质和化学性质的影响。表 12-3 所表示的是采用的饱和脂肪酸的化学性质。

表 12-3　饱和脂肪酸的热性能

样品	分子式	熔点/℃	熔解潜热/(J/g)
硬脂酸（SA）	$C_{18}H_{36}O_2$	69	222.2
棕榈酸（PA）	$C_{16}H_{32}O_2$	62	212.1
肉豆蔻酸（MA）	$C_{14}H_{28}O_2$	54	178.8
月桂酸　（LA）	$C_{12}H_{24}O_2$	45	175.8

12.2.1.1 加热时间的影响

选取 5 份一定比例的硬脂酸和肉豆蔻酸混合物，在未经超声处理的条件下，分别在 70℃下加热 5min、15min、25min、35min 和 45min。然后采用 DSC 测定这些混合物的热性质。如图 12-5 所示，除处理 5min 的物质外，其他物质的 DSC 曲线的峰点和形状都非常接近。处理 5min 的物质的 DSC 曲线有两个峰点，这说明该混合物没有完全混合。5min 时间不足以使混合物完全混合。再由图 12-6 所示，当混合时间由 5min 增加到 45min 时，混合物的熔点由 45.59℃下降至 44.24℃，并且下降的幅度从 15min 之后就变得非常平缓。该结果表明，混合物混合时间越长越均匀，为得到均匀的混合物，加热时间不得低于 15min。所以，制备饱和脂肪酸混合物需要足够的加热混合时间，但是也不是时间越长越好，加热太长时间则会浪费时间和能源。最佳加热时间需要根据要求在具体实验中加以确定。

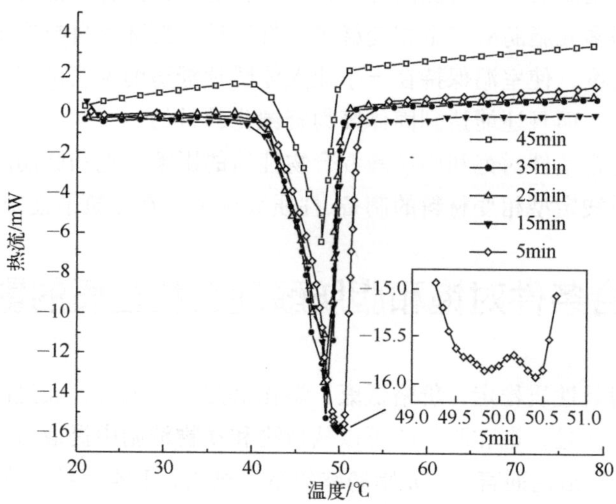

图 12-5 在 70℃下加热不同时间的 SA-MA 混合物的 DSC 曲线

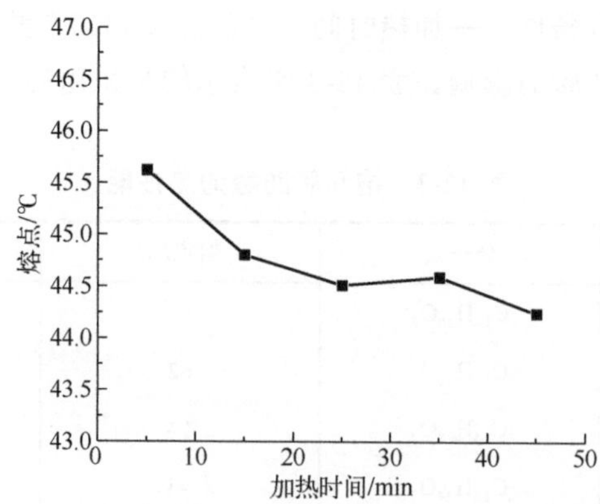

图 12-6 在 70℃下加热不同时间的 SA-MA 混合物的熔点

12.2.1.2　加热温度的影响

SA 和 MA 混合物分别在 60℃、65℃、70℃、75℃、80℃和 85℃下混合 25min。图 12-7 显示了这些共晶混合物的 DSC 曲线。如图所示，除了在 60℃下制备的共晶混合物外，其他混合物的 DSC 曲线峰点大体一致。在 60℃下制备的共晶混合物的 DSC 曲线有两个峰点，这说明在该条件下制备的物质没有完全混合。SA 和 MA 的混合主要依赖于分子的热运动，温度越高，分子的热运动越剧烈。然而，如图 12-8 所示，当加热温度升高时，共晶混合物的熔点仅变化了 0.76℃，这表明温度升高不会显著增加混合物的混合程度。

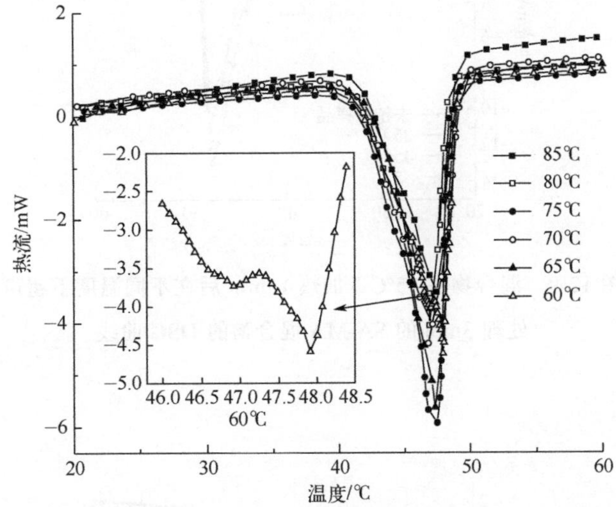

图 12-7　在不同温度下加热 20min 的 SA-MA 混合物的 DSC 曲线

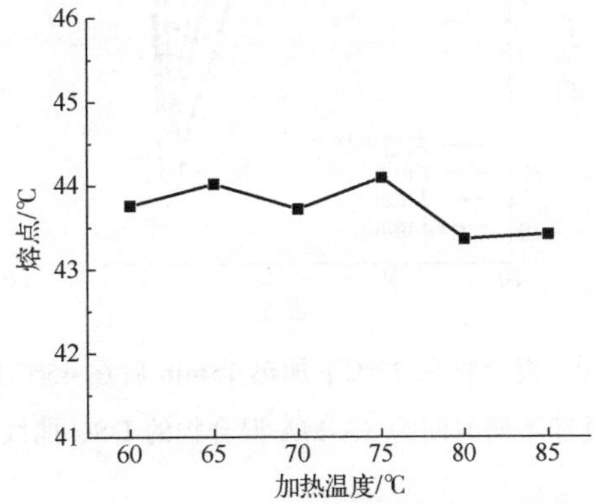

图 12-8　在不同温度下加热 20min 的 SA-MA 混合物的熔点

12.2.1.3 超声波振动处理

6 份 SA 和 MA 固体混合物在 75℃下加热 15min，然后其中的 5 份在不同条件下进行超声处理。图 12-9 表示未超声样品及在 35℃、45℃和 55℃下超声处理 3min 的共晶混合物的 DSC 曲线，而图 12-10 表示未超声样品及在 45℃下分别超声处理 1min、3min 和 5min 的共晶混合物的 DSC 曲线。

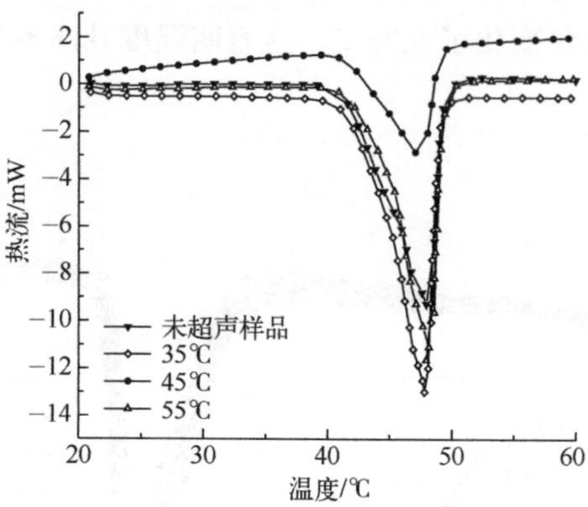

图 12-9 混合物在 75℃下加热 15min 后在不同温度下超声处理 3min 的 SA-MA 混合物的 DSC 曲线

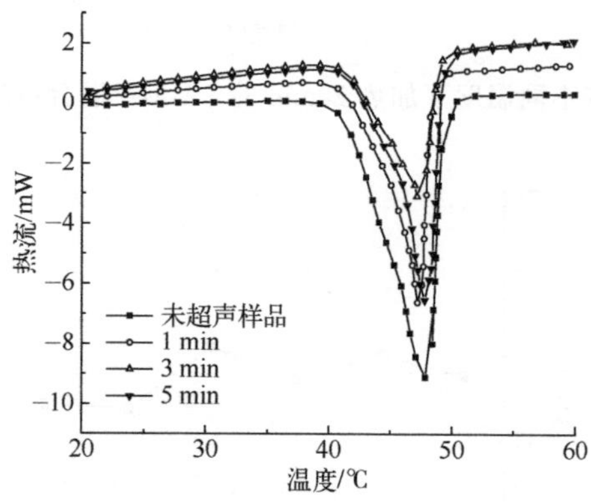

图 12-10 混合物在 75℃下加热 15min 后在 45℃下超声处理不同时间的 SA-MA 混合物的 DSC 曲线

峰的形状和位置随超声处理的温度和时间变化不大。而且，如表 12-4 所列，共晶混合物熔点的差异也很小。超声波的主要作用是引起剧烈的振动，它对两种饱和脂肪酸的混合的贡献是非常微小的。由此可知，在进行共晶混合物的混合过程中，用超声振动处理完全没有必要。

表 12-4　SA-MA 混合物的熔点（混合物在 75℃下加热 15min，并在不同条件下进行超声处理）

超声搅拌温度/℃	超声搅拌时间/min	熔点/℃
未超声	未超声	43.33
35	3	43.86
45	1	44.66
45	3	43.07
45	5	44.92
55	3	44.01

12.2.2 饱和脂肪酸混合物相图

本节采用类比递推的方法，逐步研究二元共晶系统、假二元共晶系统和三元共晶系统的性质，着重研究相图的相关性质，确定三元共晶点在相图中的位置，以为相关研究提供技术支持。

12.2.2.1 典型的共晶系统的性质

（1）二元共晶系统

典型的最简单的二元共晶相图如图 12-11 所示。A 和 B 代表不同的晶体。j 和 g 分别代表 A 和 B 的固态。j+E 指物质 A 固体和 A&B 共融物的固体状态；g+E 指物质 B 固体和 A&B 共融物的固体状态。*T* 为温度。*MN* 温度线之上的状态和之下的状态不同。点 *C* 代表物质 A 的熔点，随着 B 添加量的增加，混合物的熔点逐渐降低，沿着线 *CE* 直到达到点 *E*。点 *D* 代表物质 B 的熔点，随着 A 添加量的增加，混合物的熔点逐渐降低，沿着线 *DE* 直到达到点 *E*。B 的变化趋势与 A 相似。点 *E* 是混合物质 A 和 B 的共晶点。因为混合物在共晶点时的性质稳定，熔点和熔化热确定，所以这种混合物在实际应用中最受欢迎。

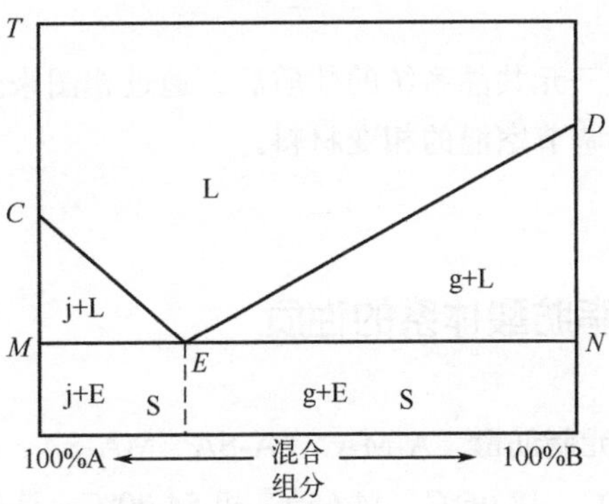

图 12-11　二元共晶系统相图（L 表示液体，S 表示固体）

通过 Schröeder-Van Laar 公式可以计算出不同混合物的配比和相应的相变温度

$$\ln x_i = H_i/R\,(1/T_i - 1/T) \tag{12-1}$$

式中 H_i——在熔点 T 时，组分 i 的摩尔熔化热，J/mol；

T_i——组分 i 的熔点，K；

T——共晶点时的温度，K；

x_i——共晶混合物组分 i 的摩尔分数；

R——气体常数，其值是 8.314J/（mol·K）。

（2）三元共晶系统

三元共晶系统由三种不同的晶体组成，其相图可以由等边三角形表示，如图 12-12 所示。三角形的三个顶点分别代表三种不同的纯物质。三条边上的点代表二元混合物。例如，边 *AB* 上的点 *M* 代表 A 和 B 的混合物（质量比 m_A：m_B=60%：40%）。三角形内部的点代表三元混合物，其中不同组分的配比通过辅助线获得。以点 *N* 为例，线 1、2 和 3 分别平行于 *AB*、*AC* 和 *BC*。线 3 与边 *AB* 交于点 *M*，代表组分 A 的质量占比为 60%。用同样的方法，可以得到组分 B 和 C 占比都为 20%。

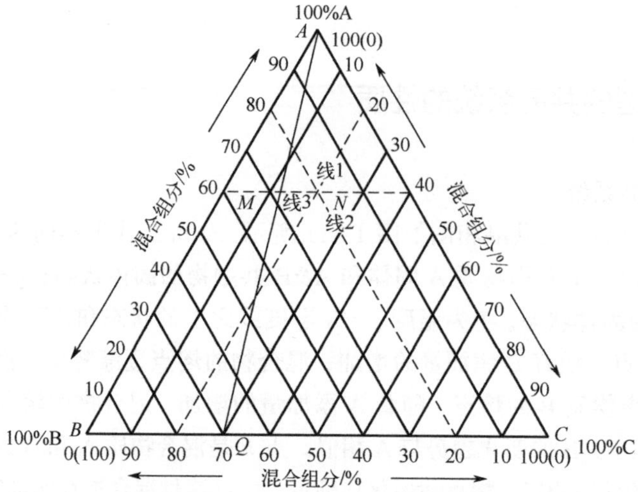

图 12-12 三元共晶系统相图

在充分了解了二元和三元共晶系统的性质后，通过相图来分析和研究饱和脂肪酸混合物的性质，以找到适合调节室温的相变材料。

12.2.2.2 二元饱和脂肪酸体系的性质

如图 12-13 所示，二元脂肪酸 LA-MA、LA-SA、MA-SA、MA-PA 和 SA-PA 的共晶点分别为 31.35℃、38.93℃、48.06℃、44.65℃ 和 54.00℃。这些曲线具有下列相同的性质：纯脂肪酸的熔点最高；随着其他脂肪酸的加入，混合物的熔点逐渐下降直到共晶点。

通过曲线分析得到二元脂肪酸的共晶点。而且，二元系统的最低温度都超过 31℃，这超过了人体舒适的温度范围。

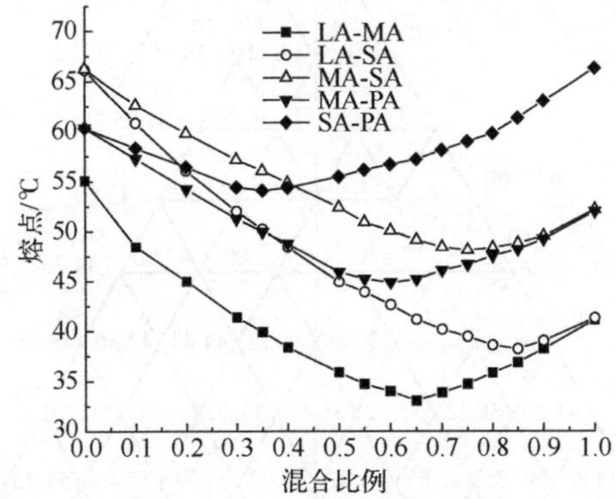

图 12-13　不同配比的二元饱和脂肪酸的熔点变化曲线

二元脂肪酸系统的理论共晶点和相应的混合比例可以通过应用方程 Schröeder-Van Laar 得到。表 12-5 对实验数据和理论值进行比较。结果表明，实验值和理论值的最大差距发生在 LA-SA 二元系统中，为 1.13℃。理论配比和实验配比非常接近，其差值分别为 0.1976、0.1360、0.1390、0.0062 和 0.0340。以上结论证明了方程 Schröeder-Van Laar 适用于二元共晶体系。

表 12-5　二元脂肪酸系统的热学性质的理论值与实验值之间的比较

二元脂肪酸	理论的质量比	实验质量比	理论共晶点/℃	实验共晶点/℃
LA-MA	62.4：37.6	65：35	32.37	32.85
LA-SA	85.3：14.7	85：15	39.06	37.93
MA-SA	74.1：25.9	75：25	48.2	48.04
MA-PA	59.9：40.1	60：40	44.88	44.65
SA-PA	37.5：65.5	35：65	54.29	54.00

12.2.2.3　三元饱和脂肪酸体系的性质

（1）假二元饱和脂肪酸系统

在图 12-14 中，对于线 *AE* 上的混合物，MA 和 SA 以质量比为 1：1 配比组成的混合物可以被看作是假一元物质；然后由 LA 和 MA-SA 组成假二元混合物。同样，对于线 *CF* 上的混合物，LA 和 MA 以质量比为 1：1 配比组成的混合物可以被看作是假一元物质；然后由 SA 和 LA-MA 组成假二元混合物。这些混合物的热学性质由 DSC 测定，如图 12-15。

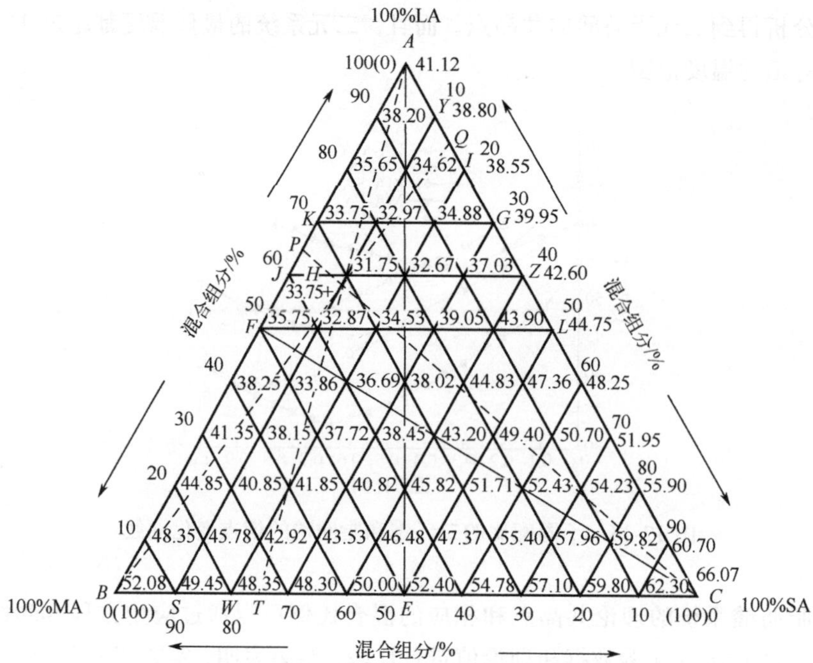

图 12-14　三元饱和脂肪酸相图（LA-MA-SA）

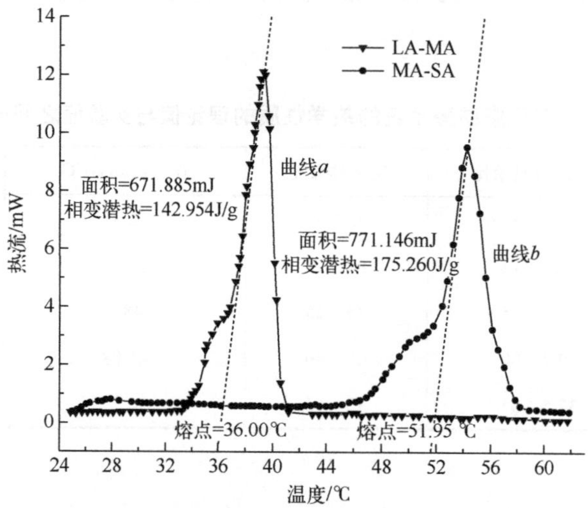

图 12-15　假一元混合物（LA：MA=1：1）（曲线 *a*）和
假一元混合物（MA：SA=1：1）（曲线 b）的 DSC 曲线

假一元物质 LA-MA 和 MA-SA 的熔点和相变潜热分别为 36.00℃、142.954J/g 和 51.95℃、175.260J/g。通过应用方程 Schröeder-Van Laar 得到假二元物质 LA-（MA&SA）和 SA-（LA&MA）的共晶点和相应的混合配比。

表 12-6 对实验数据和理论数据进行比较，结果表明实验数据和理论数据差值很小，对于 LA-（MA&SA）和 SA-（LA&MA），共晶点的温度差分别为 0.09℃和 1.13℃，质

量比差值分别为 0.0632 和 0.0489。这表明该应用方程适用于假二元系统。

表 12-6　假二元饱和脂肪酸的理论和实验共晶点

假二元脂肪酸混合物	理论质量比	实验质量比	理论熔点/℃	实验熔点/℃
LA-（MA&SA）	56.2：43.7	55：45	31.26	31.17
SA-（LA&MA）	18.4：81.6	15：85	32.88	31.75

（2）三元和假二元饱和脂肪酸系统的比较

用相同的方法配制组分与上述假二元系统相同的三元系统 LA-SA-MA 混合物，用 DSC 方法测定其热学性质。图 12-16 表明两个系统的熔点差距很小，差值在 0.08～0.7℃范围内。熔点差值最小的是 LA-（MA&SA）（质量比 0.6：0.4），最大的是 LA-（MA&SA）（质量比 0.3：0.7）。

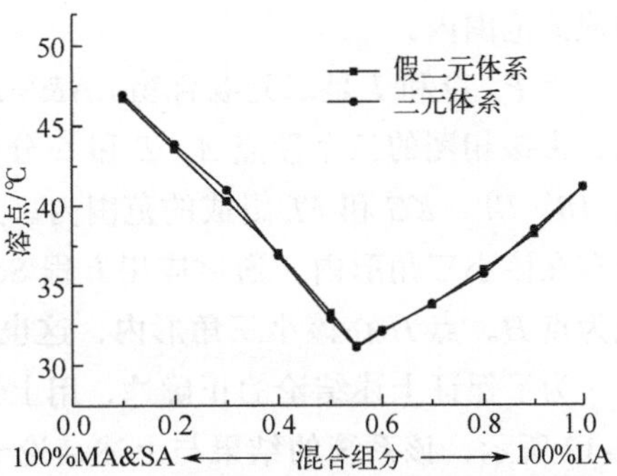

图 12-16　三元和假二元饱和脂肪酸的熔点随组分配比之间的变化关系[LA-（MA&SA）]

如表 12-7 所列，LA-（MA&SA）（质量比 0.6：0.4）的相变潜热最大，大约为 220J/g。LA-（MA&SA）（质量比 0.6：0.4）同时具有最大的相变潜热和最小的熔点，因此被认为是调节室内温度可选的最佳相变材料之一。另外，假设二元体系和三元体系的相变潜能差距<3.3J/g，这个差值也是可以接受的。为了保证结果的可信度，对于体系 LA-SA-MA 进行同样的实验，结果仍然证实假二元和三元体系的熔点和相变潜能的差值小，在可以接受的范围内。综上所述，三元体系和假二元体系具有相似的热学性质，方程 Schröeder-Van Laar 适用于三元系统。

表 12-7　三元体系和假二元体系脂肪酸混合物的相变潜热（ΔH）的比较

LA 所占组分	MA&SA 所占组分	假二元系统 ΔH /（J/g）	三元系统 ΔH /（J/g）	假二元和三元系统 ΔH 的差值 /（J/g）
0.1	0.9	127.761	129.652	1.891
0.2	0.8	193.537	194.541	1.004
0.3	0.7	206.845	208.348	1.503
0.4	0.6	142.592	139.687	2.905
0.5	0.5	107.072	110.369	3.297
0.6	0.4	219.373	221.546	2.173
0.7	0.3	122.437	120.345	2.092
0.8	0.2	100.571	101.682	1.111
0.9	0.1	159.278	157.364	1.914

（3）三元饱和脂肪酸系统

用加热-超声法配制一系列不同比例的三元饱和脂肪酸混合物。其共熔点温度由双目显微镜熔点测定仪测定。图 12-14 表示不同三元混合物的共晶点和相应的混合比。在线 *KG* 上，下列不同混合物（LA：MA=70：30，LA：MA：SA=70：20：10，LA：MA：SA=70：10：20，LA：SA=70：30）的熔点分别为 33.75℃、32.97℃、34.88℃和 39.95℃。由此推断出，这条线上的最低熔点在点（LA：MA=70：30）和点（LA：MA：SA=70：20：10）之间；对于线 *JZ*，最低熔点分布在点（LA：MA：SA=60：30：10）附近。在平行于边 A*B* 的方向上，线 *JZ* 上点的相变温度低于线 *KG* 和 *FL* 相应位置上的点。三元饱和脂肪酸系统的最低熔点在线 *KG* 和 *FL* 之间。通过同样的分析可以得到最低熔点分布在线 *AB* 和 *IW* 之间。由此我们得到该三元系统的最低熔点在由线 *AB*、*IW*、*KG* 和 *FL* 围成的范围内。

点 *P*、*Q* 和 *T* 是二元混合物 LA&MA、LA&SA 和 MA&SA 的共晶点。如图 12-14 所示，由该相图的三个顶点 *A*、*B* 和 *C* 分别与 *T*、*Q* 和 *P* 连线得到的一个小三角形分布在线 *AB*、*IW*、*KG* 和 *FL* 组成的范围内。通过分析数据的变化趋势，可以得到三元共晶点分布在该小三角形内。通过应用方程 Schröeder-Van Laar 得到的该系统的理论三元共晶点为点 *H*。点 *H* 在该小三角形内，这也证实了上述结论。

为了保证上述结论的正确性，用上述同样的方法研究了三元系统 MA-SA-PA。如图 12-17 所示，该系统的结果与上述结论一致。以上结论使寻找三元共晶点的范围大大减小，为以后的三元系统的研究提供了一定的理论支持。

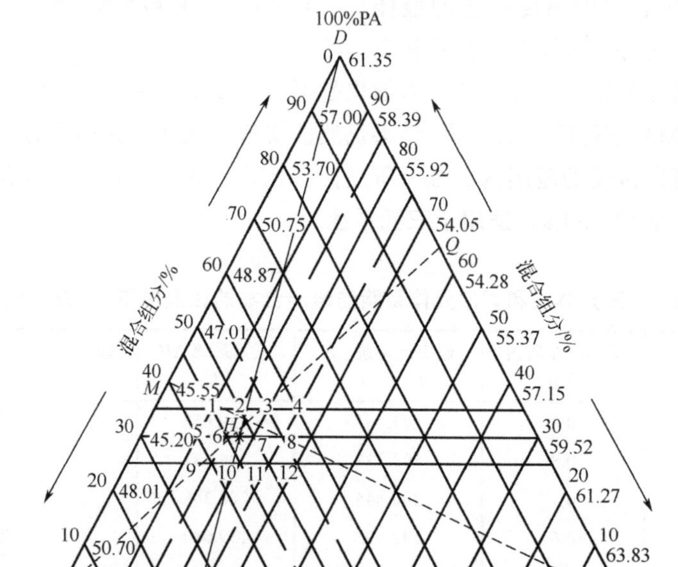

图 12-17　三元饱和脂肪酸相图（MA-SA-PA）

12.2.3 污泥陶粒基多元脂肪酸定型相变材料的制备

根据前两个方面的研究，选择出最佳的复合条件首先制备一种合适的三元共晶脂肪酸混合物，后续使其浸入污泥陶粒中制备出污泥陶粒基多元脂肪酸定型相变材料，测定该定性相变材料的各项指标，并将其应用于建筑模型中测定其对建筑物室温调节的作用。

污泥取自济南市光大水务一厂，黏土取自济南市郊某工地建筑弃土，其性质如表 12-8 和表 12-9 所列。污泥和黏土按 1∶9 比例混合，加入一定量的水（质量分数 10%）以获得足够的塑性，然后把混合物制成直径为 0.8～1.2cm 的小球，将其置于室温下 24h 干燥。将干样品放置于高温电阻炉中，温度由室温以 2.5℃/min 速率升高至指定温度，然后在最高温度维持一定时间。样品待炉温降至室温后取出。

表 12-8　污泥和黏土的化学成分（干基）（质量分数）　　单位：%

样品	SiO_2	Al_2O_3	Fe_2O_3	CaO	K_2O	Na_2O	WO_2	S	P	其他
脱水污泥	24.90	13.10	9.72	21.35	2.11	—	10.44	9.08	5.62	3.68
黏土	64.36	19.58	6.71	0.87	2.32	2.18	—	—	—	3.98

表 12-9　脱水污泥的性质

样品	含水率/%	挥发分（干基）/%	TOC（干基）/%	热值（干基）/（MJ/kg）
脱水污泥	81.27	46.51	22.31	18.50

为了准备复合相变材料，多元脂肪酸共晶混合物在大约 0.095 MPa 的压力下由真空浸渍法纳入污泥陶粒中。最大吸附量是每 100g 污泥陶粒中浸入 46g 饱和脂肪酸。然后，采用环氧树脂作为多元脂肪酸/污泥陶粒的涂层，以免渗漏。

热循环实验通过测试在热循环过程中复合相变材料的相变温度和相变潜热的变化来分析该复合相变材料的热稳定性。该实验进行了 800 次冷热循环。DSC 和 FTIR 分析用来测试热循环前后复合相变材料的热学和化学性质。

12.2.4 污泥陶粒基多元脂肪酸定型相变材料的性质表征

12.2.4.1 孔径分布

图 12-18 表示污泥陶粒的孔径分布。如图所示，大孔在孔隙结构中占主要部分。由于高孔隙率（约 1.3mL/g，占 68.38%）和大孔隙直径（平均孔隙直径 0.22μm），大量 SA-PA-MA-LA 共晶混合物（质量分数，约 46%）浸入陶粒孔隙中，制备出多元脂肪酸/污泥陶粒复合相变材料。从 15℃到 35℃进行 800 次冷热循环，以测试复合相变材料的耐用性

和稳定性。SEM、DSC 和 FTIR 用来测试热循环前后复合相变材料的热学和化学性质。

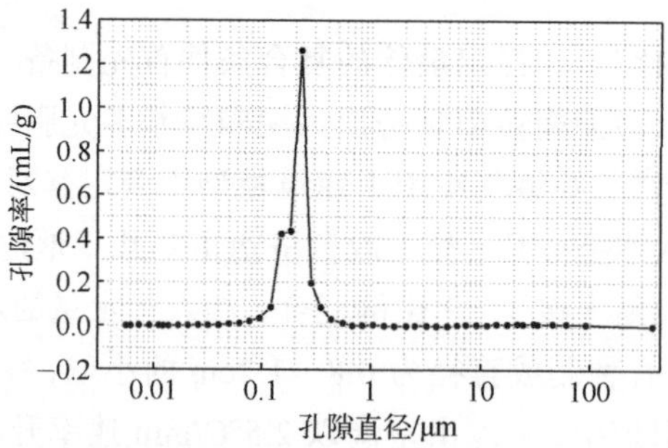

图 12-18 污泥陶粒的孔径分布

12.2.4.2 微观结构（SEM）

图 12-19 显示了经过冷热循环周期后污泥陶粒和复合相变材料的 SEM 图。从图 12-19（a）和（b）可以看出，污泥陶粒有大量的孔隙，这些孔隙使污泥具备很强的毛细管作用力和表面张力。

通过真空浸渍法，SA-PA-MA-LA 共晶混合物被成功浸入污泥陶粒的孔隙中。如图 12-19（c）和（d）所示，陶粒中的许多孔隙都被该脂肪酸混合物完全充满。如图 12-19（e）和（f）所示，经过 800 次冷热循环后，复合相变材料的断面几乎没有改变，这说明，在使用过程中，复合相变材料的内部结构非常稳定。

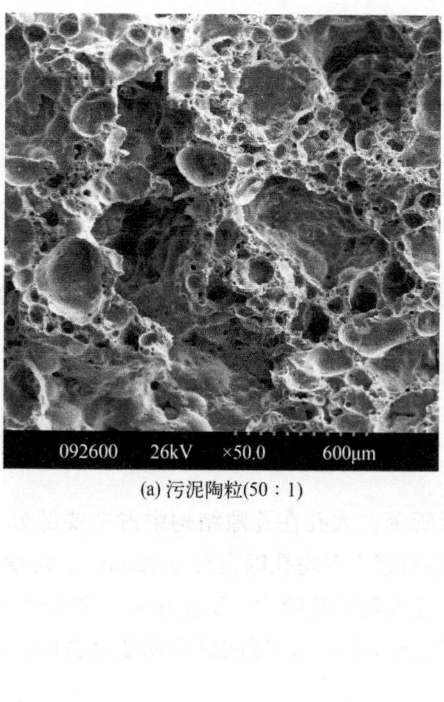

(a) 污泥陶粒(50 : 1)

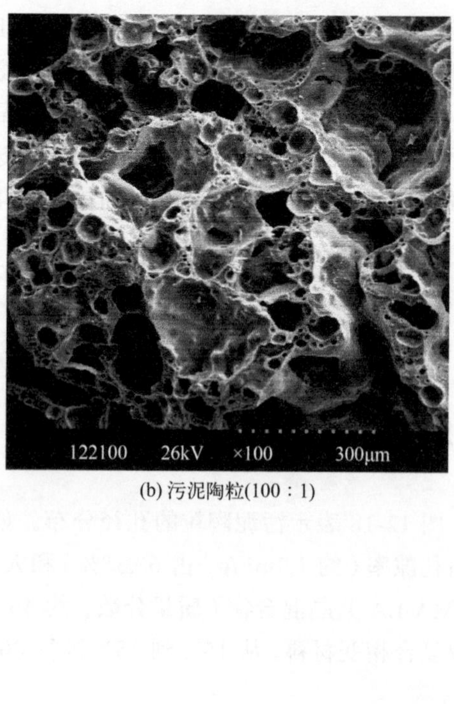

(b) 污泥陶粒(100 : 1)

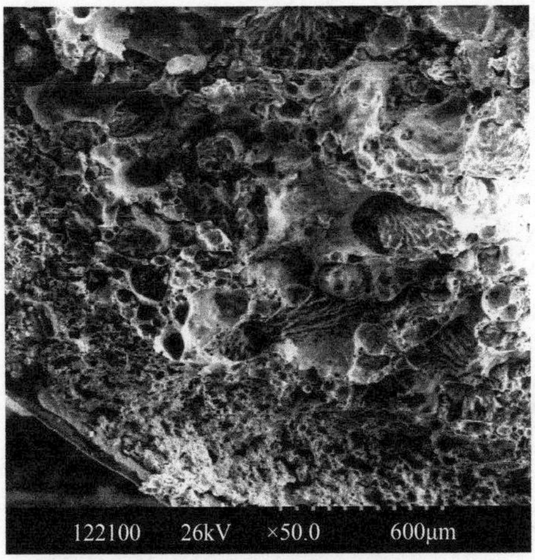

(c) 循环前的复合相变材料(50∶1)

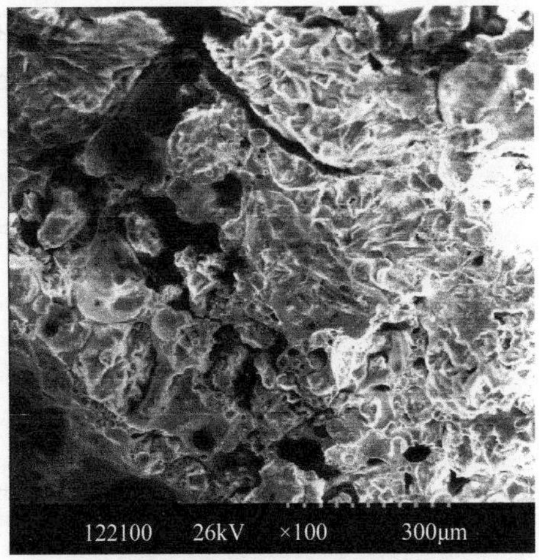

(d) 循环前的复合相变材料(100∶1)

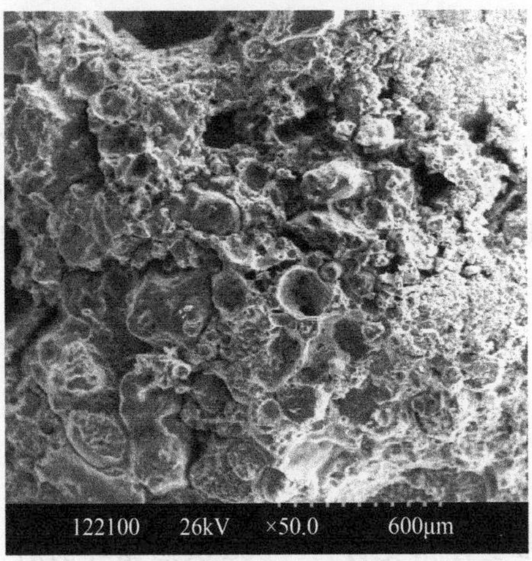

(e) 循环后的复合相变材料(50∶1)

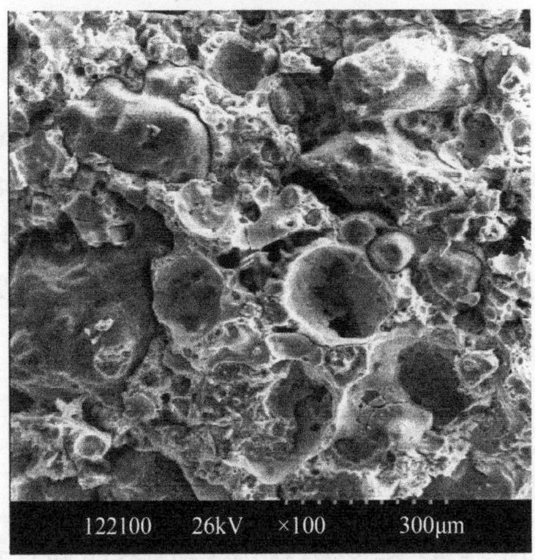

(f) 循环后的复合相变材料(100∶1)

图 12-19　污泥陶粒和复合相变材料断裂表面的扫描电镜图像（SEM 图）

12.2.4.3　热性质（DSC）

图 12-20 显示了 SA-PA-MA-LA 共晶混合物和复合相变材料（800 次热循环前后）的 DSC 变化图。SA-PA-MA-LA 共晶混合物的熔点为 26.97℃，其相应的熔解热为 151.7 J/g。与 SA-PA-MA-LA 共晶混合物相比，复合相变材料的熔点为 26.66℃，下降了 0.31℃，其相应的熔解热为 47.1 J/g，下降了大约 31%。

复合相变材料熔点的下降值是很小的。熔化焓的减少主要是由于所含的多元脂肪酸的比例下降。复合相变材料的理论熔化焓可由式（12-2）计算获得：

$$W = W_0 \times [X/(1-X)] \qquad (12\text{-}2)$$

式中　W——复合相变材料的理论熔化焓；

W_0 ——多元脂肪酸共晶混合物的熔化焓；

X ——多元脂肪酸共晶混合物吸附到多孔材料的质量分数。

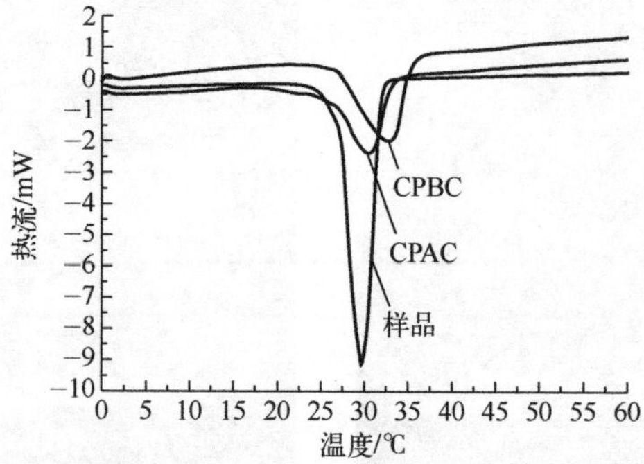

图 12-20　SA-PA-MA-LA 共晶混合物（样品）、循环前复合相变材料（CPBC）和循环后复合相变材料（CPAC）的 DSC 曲线

多元的脂肪酸吸附到污泥陶粒上的质量分数为 46%左右。通过计算，复合相变材料的理论熔化焓约为 47.8 J/g，接近测量值（47.1 J/g）。经过 800 次的冷热循环后，复合相变材料的熔化温度变为 26.11℃，相应的熔化焓为 45.6 J/g。与循环前相比，熔化温度和熔化焓的变化是很小的，这表明该复合相变材料的热性能稳定。

12.2.4.4　化学结构（FTIR）

图 12-21 是 SA-PA-MA-LA 共晶混合物和复合相变材料（800 次热循环前后）的 FTIR 谱图。在 686cm^{-1} 位置处的小峰是 OCO 平面外摇摆振动的结果，在 935～940cm^{-1} 位置的峰是由于 C—O—H 平面外弯曲振动，在 1711cm^{-1} 位置的峰是因为 C═O 的伸缩振动。

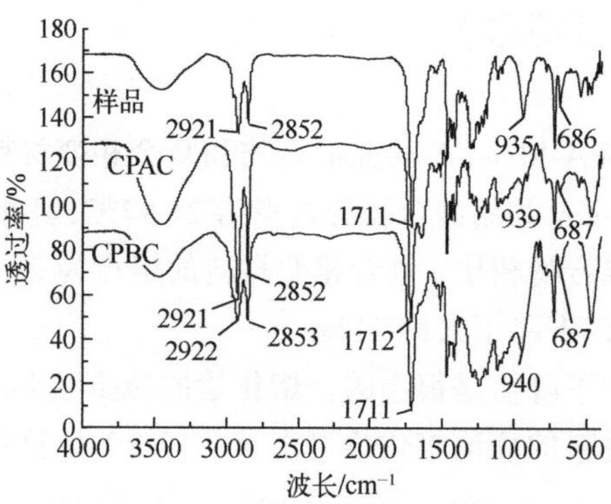

图 12-21　SA-PA-MA-LA 共晶混合物（样品）、循环前复合相变材料（CPBC）和循环后复合相变材料（CPAC）的 FTIR 图谱

此外，在 2921cm^{-1} 和 2852cm^{-1} 附近的峰分别由于—CH_2 和—CH_3 伸缩振动而出现。这 3 条线有很多相似之处，羧基（—COOH）的特征吸收峰是关键，这意味着 SA-PA-MA-LA 共晶混合物和污泥陶粒的结合，以及冷热循环的变化没有改变脂肪酸的化学结构。然而，在特征吸收峰上的一些小变化（686～687cm^{-1}，935～940cm^{-1}，1711～1712cm^{-1}，2852～2853cm^{-1}，2921～2922cm^{-1}）表明混合和冷热交替过程中，物质只是发生物理变化。

因此，可以得出结论，制备复合相变材料的过程只是简单的物理结合。在应用过程中，复合相变材料的化学结构保持稳定。

12.2.5　复合相变材料在建筑节能中的温度调节作用

为了研究含有饱和脂肪酸/污泥陶粒的相变材料的墙体材料对室内温度的调节作用，设计了两个建筑模型。这两个建筑模型（长 200mm，宽 200mm，高 300mm）有很好的密封性。该模型的底部和侧面是瓷砖，顶部是一块厚的绝缘泡沫塑料。在其中一个模型（实验模型）的顶部和侧面贴上两层多元的脂肪酸/污泥陶粒复合相变材料，而在另一个模型（控制模型）的相同位置贴上污泥陶粒。

通过测试和比较实验模型和控制模型的温度变化，确定复合相变材料的温度调节效果。在我国，电力的峰值负荷集中在夏季中午。本实验的时间选择为从中午 12 点到下午 2 点半。测试选择为 7d 连续晴天。实验最终选择在 6 月份，位置为济南市（北纬 36°40′，太阳高度大约为 76°）。

图 12-22 表示实验和控制示意图。多元脂肪酸/污泥陶粒复合相变材料和污泥陶粒分别附着在实验模型和控制模型内壁上。用 4 个温度计分别来测量模型的中心和最高点温度，另取一个温度计测量空气温度。温度测量的结果如图 12-23 所示。可以看出室温在 35～38℃范围内波动，呈缓慢上升趋势，在 70min 之前，控制模型的中心和最高点温度迅速增长，然后基本保持不变。然而，实验模型的中心和最高温度先迅速上升，达到和

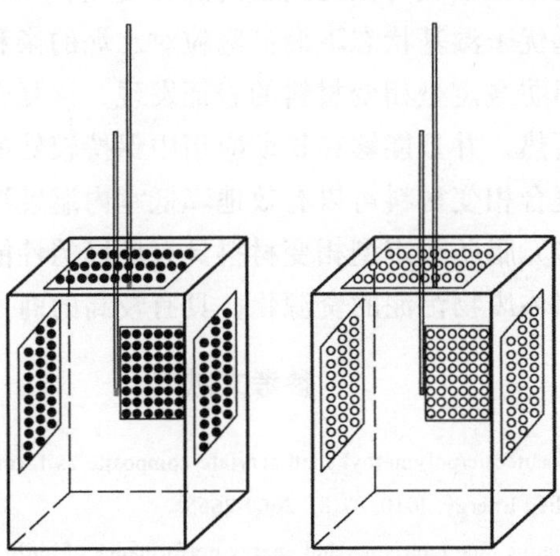

图 12-22　实验建筑模型和控制建筑模型示意

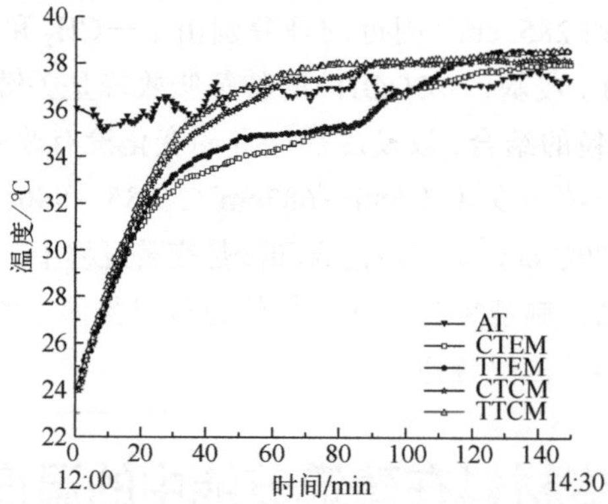

图 12-23 温度变化的结果（AT:大气温度；CTEM:实验模型中间温度；TTEM:实验模型屋顶温度;CTCM:控制模型中间温度；TTCM:控制模型屋顶温度）

维持一个狭窄的温度范围内，再慢慢增加，然后保持不变。此外，最高点温度总是高于相应的中心点温度，因为顶部暴露在阳光下，导致温度上升速度比中心快。最后，中心和最高点温度都高于空气温度，这是由于建筑模型的集热作用。

在控制建筑模型中，屋顶温度经过 45min 达到空气温度，而中心温度需要经过 60min。在实验构建的模型中，屋顶和中心的温度都是在 100min 之后才能达到空气温度。该实验结果表明，复合相变模型能有效地减少温度上升的速率。因此，得出的结论是，多元脂肪酸/污泥陶粒复合相变材料可以显著降低室内温度波动，不仅能够改善室内舒适度，而且能够减轻用电高峰的压力，达到节能的目的。

本章以污泥陶粒为主要原料，制备了基于污泥陶粒的绿色建材混凝土砌块和适用于民用建筑室温调节、具有显著节能效果的污泥陶粒基多元脂肪酸定型相变材料。结果表明，轻质污泥陶粒完全可以用于实心混凝土砌块的制备与生产，干基直接制备实心混凝土砌块在实际生产过程中可以大幅度地削减生产周期，便于节约场地与人工及生产成本；湿基污泥陶粒制备实心混凝土砌块可以得到较高的强度，利于对强度有特殊要求的场所，并且对水泥的亲和性远远优于湿基状态下商品陶粒对水泥的亲和性，有更广泛的适用性。通过对污泥陶粒基多元脂肪酸定型相变材料的表征发现，该复合相变材料特殊的熔化温度使其非常适用于建筑蓄热，并且能够在长期应用中保持较好的稳定性。同时，建筑模型实验的结果表明，该复合相变材料可以有效地降低室内温度波动，提高室内舒适度。综合而言，污泥陶粒基多元脂肪酸定型相变材料具有良好的性能，能够很好地应用于建筑节能中，有助于实现固体废物污泥的资源化，具有较高的商业潜力。

参考文献

[1] Wang L J, Meng D. Fatty acid eutectic/polymethyl methacrylate composite as form-stable phase change material for thermal energy storage[J]. Applied Energy, 2010, 87(8): 2660-2665.

[2] Zhu N, Ma Z J, Wang S W. Dynamic characteristics and energy performance of buildings using phase change materials: A review[J]. Energy Conversion and Management, 2009, 50(12): 3169-3181.

[3] Fang G Y, Chen Z, Li H. Synthesis and properties of microencapsulated paraffin composites with SiO_2 shell as thermal

energy storage materials[J]. Chemical Engineering Journal, 2010, 163(1-2): 154-159.

[4] Sarı A, Kaygusuz K. Thermal performance of myristic acid as a phase change material for energy storage application[J]. Renewable energy, 2001, 24(2): 303-317.

[5] 蔡洪兵，税安泽，曾令可，等. 新型相变材料的研究及展望[J]. 陶瓷学报, 2008, 29(04): 379-383.

[6] Mondal S. Phase change materials for smart textiles—An overview[J]. Applied Thermal Engineering, 2008, 28(11-12): 1536-1550.

[7] Aydın A A. In situ preparation and characterization of encapsulated high-chain fatty acid ester-based phase change material (PCM) in poly (urethane-urea) by using amino alcohol[J]. Chemical Engineering Journal, 2013, 231: 477-483.

[8] Oro E, Gracia A D, Castell A, et al. Review on phase change materials (PCMs) for cold thermal energy storage applications[J]. Applied Energy, 2012: 99: 513-533.

[9] Baetens R, Jelle B P, Gustavsen A. Phase change materials for building applications: A state-of-the-art review[J]. Energy and Buildings, 2010, 42(9): 1361-1368.

[10] Baran G, Sari A. Phase change and heat transfer characteristics of a eutectic mixture of palmitic and stearic acids as PCM in a latent heat storage system[J]. Energy Conversion and Management, 2003, 44: 3227-3246.

[11] Sari A, Kaygusuz K. Some fatty acids used for latent heat storage: Thermal stability and corrosion of metals with respect to thermalcycling[J]. Renewable Energy, 2003, 28(6): 939-948.

[12] Li B X, Liu T X, Hu L Y, et al. Facile preparation and adjustable thermal property of stearic acid-graphene oxide composite as shape-stabilized phase change material[J]. Chemical Engineering Journal, 2013, 215: 819-826.

[13] Li H J, Ji Z J, Wang J, et al. Research status of phase change composite materials[J]. Materials Review, 2008, 22: 248-251.

[14] Zhang Y P, Lin K P, Yang R, et al. Preparation, thermal performance and application of shape-stabilized PCM in energy efficient buildings[J]. Energy and Buildings, 2006, 38(10): 1262-1269.

[15] Chen C Z, Wang L G, Huang Y. Ultrafine electrospun fibers based on stearyl stearate/polyethylene terephthalate composite as form stable phase change materials[J]. Chemical Engineering Journal, 2009, 150(1): 269-274.

[16] Fang X M, Zhang Z G. A novel montmorillonite-based composite phase change material and its applications in thermal storage building materials[J]. Energy and Buildings, 2006, 38(4): 377-380.

[17] Ceron I, Neila J, Khayet M. Experimental tile with phase change materials (PCM) for building use[J]. Energy and Buildings, 2011, 43(8): 1869-1874.

[18] Alawadhi E M. Thermal analysis of a building brick containing phase change material[J]. Energy and Buildings, 2008, 40(3): 351-357.

[19] Karaipekli A, Sarı A. Preparation and characterization of fatty acid ester/building material composites for thermal energy storage in buildings[J]. Energy and Buildings, 2011, 43: 1952-1959.

[20] Sar A, Karaipekli A, Alkan C. Preparation, characterization and thermal properties of lauric acid/expanded perlite as novel form-stable composite phase change material[J]. Chemical Engineering Journal, 2009, 155(3): 899-904.

[21] Wang Y, Xia T D, Zheng H, et al. Stearic acid/silica fume composite as form-stable phase change material for thermal energy storage[J]. Energy and Buildings, 2011, 43(9): 2365-2370.

[22] Sar A, Karaipekli A. Preparation, thermal properties and thermal reliability of capric acid/expanded perlite composite for thermal energy storage[J]. Materials Chemistry and Physics, 2008, 109(2-3): 459-464.

[23] Sar A, Karaipekli A. Preparation, thermal properties and thermal reliability of palmitic acid/expanded graphite composite as form-stable PCM for thermal energy storage[J]. Solar Energy Materials and Solar Cells, 2009, 93(5): 571-576.

[24] Lv S L, Feng G H, Zhu N, et al. Experimental study and evaluation of latent heat storage in phase change materials wallboards[J]. Energy and Buildings, 2007, 39(10): 1088-1091.

[25] Karaipekli A, Sari A. Capric–myristic acid/expanded perlite composite as form-stable phase change material for latent heat thermal energy storage[J]. Renewable Energy, 2008, 33(12): 2599-2605.

[26] Karaipekli A, Sar A. Capric-myristic acid/vermiculite composite as form-stable phase change material for thermal energy storage[J]. Solar Energy, 2009(3): 323-332.

[27] Karaipekli A, Sar A. Preparation, thermal properties and thermal reliability of eutectic mixtures of fatty acids/expanded vermiculite as novel form-stable composites for energy storage[J]. Journal of Industrial and Engineering Chemistry, 2010, 16(5): 767-773.

[28] Li M, Wu Z S, Kao H T. Study on preparation and thermal properties of binary fatty acid/diatomite shape-stabilized phase change materials[J]. Solar Energy Materials and Solar Cells, 2011, 95(8): 2412-2416.

[29] Li M, Kao H T, Wu Z S, et al. Study on preparation and thermal property of binary fatty acid and the binary fatty acids/diatomite composite phase change materials[J]. Applied Energy, 2011, 88(5): 1606-1612.

[30] Qi Y F, Yue Q Y, Han S X, et al. Preparation and mechanism of ultra-lightweight ceramics produced from sewage sludge[J]. Journal of Hazardous Materials, 2010, 176(1-3): 76-84.

[31] Khoo I C, Wu S T. Optics and nonlinear optics of liquid crystals[M]. Singapore: World Scientific, 1993.

[32] 陆学善. 相图与相变[M]. 合肥: 中国科学技术大学出版社, 1990.

[33] Zhao P, Yue Q Y, He H T, et al. Study on phase diagram of fatty acids mixtures to determine eutectic temperatures and the corresponding mixing proportions[J]. Applied Energy, 2014, 115(2): 483-490.

[34] Zhang Y P, Su Y H, Ge X S. Prediction of the melting temperature and the fusion heat of (quasi-) eutectic PCM[J]. Journal of China University of Science and Technology, 1995, 25(4): 474-478.

[35] Zhang D, Zhou J, Wu K, et al. Granular phase changing composites for thermal energy storage[J]. Solar Energy, 2005, 78: 471-480.

[36] Nomura T, Okinaka N, Akiyama T. Impregnation of porous material with phase change material for thermal energystorage[J]. Materials Chemistry and Physics, 2009, 115(2-3): 846-850.

[37] 王如竹. 制冷学科进展研究与发展报告[M]. 北京: 科学出版社, 2007.

第四篇

污泥基活性炭、微电解粒状材料和有机高分子絮凝剂

- 化学活化法制备污泥活性炭及其应用
- 物理活化法制备造纸污泥活性炭及其应用
- 芬顿铁泥基微电解粒状材料的制备和应用
- 造纸污泥基有机高分子絮凝剂的制备和应用

污泥中含有60%～70%的有机物和腐殖质等可利用资源，经过炭化和活化后其衍生材料具有多孔性，可以制备活性炭和微电解材料等，节约了煤和木材等珍贵资源，同时还解决了污泥的处理处置难题，有助于实现污泥的资源化和高值化。

活性炭是一种具有发达的内部孔隙结构和较高比表面积的优良吸附材料。当今生产活性炭的原材料主要是煤和木材等含碳材料，经过炭化和活化过程制备为多孔活性炭。炭化过程中，含碳有机物在热作用下发生分解，生成富含碳的固体焦炭，此时产物存在容积较小以及细孔堵塞等问题，然后通过活化过程来清除孔隙中的积炭、改善孔隙结构，从而进一步提高活性炭的吸附能力。根据活化方法的不同，污泥活性炭的制备有化学活化法、物理活化法和催化活化法等。在该部分第13～14章的内容中，将重点介绍以城市污水厂剩余污泥和造纸产业污泥作为原料，采用化学活化和物理活化方式制备污泥活性炭的方法，对污泥活性炭的物化性质、污泥活性炭对染料的吸附性能及吸附机理进行剖析。

微电解技术是近几十年来新兴的污水处理技术之一，由于其原料易得、成本低、反应器结构简单、运行操作简便以及污水处理效果好等优势，已经成功应用于各种类型废水的处理，特别是印染、焦化、制药等行业难降解废水的预处理。但是这一技术中常用的铁碳微电解材料一般以焦炭、活性炭作为阴极材料，在使用过程中填料非常容易发生板结钝化，需要频繁地反冲洗才能维持运行。因此，寻找一种新型微电解材料来改善传统微电解填料的结块与钝化问题十分必要。污泥作为一种富含有机质的固体废弃物，在隔绝氧气烧制的过程中会发生炭化反应，形成单质碳，可以与单质铁形成铁碳微电解体系。将该材料用于处理污水的过程中，表面的单质铁会随着微电解反应的进行而逐渐被消耗，使得陶粒的表层逐渐脱落并不断得到更新，从而有效延缓陶粒的钝化失效，延长填料的使用周期并降低反冲洗的频率，可在一定程度上避免传统微电解法当中铁屑之间的压实接触所导致的结块问题。在该部分第15章的内容中，将介绍以污泥为主要原料制备微电解粒状材料的工艺，及该材料在处理高浓度难降解有机废水中的应用，以期为污泥微电解粒状材料的研发和推广提供理论参考。

混凝沉淀法可以有效地去除水体中的悬浮颗粒、胶体物质以及部分溶解性有机物，由于其运行成本低、操作简便、应用效能高，是目前应用最广泛的物化处理方法。混凝机理主要包括压缩双电层、吸附电中和、吸附架桥和网捕卷扫4种。混凝剂或絮凝剂的性能是决定水质净化质量及工艺运行费用的关键因素。因此，研发环保高效的混凝/絮凝剂成为亟待解决的关键问题。造纸污泥中生物质含量丰富，利用生物质为原材料对其进行化学改性（醚化、酯化、磺化、接枝共聚等），将生物质和人工合成有机高分子絮凝剂的优点结合起来，制备出不同类型的新型生物质基有机高分子絮凝剂是强化混凝效能的有效途径。生物质基有机高分子絮凝剂可通过提高离子强度或者降低Zeta电位来破坏胶体颗粒的稳定性，从而达到压缩双电层的目的。此外，生物质基有机高分子絮凝剂具有大量功能基团（如羧基、羟基、氨基），并且分子量较大，因此可以吸附并中和水中带反离子的污染物质，进而使污染物脱稳聚沉。在该部分第16章的内容中，将介绍以污泥中的生物质为主要原料制备有机高分子絮凝剂的工艺，及该药剂在处理不同染料废水中的应用，以期为新型生物质基有机高分子絮凝剂的研发和推广提供理论参考。

第 13 章 化学活化法制备污泥活性炭及其应用

活性炭具有发达的孔隙结构和较高的比表面积，被作为吸附材料或填料等广泛应用于水处理领域。化学活化法是制备活性炭的常用方法，在采用化学活化法制备活性炭的过程中，原料中的含碳物质与活化剂反应，使原料形成多孔结构。绝大多数含有有机物的废弃物，经过缺氧或者无氧氛围下进行的炭化处理后都能变为碳质材料，通过进一步活化作用可获得活性炭。因此，污泥作为一种富含有机物的废弃物，完全可以考虑用于活性炭的生产。

本章将利用城市污水处理厂脱水污泥作为原料，无机盐 $ZnCl_2$ 作为活化剂，通过化学活化法制备污泥活性炭，深入研究制备工艺条件和造孔机理。在对污泥活性炭进行表征的基础上，研究该材料对几种不同染料的吸附特性，并考察其对实际染料废水的处理效果，为实现污泥的减量化、资源化开辟一条新途径。

13.1 污泥活性炭的制备及性能评价方法

13.1.1 污泥活性炭的制备

污泥活性炭的制备采用化学活化法。首先将污泥烘干，破碎，过 100 目筛。然后将一定浓度的活化剂（$ZnCl_2$ 溶液）按一定的固液比（干污泥与活化剂质量比）加入污泥中，充分搅拌均匀，在室温下静置浸渍 24h 后，烘干至含水率在 10%以下。接着放入通有氮气作为保护气氛的 SK_2 管式电阻炉中进行炭化活化，在一定温度下活化一定时间后，将产品用 HCl 溶液浸泡冲洗，以回收 $ZnCl_2$ 和防止产品浸出液 Zn 浓度超标。最后再用热的去离子水多次漂洗、烘干并破碎，过 100 目筛，得到粉末状的污泥活性炭产品。其工艺流程见图 13-1。

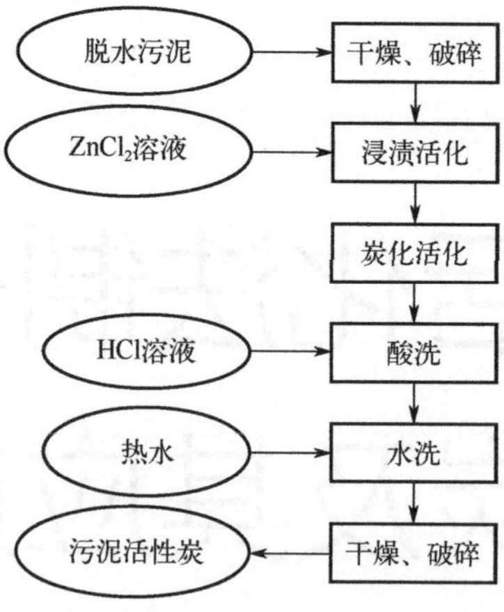

图 13-1 制备污泥活性炭的工艺流程

13.1.2 污泥活性炭的物化性质分析

通过对污泥活性炭的碘吸附值、BET 比表面积、微观孔隙结构、表面形态、表面化学官能团、热解特性以及浸出液中重金属含量等指标进行测定，分析污泥活性炭材料的性能。

13.1.3 污泥活性炭的吸附性能分析

通过静态吸附实验来研究污泥活性炭对活性艳红 K-2BP、酸性大红 GR 和直接紫 N 三种不同性质染料的吸附性能，选取一系列不同的污泥活性炭投加量、吸附时间、pH 值，考察这三个因素对染料脱色率的影响。吸附结束后的染料溶液用 0.45μm 滤膜过滤，利用分光光度计在染料最大吸收波长处测量剩余溶液的吸光度，通过标准曲线确定染料剩余浓度，并计算染料脱色率。

对于吸附动力学实验，取 50mL 不同初始浓度（30mg/L、40mg/L、50mg/L）的三种模拟染料废水，置于 100mL 具塞锥形瓶中，加入 0.15g 污泥活性炭，在不同温度（293K、303K、313K），振荡频率为 140r/min 的条件下振荡一系列不同时间，吸附后的溶液用 0.45μm 滤膜过滤，利用分光光度计在染料最大吸收波长处测量剩余溶液的吸光度，通过标准曲线确定染料剩余浓度，采用下式计算不同时刻 t 的染料吸附量 q_t：

$$q_t = \frac{(C_0 - C_t)V}{m} \tag{13-1}$$

式中 q_t—— t 时刻污泥活性炭对染料的吸附量，mg/g；

C_0—— 吸附前（初始）染料浓度，mg/L；

C_t—— t 时刻染料浓度，mg/L；

V—— 染料废水体积，L；

m—— 吸附剂污泥活性炭的质量，g。

对于吸附热力学实验，取 50mL 一系列不同初始浓度的活性艳红 K-2BP、酸性大红 GR 和直接紫 N 模拟染料废水，维持原废水 pH 值，置于 100mL 具塞锥形瓶中，分别加入 0.02g、0.05g 和 0.2g 污泥活性炭，在不同温度（293K、303K、313K）、振荡频率为 140r/min 的条件下振荡 2h，保证吸附达到平衡，吸附平衡后的溶液用 0.45μm 滤膜过滤，利用分光光度计在染料最大吸收波长处测量剩余溶液的吸光度，通过标准曲线确定染料剩余浓度，采用下式计算染料的平衡吸附量 q_e：

$$q_e = \frac{(C_0 - C_e)V}{m} \tag{13-2}$$

式中　q_e——吸附平衡时污泥活性炭对染料的吸附量，mg/g；

C_0——吸附前（初始）染料浓度，mg/L；

C_e——吸附平衡时染料浓度，mg/L；

V——染料废水体积，L；

m——吸附剂污泥活性炭的质量，g。

13.2 污泥活性炭的制备工艺参数

13.2.1 原料污泥的基本性质

原污泥原料是取自济南市水质净化一厂的脱水污泥，在制备活性炭之前有必要对原料污泥的基本性质进行测定。经测定，济南市水质净化一厂脱水污泥相关特性见表 13-1。

表 13-1　济南市水质净化一厂脱水污泥性质

含水率/%	挥发分（干基）/%	TOC（干基）/%	热值（干基）/（MJ/kg）
75.03	52.27	22.63	14.842

由表 13-1 可以看到，污泥的挥发分、TOC 和热值均较高，因此它具有较高的再利用价值；同时，污泥中较高的碳含量满足了制备活性炭的基本要求。

13.2.2 污泥活性炭制备过程中主要因素对产品碘吸附值和比表面积的影响

选取活化温度、活化剂浓度、活化时间和固液比作为污泥活性炭制备过程中的四个主要影响因素，并通过单因素实验研究它们对污泥活性炭的碘吸附值和比表面积的影响。

13.2.2.1 活化温度的影响

在活化剂浓度 40%、活化时间 20min、固液比 1∶2 时，考察不同活化温度对污泥活性炭碘吸附值和比表面积的影响，结果见图 13-2。

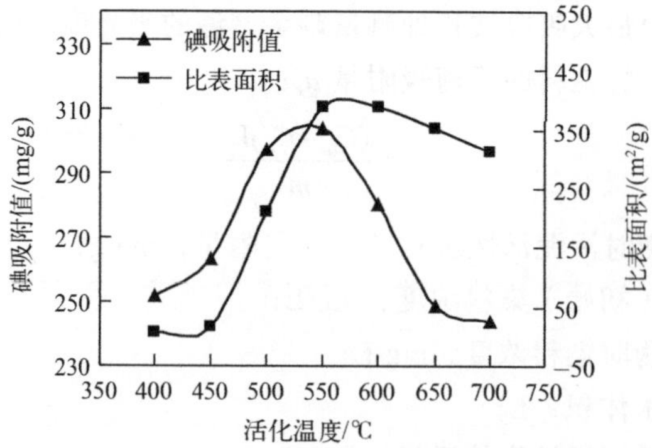

图 13-2　活化温度对碘吸附值和比表面积的影响

由图 13-2 可知，碘吸附值和比表面积随着温度的升高呈现出先增大后减小的趋势，在 550℃左右时两者同时达到最大值，分别为 304mg/g 和 387m^2/g。在低于 550℃的范围内，污泥不能被充分活化，尚未形成最佳的孔隙结构，随着温度的逐渐升高，孔隙不断完善，相应碘吸附值和比表面积逐渐增大；在高于 550℃的范围内，随着温度的升高，碳素损失增大，已形成的孔壁遭到破坏，并且 $ZnCl_2$ 汽化量不断增加，实际发挥活化作用的 $ZnCl_2$ 量不断减少，这些均导致碘吸附值和比表面积开始逐渐减小。另外，过高的温度会导致 $ZnCl_2$ 急剧蒸发，不仅使 $ZnCl_2$ 的消耗增加，产品的成本也随之增加，同时还增加了对环境的污染。

13.2.2.2　活化剂浓度的影响

根据以上结果，活化温度固定在 550℃，在活化时间 20min、固液比 1：2 时，考察不同活化剂浓度对污泥活性炭碘吸附值和比表面积的影响，结果见图 13-3。

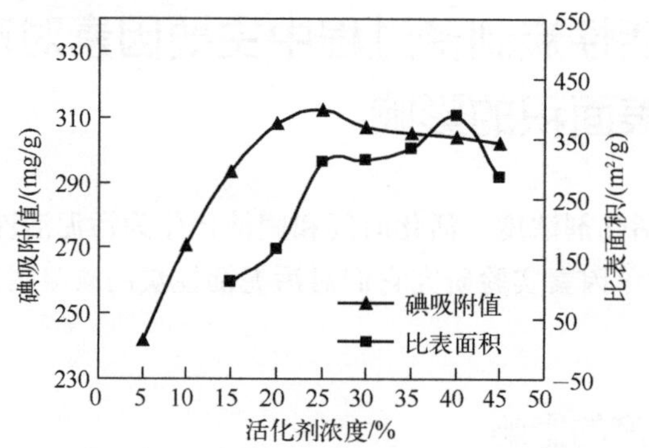

图 13-3　活化剂浓度对碘吸附值和比表面积的影响

由图 13-3 可知，随着活化剂浓度的提高，两者均呈现出先增大后减小的趋势，在 25%左右时碘吸附值达到最大值 312mg/g，在 40%左右时比表面积达到最大值 387m²/g。这说明达到最大碘吸附值和最大比表面积的条件并不一定是对应的，可能原因是，活性炭的孔隙结构包括大孔（孔径>50nm）、过渡孔（孔径为 2～50nm）和微孔（孔径<2nm），其中微孔和小孔径过渡孔的比表面积占总比表面积的绝大部分，吸附主要靠它们完成，而活性炭能够发生碘分子吸附的最小孔隙直径为 1.0nm。因此，当活化剂浓度低于 25%时，随着 $ZnCl_2$ 脱水扩孔的活化作用逐渐增强，孔径>1.0nm 的微孔和小孔径过渡孔数量逐渐增大，在 25%时达到最大，相应碘吸附值也达到最大；浓度在 25%～40%之间时，随着活化作用继续增强，孔径>1.0nm 的微孔和小孔径过渡孔数量逐渐减少，相应碘吸附值开始下降，而孔径<1.0nm 的微孔数量逐渐增多，相应比表面积继续增大；浓度>40%时，活化作用过大，以生成大孔径过渡孔和大孔为主，微孔和小孔径过渡孔数量减少，相应碘吸附值和比表面积均减小。

13.2.2.3　活化时间的影响

根据以上结果，固定活化温度 550℃、活化剂浓度 25%，在固液比 1∶2 时，考察不同活化时间对污泥活性炭碘吸附值和比表面积的影响，结果见图 13-4。由图 13-4 可知，随着活化时间的增加，两者均呈现出先增大后减小的趋势，在 15min 左右时碘吸附值达到最大值 326mg/g，30min 左右时比表面积达到最大值 492m²/g。随着活化时间的增加，同样是碘吸附值早于比表面积达到最大，这与上述活化剂浓度的影响过程相似。

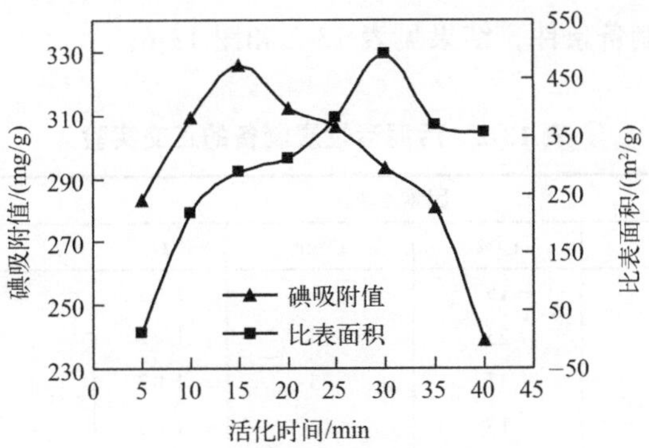

图 13-4　活化时间对碘吸附值和比表面积的影响

13.2.2.4　固液比的影响

固定活化温度 550℃、活化剂浓度 25%、活化时间 15min，考察不同固液比对污泥活性炭碘吸附值和比表面积的影响，结果见图 13-5。

随着固液比的降低，碘吸附值和比表面积均呈现出先增大后减小的趋势，在1：2左右两者同时达到最大值，分别为326mg/g和289m^2/g。制备污泥活性炭时，改变固液比和改变活化剂浓度本质是一样的，都是改变了$ZnCl_2$与干污泥的配比——锌泥比，即改变了$ZnCl_2$活化作用的大小，适当地活化才能得到最大碘吸附值和比表面积。

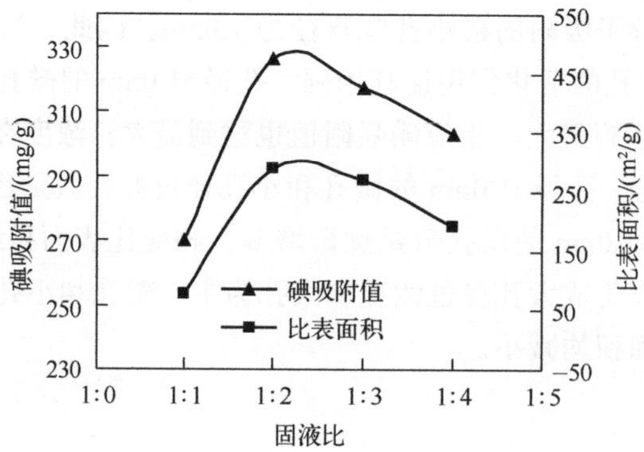

图 13-5 固液比对碘吸附值和比表面积的影响

13.2.3 污泥活性炭制备工艺条件的优化

碘吸附值是评价活性炭性能的重要常规指标，本部分以碘吸附值作为衡量标准，通过正交实验对污泥活性炭的制备工艺条件进行优化。

通过上述单因素实验，基本确定了碘吸附值最大时的各单因素条件值域，于是在4个最佳单因素条件附近缩小范围，设计四因素三水平的正交实验$L_9(3^4)$，进一步筛选出碘吸附值最大时的制备条件，结果见表13-2和图13-6。

表 13-2 污泥活性炭制备的正交实验

实验编号	因素				结果
	T/℃	C/%	t/min	D	碘吸附值/(mg/g)
1	450	15	5	1∶1	230
2	450	25	15	1∶2	299
3	450	35	25	1∶3	293
4	550	15	15	1∶3	310
5	550	25	25	1∶1	269
6	550	35	5	1∶2	263
7	650	15	25	1∶2	204
8	650	25	5	1∶3	308
9	650	35	15	1∶1	225
k_1	274	248	267	241	
k_2	281	292	278	255	
k_3	246	260	255	304	
R	35	44	23	63	

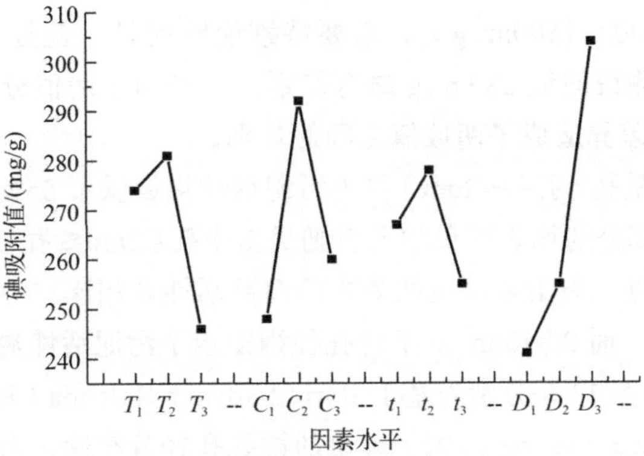

图 13-6 水平与指标关系图

由级差分析可知，在所选水平范围内，各因素对碘吸附值的影响程度大小依次为：固液比（D）＞活化剂浓度（C）＞活化温度（T）＞活化时间（t）。由水平与指标关系图可知，4 个因素的最佳组合为活化温度 550℃、活化剂浓度 25%、活化时间 15min、固液比 1∶3，此组合出现在正交实验中 9 种组合之外。由前面的固液比对碘吸附值影响曲线可知，此时碘吸附值为 317mg/g，确实高于正交实验 9 种组合中的最高碘吸附值 310mg/g，但却低于固液比为 1∶2 时的碘吸附值 326mg/g，因此，将活化温度 550℃、活化剂浓度 25%、活化时间 15min、固液比 1∶2 确定为污泥活性炭的最佳制备条件。经计算，此条件下污泥活性炭的产率约为 51.31%。

13.3 污泥活性炭的表征

13.3.1 污泥活性炭的孔隙结构

活性炭之所以具备强大的吸附能力，是由于其内部具有发达的孔隙结构，孔隙结构的不同造成了活性炭对于不同污染物的吸附性能之间的差异，因此活性炭孔隙结构性质的研究具有十分重要的意义。对于污泥活性炭，经测定，基于 Brunauer-Emmet-Teller（BET）方程的 BET 比表面积（S_B）、基于 t-plot 方法的微孔比表面积（S_m）和微孔孔容（V_m）、孔径<501.64nm 的孔隙的总孔容（V_t）及平均孔径（D_p）均列于表 13-3。

表 13-3 污泥活性炭的孔隙性质

S_B/(m^2/g)	S_m/(m^2/g)	V_m/(cm^3/g)	V_t/(cm^3/g)	D_p/nm
298.0	164.1	0.058	0.173	2.318

由表 13-3 可知，污泥活性炭具有较高的 BET 比表面积，但是，由于原料污泥中相对较低的碳含量和较高的灰分，污泥活性炭的 BET 比表面积要低于商品活性炭的 BET

比表面积（通常为 400～1500m²/g）。需要特别说明的是，此处所测得的比表面积值 298m²/g 与上一节所测得的值 289m²/g 略有差别，这是由于两值分别是由两台不同的仪器测得，仪器之间的差异造成了两数值之间的差别。

另外还可发现，微孔（孔径<2nm）仅为污泥活性炭提供了 55%的比表面积和 34%的孔容，而剩余的很大部分的比表面积和孔容则是由中孔（2nm≤孔径≤50nm）和大孔（孔径>50nm）提供，可见，与主要以微孔为主的商品活性炭相比，污泥活性炭具有更加开放的中孔和大孔结构，而 2.318nm 的平均孔径则揭示了污泥活性炭的中孔性。

此外，图 13-7 和图 13-8 分别为基于 Barrett-Joyner-Halenda（BJH）理论的中孔孔径分布图和基于 Horvath-Kawazoe（HK）理论的微孔孔径分布图，由图可见，污泥活性炭的中孔主要分布在 3.9nm 和 4.7nm 左右，微孔则主要分布在 0.7nm 左右。

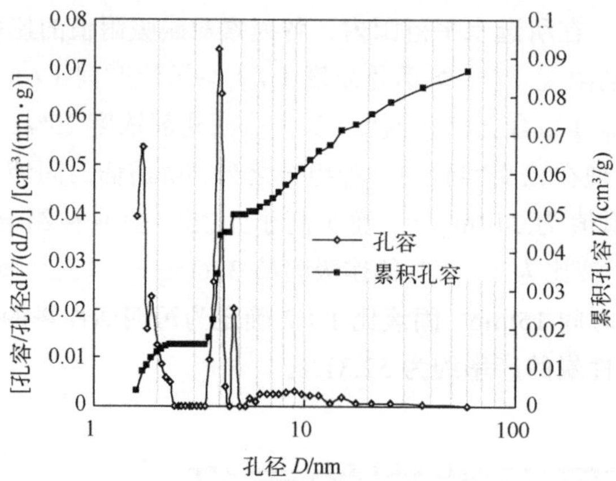

图 13-7　污泥活性炭基于 Barrett-Joyner-Halenda（BJH）理论的中孔孔径分布图

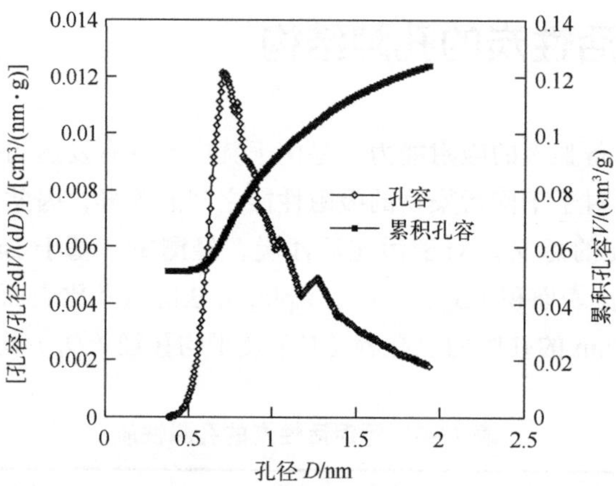

图 13-8　污泥活性炭基于 Horvath-Kawazoe（HK）理论的微孔孔径分布图

Walker 等的研究表明，商品活性炭只有 14%的 BET 比表面积可以用来吸附三种摩尔质量在 460g/mol 左右的酸性染料，他发现微孔对于像染料这样的大分子物质的吸附是多余的。Tamai 等也认为，对于染料的吸附，孔径分布比 BET 比表面积更具决定性作用。因此，与商品活性炭相比有着更加开放的孔结构的污泥活性炭更适合于吸附染料。

13.3.2　污泥活性炭的表面形态

污泥活性炭的表面形态可以利用电子扫描电镜（SEM）观察。污泥活性炭的 SEM 照片（分别放大 500 倍和 12000 倍）见图 13-9，为了更好地对比相貌特征，原料污泥的 SEM 照片（分别放大 500 倍和 12000 倍）置于图 13-10。由图可见，与污泥相比，污泥活性炭表面更加粗糙，不规则地密布着不同大小和不同形状的孔隙，发达的孔隙预示了污泥活性炭较高的吸附能力，同时也形象地体现了化学活化、高温热解等制备过程对污泥原料的造孔作用。

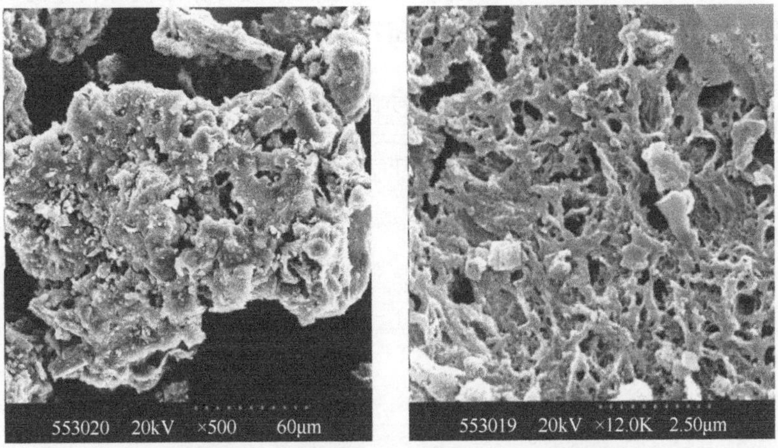

(a) 500×　　(b) 12000×

图 13-9　污泥活性炭的 SEM 照片

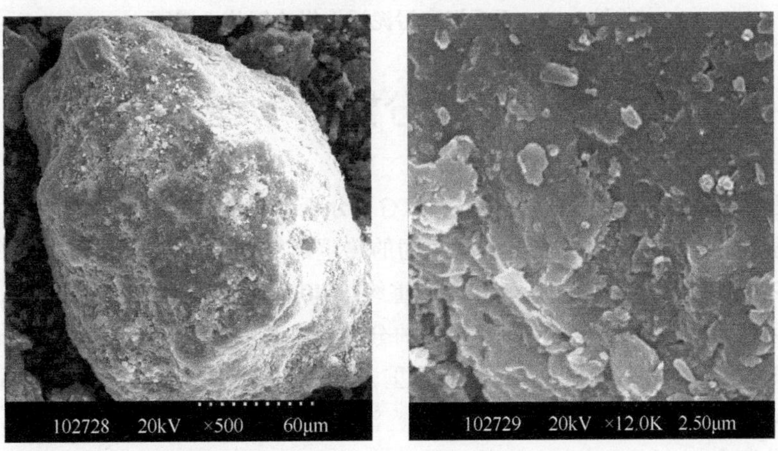

(a) 500×　　(b) 12000×

图 13-10　污泥的 SEM 照片

13.3.3 污泥活性炭的红外光谱分析

污泥活性炭以及原料干污泥的红外光谱（FTIR）图见图 13-11。由图 13-11 可以看到，干污泥和污泥活性炭有着截然不同的红外谱图，干污泥具有种类繁多的强吸收峰，而污泥活性炭的吸收峰变少并减弱，这说明干污泥中大量复杂的有机质和无机质在污泥活性炭制备过程中均分解挥发。在波数为 500cm^{-1} 左右时，吸收峰主要由无机物贡献，峰减小是由污泥活性炭制备过程中挥发性无机物分解挥发所致。波数为 1000cm^{-1} 左右时，主要是 C—O—C 和 C—C 的吸收峰，波数为 1600cm^{-1} 左右时，主要是 C═O 和 C═C 键的吸收峰，这两处的峰减小可能是由 C—O—C、C═O 的分解，C—C、C═C 的键合所致。另外，波数为 2800cm^{-1} 左右时，主要是脂肪族 C—H 的吸收峰，波数为 3400cm^{-1} 左右时，主要是羟基（—OH）的吸收峰，这两处的峰彻底消失，是官能团的彻底分解所致。以上官能团的变化过程证明了活化剂 $ZnCl_2$ 的脱水缩合作用使原料中的 H 和 O 以水的形式分离出来，使更多的 C 键合从而保留在原料中。

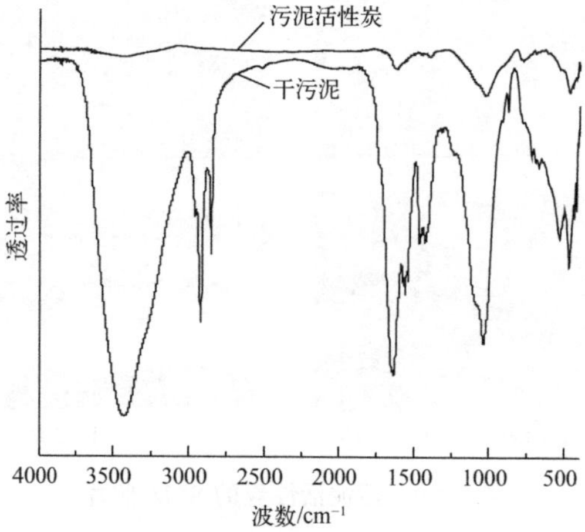

图 13-11 干污泥和污泥活性炭的红外光谱图

13.3.4 污泥活性炭的热重分析

污泥活性炭以及原料干污泥的热重（TG）分析结果见图 13-12。由图 13-12 可以看到，干污泥和污泥活性炭同样有着截然不同的热重曲线。从 0℃到 700℃，干污泥总失重约 50%，在 200～550℃之间失重较快，失重约达 40%。由上述红外分析可知，质量损失主要是污泥中有机组分和挥发性无机组分的分解挥发所致。与之形成鲜明对比的是，污泥活性炭只在 100℃之前约有 8%的明显失重，这部分失重是污泥活性炭在存放过程中自身吸附的水分的挥发；在 100～700℃之间，污泥活性炭失重极小，只有 5%，这说明在污泥活性炭制备过程中，污泥中绝大多数的有机组分和挥发性无机组分已基本分解完毕。

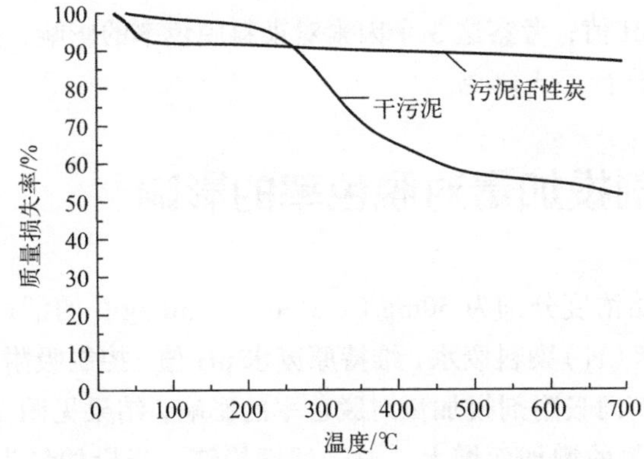

图 13-12 干污泥和污泥活性炭的热重曲线

13.3.5 污泥活性炭浸出液的重金属含量

污泥活性炭在使用过程中有害重金属的浸出是人们关注的焦点。表 13-4 列出了污泥活性炭浸出液中几种主要重金属的浓度，可见，几种重金属的浓度均低于《危险废物鉴别标准 浸出毒性鉴别》（GB 5085.3—2007）中规定的浸出液最高允许浓度，这表明污泥活性炭用于水处理是安全和可行的，但不建议用于饮用水的处理。另外，浸出液中锌的浓度偏高，这无疑是酸洗时回收 $ZnCl_2$ 不彻底所致，因此建议增加酸洗次数，这样既可实现 $ZnCl_2$ 的充分回收，又可降低浸出液中 Zn 的浓度。

表 13-4 污泥活性炭浸出液重金属含量

重金属	浸出液浓度/（mg/L）	浸出液最高允许浓度/（mg/L）
铅（以总铅计）	0.0371	5
镉（以总镉计）	未检出	1
总铬	未检出	15
铜及其化合物（以总铜计）	0.0418	100
锌及其化合物（以总锌计）	21.3	100
镍及其化合物（以总镍计）	0.31	5
砷及其化合物（以总砷计）	0.1478	5

13.4 污泥活性炭对染料的吸附性能

针对染料废水污染日趋严重的现状，本节将制备出的污泥活性炭用于染料废水的处理，配制成一定浓度的模拟染料废水，以排除实际废水中其他组分对吸附的干扰，通过静态吸附实验来研究污泥活性炭对 3 种染料的吸附性能，选取一系列不同的污泥活性炭投加量、吸附时间、pH 值，考察这 3 个因素对染料脱色率的影响，并在此基础上对吸附动力学和吸附热力学进行深入研究。

13.4.1 吸附剂投加量对脱色率的影响

室温下，对于初始浓度分别为 50mg/L、30mg/L、30mg/L 的活性艳红（K-2BP）、酸性大红（GR）、直接紫（N）染料废水，维持原废水 pH 值，控制吸附时间分别为 120min、90min、90min，考察不同吸附剂投加量对脱色率的影响，结果见图 13-13。由图 13-13 可知，脱色率随着投加量的增加而增大，对于活性艳红，当投加量为 4g/L 时脱色率达到 90%，此后脱色率的增大幅度不大，因此，将最佳投加量确定为 4g/L。同理，依图确定酸性大红和直接紫的最佳投加量为 1g/L 和 4g/L，此时脱色率分别达到 94%和 89%。

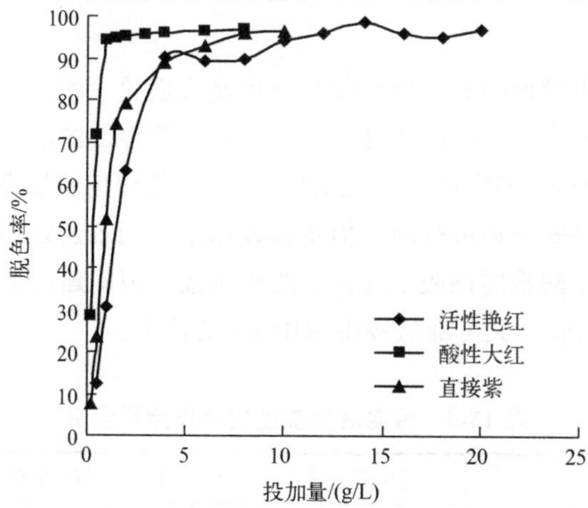

图 13-13 吸附剂投加量对脱色率的影响（模拟染料废水）

13.4.2 吸附时间对脱色率的影响

在室温下，对于初始浓度分别为 50mg/L、30mg/L、30mg/L 的活性艳红、酸性大红、直接紫染料废水，维持原废水 pH 值，控制吸附剂投加量分别为 4g/L、1g/L、4g/L，考察吸附时间对脱色率的影响，结果见图 13-14。由图 13-14 可知，脱色率随着吸附时间的增长而增大，对于活性艳红当时间为 60min 时吸附基本达到平衡，此时脱色率达 89%左右。因此确定 60min 为其最佳吸附时间。同理，依图确定酸性大红和直接紫的最佳吸附时间为 40min 和 40min，此时脱色率分别达到 93%和 86%。

13.4.3 pH 值对脱色率的影响

在室温下，对于初始浓度分别为 50mg/L、30mg/L、30mg/L 的活性艳红、酸性大红、直接紫染料废水，分别控制吸附剂投加量为 4g/L、1g/L、4g/L，吸附时间为 60min、40min、40min，考察废水 pH 值对脱色率的影响，结果见图 13-15。

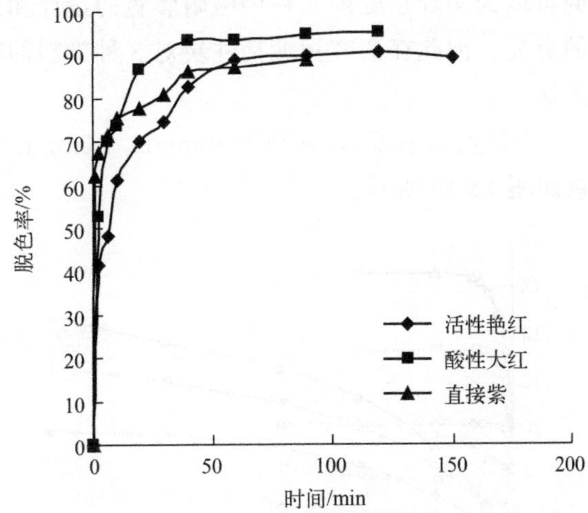

图 13-14　吸附时间对脱色率的影响（模拟染料废水）

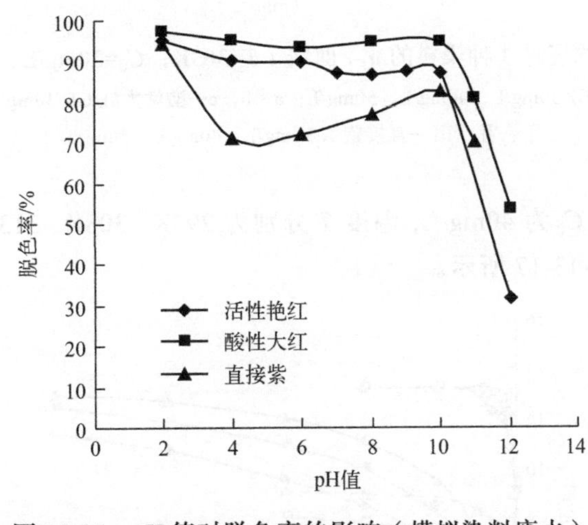

图 13-15　pH 值对脱色率的影响（模拟染料废水）

由图 13-15 可知，对于活性艳红和酸性大红，在 2～10 的范围内，pH 值对脱色率的影响不大，随着 pH 值的增大脱色率略有降低；当 pH 值>10 时，脱色率急剧下降。由于原废水 pH 值分别在 4.3、5.6 左右，因此考察污泥活性炭对活性艳红及酸性大红染料的吸附性质时，维持原废水 pH 值即可。对于直接紫，当 pH 值为 2 时脱色率最大为 94%，之后急剧下降至 71%，至 4 后缓慢上升；当 pH 值>10 后脱色率又呈急剧下降。因此，确定直接紫的最佳 pH 值为 2。

13.4.4 污泥活性炭的吸附动力学

吸附动力学的研究可以为实际水处理工程中吸附装置的设计和运行提供重要的基础数据，具有十分重要的意义，因此在研究污泥活性炭对 3 种染料的吸附性质时本节对其吸附动力学进行了深入探讨。

当温度 T 为 303 K，染料初始浓度 C_0 分别为 30mg/L、40mg/L、50mg/L 时，吸附时间 t 对吸附量 q_t 的影响如图 13-16 所示。

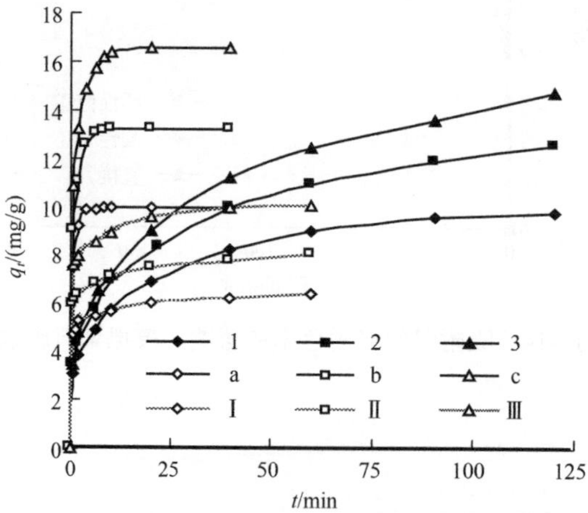

图 13-16　不同初始浓度时 3 种染料的 q_t-t 曲线（T=303K，C_0=30mg/L、40mg/L、50mg/L）

1，2，3—活性艳红 K-2BP 30mg/L、40mg/L、50mg/L；a，b，c—酸性大红 GR 30mg/L、40mg/L、50mg/L；Ⅰ，Ⅱ，Ⅲ—直接紫 N 30mg/L、40mg/L、50mg/L

当染料初始浓度 C_0 为 40mg/L，温度 T 分别为 293K、303K、313K 时，吸附时间 t 对吸附量 q_t 的影响如图 13-17 所示。

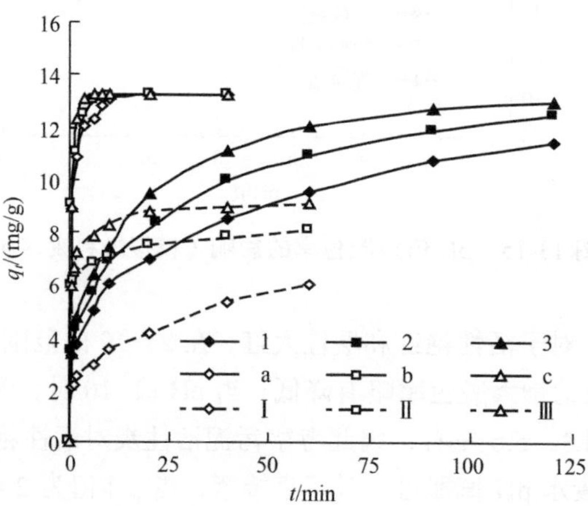

图 13-17　不同温度时 3 种染料的 q_t-t 曲线（C_0=40mg/L，T=293K、303K、313K）

1，2，3—活性艳红 K-2BP 293K、303K、313K；a，b，c—酸性大红 GR 293K、303K、313K；Ⅰ，Ⅱ，Ⅲ—直接紫 N 293K、303K、313K

由图 13-16、图 13-17 可知，相同温度时，污泥活性炭对 3 种染料的平衡吸附量 q_e 均随着初始浓度的增加而增加。相同初始浓度时，3 种染料平衡吸附量 q_e 均随着温度的增加而增加，由此可知，升高温度有利于吸附的进行，说明 3 种染料在污泥活性炭上的吸附均是一个吸热过程。酸性大红 GR 和直接紫 N 达到吸附平衡的时间较短，曲线较陡峭，而活性艳红 K-2BP 达到吸附平衡的时间相对较长，曲线较平缓。

对 3 种染料进行比较可知，在相同温度或初始浓度下，平衡吸附量 q_e 的大小顺序为酸性大红 GR>活性艳红 K-2BP>直接紫 N，这个顺序同样也反映出了污泥活性炭对 3 种染料的吸附性能的优劣顺序，这与 3 种染料分子的空间体积大小和极性基团的不同有关。酸性大红 GR 的分子量明显小于另外两种染料，因此它的分子空间体积最小，而且其分子结构简单，空间位阻小，则相对于另外两种染料它的分子可以被孔径更小的污泥活性炭孔隙所吸附，所以酸性大红 GR 的吸附量最大。对直接紫 N 和活性艳红 K-2BP 来说，尽管直接紫 N 的分子量小于活性艳红 K-2BP，但直接紫 N 分子比活性艳红 K-2BP 分子中的苯环数量多，且两端为双苯环，因此直接紫 N 分子的空间体积和空间位阻更大，它能进入的污泥活性炭孔隙要少些；另外，与活性艳红 K-2BP 相比，直接紫 N 分子的极性基团（—SO_3^{-1} 等）数量少，因此它的极性小，与污泥活性炭表面的作用力要弱些，这两个原因共同导致直接紫 N 的吸附量比活性艳红 K-2BP 低。

13.4.4.1　吸附动力学模型拟合

为了能全面研究污泥活性炭对三种染料的吸附动力学特性，找到最适合描述此吸附过程的动力学模型，本节选用伪一级动力学方程、伪二级动力学方程、修正伪一级动力学方程和颗粒内扩散方程这 4 种动力学模型来对图 13-16 和图 13-17 中的数据进行拟合，根据线性相关系数 R^2 的值来判断 4 种动力学模型的适宜性。

伪一级动力学方程（pseudo first-order equation）和伪二级动力学方程（pseudo second-order equation）被广泛用于描述吸附动力学，它们均假设吸附是一个伪化学反应过程。

伪一级动力学方程可用下式表示：

$$\frac{\mathrm{d}q_t}{\mathrm{d}t}=k_1(q_e-q_t) \tag{13-3}$$

对上式进行积分，并利用边界条件 t=0，q_t=0；t=t，q_t=q_t，可得到：

$$\ln(q_e-q_t)=\ln q_e-k_1t \tag{13-4}$$

式中　q_e、q_t——平衡时和 t 时刻污泥活性炭对染料的吸附量，mg/g；

k_1——伪一级吸附速率常数，$\min^{-1}$。

如果吸附过程符合伪一级动力学方程，ln（q_e−q_t）-t 曲线应该是一条直线。此模型认为颗粒内传质阻力是吸附的限制因素。

伪二级动力学方程见下式：

$$\frac{\mathrm{d}q_t}{\mathrm{d}t}=k_2(q_e-q_t)^2 \tag{13-5}$$

对上式进行积分，并利用边界条件 t=0，q_t=0；t=t，q_t=q_t，可得到：

$$\frac{t}{q_t}=\frac{1}{k_2 q_e^{\ 2}}+\frac{t}{q_e} \tag{13-6}$$

式中，k_2 为伪二级吸附速率常数，g/（mg・min）。如果吸附过程符合伪二级动力学方程，t/q_t-t 曲线应该是一条直线。此模型可描述整个吸附过程，认为吸附的限制因素是吸附机制，而不是传质。

在吸附质从溶液主体传递到固相上的过程中，颗粒内扩散是一个主要过程，对于许多吸附，颗粒内扩散过程经常是吸附的速率控制步骤，通常，可以利用颗粒内扩散方程（intra-particle diffusion equation）来判断其是否为吸附速率控制步骤：

$$q_t=k_p t^{0.5}+C \tag{13-7}$$

式中，k_p 为颗粒内扩散速率常数，mg/（g・min$^{0.5}$），其与颗粒内扩散系数 D 的关系为：

$$k_p=\frac{6q_e}{R}\times\sqrt{\frac{D}{\pi}} \tag{13-8}$$

式中，R 为颗粒半径，cm。

另外，C 为截距，C 值的大小反映了边界层的厚度，即 C 值（截距）越大，边界层效应越大，如果曲线 q_t-$t^{0.5}$ 为一条直线且通过原点（即 C=0），那么颗粒内扩散过程则是唯一的吸附速率控制步骤。

当上述 3 种动力学模型均不能较好地描述吸附过程时，修正伪一级动力学方程（modified pseudo-first-order equation）被证明可以很好地符合吸附过程：

$$\frac{dq_t}{dt}=K_1\frac{q_e}{q_t}(q_e-q_t) \tag{13-9}$$

对上式进行积分，并利用边界条件 t=0，q_t=0；t=t，q_t=q_t，可得到：

$$\frac{q_t}{q_e}+\ln(q_e-q_t)=\ln q_e-K_1 t \tag{13-10}$$

式中，K_1 为修正伪一级吸附速率常数，min^{-1}。如果吸附过程符合修正伪一级动力学方程，q_t/q_e + ln（q_e −q_t）-t 曲线应该是一条直线。

用上述 4 种动力学方程分别对图 13-16、图 13-17 中数据进行线性拟合得到的动力学拟合曲线（仅以活性艳红 K-2BP 为例）见图 13-18、图 13-19。

通过曲线的斜率和截距计算得到动力学参数见表 13-5。由表 13-5 中线性相关系数 R^2 可知，对于活性艳红 K-2BP，4 种动力学方程的拟合程度均比较高；对于酸性大红 GR，只有伪二级动力学方程的拟合程度很高；对于直接紫 N，除了伪二级动力学方程的拟合程度很高之外，颗粒内扩散方程拟合程度也比较高。3 种染料的修正伪一级动力学方程的拟合程度均高于伪一级动力学方程。伪二级动力学方程对于 3 种染料的拟合程度均非常高，这说明伪二级动力学模型包含吸附的所有过程，如外部液膜扩散、表面吸附和颗粒内部扩散等，能够更为真实地反映染料在污泥活性炭上的吸附机理。另外，可以看到 q_t-t 曲线越平缓，对 4 种动力学方程的拟合程度越好。

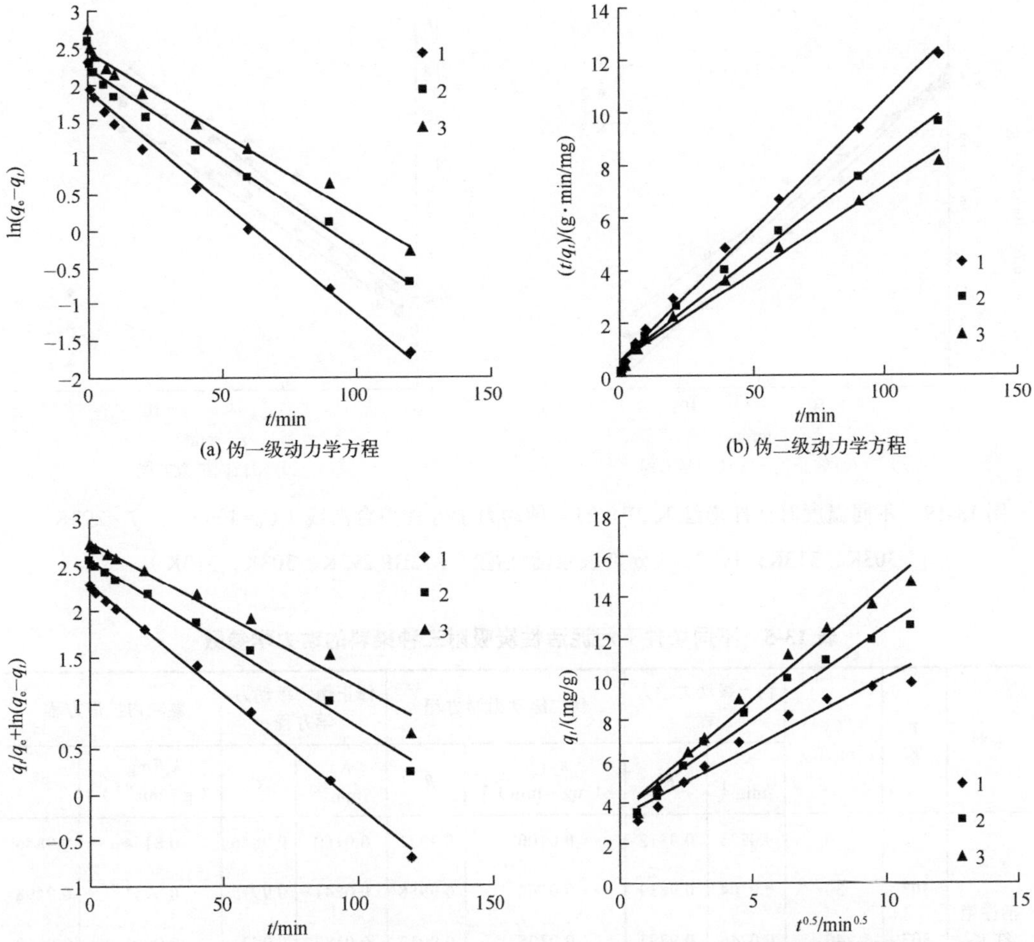

(a) 伪一级动力学方程　(b) 伪二级动力学方程

(c) 修正伪一级动力学方程　(d) 颗粒内扩散方程

图 13-18　不同初始浓度时活性艳红 K-2BP 的 4 种动力学方程拟合曲线（T=303K，C_0=30mg/L、40mg/L、50mg/L；1，2，3 分别表示活性艳红 K-2BP 30mg/L、40mg/L、50mg/L）

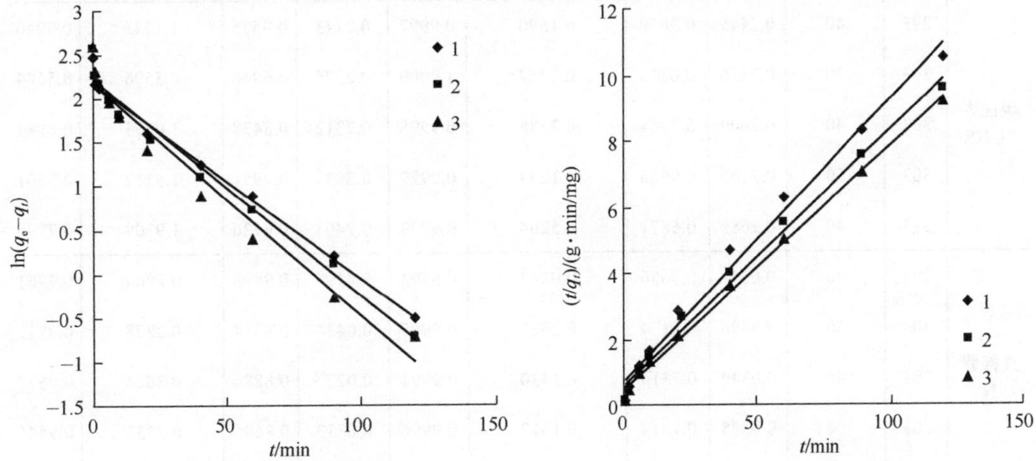

(a) 伪一级动力学方程　(b) 伪二级动力学方程

图 13-19

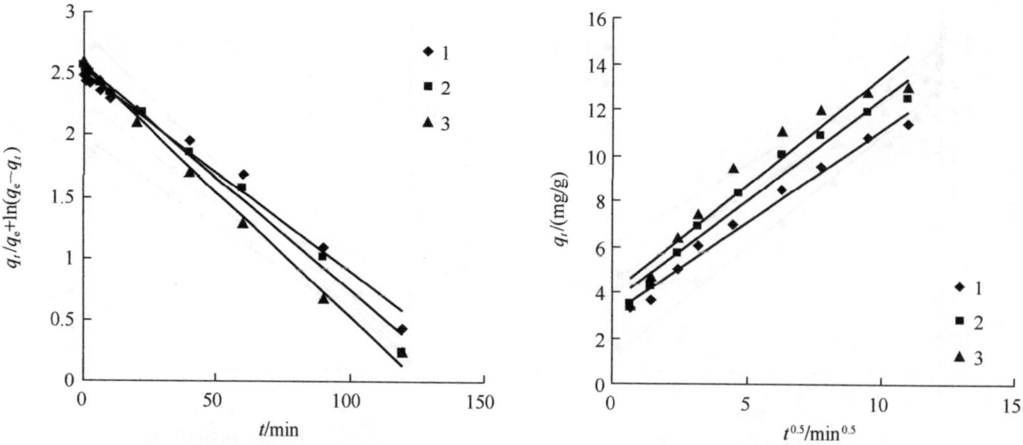

(c) 修正伪一级动力学方程 (d) 颗粒内扩散方程

图 13-19 不同温度时活性艳红 K-2BP 的 4 种动力学方程拟合曲线（C_0=40mg/L，T=293K、303K、313K；1，2，3 分别表示活性艳红 K-2BP 293K、303K、313K）

表 13-5 不同条件下污泥活性炭吸附三种染料的动力学参数

染料	T /K	C_0 /（mg/L）	伪一级动力学方程		伪二级动力学方程		修正伪一级动力学方程		颗粒内扩散方程	
			k_1 /min^{-1}	R^2	k_2/[g/（mg · min）]	R^2	K_1 /min^{-1}	R^2	k_p/[mg/（g · min$^{0.5}$）]	R^2
活性艳红 K-2BP	293	40	0.0223	0.9812	0.0100	0.9871	0.0160	0.9846	0.8154	0.9846
	303	30	0.0304	0.9839	0.0164	0.9958	0.0241	0.9975	0.6751	0.9498
	303	40	0.0246	0.9793	0.0105	0.9923	0.0182	0.9921	0.9001	0.9662
	303	50	0.0222	0.9787	0.0073	0.9879	0.0158	0.9782	1.0950	0.9805
	313	40	0.0265	0.9613	0.0121	0.9967	0.0201	0.9959	0.9519	0.9295
酸性大红 GR	293	40	0.2445	0.9030	0.1690	0.9997	0.2143	0.9575	1.1343	0.7940
	303	30	0.2546	0.6513	0.7857	1.0000	0.2278	0.6966	0.5596	0.5684
	303	40	0.2609	0.7944	0.2585	0.9998	0.2312	0.8438	1.0793	0.6983
	303	50	0.3146	0.9668	0.1299	0.9997	0.2835	0.9951	1.5312	0.7901
	313	40	0.2686	0.5871	0.5264	0.9999	0.2403	0.6126	1.9309	0.7798
直接紫 N	293	40	0.0311	0.9656	0.0342	0.9793	0.0198	0.9898	0.5804	0.9961
	303	30	0.0496	0.8174	0.2083	0.9995	0.0424	0.9314	0.2278	0.9311
	303	40	0.0349	0.7316	0.1430	0.9991	0.0277	0.8886	0.3024	0.9577
	303	50	0.0385	0.7314	0.1317	0.9996	0.0313	0.8696	0.3731	0.9446
	313	40	0.0409	0.7203	0.1608	0.9998	0.0332	0.8373	0.4067	0.8193

Mckay 等认为，当颗粒内扩散方程中 q_t 与 $t^{0.5}$ 呈现良好的线性关系且通过原点时，则说明物质在颗粒内扩散过程为吸附速率的唯一控制步骤，由表 13-5 可知，活性艳红 K-2BP 和直接紫 N 的 q_t 与 $t^{0.5}$ 呈现出较好的线性关系但不通过原点，这表明这两种染料在污泥活性炭上吸附的颗粒内扩散过程是影响该吸附速率的控制步骤，但不是唯一的速率控制步骤，吸附速率同时还受颗粒外扩散过程（如表面吸附和液膜扩散）的控制。而对于酸性大红 GR，q_t 与 $t^{0.5}$ 呈现出较差的线性关系，所以它的颗粒内扩散过程不是吸附速率的控制步骤。

13.4.4.2　吸附速率常数变化规律

由于对于活性艳红 K-2BP，4 种动力学方程的拟合程度均比较高，因此借助表 13-5 中活性艳红 K-2BP 的数据可以发现 4 个速率常数的变化规律。可以看到，伪一级吸附速率常数 k_1、伪二级吸附速率常数 k_2 和修正伪一级吸附速率常数 K_1 均随着初始浓度的增大而减小，而颗粒内扩散速率常数 k_p 却随着初始浓度的增大而增大，此外，4 个速率常数均随着温度的增大而增大。

先来讨论 k_p，我们发现，k_p 的单位为 mg/（g·min$^{0.5}$），它与吸附速率 dq/dt 的单位 mg/（g·min）具有相似性，即二者具有相同的变化趋势。从图 13-16、图 13-17 可以看到，吸附速率 dq/dt 是随着初始浓度和温度的增大而增大的，因此，k_p 也应随着初始浓度和温度的增大而增大。另外，从另一个角度也可以解释 k_p 随初始浓度的增大而增大的原因，由式（13-8）可知，k_p 与平衡吸附量 q_e 和颗粒内扩散系数 D 成正比例关系，由于随着初始浓度的增大，平衡吸附量 q_e 均相应增大（由图 13-16 可知），同时颗粒内扩散系数 D 被证明也均是增大的，因此颗粒内扩散速率常数 k_p 必定随初始浓度的增大而增大。

再来讨论 k_1、k_2 和 K_1，初始浓度和温度对三者的影响可以借助转化率 F 来解释，通常，吸附过程某一时刻 t 的转化率 F 可表示为：

$$F=\frac{q_t}{q_e} \tag{13-11}$$

进而可得到：

$$k_1=-\frac{\ln(1-F)}{t} \tag{13-12}$$

$$k_2=\frac{F}{q_e(1-F)t} \tag{13-13}$$

$$K_1=\frac{F+\ln(1-F)}{t} \tag{13-14}$$

由上述三式可知，k_1、k_2 和 K_1 与达到一定转化率 F 所需的时间 t 成反比例关系。对于活性艳红 K-2BP，作出不同初始浓度和不同温度时的 F-t 曲线，见图 13-20 和图 13-21。

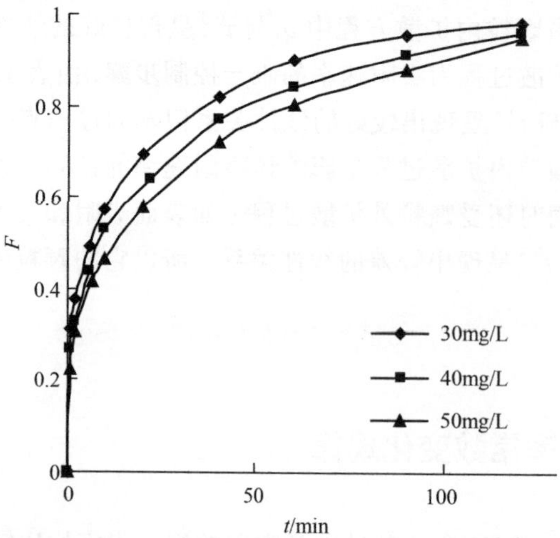

图 13-20　不同初始浓度时活性艳红 K-2BP 的 F-t 曲线（T=303K）

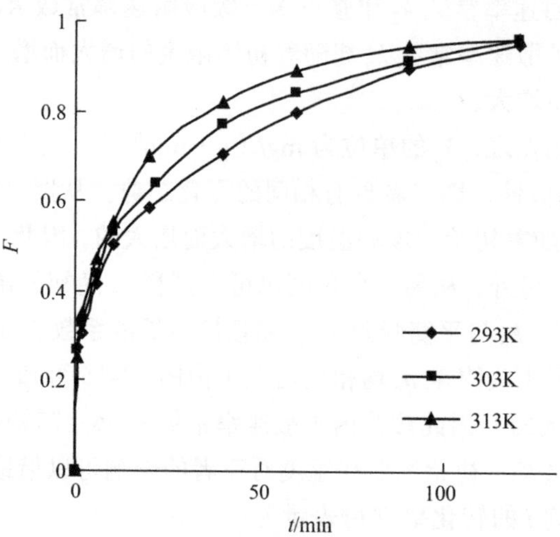

图 13-21　不同温度时活性艳红 K-2BP 的 F-t 曲线（C_0=40mg/L）

由两图分别可知，吸附达到一定转化率 F 所需的时间 t 随着初始浓度的增大而增大，随着温度的增大而减小，又由于 k_1、k_2 和 K_1 与达到一定转化率 F 所需的时间 t 成反比，因此 k_1、k_2 和 K_1 必定随着初始浓度的增大而减小，随着温度的增大而增大。

13.4.4.3　吸附活化能

根据 Arrhenius 公式：

$$\ln k = -\frac{E_a}{RT} + c \tag{13-15}$$

式中，k 为反应速率常数；E_a 为活化能；R 为理想气体常数；T 为绝对温度；c 为积分常数，实际应用中其具体值需要通过实验数据来确定。

以 ln$k$ 对 1/T 作图（这里 k 取伪二级吸附速率常数 k_2），由斜率可求得吸附过程的活化能 E_a，计算得到的活性艳红 K-2BP、酸性大红 GR、直接紫 N 的 E_a 分别为 7.38kJ/mol、43.18kJ/mol、59.56kJ/mol。一般来说，物理吸附所需的活化能较小，化学吸附所需的活化能通常 >83.72kJ/mol，由此可知，三种染料在污泥活性炭上物理吸附和化学吸附同时发生，但以物理吸附为主，主要作用力为范德瓦耳斯力。

13.4.5　污泥活性炭的吸附热力学

吸附热力学研究的是温度对吸附过程的影响，在 293K、303K 和 313K 三个温度下考察了三种染料在污泥活性炭上的吸附，通过吸附等温线的绘制和热力学参数的计算，从热力学角度对染料在污泥活性炭上的吸附机理进行了探讨。

13.4.5.1　吸附等温线

吸附等温线是研究吸附规律所必需的，通过它可以确定吸附剂的吸附容量，Langmuir 和 Freundlich 等温方程通常被用来描述吸附等温线。

Langmuir 吸附等温方程假设吸附发生在吸附剂表面特定的均一性点位上，主要用于描述单分子层吸附。Langmuir 等温方程的线性形式如下：

$$\frac{C_e}{q_e}=\frac{1}{bQ_m}+\frac{C_e}{Q_m} \tag{13-16}$$

式中，C_e 为平衡浓度，mg/L；q_e 为平衡吸附量，mg/g；b 为 Langmuir 常数，L/mg；Q_m 为吸附剂的饱和吸附量，mg/g。Q_m 和 b 的值可以通过直线 C_e/q_e-C_e 的斜率和截距计算得到。

Freundlich 吸附等温方程是一个经验公式，它的线性对数形式如下：

$$\ln q_e=\frac{1}{n}\ln C_e+\ln K \tag{13-17}$$

式中，n 为浓度指数，$1<n<10$ 则为优惠吸附；K 为 Freundlich 常数。K 和 n 的值可以通过直线 lnq_e-lnC_e 的斜率和截距计算得到。

分别在 293K、303K、313K 下作三种染料的吸附等温线，结果见图 13-22。利用式（13-16）、式（13-17）分别对其进行 Langmuir 和 Freundlich 等温方程的线性拟合，拟合等温线见图 13-23、图 13-24，方程各参数的计算结果列于表 13-6。

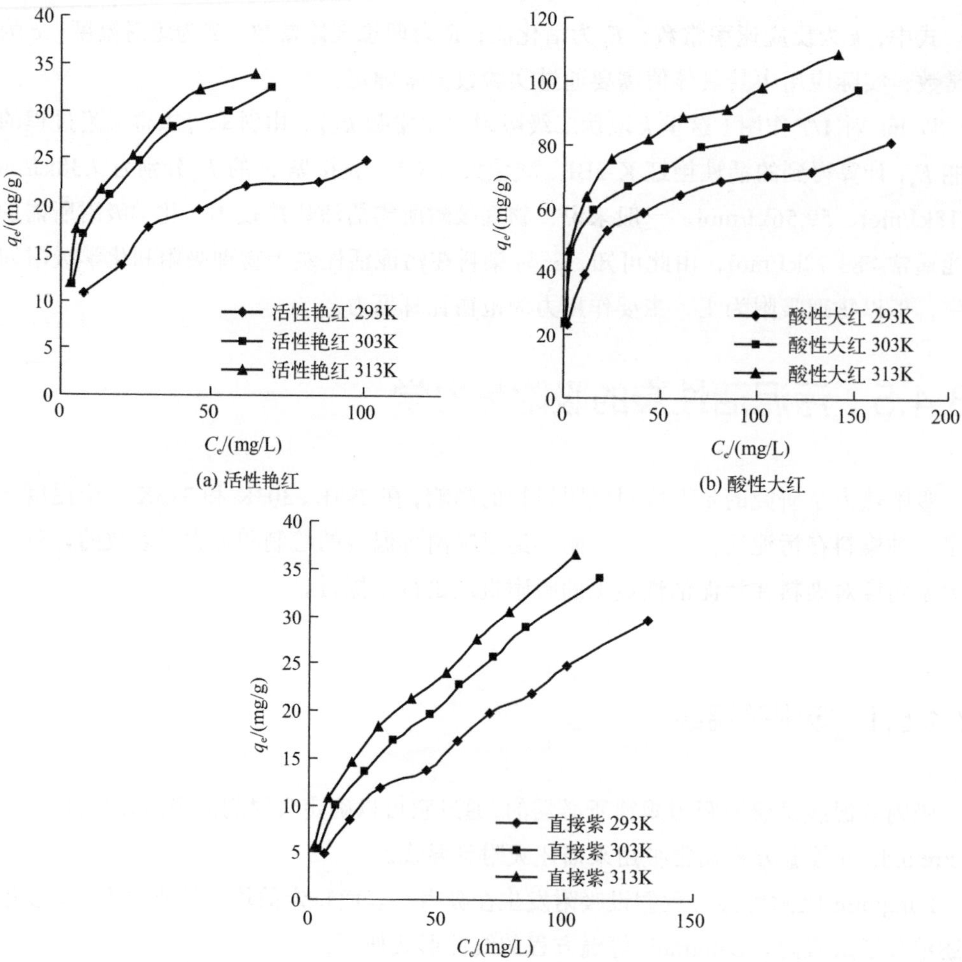

图 13-22 三种染料在污泥活性炭上的吸附等温线（T=293K、303K、313K）

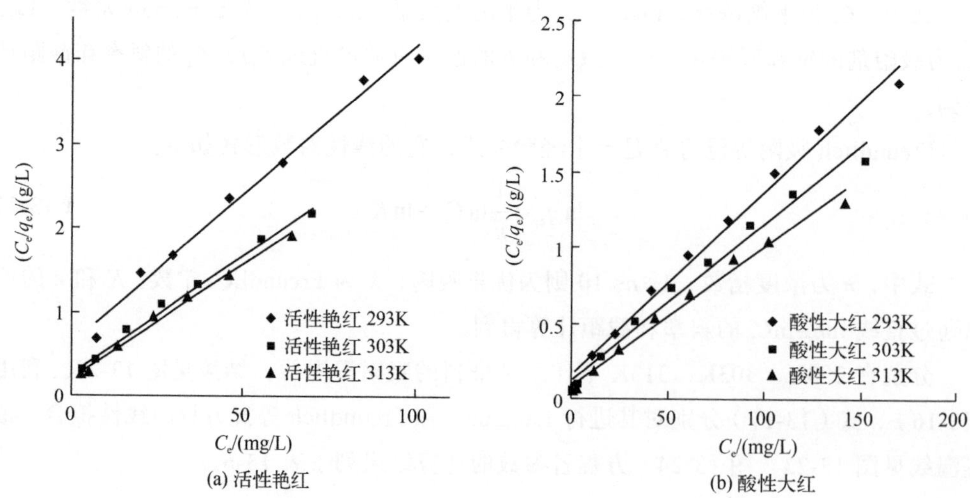

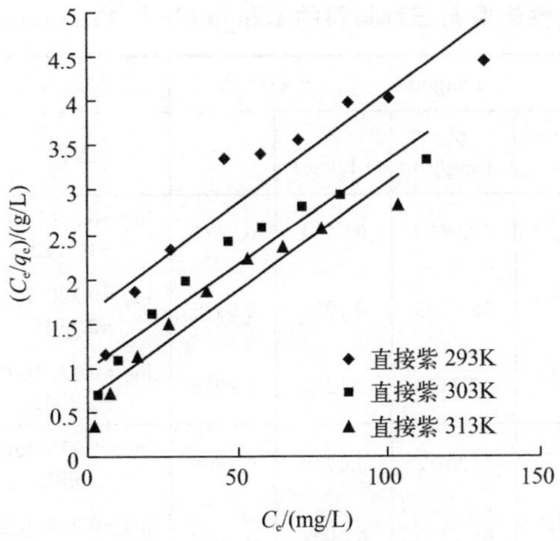

(c) 直接紫

图 13-23　污泥活性炭吸附三种染料的 Langmuir 线性拟合等温线（T=293K、303K、313K）

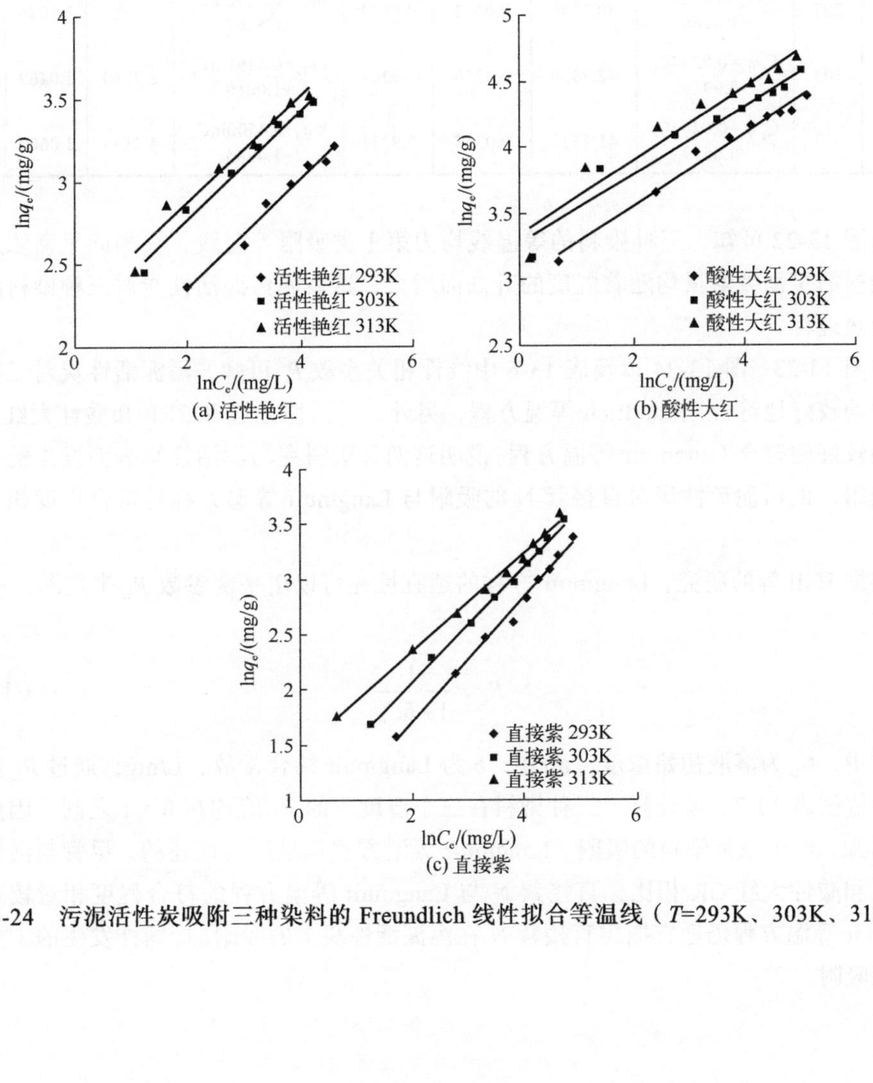

图 13-24　污泥活性炭吸附三种染料的 Freundlich 线性拟合等温线（T=293K、303K、313K）

表 13-6　污泥活性炭吸附三种染料的 Langmuir 和 Freundlich 等温方程参数

染料	T/K	Langmuir				Freundlich			
		方程	Q_m /(mg/g)	b /(L/mg)	R^2	方程	K	n	R^2
活性艳红 K-2BP	293	$C_e/q_e=0.0356C_e+0.6101$	28.0899	0.0584	0.9887	$\ln q_e=0.3267\ln C_e+1.7112$	5.5356	3.0609	0.9784
	303	$C_e/q_e=0.0280C_e+0.2652$	35.7143	0.1056	0.9933	$\ln q_e=0.3282\ln C_e+2.1145$	8.2854	3.0469	0.9847
	313	$C_e/q_e=0.0268C_e+0.2151$	37.3134	0.1246	0.9916	$\ln q_e=0.3221\ln C_e+2.2242$	9.2461	3.1046	0.9674
酸性大红 GR	293	$C_e/q_e=0.0122C_e+0.1628$	81.9672	0.0749	0.9900	$\ln q_e=0.2757\ln C_e+3.0011$	20.1076	3.6271	0.9821
	303	$C_e/q_e=0.0104C_e+0.1122$	96.1538	0.0928	0.9837	$\ln q_e=0.2581\ln C_e+3.2746$	26.4327	3.8745	0.9492
	313	$C_e/q_e=0.0092C_e+0.0861$	108.6957	0.1069	0.9874	$\ln q_e=0.2798\ln C_e+3.3401$	28.2220	3.5740	0.9370
直接紫 N	293	$C_e/q_e=0.0249C_e+1.6266$	40.1606	0.0153	0.8824	$\ln q_e=0.5656\ln C_e+0.5703$	1.7688	3.1046	0.9914
	303	$C_e/q_e=0.0234C_e+0.9929$	42.7350	0.0236	0.9201	$\ln q_e=0.5261\ln C_e+1.0010$	2.7210	3.0469	0.9970
	313	$C_e/q_e=0.0243C_e+0.6619$	41.1523	0.0367	0.9251	$\ln q_e=0.4500\ln C_e+1.4385$	4.2144	3.0609	0.9961

由图 13-22 可知，三种染料的等温线均为第Ⅰ类吸附等温线，在相同平衡浓度时，三种染料的平衡吸附量均随着温度的升高而增大，这表明污泥活性炭对三种染料的吸附均为吸热过程。

由图 13-23、图 13-24 以及表 13-6 中线性相关系数 R^2 可知，污泥活性炭对三种染料的吸附均较好地符合 Freundlich 等温方程，另外，对活性艳红 K-2BP 和酸性大红 GR 的吸附还较好地符合 Langmuir 等温方程，说明这两种染料在污泥活性炭表面发生的是单分子层吸附，而污泥活性炭对直接紫 N 的吸附与 Langmuir 等温方程的符合程度相对较差一些。

根据 Hall 等的研究，Langmuir 方程的适宜性还可以用平衡参数 R_L 来判断，R_L 的定义如下：

$$R_L = \frac{1}{1+bC_0} \tag{13-18}$$

式中，C_0 为溶液初始浓度，mg/L；b 为 Langmuir 结合常数，L/mg；通过 R_L 值判断适宜性依据表 13-7。经计算，三种染料在三个温度下的 R_L 值均在 0～1 之间，因此由表 13-7 可知，对于三种染料的吸附，Langmuir 等温方程均是适宜描述的。尽管与活性艳红 K-2BP 和酸性大红 GR 相比，直接紫 N 与 Langmuir 等温方程的符合程度相对较差，但 Langmuir 等温方程仍适宜描述直接紫 N 在污泥活性炭上的吸附的，同样发生的主要是单分子层吸附。

表 13-7 R_L值适宜性判断表

R_L值	吸附线类型
$R_L>1$	不适宜
$R_L=1$	线性关系
$0<R_L<1$	适宜描述
$R_L=0$	不可能

由表 13-6 中 n 值均在 $1< n< 10$ 的范围内可知，污泥活性炭对三种染料的吸附均为优惠吸附。

Freundlich 常数 K 值的大小反映了吸附性能的差异，实验结果表明，随着温度的升高，三种染料的 K 值均增大，相应吸附性能均提高，这再次表明污泥活性炭对三种染料的吸附均为吸热过程。另外，在相同温度下，三种染料的 K 值的大小顺序为酸性大红 GR>活性艳红 K-2BP>直接紫 N，这个顺序同样也反映出了污泥活性炭对三种染料的吸附性能的优劣顺序，这和前文中吸附动力学得到的结论是一致的。

Langmuir 常数 b 同时也是吸附过程的平衡常数，由表 13-6 可知，b 值均为正值，说明吸附平衡：

污泥活性炭+染料↔[污泥活性炭-染料复合体]

平衡主要向右移动，导致染料分子在污泥活性炭表面的吸附。另外还可以看到，三种染料的 b 值均随着温度的升高而增大，说明升高温度将推动上述平衡向右移动，即导致染料吸附量的增加。

13.4.5.2 热力学参数

通过对热力学参数吸附焓 ΔH、吸附自由能 ΔG 和吸附熵 ΔS 的计算，可以进一步深入了解污泥活性炭对染料的吸附机理。

吸附焓 ΔH 由 Clausius-Clapeyron 方程得出：

$$\ln C_e = \frac{\Delta H}{RT} + K \tag{13-19}$$

式中，C_e为平衡浓度，mg/L；T为热力学温度，K；R为理想气体常数；ΔH为等量吸附焓，kJ/mol；K为常数。

吸附自由能 ΔG 可以通过 Gibbs 方程从吸附等温线衍生得到：

$$\Delta G = -RT\int_0^x q\frac{\mathrm{d}x}{x} \tag{13-20}$$

式中，q 为吸附量，mol/g；x 为溶液中吸附质的摩尔分数。

如果 q 和 x 的关系符合 Freundlich 方程，即：

$$q = Kx^{1/n} \tag{13-21}$$

将式（13-21）代入式（13-20），得到的吸附自由能 ΔG 与 q 无关：

$$\Delta G = -nRT \tag{13-22}$$

式中，n 为 Freundlich 方程浓度指数。

吸附熵 ΔS 可按 Gibbs-Helmholtz 方程计算：

$$\Delta S = \left(\Delta H - \Delta G\right) / T \tag{13-23}$$

由三种染料的吸附等温线作出不同吸附量时的吸附等量线 $\ln C_e$-$1/T$，如图 13-25 所示。根据式（13-19），由各吸附等量线的斜率分别计算出三种染料在不同吸附量时的等量吸附焓 ΔH。由于三种染料的吸附均比较符合 Freundlich 等温方程，故根据式（13-22）分别计算出吸附自由能 ΔG。吸附熵 ΔS 根据式（13-23）分别计算出。计算结果见表 13-8。

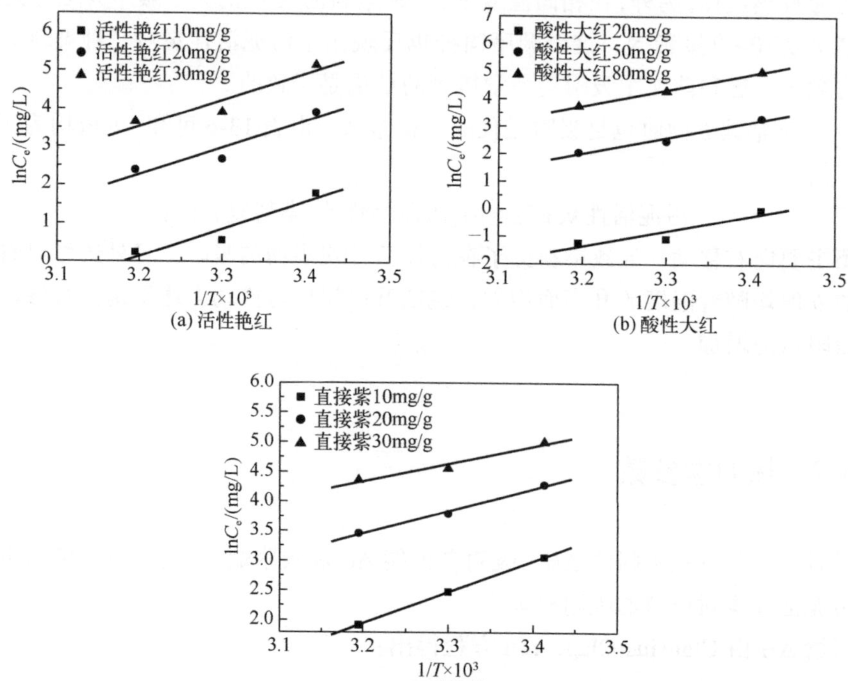

(a) 活性艳红

(b) 酸性大红

(c) 直接紫

图 13-25 三种染料在污泥活性炭上的吸附等量线

表 13-8 污泥活性炭吸附三种染料的热力学参数

染料	q /（mg/g）	ΔH /（kJ/mol）	ΔG/（kJ/mol）			ΔS/[J/（mol/K）]		
			293K	303K	313K	293K	303K	313K
活性艳红 K-2BP	10	60.15				230.76	223.86	218.00
	20	59.02	−7.46	−7.68	−8.08	226.89	220.13	214.38
	30	58.36				224.63	217.94	212.27

续表

染料	q /(mg/g)	ΔH /(kJ/mol)	ΔG/(kJ/mol)			ΔS/[J/(mol/K)]		
			293K	303K	313K	293K	303K	313K
酸性大红 GR	20	46.60	−8.84	−9.76	−9.30	189.22	186.01	178.59
	50	48.22				194.74	191.35	183.77
	80	49.05				197.58	194.09	186.42
直接紫 N	10	43.57	−7.56	−7.68	−7.97	174.51	169.14	164.66
	20	31.63				133.75	129.74	126.52
	30	24.65				109.93	106.70	104.22

由表 13-8 数据可知，三种染料在污泥活性炭上的等量吸附焓 ΔH 总大于零，这就从理论上证明了此吸附的确是个吸热过程，提高温度将有利于吸附的进行，这与吸附一般为放热过程的规律不同，Gokmen、宋应华等在各自的研究中也发现了类似现象，这可以用溶剂置换理论来解释。由于污泥活性炭表面的亲水性基团与溶液中的水分子的氢键作用，使得污泥活性炭上含有很多水分子，吸附染料的过程实际上是先解吸水分子，然后再吸附染料分子的过程。而染料分子的分子量约为水分子的 45 倍，因此它的结构、体积以及在污泥活性炭表面所占的空间都要比水分子大很多，于是污泥活性炭吸附一个染料分子的同时需要解吸许多个水分子，而通常吸附是一个放热过程，解吸是一个吸热过程，这样解吸水分子过程吸收的热量大于吸附染料分子过程放出的热量，最终导致污泥活性炭吸附染料的整个过程呈现为一个吸热过程。一般来说，物理吸附的吸附热小于化学吸附，前者在 8.37～62.8kJ/mol 范围内，而后者在 125.6～418.68kJ/mol 范围内，表 13-8 中 ΔH 的数据表明，污泥活性炭对三种染料的吸附主要为物理吸附过程。

吸附自由能 ΔG 是吸附驱动力和吸附优惠性的体现。由表 13-8 数据可知，ΔG 都为负值，说明污泥活性炭对三种染料的吸附是自发进行的，即三种染料都容易被污泥活性炭吸附。ΔG 的绝对值越大，表明吸附驱动力越大，一般来说，物理吸附的自由能 ΔG 小于化学吸附的 ΔG，前者在−20～0kJ/mol 范围内，而后者在−400～−80kJ/mol 范围内，表 13-8 中 ΔG 的数据再一次表明，污泥活性炭对三种染料的吸附主要为物理吸附过程。

三种染料的吸附熵 ΔS 总是正值，这是由于解吸水分子使得水分子由污泥活性炭上整齐的排列变为液相中的自由运动，自由度增大，是个熵增大的过程，而吸附染料分子使得染料分子由液相中的自由运动变为污泥活性炭上的规则运动，自由度减小，是个熵减小的过程。如前文所述，污泥活性炭吸附一个染料分子的同时需要解吸许多个水分子，因此，水分子解吸引起的熵增加大于染料分子吸附引起的熵减小，从而导致污泥活性炭吸附染料的整个过程总熵变为正值。

13.5 污泥活性炭处理实际染料废水

为了全面考察污泥活性炭对染料的吸附能力，在利用模拟染料废水进行了系统理论研究后，本节又考察了污泥活性炭对于实际染料废水的处理效果。实际染料废水取自山东某制衣厂，水质轻微浑浊，呈粉红色，有异味，pH 值为 8.8，COD 为 350mg/L。

13.5.1 吸附剂投加量对处理效果的影响

在室温下，维持原废水 pH 值，控制吸附时间为 90min，考察不同吸附剂投加量对脱色率的影响，结果见图 13-26。由图 13-26 可知，脱色率随着投加量的增加而增大，当投加量为 1.5g/L 时，脱色率可达到 95%，再增加投加量，脱色率增幅很小，因此实际操作中可选定 1.5g/L 作为合适的投加量。

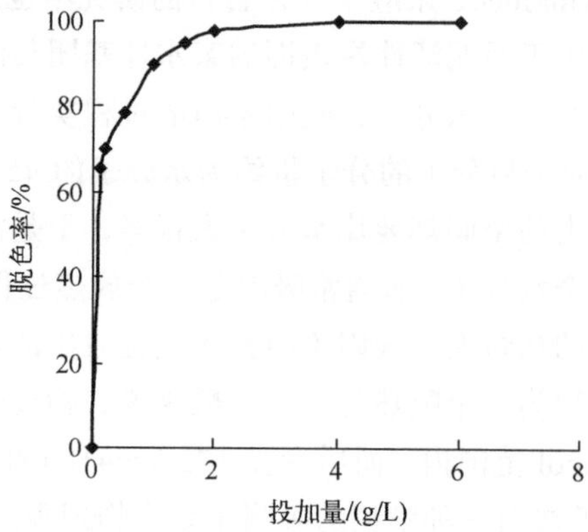

图 13-26 吸附剂投加量对脱色率的影响（实际染料废水）

13.5.2 吸附时间对处理效果的影响

在室温下，维持原废水 pH 值，控制吸附剂投加量为 1.5g/L，考察吸附时间对脱色率的影响，结果见图 13-27。由图可知，脱色率随着吸附时间的增长而增大，当时间为 40min 时，吸附基本开始达到平衡，此时脱色率达 90%左右，因此实际操作中吸附时间选择 40min 即可。

13.5.3 pH 值对处理效果的影响

在室温下，控制吸附剂投加量为 1.5g/L，吸附时间为 40min，考察废水 pH 值对脱色率的影响，结果见图 13-28。由图 13-28 可知，对于实际废水，在 pH 值为 2～12 的范围内，脱色率呈现出先降后升的趋势，但总体变化幅度不大，其中 pH 值在 2～4 范围内，脱色率可达 98%，但从经济角度出发，实际操作中维持原废水 pH 值即可。

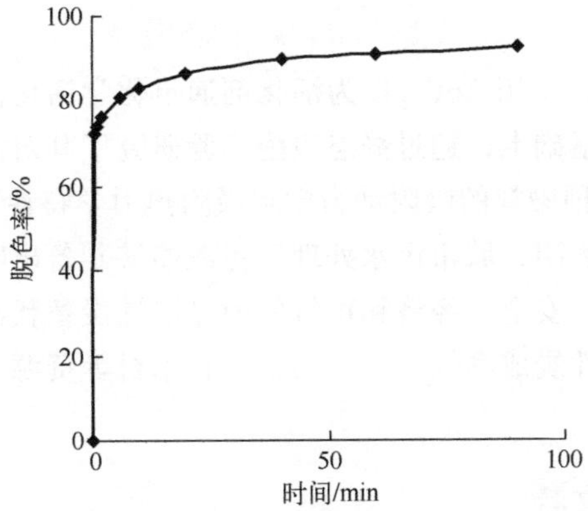

图 13-27　吸附时间对脱色率的影响（实际染料废水）

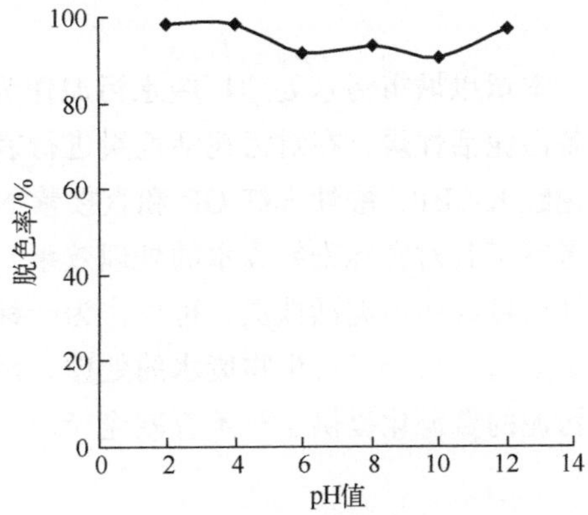

图 13-28　pH 值对脱色率的影响（实际染料废水）

另外，经测定，在最终选定的最佳条件下处理后的废水 COD 降到 118mg/L，COD 去除率为 60.80%。与原废水相比，处理后的废水几乎没有异味，无浊度，出水透明。

13.6　污泥活性炭的成本分析及应用前景

按照本章的方法，污泥制备污泥活性炭的成本主要包括活化剂（$ZnCl_2$）、HCl 和 N_2 的使用成本以及电耗、用水、劳动力成本等，其中，活化剂 $ZnCl_2$ 的使用成本在总成本中占很大比重，根据实验结果，可以粗略地分析出污泥活性炭的生产成本。

按照活化剂浓度为 25%，固液比为 1∶2，产率为 50%，$ZnCl_2$ 的回收率为 50%计算，2t 干污泥可以生产出 1t 污泥活性炭，需要 4t $ZnCl_2$ 溶液，即需要 1t $ZnCl_2$，其中 0.5t $ZnCl_2$ 可以回收使用，$ZnCl_2$ 的市场价格约为 4000 元/t，那么生产 1t 污泥活性炭所需活化剂 $ZnCl_2$ 的使用成本约为 2000 元，再加上其他部分成本，污泥活性炭的总成本约达到 2500 元/t。

目前，市售商品活性炭的价格一般在 5000～10000 元/t，可将污泥活性炭产品的市场价定为 3500 元/t，可见，与商品活性炭相比，污泥活性炭具有较大的价格优势，再加上其对于大分子物质吸附性能方面的独特优势，可以预见污泥活性炭将会具有较强的市场竞争力。

如果城市污水处理厂增加一套污泥活性炭生产工艺，那么仅按照每天生产 1t 污泥活性炭计算，年销售利润可达到 36.5 万元，同时，城市污水处理厂每天可以处理掉 8t 脱水污泥（脱水污泥含水率按照 75%计算），这又将为水厂节省原计划污泥填埋或焚烧等处理的那部分费用。

由以上分析可以看到，污泥活性炭生产工艺具有广阔的应用前景，不仅解决了污泥的处理处置这一环境难题，还实现了污泥的资源化，变废为宝，具有潜在的环境效益、社会效益和经济效益。

本章以城市污水处理厂脱水污泥作为原料，采用 $ZnCl_2$ 作为活化剂通过化学活化法制备污泥活性炭，在对污泥活性炭进行表征的基础上，通过静态吸附实验研究了其对活性艳红 K-2BP、酸性大红 GR 和直接紫 N 这三种染料的吸附动力学和吸附热力学特性，并考察了其对实际染料废水的处理效果。结果表明，城市污水处理厂污泥能够制备出吸附性能良好的污泥活性炭，可以作为一种高效、安全、经济和可行的商品活性炭替代品用于染料等大分子污染物废水的处理。污泥活性炭成本低廉，节约了煤和木材等资源，为污泥的资源化提供了一条有效途径。

参考文献

[1] 高尚愚, 左宋林, 周建斌, 等. 几种活性炭的常规性质及孔隙性质的研究[J]. 林产化学与工业, 1999, 19(1): 17-22.

[2] Brunauer S, Emmet P H, Teller F. Surface area measurements of activated carbons, silica gel and other adsorbents[J]. Journal of the American Chemical Society, 1938, 60: 309-319.

[3] Lowell S, Shields J E. Powder surface area and porosity[M]. 2nd ed. New York: John Wiley, 1984.

[4] Barrett E P, Joyner L G, Halenda P P. The determination of pore volumes and area distributions in porous substances[J]. Journal of the American Chemical Society, 1951, 73: 373-380.

[5] Horvath G, Kawazoe K. Method for the calculation of effective pore size distribution in molecular sieve carbon[J]. Journal of Chemical Engineering of Japan, 1983, 16: 470-475.

[6] Walker G M, Weatherly L R. Adsorption of dyes from aqueous solutions: The effect of adsorbent pore size distribution and dye aggregation[J]. Chemical Engineering Journal, 2001, 83: 201-206.

[7] Tamai H, Yoshida T, Sasaki H, et al. Dye adsorption on mesoporous activated carbon fiber obtained from pitch containing yttrium complex[J]. Carbon, 1999, 37: 983-989.

[8] 卢涌泉, 邓振桦. 实用光谱分析[M]. 北京: 电子工业出版社, 1989.

[9] Ho Y S, McKay G. Pseudo-second order model for sorption processes[J]. Process Biochemistry, 1999, 34: 451-465.

[10] Özacar M, Şengil İ A. A kinetic study of metal complex dye sorption onto pine sawdust[J]. Process Biochemistry, 2005, 40: 565-572.

[11] Yang X, Al-Duri B. Kinetic modeling of liquid-phase adsorption of reactive dyes on activated carbon[J]. Colloid and Interface Science Communications, 2005, 287: 25-34.

[12] Bulut Y, Aydm H. A kinetics and thermodynamics study of methylene blue adsorption on wheat shells[J]. Desalination, 2006, 194: 259-267.

[13] Kannan N, Sundaram M M. Kinetics and mechanism of removal of methylene blue by adsorption on various carbons—A comparative study[J]. Dyes and Pigments, 2001, 51: 25-40.

[14] Chang M Y, Juang R S. Adsorption of tannic acid, humic acid, and dyes from water using the composite of chitosan and activated clay[J]. Journal of Colloid and Interface Science, 2004, 278: 18-25.

[15] Mamdouh M N. Intraparticle diffusion of basic red and basic yellow dyes on palm fruit bunch[J]. Water Science and Technology, 1999, 40(7): 133-139.

[16] Yang X, Otto S R, Al-Duri B. Concentration-dependent surface diffusivity model (CDSDM): Numerical development and application[J]. Chemical Engineering Journal, 2003, 94: 199-209.

[17] 舒月红, 贾晓珊. CTMAB-膨润土从水中吸附氯苯类化合物的机理——吸附动力学与热力学[J]. 环境科学学报,

2005, 25(11): 1530-1536.

[18] 章燕豪. 吸附作用[M]. 上海: 上海科学技术文献出版社, 1989.

[19] Kadirvelu K, Karthika C, Vennilamani N, et al. Activated carbon from industrial solid waste as an adsorbent for the removal of Rhodamine-B from aqueous solution: Kinetic and equilibrium studies[J]. Chemosphere, 2005, 60: 1009-1017.

[20] 陈立丰. 活性炭对电镀废水中 Cr^{6+} 的吸附——活性炭选择吸附的热力学和动力学方法[J].水处理技术, 1992, 18(3): 205-210.

[21] Bhattacharyya K G, Sharma A. Kinetics and thermodynamics of methylene blue adsorption on neem (*Azadirachta indica*) leaf powder[J]. Dyes. Pigments., 2005, 65: 51-59.

[22] 傅献彩, 沈文霞, 姚天扬. 物理化学[M]. 北京: 高等教育出版社, 1990.

[23] Garcla-Delgado R A, Cotouelo-Minguez L M, Rodfiguez J J. Equilibrium study of single-solute adsorption of anionic surfactants with polymeric XAD resins[J]. Separation Science and Technology, 1992, 27(7): 975-978.

[24] Gokmen V, Serpen A. Equilibrium and kinetic studies on the adsorption of dark colored compounds from apple juice using adsorbent resin[J]. Journal of Food Engineering, 2002, 53: 221-227.

[25] 宋应华, 朱家文, 陈葵, 等. 大孔吸附树脂对红霉素的平衡吸附行为及其热力学性质[J]. 化工学报, 2006, 57(4): 715-718.

[26] Geng X P. Study on the fractions of thermodynamic function changes for both adsorption and desorption from a liquid-solid system[J]. Thermochim. Acta., 1998, 308(12): 131-138.

[27] 唐树和, 王京平. 超高交联吸附树脂吸附对硝基苯乙酮的热力学研究[J]. 离子交换与吸附, 2004, 20(5): 452-457.

[28] Hall S, Tang R, Baeyens J, et al. Removing polycyclic aromatic hydrocarbons from water by adsorption on silicagel [J]. Polycyclic Aromatic Compounds, 2009, 29(3): 160-183.

第 14 章 物理活化法制备造纸污泥活性炭及其应用

相对于化学活化法，物理活化法制备活性炭具有操作工序简单、制备工艺成熟、生产成本较低、生产过程清洁、对设备无腐蚀性、后续处理工艺简洁及不引起二次污染等优点，是较为绿色环保的活性炭制备工艺。物理活化法制备活性炭常用的活化剂主要是水蒸气和二氧化碳。与二氧化碳分子相比，水蒸气分子的直径较小，导致相同温度下其在炭材料内部的扩散速度较快，与碳原子的反应速度也相应较快，所需的活化温度相对较低，所消耗的电能则相对较少，更加适合应用于实际工业生产。目前，利用各种不同类型的废弃物作为原料并选用水蒸气活化法制备活性炭材料的研究已有报道，然而有关使用水蒸气活化法制备以造纸污泥为原料的活性炭的研究还不多见。

造纸污泥含有大量腐殖质、纤维素等有机成分，通过一系列的炭化和活化反应可以转化为具有较高比表面积和孔隙结构的碳质材料，因此也是一种制备活性炭的廉价原料。本章选取造纸污泥为原料，采用绿色低成本的低温炭化-水蒸气物理活化法制备造纸污泥基活性炭，考察炭化温度、炭化时间、活化温度和活化时间等对所得活性炭材料各种性质的影响，以确定活性炭的最佳制备条件。通过对最佳制备条件下获得的活性炭的孔隙结构、孔径分布、表面形貌、表面官能团等性质进行表征分析，更加细致准确地了解所制得活性炭的物理化学性质。并将其应用于染料废水的处理，研究该材料对染料的吸附效果和机理，为造纸污泥的资源化和造纸污泥基活性炭的大规模生产及其应用提供理论依据。

14.1 造纸污泥活性炭的制备及表征

14.1.1 造纸污泥的基本性质

所用污泥取自山东省某板纸厂剩余脱水污泥，所取污泥经风干一段时间后，放入烘箱中，在 105℃下，恒温干燥至恒重；然后粉碎过 100～200 目筛，测其基本性质，结果列于表 14-1 和图 14-1 中。

表 14-1　原料污泥的基本性质

含水率/%	有机物含量/%	灰分/%	碳含量/%	pH 值	热值/（MJ/kg）
78.20	56.80	41.98	27.22	7.72	12.97

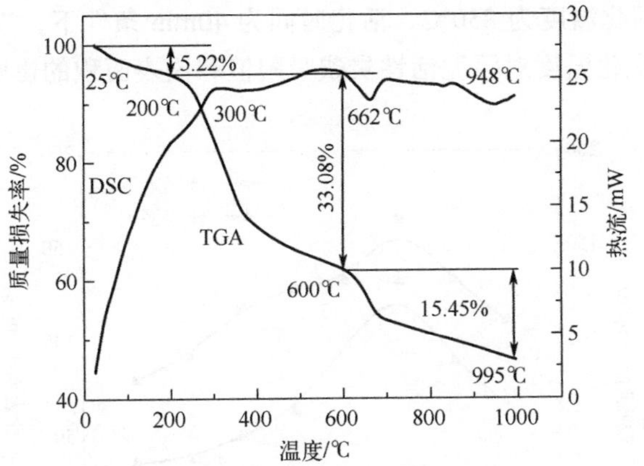

图 14-1　原料污泥的热重曲线

由表 14-1 可以看出，污泥中有机物含量和热值均较高，说明其具有较高的再利用价值，可以将其用于污泥活性炭的制备。

图 14-1 为原料污泥的热重曲线。由图 14-1 可以看出，原料污泥的质量损失可以分为 3 个阶段：

① 在 25～200℃范围内，质量损失约为 5.22%，主要是由吸附水和毛细水的挥发造成的。

② 在 200～600℃范围内，质量损失约为 33.08%，是由结合水的释放和有机物的分解引起的。另外，在 300℃左右质量急剧下降，DSC 曲线也在此处存在放热峰，进一步证实了有机物的分解。

③ 在 600～995℃范围内，质量损失约为 15.45%。另外，从 DSC 曲线可以看出，在 662℃和 948℃左右分别存在吸热峰，这主要是由碳酸钙和硫酸钙分解释放二氧化碳和二氧化硫造成的。

因此，为提高固态产物中碳含量，保证最终产品质量，应将污泥活性炭的炭化温度控制在 200～600℃范围内。

14.1.2　造纸污泥制备活性炭的单因素实验

为确定污泥活性炭的最佳制备条件，选取炭化温度、炭化时间、活化温度和活化时间4个因素作为污泥活性炭制备过程中的主要影响因素，通过单因素实验考察它们对污泥活性炭的碘吸附值和比表面积的影响。

14.1.2.1 炭化温度对碘吸附值和比表面积的影响

由热重曲线可知，污泥中有机物的热解主要发生在200～550℃范围内，因此选择炭化时间为40min、活化温度为850℃、活化时间为40min条件下，以50℃为间隔，考察200～550℃范围内炭化温度对污泥活性炭碘吸附值和比表面积的影响，结果见图14-2。

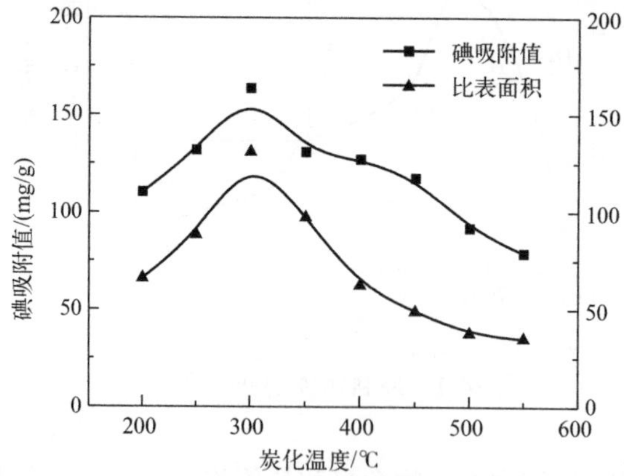

图14-2 炭化温度对碘吸附值和比表面积的影响

由图14-2可知，随着炭化温度的升高，污泥活性炭的碘吸附值和比表面积均呈现先增加后降低的趋势，且在300℃时出现最大值。这是由于在200～300℃范围内，随着温度升高，污泥中的结合水逐渐挥发，固态产物中的碳含量增加，污泥活性炭的碘吸附值和比表面积随之增加；在300℃达到最大值，此时碘吸附值为163.48mg/g，比表面积为130.84m^2/g。在大于300℃范围内，随着温度继续升高，有机物逐渐分解形成气体逸出，固态产物中的碳含量减少，使得碘吸附值和比表面积降低。因此确定最佳炭化温度为300℃。

14.1.2.2 炭化时间对碘吸附值和比表面积的影响

在炭化温度为300℃、活化温度为850℃、活化时间为40min条件下，改变炭化时间，考察不同炭化时间对污泥活性炭碘吸附值和比表面积的影响，结果如图14-3所示。

从图14-3中可以看出，随着炭化时间的增长，污泥活性炭的碘吸附值和比表面积均呈现先上升后下降的趋势，在60min处达到最大值，此时碘吸附值为177.80mg/g，比表面积为127.44m^2/g。随着炭化时间的延长，污泥中的结合水不断挥发，大量有机物分解

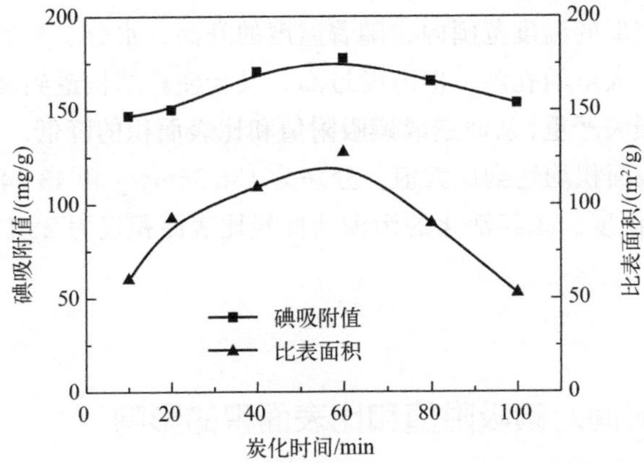

图 14-3　炭化时间对碘吸附值和比表面积的影响

逸出，形成一定的孔隙，使得碘吸附值和比表面积升高；但是随着炭化时间的持续增加，固态产物中碳含量降低，从而造成污泥活性炭碘吸附值和比表面积的降低。因此，在下一步研究中选取 60min 作为最佳炭化时间。

14.1.2.3　活化温度对碘吸附值和比表面积的影响

经炭化后的污泥活性炭，在利用水蒸气进行物理活化过程中，通过高热气体活化剂的开孔、扩孔作用，能够改善活性炭的比表面积和吸附能力。因此，本部分将进一步考察活化温度和活化时间对其碘吸附值和比表面积的影响。根据以上结果，确定炭化温度为 300℃、炭化时间为 60min，选取活化时间为 40min，考察 650～950℃温度范围内，活化温度对污泥活性炭碘吸附值和比表面积的影响，结果见图 14-4。

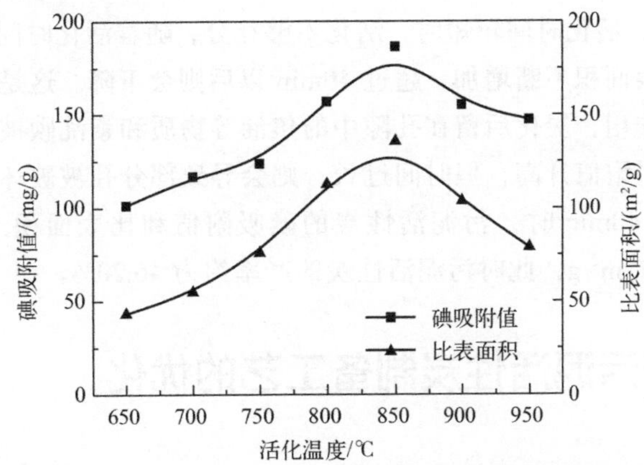

图 14-4　活化温度对碘吸附值和比表面积的影响

由图 14-4 可以看出，随着活化温度的不断升高，污泥活性炭的碘吸附值和比表面积先升高后降低。在较低的温度范围内，随着温度的升高，水分子扩散速度加快，活化反应的速率加快，产生大量的孔隙，但温度过高，又会使孔结构遭到破坏，而且会使原本就少的活性中心炭损失严重，从而造成碘吸附值和比表面积的降低。当活化温度为 850℃时，碘吸附值和比表面积均达到最大值，分别为 186.36mg/g 和 135.49m^2/g。因此，选取850℃作为最佳活化温度。未经活化的污泥活性炭比表面积仅为 28.17m^2/g，由此可见活化过程非常有必要。

14.1.2.4 活化时间对碘吸附值和比表面积的影响

在炭化温度为 300℃、炭化时间为 60min、活化温度为 850℃的条件下，活化时间对污泥活性炭碘吸附值和比表面积的影响见图 14-5。

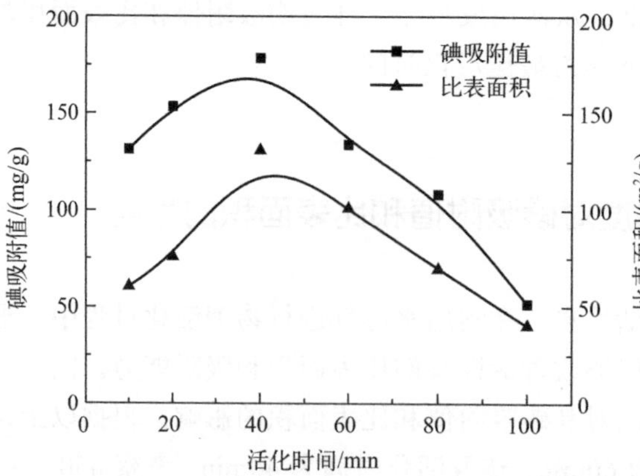

图 14-5 活化时间对碘吸附值和比表面积的影响

从图 14-5 可知，活化时间较短时，活化不够充分，随着活化时间的增长，污泥活性炭的碘吸附值和比表面积不断增加，超过 40min 以后则会下降。这是由于在活化初始阶段，由于活化剂的作用，炭化后留在孔隙中的焦油等物质和紊乱碳被除去，孔隙增加，使得比表面积和碘吸附值升高；但时间过长，则会导致部分孔被破坏，造成产品性能下降。当活化时间为 40min 时，污泥活性炭的碘吸附值和比表面积达到最大，分别为 178.45mg/g 和 130.71m^2/g，此时污泥活性炭的产率约为 46.20%。

14.1.3 造纸污泥活性炭制备工艺的优化

为进一步确定污泥活性炭的最佳制备条件及制备过程中各因素对碘吸附值和比表面积的影响程度，采用正交实验对污泥活性炭的制备工艺进行优化，并对挑选出的制备条件进行验证，从而最终确定污泥活性炭的最佳制备条件。

14.1.3.1 污泥制备活性炭的正交实验

正交实验作为一种高效、快速、经济的工艺优化方法，能够综合反映各种因素的影响。采用四因素三水平的正交实验 $L_9(3^4)$，进一步考察炭化温度（A）、炭化时间（B）、活化温度（C）和活化时间（D）4 个因素对污泥活性炭碘吸附值和比表面积的影响程度，从而确定污泥活性炭制备过程中的主要影响因素和最佳制备条件。正交实验因素水平列于表 14-2 中，实验结果见表 14-3。

表 14-2 污泥制备活性炭正交实验因素水平表

水平	炭化温度/°C	炭化时间/min	活化温度/°C	活化时间/min
1	300	20	750	20
2	350	40	800	40
3	400	60	850	60

表 14-3 污泥制备活性炭的正交实验结果

实验编号	炭化温度/°C	炭化时间/min	活化温度/°C	活化时间/min	碘吸附值/(mg/g)	比表面积/(m^2/g)
1	300	20	750	20	138.16	40.46
2	300	40	800	40	152.99	116.55
3	300	60	850	60	145.96	90.18
4	350	20	800	60	140.80	43.49
5	350	40	850	20	161.86	122.57
6	350	60	750	40	129.26	48.45
7	400	20	850	40	146.86	78.43
8	400	40	750	60	134.40	67.08
9	400	60	800	20	127.46	56.54
$K_1$①	145.70	141.94	133.94	142.49		
K_2	143.97	149.75	140.42	143.04		
K_3	136.24	134.23	151.56	140.39		
R②	9.46	15.52	17.62	2.65		
K_1'③	82.40	54.13	52.00	73.19		
K_2'	71.50	102.07	72.19	81.14		
K_3'	67.35	65.06	97.06	66.92		
R'④	15.05	47.94	45.06	14.23		

① K_i 为各因素同一水平的平均碘吸附值；

② R 为各因素不同水平极差，表示不同制备因素水平变化对碘吸附值的影响程度；

③ K_i'为各因素同一水平的平均比表面积；

④ R'为各因素不同水平的极差，表示不同制备因素水平变化对比表面积的影响程度。

正交实验结果中，K值反映各因素同一水平的平均值，R值反映各因素的水平变化对实验指标的影响程度，R值越大，表示该因素越重要。从表14-3中可以看出，不同炭化温度（A）、炭化时间（B）、活化温度（C）和活化时间（D）条件下，碘吸附值的大小顺序为K_1（A）>K_2（A）>K_3（A），K_2（B）>K_1（B）>K_3（B），K_3（C）>K_2（C）>K_1（C）和K_2（D）>K_1（D）>K_3（D），因此，以碘吸附值为指标时，污泥活性炭的最佳制备条件为$A_1B_2C_3D_2$。不同实验条件下，比表面积的大小顺序为K_1'（A）>K_2'（A）>K_3'（A），K_2'（B）>K_3'（B）>K_1'（B），K_3'（C）>K_2'（C）>K_1'（C）和K_2'（D）>K_1'（D）>K_3'（D），说明以比表面积为指标时，污泥活性炭的最佳制备条件也为$A_1B_2C_3D_2$，即炭化温度为300℃、炭化时间为40min、活化温度为850℃、活化时间为40min。由表14-3中R值和R'值可以看出，污泥活性炭制备过程中4个因素对碘吸附值的影响程度大小顺序为：活化温度>炭化时间>炭化温度>活化时间。对比表面积的影响程度大小顺序为：炭化时间>活化温度>炭化温度>活化时间。由此可知，污泥活性炭制备过程的主要影响因素为活化温度和炭化时间。另外，对于相同的因素，以比表面积为指标时的R'值均高于以碘吸附值为指标时的R值，说明污泥活性炭制备过程中，各因素对比表面积的影响更加显著。

14.1.3.2　最佳制备条件的验证实验

由于通过正交实验获得的污泥活性炭的最佳制备条件不在正交实验计划中，因此需要进一步实验，对最佳制备条件进行验证。在炭化温度为300℃、炭化时间为40min、活化温度为850℃、活化时间为40min条件下，制备污泥活性炭，并测得其碘吸附值为162.43mg/g，比表面积为125.90m^2/g，比正交实验结果略高，但却低于单因素实验中获得的最佳产品（炭化温度为300℃、炭化时间为60min、活化温度为850℃、活化时间为40min）的结果，可能是由于炭化时间较短造成炭化不够充分，因此，最终确定炭化温度为300℃、炭化时间为60min、活化温度为850℃、活化时间为40min作为污泥活性炭的最佳制备条件。

14.1.4　造纸污泥活性炭的表征

14.1.4.1　污泥活性炭的碘吸附值

碘吸附值能够简单快速地表征孔径略大于1.0nm的微孔的发达程度及活性炭的比表面积，同时，碘吸附值可以表示活性炭对液体物质的吸附能力。本章所制备的污泥活性炭的碘吸附值为160～180mg/g，说明污泥活性炭具有较好的吸附性能。

14.1.4.2　污泥活性炭的比表面积和孔隙结构

活性炭的比表面积和孔隙结构是表征其吸附性能最有效的指标之一，孔隙结构的不同会引起活性炭对于不同污染物的吸附能力的差异。本部分采用 N_2 吸附-脱附法分析污泥活性炭的比表面积和孔径分布，同时对原料污泥及炭化后产品进行了测试，测试结果列于表 14-4 中。

表 14-4　原泥、炭化产品及活性炭的比表面积和孔隙结构

样品	总比表面积 /(m^2/g)	微孔比表面积 /(m^2/g)	总孔容积 /(cm^3/g)	微孔容积 /(cm^3/g)	平均孔径/nm
原泥	9.46	2.71	0.009	0.001	0.453
炭化产品	28.17	7.74	0.028	0.004	1.178
活性炭	130.85	37.85	0.134	0.018	1.543

由表 14-4 可以看出，污泥活性炭的比表面积明显高于原泥和炭化产品的比表面积，说明水蒸气活化过程中由于活化剂的开孔、扩孔作用，使得污泥活性炭的吸附性能明显提高。另外，微孔只为污泥活性炭提高了 28.92%的比表面积和 13.29%的孔容，而剩余的很大部分的比表面积和孔容则是由中孔（2nm≤孔径≤50nm）和大孔（孔径>50nm）提供的，由此可见所制备的污泥活性炭具有吸附大分子污染物的潜力。

14.1.4.3　污泥活性炭的表面形态

利用扫描电子显微镜（SEM）观察放大 5000 倍活化前后污泥活性炭的表面形态，结果见图 14-6。从图中可以看出，原料污泥（即原泥）表面光滑，几乎没有任何孔隙存在；

(a) 原料污泥　(b) 炭化产品　(c) 污泥活性炭

图 14-6　原料污泥、炭化产品及污泥活性炭的 SEM 图片

经炭化后，污泥表面开始出现少量微小孔隙，主要是由炭化过程中有机物的分解挥发所形成的；再经活化以后，污泥活性炭表面出现大量不同孔径和不同形状的孔隙，是由水蒸气的开孔、扩孔作用引起的。污泥活性炭表面发达的孔隙结构预示了其具有较高的吸附能力，同时证实了水蒸气活化对吸附剂孔的形成起到非常重要的作用。

14.1.4.4　污泥活性炭的红外光谱分析

红外光谱主要是对化学基团进行定性和半定量分析的一种有效手段，原料污泥、炭化产品及污泥活性炭的红外光谱图见图 14-7。

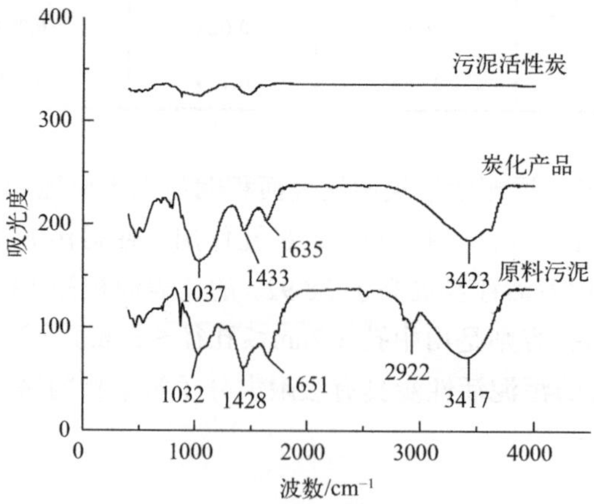

图 14-7　原料污泥、炭化产品及污泥活性炭的红外光谱图

从图中可以看出，原料污泥、炭化产品及污泥活性炭具有明显不同的红外图谱。原料污泥具有多种强吸收峰，而炭化产品的吸收峰有所减弱，污泥活性炭的吸收峰则更少且更弱，说明污泥中的大量物质已被分解。原料污泥和炭化产品在波数为 3300～3500cm^{-1} 处可以观察到明显的吸收峰，这主要是由羟基（—OH）的伸缩振动引起的；波数为 2920cm^{-1} 左右处的吸收峰与甲基（$—CH_3$）和亚甲基（$—CH_2$）的伸缩振动有关；另外，波数为 1635cm^{-1}、1433cm^{-1} 和 1037cm^{-1} 周围处的吸收峰则分别是由于 C═O、O—H 和 C—O 的振动。原料污泥经炭化后吸收峰减弱，说明有机物被分解，而活化后吸收峰几乎消失，表明上述官能团几乎全部分解。

14.1.4.5　污泥活性炭的 X 射线衍射分析

通过 X 射线衍射仪分析污泥活性炭制备前后的晶体结构，结果见图 14-8。从图中可以看出原料污泥中的晶体成分主要为石英和方解石，经炭化和活化以后方解石数量显著减少，主要是在 850℃高温下部分分解所致。方解石分解产生的氧化钙溶于水后将会增加溶液碱度，从而推测污泥活性炭可能为碱性吸附剂。

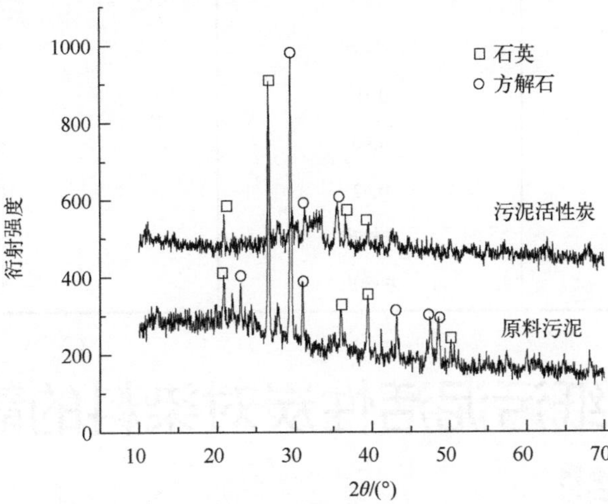

图 14-8　原料污泥和污泥活性炭的 X 射线衍射图

14.1.4.6　污泥活性炭的 Zeta 电位

污泥活性炭表面带负电荷，Zeta 电位为−35～−37mV，说明其表面出现了大量带负电荷的官能团。另外，污泥活性炭带负电的特性说明带正电的污染物更易于被它除去，如亚甲基蓝等，在下面的吸附实验中将加以证实。

14.1.4.7　污泥活性炭的重金属浸出毒性分析

污泥活性炭在应用于水处理过程中，值得关注的一个重要方面是使用时的安全性，可以通过测定其中重金属的浸出特性来表征。为考察污泥活性炭浸出液中有毒重金属含量是否超标，按照《固体废物　浸出毒性浸出方法　硫酸硝酸法》（HJ/T 299—2007）实验方法，进行污泥活性炭的重金属浸出实验。浸出液中铬、镉、镍等重金属的含量采用 IRIS Intrepid Ⅱ XSP 电感耦合等离子体原子发射光谱仪（ICP-AES）进行测定并与《危险废物鉴别标准　浸出毒性鉴别》（GB 5085.3—2007）进行比较。表 14-5 列出了污泥活性炭中几种主要重金属的浸出浓度及国标中规定的最高允许值，由表可以看出，几种有毒重金属的浸出浓度均低于国标中规定的最高允许值。这表明该污泥活性炭用于废水处理是安全可行的。

表 14-5 污泥活性炭浸出液中的重金属浓度

重金属	浸出液浓度/(mg/L)	最高允许浓度/(mg/L)
铅	0.40	5
镉	未检出	1
铬	0.18	15
铜	0.90	100
锌	0.42	100
镍	未检出	5
砷	未检出	5

14.2 造纸污泥活性炭对染料的静态吸附性能

针对染料废水稳定性高、难于处理的问题，将制备的污泥活性炭用于亚甲基蓝和活性艳红 K-2BP 两种模拟染料废水的吸附处理。通过静态吸附实验研究污泥活性炭对两种染料的吸附性能，选取一系列不同的污泥活性炭粒径、投加量、溶液 pH 值、盐浓度、吸附时间和初始浓度，考察这 6 个因素对染料脱色效果的影响，并在此基础上对吸附动力学和吸附等温线进行深入研究。另外，对吸附饱和后染料在不同 pH 值的去离子水中的脱附及污泥活性炭的热再生进行初步探索，为污泥活性炭用于实际染料废水的处理提供参考。

14.2.1 静态吸附操作条件对造纸污泥活性炭吸附效果的影响

14.2.1.1 造纸污泥活性炭粒径对静态吸附效果的影响

为研究污泥活性炭粒径对其吸附性能的影响，在保持染料溶液初始 pH 值的条件下，分别取 10 目到 200 目以上不同粒径的适量污泥活性炭投加到 50mL 浓度为 100mg/L 的模拟染料废水中，室温下振荡 12h 后的吸附效果如图 14-9 所示。

由图 14-9 可知，随污泥活性炭粒径的减小，亚甲基蓝和活性艳红 K-2BP 的去除率均呈上升趋势。Matthews 认为这是由于染料的吸附主要为表面吸附，吸附剂粒径越小则比表面积越大，从而更有利于吸附。当活性炭粒径达到 100～200 目时，染料去除率达 90% 以上，且随着粒径的进一步减小去除率增长缓慢。粒径为 200 目以上的活性炭与粒径为

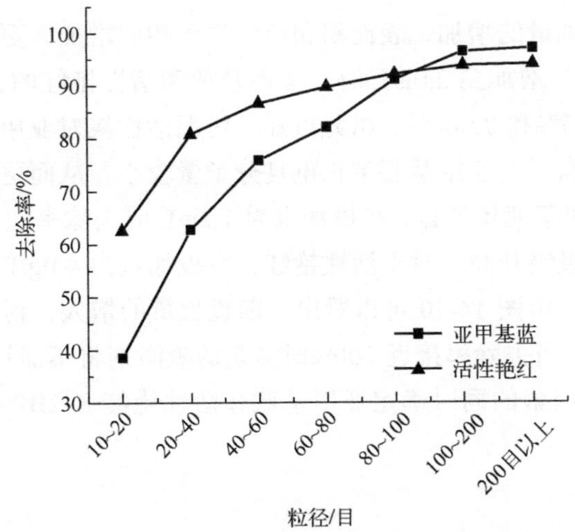

图 14-9　污泥活性炭粒径对吸附效果的影响

100～200 目的活性炭相比，染料去除率相差不大，综合考虑脱色效果与实际应用中固液分离的难易程度，在以下研究中选用 100～200 目的污泥活性炭作为吸附剂。

14.2.1.2　造纸污泥活性炭投加量对静态吸附效果的影响

吸附剂投加量是影响吸附效果的重要因素，为确定最佳吸附剂投加量，在保持溶液初始 pH 值的条件下，向 50mL 浓度为 100mg/L 的两种染料废水中分别投加粒径为 100～200 目的污泥活性炭，投加量为 0.4～9.0g/L，室温下振荡 12h 研究其吸附效果，结果见图 14-10。

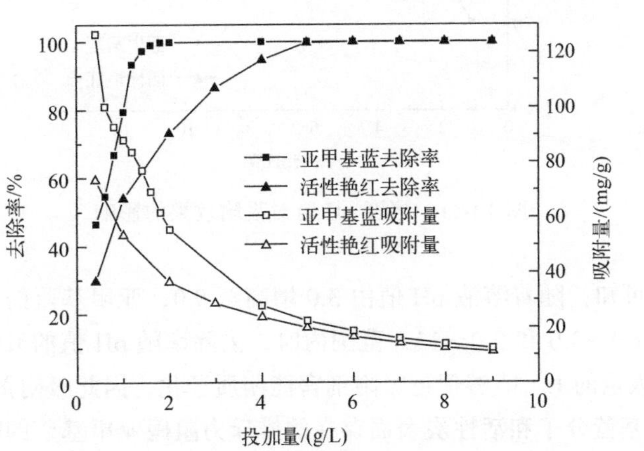

图 14-10　污泥活性炭投加量对吸附效果的影响

由图 14-10 可知，随着污泥活性炭投加量的增大，染料的去除率也随之升高，主要是由于随着吸附剂投加量的增加，表面积和活性位点相应增加，更多的染料被吸附。当活性炭投加量由 0.4g/L 增加到 2.0g/L 时，亚甲基蓝和活性艳红的去除率分别由 46.53% 和 29.68%增加到 99.87%和 73.08%。由此可知，污泥活性炭对亚甲基蓝的去除效果更加显著，可能是由于阳离子型亚甲基蓝带正电且分子量较小，从而更加有利于被带负电的污泥活性炭所吸附。对于亚甲基蓝，在投加量为 1.2g/L 时去除率达到 93.33%，此后随投加量的增加，去除率缓慢升高；对于活性艳红，在投加量为 4.0g/L 时去除率达 94.68%，此后增长缓慢。此外，由图 14-10 可以看出，随投加量的增大，污泥活性炭对两种染料的吸附量均不断减小，当去除率接近 100%时多余的吸附剂将不能被充分利用。因此，在考虑去除效果和经济因素的同时确定亚甲基蓝和活性艳红 K-2BP 的最佳投加量分别为 1.2g/L 和 4.0g/L。

14.2.1.3　溶液 pH 值对静态吸附效果的影响

为考察溶液初始 pH 值对吸附效果的影响，向 50mL 初始 pH 值为 1.0～13.0、浓度为 100mg/L 的亚甲基蓝和活性艳红 K-2BP 溶液中投加粒径为 100～200 目的污泥活性炭，投加量分别为 1.2g/L 和 4.0g/L，室温下振荡 12h 研究其吸附效果，结果如图 14-11 所示。

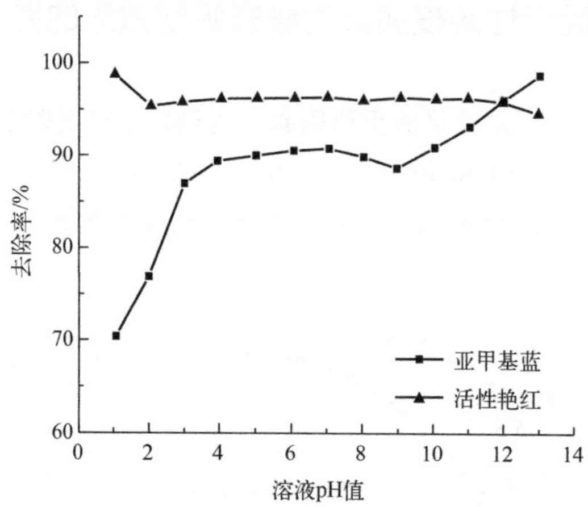

图 14-11　溶液 pH 值对吸附效果的影响

由图 14-11 可知，随着溶液 pH 值由 3.0 增高至 9.0，亚甲基蓝的去除率几乎不变，然而当 pH 值在 1.0～3.0 和 9.0～13.0 范围内时，去除率随 pH 值的升高而增加。这是由于低 pH 值时，大量的 H^+ 能够促进吸附剂官能团质子化，因此吸附剂所带正电荷增加，阳离子型的亚甲基蓝分子和活性炭表面存在的排斥力阻碍亚甲基蓝的吸附。另外，在低 pH 值时，大量的 H^+ 将与带正电的亚甲基蓝阳离子形成竞争，争夺活性位点，所以亚甲基蓝的去除率在低 pH 值时会迅速降低。随着溶液 pH 值的升高，活性炭表面由于吸附 OH^- 而带负电，官能团去质子化形成带负电的活性位点，从而促进活性炭与阳离子型吸附质的相互吸引，因此亚甲基蓝去除率随 pH 值的升高而升高。对于活性艳红，当溶液初始 pH 值由 1.0 升高到 2.0 时，其去除率有所下降，随后，随着 pH 值由 2.0 升高到 13.0，活性艳红去除率几乎不变。这是由于在较高的 pH 值条件下，OH^-增加使活性炭表面负电性增强，从而导致其与阴离子型活性艳红分子之间的吸引力降低而排斥力增加。

14.2.1.4　溶液中盐浓度对静态吸附效果的影响

染料废水通常含有较多的离子，而溶液中的离子强度即（盐浓度）对染料的吸附具有重要影响，因此有必要对溶液中盐浓度对于吸附效果的影响进行探讨。本部分选取 NaCl 作为盐类代表，考察不同盐浓度对于亚甲基蓝和活性艳红 K-2BP 两种染料去除效果的影响。在维持模拟染料废水初始 pH 值的条件下，向 50mL 浓度为 100mg/L 的亚甲基蓝和活性艳红 K-2BP 溶液中分别加入 0.01～1.00mol/L 的 NaCl，然后投加粒径为 100～200 目的污泥活性炭，投加量分别为 1.2g/L 和 4.0g/L，室温下振荡 12h 研究其吸附效果，结果见图 14-12。

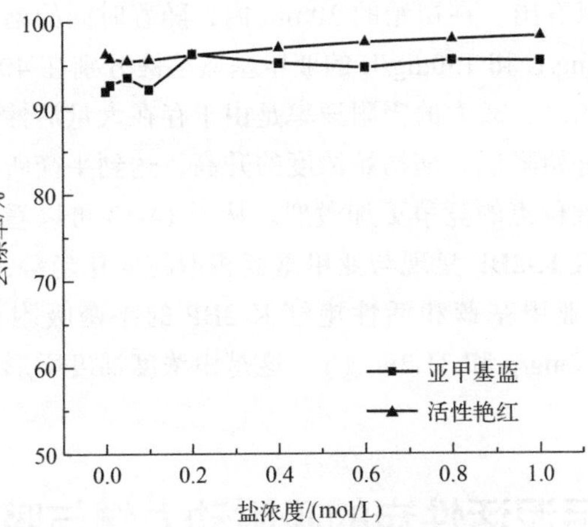

图 14-12　溶液盐浓度对吸附效果的影响

由图 14-12 可以看出，随着溶液中盐浓度的升高，亚甲基蓝或活性艳红 K-2BP 的去除率发生微小的变化，这可能是由盐离子与染料分子之间相互竞争活性位点造成的。但是，即使盐浓度达到 1mol/L 两种染料的去除率变化仍然很小，因此污泥活性炭可以被用于高盐染料废水的处理。

14.2.1.5　吸附时间和初始浓度对静态吸附效果的影响

在室温下，对于初始浓度分别为 50mg/L、100mg/L 和 150mg/L 的亚甲基蓝和活性艳红 K-2BP 染料废水，维持原水初始 pH 值，控制吸附剂投加量分别为 1.2g/L 和 4.0g/L，考察吸附时间和初始浓度对吸附效果的影响，结果见图 14-13。

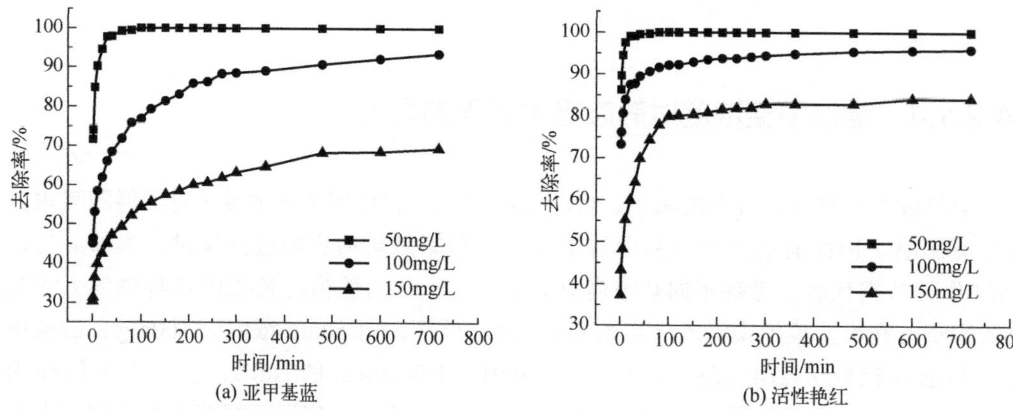

图 14-13 吸附时间和初始浓度对吸附效果的影响

从图 14-13 中可以看出，在初始的 30min 内，随着时间的增长亚甲基蓝的去除率迅速升高，50mg/L、100mg/L 和 150mg/L 的亚甲基蓝溶液分别在 40min、210min 和 480min 时达到吸附平衡。初始时，较大的吸附速率是由于存在大量活性位点，然后随着活性位点被占据，吸附速率开始降低。随初始浓度的升高，达到平衡所需时间增长是由于高浓度溶液中吸附质对活性位点的竞争更加激烈。从图 14-13 可以看出，随吸附时间和初始浓度的变化，活性艳红 K-2BP 呈现与亚甲基蓝相似的变化趋势。当初始浓度由 50mg/L 增加到 150mg/L 时，亚甲基蓝和活性艳红 K-2BP 的平衡吸附量分别由 42.03mg/g 和 11.80mg/g 增加到 93.62mg/g 和 31.29mg/g，这是由浓度梯度所形成的推动力随浓度升高而增加造成的。

14.2.2 造纸污泥活性炭的吸附动力学与吸附热力学

14.2.2.1 吸附动力学

为进一步研究污泥活性炭对三种染料的吸附动力学特性，选用伪一级动力学方程、伪二级动力学方程和颗粒内扩散方程来对动力学数据进行拟合。

用上述三种动力学方程对动力学数据进行拟合得到的拟合曲线见图 14-14～图 14-16，通过曲线的斜率和截距计算得到动力学参数列于表 14-6。

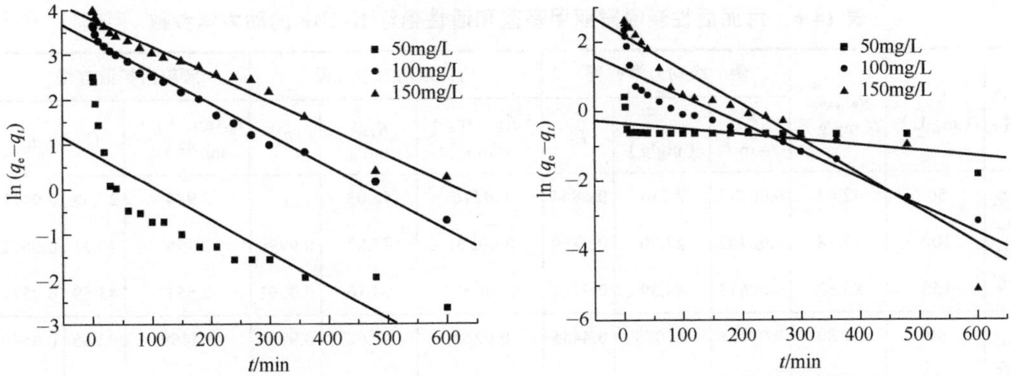

(a) 亚甲基蓝 (b) 活性艳红

图 14-14 伪一级动力学方程拟合曲线

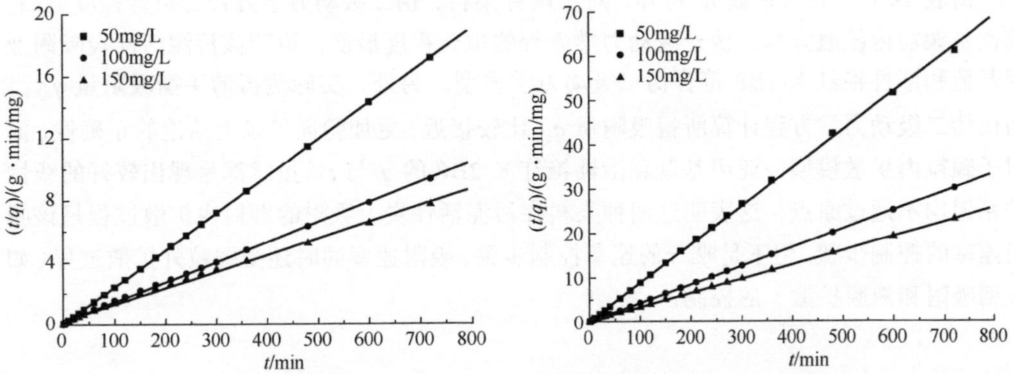

(a) 亚甲基蓝 (b) 活性艳红

图 14-15 伪二级动力学方程拟合曲线

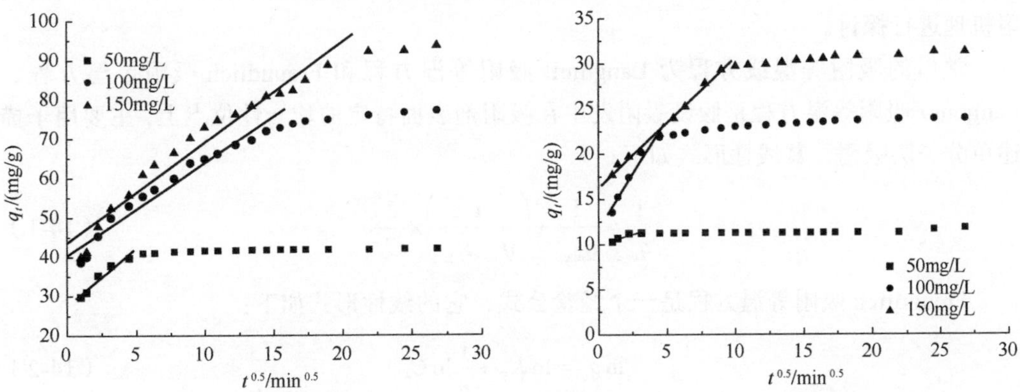

(a) 亚甲基蓝 (b) 活性艳红

图 14-16 颗粒内扩散方程拟合曲线

表 14-6　污泥活性炭吸附亚甲基蓝和活性艳红 K-2BP 的动力学参数

染料	C_0 /(mg/L)	$q_{e,exp}$ ① /(mg/g)	伪一级动力学方程			伪二级动力学方程			颗粒内扩散方程		
			k_1 /min^{-1}	q_{e1} ② /(mg/g)	R^2	k_2/[g/(mg·min)]	q_{e2} ② /(mg/g)	R^2	k_p/[mg/(g·$min^{0.5}$)]	C	R^2
亚甲基蓝	50	42.03	0.00735	2.214	0.6864	0.0216	42.03	1	2.984	27.39	0.9412
	100	77.18	0.00707	27.70	0.9799	0.00101	77.82	0.9990	2.356	40.31	0.9562
	150	93.62	0.00613	44.39	0.9724	0.000502	94.16	0.9961	2.551	43.59	0.9522
活性艳红	50	11.80	0.00158	0.7078	0.4445	0.0263	11.62	0.9994	0.4469	9.985	0.8540
	100	23.96	0.00783	3.325	0.8826	0.0126	24.00	0.9999	2.416	11.73	0.9684
	150	31.29	0.0100	8.860	0.8847	0.00497	31.47	0.9998	1.446	16.24	0.9914

① $q_{e,exp}$ 为实验获得平衡吸附量；

② q_{e1}，q_{e2} 为通过计算获得的吸附量。

由表 14-6 中相关系数 R^2 可知，对于两种染料，伪二级动力学方程的拟合程度最高，其次是颗粒内扩散方程，伪一级动力学方程的拟合程度最低。说明该污泥活性炭吸附亚甲基蓝和活性艳红 K-2BP 符合伪二级动力学模型。另外，实际测得的平衡吸附量 $q_{e,exp}$ 与由伪二级动力学方程计算所得吸附量 q_{e2} 比较接近，更加验证了以上结论的正确性。而对于颗粒内扩散模型，亚甲基蓝和活性艳红 K-2BP 的 q_t 与 $t^{0.5}$ 虽然都呈现出较好的线性关系但均不通过原点，这表明这两种染料在污泥活性炭上吸附的颗粒内扩散过程是该吸附速率的控制步骤，但不是唯一的速率控制步骤，吸附速率同时还受颗粒外扩散过程（如表面吸附和液膜扩散）的控制。

14.2.2.2　吸附等温线

选取 20℃、30℃、40℃三个温度考察亚甲基蓝和活性艳红 K-2BP 两种染料在污泥活性炭上的吸附，通过吸附等温线的绘制及其参数的计算对污泥活性炭吸附两种染料的吸附机理进行探讨。

常用的吸附等温线方程为 Langmuir 吸附等温方程和 Freundlich 吸附等温方程。Langmuir 吸附等温方程是假设吸附发生在吸附剂表面特定的均一性位点上，主要用于描述单分子层吸附，其线性形式如下：

$$\frac{1}{q_e}=\frac{1}{q_{max}}+\left(\frac{1}{q_{max}K_L}\right)\times\frac{1}{C_e} \tag{14-1}$$

Freundlich 吸附等温方程是一个经验公式，它的线性形式如下：

$$\ln q_e=\ln K_F+\frac{1}{n}\ln C_e \tag{14-2}$$

式中，C_e 为平衡浓度，mg/L；q_e 为平衡吸附量，mg/g；K_L 为 Langmuir 常数，L/mg；

q_{max} 为吸附剂的饱和吸附量，mg/g；K_F 为 Freundlich 常数；n 为浓度指数。

取 30～500mg/L 范围内一系列不同浓度的模拟亚甲基蓝和活性艳红 K-2BP 染料溶液，投加一定量的污泥活性炭，在 20℃、30℃、40℃三个温度下振荡 12h 保证达到吸附平衡，用 0.45μm 滤膜过滤，取上清液测其吸光度，绘制吸附等温线如图 14-17 所示。

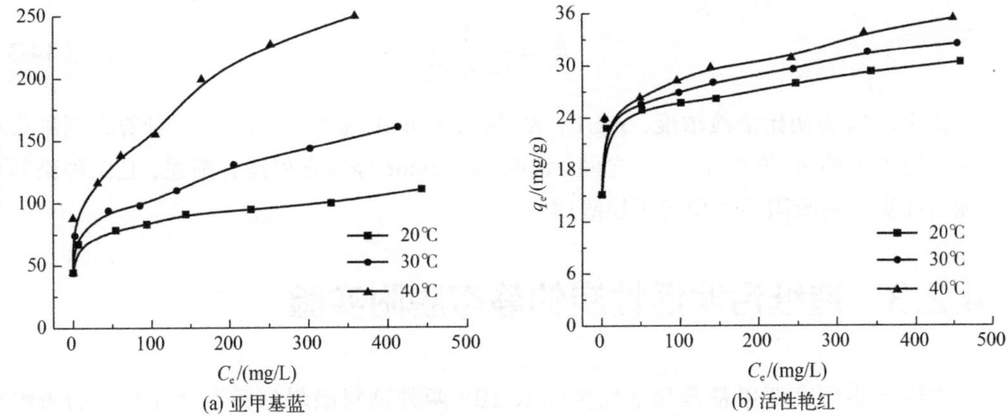

图 14-17　两种染料在污泥活性炭上的吸附等温线

从图 14-17 中可以看出，随着染料初始浓度的升高，吸附量先迅速上升，然后变缓，与前面所得结论相符，主要是随着浓度的升高，浓度梯度形成的推动力增加引起的。

对两种染料的等温线进行 Langmuir 和 Freundlich 等温方程的线性拟合，方程中参数的计算结果列于表 14-7。

表 14-7　污泥活性炭吸附亚甲基蓝和活性艳红的等温方程参数

染料	温度/℃	Langmuir 模型			Freundlich 模型		
		q_{max}/(mg/g)	K_L/(L/mg)	R^2	K_F/(L/g)	n	R^2
亚甲基蓝	20	113.64	0.0268	0.9417	52.93	10.53	0.7455
	30	158.73	0.0303	0.9514	59.18	7.241	0.9076
	40	263.16	0.0248	0.9407	69.21	5.322	0.8776
活性艳红	20	30.49	0.064	0.9911	18.25	13.55	0.8931
	30	31.75	0.0768	0.9929	21.10	17.83	0.6209
	40	34.36	0.0575	0.9844	21.19	15.36	0.6772

从表 14-7 中可以看出，Langmuir 模型能够更好地描述污泥活性炭对亚甲基蓝和活性艳红 K-2BP 的吸附等温线，说明该吸附为单分子层吸附。通过 Langmuir 方程参数可知最大吸附量 q_{max} 随温度的升高不断增大，说明污泥活性炭对两种染料的吸附均为吸热反应，较高的温度更有利于吸附的进行。污泥活性炭吸附亚甲基蓝和活性艳红在 20℃时的 q_{max} 分别为 113.64mg/g 和 30.49mg/g，说明污泥活性炭对阳离子型染料比阴离子型染

料的去除效果更好，这主要是由污泥活性炭表面带负电所致。此外，本章中使用的商业活性炭在 20℃时对亚甲基蓝和活性艳红的最大吸附量分别为 62.50mg/g 和 8.17mg/g。由此可见，污泥活性炭具有作为替代型吸附剂的巨大潜力。

根据 Hall 等的研究，Langmuir 方程的适宜性还可以用平衡参数 R_L 来判断，R_L 的定义如下：

$$R_L = \frac{1}{1+K_L C_0} \tag{14-3}$$

式中，C_0 为初始溶液浓度，mg/L；K_L 为 Langmuir 常数，L/mg。经计算，两种染料在 3 个温度下的 R_L 值均在 0～1 之间，说明 Langmuir 等温方程适宜描述，且两种染料在污泥活性炭上的吸附均为单分子层吸附。

14.2.3　造纸污泥活性炭的静态脱附实验

为进一步研究亚甲基蓝和活性艳红 K-2BP 两种染料吸附到污泥活性炭上的吸附机制及其稳定性，将饱和吸附染料后的污泥活性炭投加到不同 pH 值的去离子水中，考察染料的脱附情况，结果见图 14-18。由图可知，两种染料在不同 pH 值的去离子水中的脱附率均小于 10%，说明染料被牢固地吸附于污泥活性炭上，污泥活性炭吸附去除两种染料的机制可能是化学吸附。

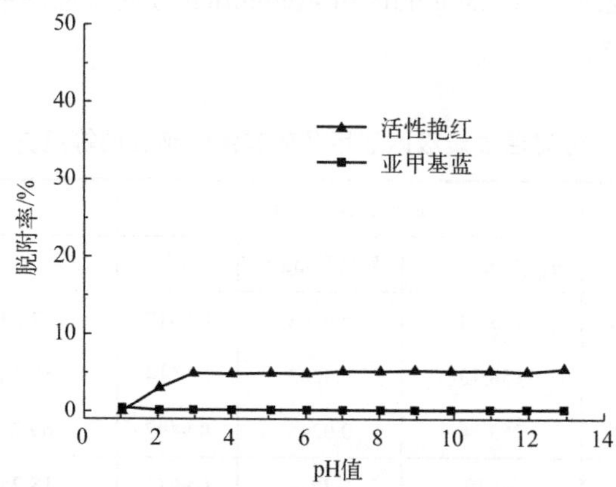

图 14-18　不同 pH 值条件下两种染料的脱附

14.2.4　造纸污泥活性炭的热再生

活性炭在实际应用过程中，重复利用率是需要考虑的一个重要方面。本部分采用热处理的方法，对于污泥活性炭的再生情况进行了初步探讨，为进一步研究饱和吸附染料后污泥活性炭的再生提供参考。将饱和吸附染料后的污泥活性炭干燥后，置于 300℃的马弗炉中加热 30min，再次用于模拟染料废水的吸附，从而获得其再生率，结果列于表 14-8 中。

表 14-8　再生前后污泥活性炭对两种染料的吸附效果

吸附剂	亚甲基蓝		活性艳红 K-2BP	
	去除率/%	再生率/%	去除率/%	再生率/%
再生前污泥活性炭	95.28	—	94.85	—
再生 1 次后污泥活性炭	93.35	97.97	84.61	89.32
再生 2 次后污泥活性炭	90.09	96.52	68.80	81.21
再生 3 次后污泥活性炭	85.13	94.49	38.29	55.64

从表 14-8 中可以看出，再生 3 次后污泥活性炭对于亚甲基蓝的去除率和再生率均较高，说明加热处理对于饱和吸附亚甲基蓝的污泥活性炭再生效果显著；活性艳红 K-2BP 的去除率在再生 3 次以后降低明显，再生率也低于亚甲基蓝，但是前 2 次再生时仍有较好的再生效果。

14.3　造纸污泥活性炭对染料的动态吸附性能

动态吸附是实际应用中的主要工作方式，与静态吸附相比具有许多优点，因此有必要对污泥活性炭动态吸附染料进行研究。本节通过过柱实验，配制一定浓度的亚甲基蓝和活性艳红 K-2BP 模拟染料废水溶液，以一定流速经过炭层，考察不同进水浓度、污泥活性炭粒径、投加量、流速条件下，污泥活性炭对亚甲基蓝和活性艳红 K-2BP 的吸附效果，为实际应用提供参考。

14.3.1　进水浓度对动态吸附效果的影响

在室温下，将一定量污泥活性炭填充到内径 1.2cm，长 20cm 的玻璃填料柱中，在污泥活性炭粒径为 60～100 目，投加量为 0.5g，溶液流速为 5mL/min 条件下，改变亚甲基蓝进水浓度为 50～200mg/L、活性艳红 K-2BP 进水浓度为 30～100mg/L，每隔 2min 取样测出水溶液中染料浓度，绘制穿透曲线如图 14-19 所示。当出水浓度为进水浓度的 10%时为穿透点，而当出水浓度达到进水浓度的 90%时认为吸附接近饱和。

从图 14-19 中可以看出，随着进水浓度的升高，穿透曲线变陡峭且穿透点左移，说明穿透时间不断缩短，这是由于进水浓度的增大使吸附质传质驱动力增加，更多的吸附位点被染料分子覆盖，导致吸附带长度变短。另外，由图可知，相同浓度条件下，活性

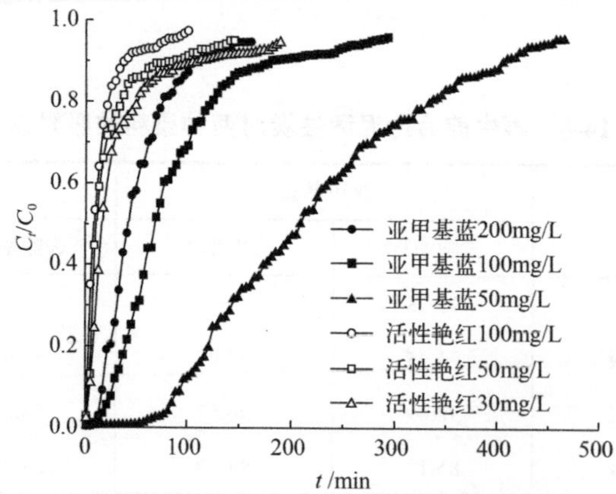

图 14-19 不同进水浓度对吸附效果的影响

艳红 K-2BP 的穿透曲线比亚甲基蓝穿透曲线更加陡峭，表明其穿透时间较短。当进水浓度为 100mg/L 时，活性艳红 K-2BP 的饱和吸附量为 17.60mg/g，而亚甲基蓝的饱和吸附量为 108.73mg/g，此结果与静态实验结果相吻合。

14.3.2 造纸污泥活性炭粒径对动态吸附效果的影响

当亚甲基蓝进水浓度为 100mg/L、活性艳红 K-2BP 进水浓度为 50mg/L 时，保持污泥活性炭投加量为 0.5g、溶液流速为 5mL/min，考察污泥活性炭粒径在 20～40 目、40～60 目和 60～100 目条件下两种染料的动态穿透曲线，结果见图 14-20。

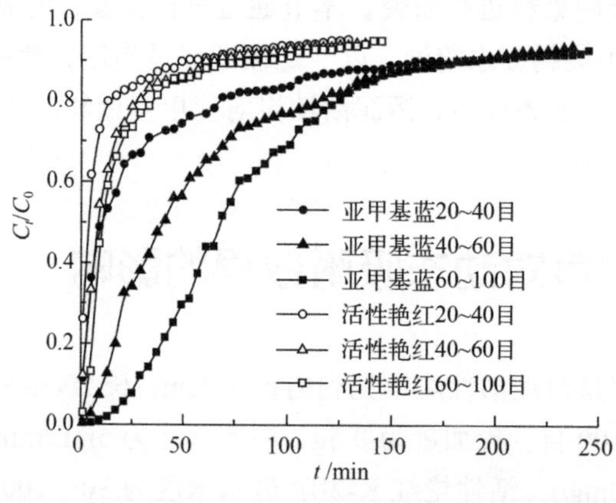

图 14-20 污泥活性炭粒径对动态吸附效果的影响

由图 14-20 可知，随污泥活性炭粒径的增大，穿透曲线变陡峭，穿透点向左移动，穿透时间缩短，相应的饱和吸附量将会降低。当活性炭粒径由 20～40 目降低到 60～100 目时，亚甲基蓝的饱和吸附量由 46.74mg/g 增大到 99.60mg/g；活性艳红 K-2BP 的饱和吸附量则由 7.61mg/g 升至 13.24mg/g。两种染料的饱和吸附量均增加近 100%，主要是因为吸附剂粒径越小比表面积越大，吸附质与其接触面积增加，并且随着粒径变小颗粒内扩散路径变短，从而更多的染料能够被去除。

14.3.3　造纸污泥活性炭投加量对动态吸附效果的影响

当亚甲基蓝进水浓度为 100mg/L、活性艳红 K-2BP 进水浓度为 50mg/L 时，保持污泥活性炭粒径为 60～100 目、溶液流速为 5mL/min，考察污泥活性炭投加量为 0.2g、0.5g 和 0.8g 条件下，两种染料的动态穿透曲线，结果如图 14-21 所示。

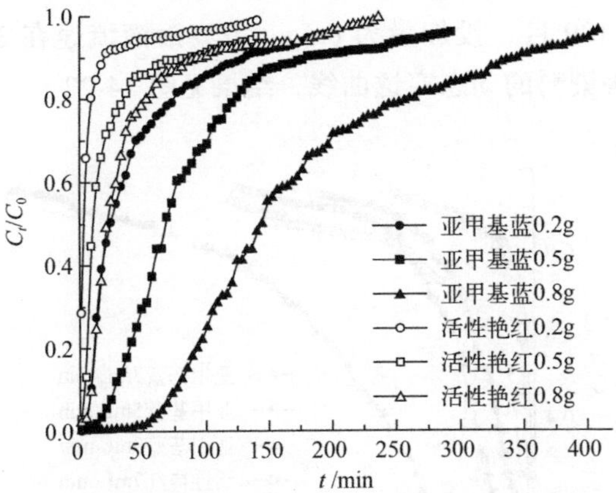

图 14-21　污泥活性炭投加量对动态吸附效果的影响

从图 14-21 中可以看出，随着污泥活性炭投加量的增加，穿透曲线上的穿透点向右移动，表示穿透时间变长。由于吸附剂柱高的增加，染料与污泥活性炭接触时间延长，从而增加了传质带的距离，有利于吸附质的去除。

柱高-运行时间（BDST）模型是一种描述柱高（Z）和运行时间（t）之间线性关系的简单模型，最早由 Bohart 和 Adams 提出，表达式为：

$$\ln\left(\frac{C_0}{C_b}-1\right)=\ln\left(e^{k_a N_0 Z/u}-1\right)-k_a C_0 t \tag{14-4}$$

由于 $e^{k_a N_0 Z/F}$ 通常远大于 1，因此等号右边括号中的 1 经常被忽略，将 Z 和穿透时间 t_B 之间的线性关系表示如下：

$$t_B=\frac{N_0}{C_0 u}Z-\frac{1}{k_a C_0}\times\ln\left(\frac{C_0}{C_b}-1\right) \tag{14-5}$$

式中，C_0 和 C_b 分别为初始和穿透时染料浓度，mg/L；k_a 为吸附速率常数，L/(mg·min)；N_0 为吸附剂柱的吸附容量，mg/L；u 为线性流速，cm/min。通过 t_B-Z 的斜率和截距计算获得 BDST 的参数。其中，相关系数 R^2>0.93，说明 BDST 模型适用于描述污泥活性炭对染料的吸附。N_0 是表示吸附效果的重要参数，N_0 越高，吸附性能越好。污泥活性炭吸附亚甲基蓝和活性艳红 K-2BP 的 N_0 值分别为 2846mg/L 和 180mg/L。k_a 表示吸附质从液相到固相（吸附剂）的扩散速率，若值大，则一个较低的吸附剂柱就能避免填料柱的穿透；反之亦然。亚甲基蓝和活性艳红 K-2BP 的 k_a 值分别为 0.0012L/（mg·min）和 0.0163L/（mg·min），表示活性艳红 K-2BP 避免穿透所需吸附柱较短，可能是由其进水浓度较低造成的。

14.3.4　溶液流速对动态吸附效果的影响

当亚甲基蓝进水浓度为 100mg/L、活性艳红 K-2BP 进水浓度为 50mg/L 时，保持污泥活性炭粒径为 60～100 目、投加量为 0.5g，考察溶液流速在 3mL/min、5mL/min 和 7mL/min 条件下，两种染料的动态穿透曲线，结果见图 14-22。

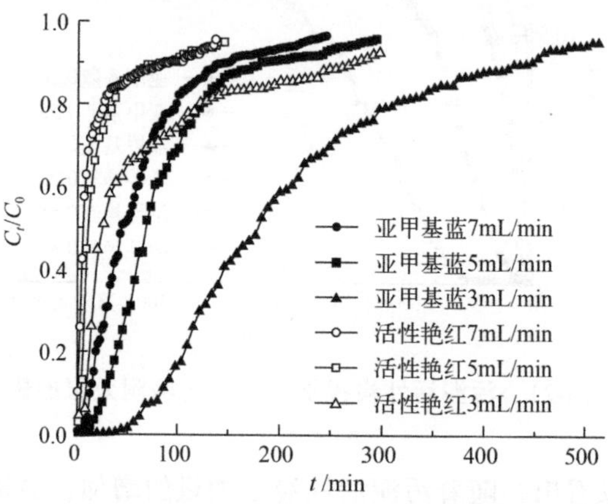

图 14-22　溶液流速对动态吸附效果的影响

由图 14-22 可知，随着溶液流速的加快，穿透曲线向左移动，穿透时间提前。根据质量传递原理，在高流速下质量传递系数增大，即单位吸附柱高度吸附的染料增多从而导致吸附柱在较短的时间内饱和，穿透时间缩短。当溶液流速由 3mL/min 增加至 7mL/min 时，污泥活性炭对亚甲基蓝的饱和吸附容量由 127.92mg/g 降为 99.10mg/g；活性艳红 K-2BP 由 23.00mg/g 减小到 15.77mg/g。

14.3.5　造纸污泥活性炭与商业活性炭动态吸附效果的比较

在亚甲基蓝进水浓度为 100mg/L、活性艳红 K-2BP 进水浓度为 50mg/L、溶液流速为 5mL/min、污泥活性炭粒径为 60～100 目、投加量为 0.5g 条件下，比较污泥活性炭和商业活性炭吸附两种染料的动态穿透曲线，结果如图 14-23 所示。

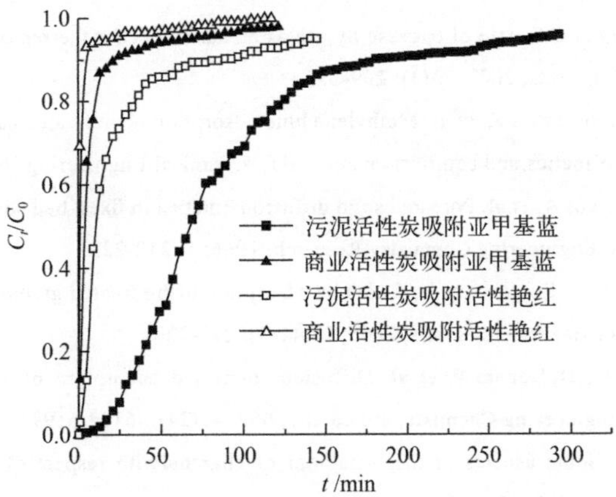

图 14-23　污泥活性炭和商业活性炭吸附性能的比较

从图 14-23 可以看出，相同操作条件下，商业活性炭的穿透曲线比污泥活性炭穿透曲线陡峭，穿透时间短，相应的饱和吸附容量小。商业活性炭对亚甲基蓝和活性艳红 K-2BP 的饱和吸附量分别为 12.06mg/g 和 2.14mg/g；污泥活性炭的饱和吸附量分别为 103.58mg/g 和 15.68mg/g，说明污泥活性炭具有作为替代型吸附剂的巨大潜力。商业活性炭主要以微孔为主，而污泥活性炭中除含有微孔外，还有大量的中孔和大孔，因此更加适合吸附大分子染料。另外，污泥活性炭动态饱和吸附量明显低于其静态饱和吸附量，可能是由动态吸附过程中接触不够充分造成的。

本章以板纸厂脱水污泥为原料，采用低温炭化-水蒸气活化法制备污泥活性炭，对制备工艺和机理进行了研究，在对污泥活性炭进行表征的基础上，通过静态吸附实验和动态吸附实验研究了污泥活性炭对亚甲基蓝和活性艳红 K-2BP 两种染料的吸附性能，并对染料的脱附及污泥活性炭的再生进行了初步探讨。结果表明，板纸厂污水污泥可以制备出性能良好的污泥活性炭，这为造纸污泥资源化提供了一条新途径，而且为染料废水的处理提供一种廉价环保的吸附剂，实现了以废治废，对造纸污泥的回收利用具有重要的实际应用价值。

参考文献

[1] Matthews R P. Adsorption of dies using kudzu, peanut hulls and MDF sawdust[D]. Belfast: Queen's University of Belfast, 2003.

[2] McKay G. The Adsorption of basic dye onto silica from aqueous solution – Solid diffusion model[J]. Chemical Engineering Science, 1984, 39(1): 129-138.

[3] Ho Y S, McKay G. Kinetic models for the sorption of dye from aqueous solution by wood[J]. Process Safety and Environmental Protection, 1998, 76(2): 183-191.

[4] Weber J R, Morris J C. Kinetics of adsorption on carbon from solution[J]. Journal of the Sanitary Engineering Division, 1963, 89: 31-59.

[5] Ho Y S, McKay G. Sorption of dye from aqueous solution by peat[J]. Chemical Engineering Journal, 1998, 70(2): 115-124.

[6] Venkat S M, Indra D M, Vimal C S. Use of bagasse fly ash as an adsorbent for the removal of brilliant green dye from aqueous solution[J]. Dyes Pigments, 2007, 73(3): 269-278.

[7] Dural M U, Cavas L, Papageorgiou S K, et al. Methylene blue adsorption on activated carbon prepared from *Posidonia oceanica* (L.) dead leaves: Kinetics and equilibrium studies[J]. Chemical Engineering Journal, 2011, 168(1): 77-85.

[8] Hall K R, Eagleton L C, Acrivos A, et al. Pore and solid diffusion kinetics in fixed-bed adsorption under constant pattern conditions[J]. Industrial and Engineering Chemistry Research, 1966, 5: 212-223.

[9] Goel J, Kadirvelu K, Wang C C. Removal of lead (II) by adsorption using treated granular activated carbon: Batch and column studies[J]. Journal of Hazards Materials, 2005, 125(1-3): 211-220.

[10] Ouvrard S, Simonnot M O, DeDonato P, et al. Diffusion-controlled adsorption of arsenate on natural manganese oxides[J]. Industrial and Engineering Chemistry Research, 2002, 41(24) : 6194-6199.

[11] Bohart G S, Adams E Q. Some aspects of the behaviour of charcoalwith respect of to chlorine[J]. Journal of the American Chemical Society, 1920, 42: 523-544.

[12] 李方文，吴小爱，许中坚，等. 涂铁多孔陶瓷对水中亚甲基蓝的动态吸附[J]. 环境工程学报，2009, 3(3): 385-390.

第 15 章 芬顿铁泥基微电解粒状材料的制备和应用

随着我国现代化工业的发展，难降解有机废水的排放量日益增多，化工、炼油、制药、橡胶、有色金属、造纸、皮革、石油等行业都会不同程度地排放含有难生物降解大分子有机物的工业废水。难生物降解有机废水的特点是有机物浓度高，有机物中的生物难降解种类多、比例高，有毒性物质较多，而且含盐浓度较高，可生化性低，大大增加了处理难度。为此，对高浓度、难降解有机废水进行生化前的有效预处理，以降低污染物浓度及毒性，对提高废水可生化性、减轻生化负荷、减少构筑物体积和降低投资、提高污染去除率有非常重要的意义。

目前，对于难降解有机废水生化预处理的技术包括物理化学预处理技术（吸附法）、化学预处理技术（铁碳微电解法、Fenton 法、臭氧氧化法等）、生物预处理技术（水解酸化法）等，其中催化铁碳微电解法因其原料来源广泛、适应性强、成本低、处理设备简单、对废水去除效果好等优点被广泛应用于制药、石化、印染等高浓度难生化降解的废水预处理中。

微电解技术（又称内电解法）是一种电化学法，常用于难降解有机废水的预处理。它是利用铁碳之间存在电极电位差，在电解质水溶液中形成闭合回路，从而形成无数微型原电池，进而发生电化学反应，以达到降解有机污染物的目的。

微电解技术的电极反应方程式及氧化还原电位（E^0）如下：

阳极：$Fe(s) \longrightarrow Fe^{2+} + 2e^-$ $\quad E^0(Fe^{2+}/Fe) = -0.44\ V$ （15-1）

$Fe^{2+} - e^- \longrightarrow Fe^{3+}$ $\quad E^0(Fe^{3+}/Fe^{2+}) = +0.77V$ （15-2）

阴极：$4H^+ + 4e^- \rightarrow 4[H] \longrightarrow 2H_2$ $\quad E^0(H^+/H_2) = 0.00\ V$ （15-3）

当有 O_2 存在时：

$O_2(g) + 4H^+ + 4e^- \longrightarrow 2H_2O$ $\quad E^0(O_2/H_2O) = +1.23V$ （15-4）

$O_2(g) + 2H_2O + 4e^- \longrightarrow 4OH^-$ $\quad E^0(O_2/OH^-) = +0.40\ V$ （15-5）

铁碳微电解反应过程中有氧化还原、催化氧化、絮凝沉淀、电沉积及共沉淀等作用同时存在，该工艺用于难生物降解、高色度有机废水的处理时，不但能大幅度地降低废水的 COD_{Cr} 和色度，而且可大大提高废水的可生化性。但传统的微电解工艺所采用的微电解材料一般为铸铁屑/海绵铁和木炭/焦炭，铁与炭是物理性接触，该工艺运行过程中易出现钝化板结、铁与炭之间形成隔离层致使微电解不能继续进行而失去作用等缺点，严重影响了微电解工艺在废水处理中的推广应用。

针对以上问题，国内外研究者进行了一系列技术改进研究，如采用铁碳流化床反应器、转鼓式微电解反应器、为传统微电解反应器提供外电压、铁镀铜微电解技术等等。上述改进方法虽能在一定程度上克服传统微电解法的缺陷，但均存在增加能耗、实际应用困难等问题。因此，采用新方法、新工艺来预防微电解填料的板结是亟须解决的问题之一，而研制新型微电解填料、改进填料的类型使其具有抗板结和抗沟流的能力是实现微电解技术突破的一个重要方向。

芬顿铁泥是在采用 Fenton 高级氧化法处理工业有机废水过程中产生的化学污泥，由于其本身含有丰富的废铁资源（铁盐、铁的氧化物、单质铁等）和高含量的有机物，从理论上讲，在隔绝氧气的高温煅烧过程中可以制备阴阳极一体化的微电解粒状材料，其中各种形态的铁通过高温还原可以生成零价铁作为材料的阳极，有机物可以炭化还原转变为碳作为材料的阴极，阴阳极一体化微电解材料可用于难降解有机废水的预处理。

鉴于此，本章将采用芬顿铁泥作为原材料采用无氧烧结法制备新型 Fe^0/C 阴阳极复合粒状微电解填料，并将其用于土霉素（OTC）模拟废水的预处理中，重点介绍对土霉素模拟废水的处理效果和影响因素，为芬顿铁泥的资源化及其应用提供理论依据。

15.1 芬顿铁泥基微电解粒状材料的制备及表征

15.1.1 主要原料成分分析

芬顿铁泥的组成见表 15-1，黄河沙和粉煤灰的化学组成见表 15-2。

表 15-1 芬顿铁泥的组成（质量分数） 单位：%

有机物	水分	Fe（FeOOH）	Zn	Cu，Al，Cd，Cr，等
42.46	28.86	28.5（62.9）	0.114	0.071

表 15-2 黄河沙和粉煤灰的化学组成（质量分数） 单位：%

原料	SiO_2	Al_2O_3	Fe_2O_3	MgO	CaO	K_2O	Na_2O	其他
黄河沙	72.55	11.85	3.69	2.50	3.93	2.56	2.88	0.04
粉煤灰	56.06	24.43	7.44	1.79	3.21	1.69	1.67	3.71

由表 15-1 芬顿铁泥的组成可知，芬顿铁泥中有机物含量为 42.46%，Fe（FeOOH）含量为 28.5%（62.9%），两种组分含量较高，可以为 Fe^0/C 微电解粒状材料提供充足的 Fe 源和碳源，通过无氧烧结过程将丰富的废铁资源高温还原为铁单质作为填料的阳极材料，铁泥中含有的有机物高温炭化还原成为炭单质成为填料的阴极材料；而且有机物在高温过程中可以产生大量的气体，这些气体可以增加烧结型材料的内部孔隙，增加其表面积，并减小密度，不仅能避免传统微电解法的铁屑结垢问题，而且因其通过烧结把阴阳极材料进行化学重组从而提高了微电解反应效率。由表 15-2 黄河沙和粉煤灰的化学组成可以看出，粉煤灰和黄河沙中含有大量的 SiO_2 和 Al_2O_3，在微电解材料中，适当比例的 SiO_2 和 Al_2O_3 经过高温烧结后，能够起到骨架的作用，支撑 Fe 和 C。并且芬顿铁泥的黏结性很差，很难单独将其滚制成型。因此，添加适量的黄河沙和粉煤灰对于材料的制备至关重要。另外，黄河沙和粉煤灰中还含有一部分 Fe_2O_3，可作为 Fe 源的补充。

因此原材料的组成能够满足烧制微电解粒状材料的基本要求。

15.1.2 芬顿铁泥基微电解粒状材料的制备流程

经过研究得到了芬顿铁泥基微电解粒状材料的最佳制备工艺如下：

① 将芬顿铁泥、粉煤灰、黄河沙分别进行烘干处理，破碎并过 100 目筛进行筛分。

② 按质量比（3～9）：（2～8）：（1～3）称取芬顿铁泥、黄河沙、粉煤灰，然后加入滚筒式造粒机内，并且通过喷洒成球剂进行造粒成球，制得粒径 3～8mm 的生料球。

③ 将生料球置于室温下自然干燥 15～20h。

④ 干燥后的生料球置于 550～650℃下无氧烧结 25～35min，密闭干燥室内冷却至室温，即得阴阳极一体化 Fe^0/C 微电解粒状材料。

15.2 芬顿铁泥基微电解粒状材料的性质

15.2.1 芬顿铁泥基微电解粒状材料的物理性质和组成

芬顿铁泥基微电解粒状材料的物理性质如表 15-3 所列，该填料的颗粒密度为 1672.8kg/m^3，堆积密度为 996.8kg/m^3，吸水率为 17.3%，是一种轻集料。另外，该材料具有较高的孔隙率（40.2%），则废水在其之间流通更为方便，在水流作用的帮助下填料表面的更新更容易完成，因此可以避免材料板结的发生。

表 15-3 利用芬顿铁泥制备的阴阳极颗粒填料的物理性质

颗粒密度/（kg/m^3）	堆积密度/（kg/m^3）	孔隙率/%	吸水率/%
1672.8	996.8	40.2	17.3

15.2.2　芬顿铁泥基微电解粒状材料的扫描电镜

通过扫描电镜对芬顿铁泥基微电解粒状材料使用前后进行表面和断面的表征，结果如图 15-1 所示。图 15-1（a）和（b）是材料使用前的 SEM 表征，由图 15-1（a）可以看出，材料表面粗糙，呈凹凸不平的颗粒状，并且存在着微小的孔隙；由图 15-1（b）可以看出，材料的断面与表面类似，但更为粗糙，并且存在更为密集、更大的孔隙。这样的内外结构会大大地提高材料的比表面积，能够让污水和材料更充分地接触，从而提高处理效率，减少反应时间。同时，处理污水的过程中，材料表面的单质铁随着反应的进行而逐渐被消耗，破坏烧结的表面结构，使得材料的表层逐渐脱落，表面得到更新，从而有效延缓污泥基微电解粒状材料的钝化失效，延长填料的使用周期，并降低反冲洗的频率。

(a)使用前(表面)　(b)使用前(断面)

(c)使用后(表面)　(d)使用后(断面)

图 15-1　芬顿铁泥基微电解粒状材料使用前后表面和断面的扫描电镜图

图 15-1（c）和（d）为该材料作为水处理填料使用 4 个月后的表面和断面的扫描电镜图。与填料使用前的对比观察，材料的表面和断面仍然保持了很高的孔隙率，没有发现板结现象。由图 15-1（c）发现材料表面附着有填料使用过程中产生的絮状物质，这些絮体通过定期的反冲洗即可去除，而使填料保持新鲜的表面而不板结。

15.3 芬顿铁泥基微电解粒状材料处理模拟土霉素废水

15.3.1 连续运行反应器的设计与运行

15.3.1.1 连续运行反应器的设计

如图 15-2 所示，自主设计的连续运行反应器为柱状，高度为 1100mm、直径 200mm，底部有一个进样口和进气口，反应器的底部空间是高为 150mm 的缓冲层，缓冲层与阴阳极填料之间有一填料隔板，用于承载填料。反应器柱体每隔 200mm 设置 1 个取样口，有 1 个出水口。

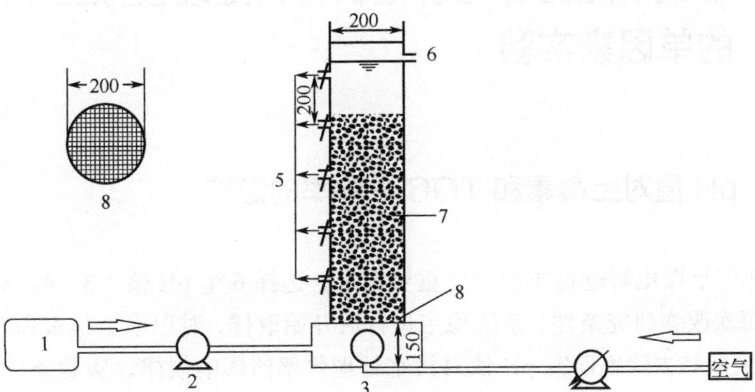

图 15-2 连续运行反应器（尺寸：mm）

1—土霉素模拟废水；2—蠕动泵；3—曝气阀；4—曝气泵；5—取样口；6—出水口；7—填料；8—挡板

芬顿铁泥基微电解粒状填料层高度 800mm，模拟土霉素废水由蠕动泵调节流速进入反应器，气体由曝气泵抽入该反应器系统内；在该反应器的 5 个取样口处均可以进行取样，土霉素模拟废水经过该反应系统处理后由反应系统的出水口排出。

15.3.1.2 连续运行反应器的运行

如图 15-2 所示，将反应系统安置完毕后进行以下实验研究过程。

① 初期运行阶段：初期运行是为使连续运行反应系统达到处理稳定化的状态，减少

填料中活性炭吸附等对实验结果的影响。将浓度为100mg/L的土霉素模拟废水(如表15-4所列)，通过蠕动泵流入反应器内，设定反应系统在不曝气的条件下，水力停留时间(HRT)为4h，pH值调为4左右，每隔12h取水样，测量出水TOC，待测得TOC基本稳定后，开始反应器的正式运行实验。

表15-4 土霉素模拟废水的水质指标

土霉素浓度/(mg/L)	TOC/(mg/L)	COD_{Cr}/(mg/L)
100.8	65.3	158.6

② 正式运行阶段：在室温(20～28℃)的条件下，通过控制单因素影响条件，探究溶液HRT、pH值、曝气量和初始浓度对处理效果的影响，确定利用阴阳极颗粒填料预处理土霉素模拟废水时该反应系统的最佳工艺参数。在最优条件下连续运行反应器，2个月后对阴阳极颗粒填料的板结情况等进行研究。

15.3.2 芬顿铁泥基微电解粒状材料处理模拟土霉素废水的单因素实验

15.3.2.1 pH值对土霉素和TOC去除率的影响

进水pH值是微电解过程中的一个重要因素。选择6个pH值(3、4、5、6、7、8)进行实验。每次改变研究条件，系统稳定运行后开始取样，对出水土霉素和TOC的浓度进行测定，根据其去除率研究pH值对污水处理效率的影响规律。实验条件如下：土霉素模拟废水浓度为100mg/L，HRT为8h，气液比为0。进水pH值对模拟土霉素废水TOC和土霉素(OTC)去除率的影响变化曲线如图15-3所示。

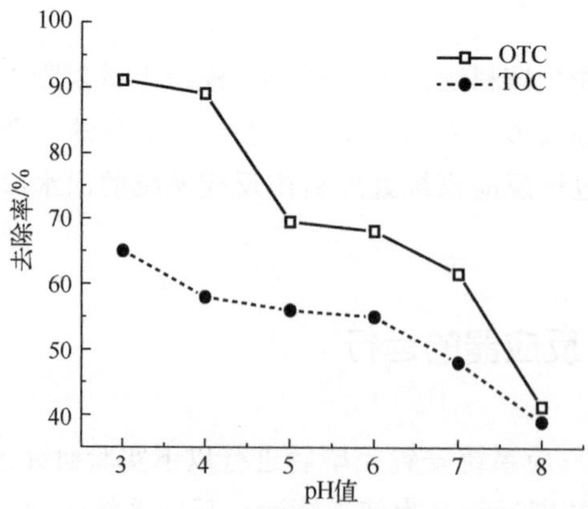

图15-3 初始pH值对TOC和OTC去除率的影响

由图 15-3 曲线变化可知，随着 pH 值从 3 增加到 8，对土霉素去除率逐渐降低，有一个明显的下降趋势。pH 值在 3 左右有最佳的去除率，对 TOC 和 OTC 的去除率分别为 65%和 94%。当 pH 值达到 8 时，对 TOC 和 OTC 的去除率都低于 45%。

这是由于在酸性条件下阴极反应的电极电位（+1.23V）高于中性、碱性条件下的电极电位（+0.4V），使得酸性条件下的微电解反应具有更高的电势。根据能斯特方程，还原电位随溶液中氢离子浓度的升高（即 pH 值的降低）而升高，即氢离子浓度越高，阴极反应向右进行的趋势越大。随着 pH 值的增加，氢离子浓度逐渐降低，被腐蚀的 Fe^0 逐渐减少，从而形成的铁氢氧化物的量也逐渐减少，使得微电解腐蚀和氧化还原反应逐渐变弱。

因此，在后续研究中，pH 值选为 3。

15.3.2.2 HRT 对土霉素（OTC）和 TOC 去除率的影响

在微电解工艺中，水力停留时间 HRT 是一个重要的参数。选取 9 个不同的 HRT（0.5h、1h、1.5h、2h、3h、4h、5h、6h、8h）处理模拟 OTC 废水。其他操作条件如下：OTC 模拟废水浓度为 100mg/L，pH 值为 3，气液比为 0。分别探讨基于芬顿铁泥粒状材料的微电解反应对 OTC 和 TOC 的去除率。结果如图 15-4 所示。

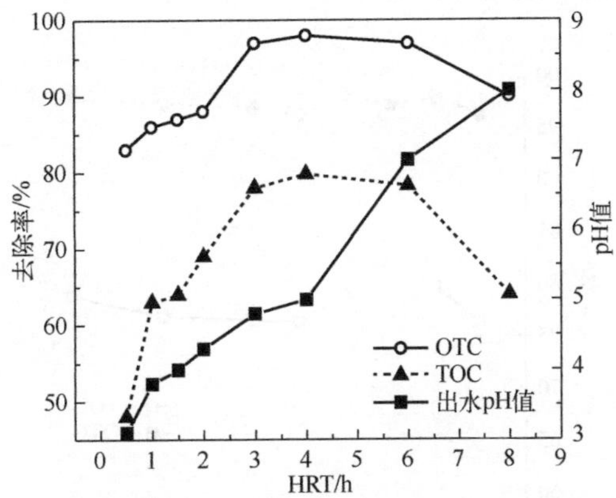

图 15-4 HRT 对 TOC 和 OTC 去除率的影响和出水 pH 值

如图 15-4 所示，该反应系统对 OTC 和 TOC 的去除率随着 HRT 的增加而逐渐增加，到最高点后开始下降。当 HRT 从 0.5h 增加到 4h，OTC 和 TOC 的去除率迅速增加至最优点，达到了 98.5%和 79.8%。当 HRT 从 4h 增加到 8h 时，TOC 和 OTC 的去除率逐渐降低。由图 15-4 还可以看出，模拟废水出水的 pH 值随着 HRT 的增加而增加。当 HRT 从 0.5h 增加到 6h，OTC 废水的 pH 值达到 7；随着时间的继续增加，OTC 模拟废水变成了碱性。H^+随着 HRT 的增加逐渐减少，使得微电解反应能力逐渐减弱。HRT 太长时，随着 pH 值的增加，反应系统内 Fe^{2+}可以结合羟基离子生成 $Fe(OH)_2$ 和 $Fe(OH)_3$，可以通过吸附、絮凝等作用去除水体中的有机物，这些沉积物会附着在填料的表面，从而阻止填料与污染物的接触，影响氧化还原反应和微电解反应的进行。随着 HRT 的增加，反应器内流入废水的速度逐渐变慢，当 HRT 增加到 6h 时，水的流动不足以将絮凝沉淀从填料表面带走，进而影响电子转移和氧化还原的进行，使 OTC 和 TOC 的去除率逐渐降低，因此反应器需要定期进行清洗。对于该反应系统，HRT 为 4h 是最合适的运行条件。

15.3.2.3 初始浓度对土霉素和 TOC 去除率的影响

初始污染物的浓度是研究微电解反应的一个必要因素。在研究条件为 HRT=4h、pH=3、曝气量为 0 时，设置 8 种 OTC 浓度（50mg/L、100mg/L、150mg/L、200mg/L、250mg/L、300mg/L、400mg/L、500mg/L）来研究该反应器去除率变化情况。如图 15-5 显示初始 OTC 浓度对 TOC 和 OTC 去除率的变化曲线。可以看出，在 OTC 浓度为 50～500mg/L 的范围内，随着初始浓度的增加，去除率基本维持稳定，对 OTC 和 TOC 的去除率分别在 97%和 78%左右。结果表明，在该系统设置的运行条件下，该反应系统对模拟废水的处理效果良好，初始浓度的变化对去除率的影响不明显，选择的浓度没有达到该反应系统处理能力的极限。因此，选择 100mg/L 的实验浓度作为探究利用芬顿铁泥制备的阴阳极颗粒填料应用性能是可行的。

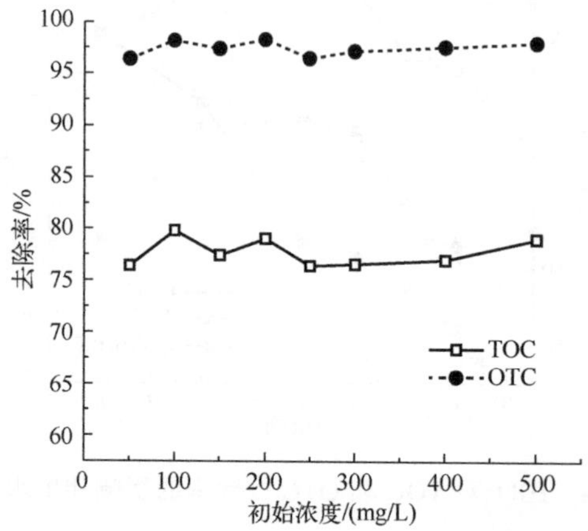

图 15-5 初始浓度对 TOC 和 OTC 去除率的影响

另外，在利用微电解反应对 OTC 废水进行处理时，对 OTC 的去除率普遍高于 TOC 的去除率，这是因为微电解反应虽然破坏了 OTC 分子的结构，但其所形成的中间产物只能部分去除而不能全部去除，因此导致了对 TOC 的去除率低于 OTC 的去除率。

15.3.2.4　曝气对土霉素和 TOC 去除率的影响

曝气可以帮助填料表面更新，对反应器的去除率有一定的影响。当实验条件设为 pH=3、HRT=4h、浓度为 100mg/L 时，选择不同的气液比（0.00、0.05、0.10、0.15 和 0.20）来研究曝气对微电解系统的影响。图 15-6 给出了系统对 TOC 和 OTC 去除率的变化柱状图。可以看出，无曝气条件下对 TOC 和 OTC 去除率高于曝气条件下的去除率。在无曝气条件下对模拟废水 OTC 的去除率可达最高点 98.1%；在曝气条件下，OTC 的去除率变化不大，最高可达 95.6%；而且随着曝气的增加，TOC 的去除率有增加的趋势。

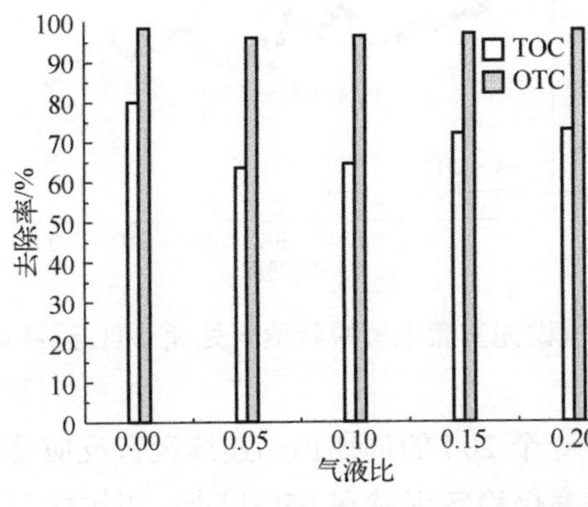

图 15-6　气液比对 TOC 和 OTC 去除率的影响

当氧气被输送到反应器时，随着不断增加曝气量，反应器内逐渐形成钝化与更新之间的平衡。气流和水流可以帮助填料表面完成更新，曝气能增加阳极的电位，加快反应速度，在通入氧气量不断增加的条件下，当流水的速度超过填料钝化速度，填料表面不会出现沉淀附着，提高了反应器内电极反应和电子转移的速率，使系统内的反应速率加快，从而改善了对溶液中有机物质的去除情况。而通入氧气后，反应系统的去除率低于无曝气条件下的原因可有以下 3 个方面：

① 系统的电子释放能力是有限的，随着氧气逐渐被通入反应器内，氧气会与有机物质竞争 Fe^0 和 Fe^{2+} 在氧化过程中释放的有用电子。

② 溶液中增加的氧气会使溶液中微电解反应受阻，并且会加速铁的腐蚀。

③ 氧气可以使溶液中的铁离子氧化，加速铁的絮凝物质生成，填料表面逐渐钝化，使填料和污染物之间的接触反应受阻。

根据上述结果和讨论，在连续运行的研究中选择内厌氧作为最优条件。

15.3.3　连续运行的研究

对利用芬顿铁泥制备的微电解颗粒填料进行连续运行研究，观察该反应系统处理 OTC 废水的稳定性、芬顿铁泥基微电解颗粒填料的抗板结情况以及反冲洗对反应系统的影响情况。将 OTC 模拟废水的浓度设置为 100mg/L，废水初始 pH 值为 3，HRT 为 4h，气液比为 0.00，在该条件下，反应器连续运行 60d，每隔 20d 进行反冲洗，反冲洗的强度是 40.5m/h。图 15-7 为利用该粒状微电解填料连续运行对 TOC 和 OTC 去除率的变化曲线。

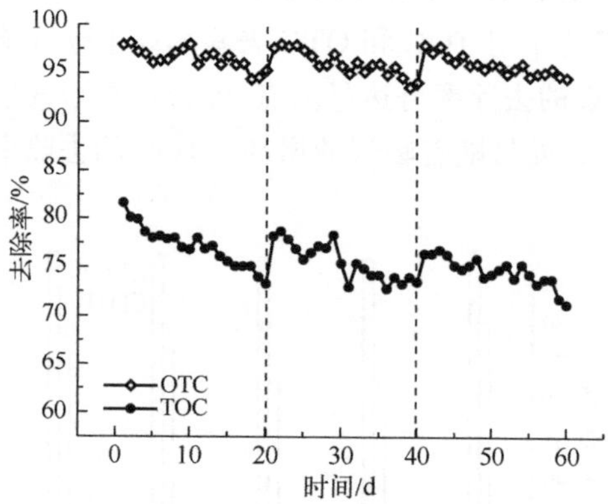

图 15-7 芬顿铁泥基微电解粒状填料处理 OTC 连续运行研究

对于该反应系统，在每一个 20d 的周期内，连续运行反应器随着时间的增加对 OTC 去除率有下降趋势，但去除率仍稳定保持在 95%以上，相比之下，在长期运行的过程中，TOC 去除率下降得比较明显。但经过反冲洗过程，该系统对污染物的去除效果有明显改善，基本能够恢复到最佳状态。通过图 15-1 对该填料使用前后的 SEM 观察和分析，可以看出填料表面和断面的系统结构能够保持完整，因此在长期运行过程中，该系统表现出高效稳定的废水处理能力；反冲洗可以有效地清理填料表面的附着沉淀，使反应系统具有良好的恢复能力，而没有板结现象发生。

本章以芬顿铁泥为主要原料制备了芬顿铁泥基微电解粒状材料，并作为填料对土霉素模拟废水进行预处理，探讨了该材料用于模拟土霉素废水的处理效果。结果表明在 60d 的连续运行实验中，该系统对模拟土霉素废水具有高效稳定的去除率，并能克服传统微电解材料易板结和沟流的现象，在高浓度难降解有机废水处理方面具有良好的适用性。这一技术不仅拓宽了难降解有机废水的处理方法，同时也实现了芬顿铁泥等固体废弃物的资源化利用，具有广阔的市场应用前景。

参考文献

[1] Yang X Y, Xue Y, Wang W N. Mechanism, kinetics and application studies on enhanced activated sludge by interior microelectrolysis[J]. Bioresource Technology, 2009, 100(2): 649-653.

[2] Cheng H, Xu W, Liu J, et al. Pretreatment of wastewater from triazine manufacturing by coagulation, electrolysis, and internal microelectrolysis[J]. Journal of Hazardous Materials, 2007, 146(1): 385-392.

[3] Ruan X C, Liu M Y, Zeng Q F, et al. Degradation and decolorization of reactive red X-3B aqueous solution by ozone integrated with internal micro-electrolysis[J]. Separation and Purification Technology, 2010, 74(2): 195-201.

[4] Zhu Q S, Guo S H, Guo C M, et al. Stability of Fe-C micro-electrolysis and biological process in treating ultra-high

concentration organic wastewater[J]. Chemical Engineering Journal, 2014, 255(7): 535-540.

[5] 方亚曼, 范举红, 刘锐, 等. 铁-炭微电解技术强化制药废水处理效果[J]. 净水技术, 2011, 30(1): 29-32.

[6] 李云飞, 马殿旗. 微电解技术处理电镀废水的研究与工程运用[J]. 机电安全, 2001(6): 20.

[7] 张穗生, 陈刚, 王金泉. 混合微电解技术用于印染废水处理[J]. 中国给水排水, 2002, 18(5): 77-79.

[8] 乔瑞平, 孙承林, 于永辉, 等. 铁炭微电解法深度处理制浆造纸废水的研究[J]. 安全与环境学报, 2007, 7(1): 57-59.

[9] 焦清卫. 浅谈微电解氧化技术在焦化废水处理中的应用[J]. 工程建设与设计, 2017(8): 133-135.

[10] Hadjikhani A, Lindh C, Thilenius P. Degradation of organic wastewater containing Cu-EDTA by Fe-C micro-electrolysis[J]. Journal of Central South University, 2011, 22(4): 983-990.

[11] 周伟, 庄晓伟, 陈顺伟, 等. 铁碳微电解预处理工业废水研究进展[J]. 工业水处理, 2017, 37(7): 5-9.

[12] Zhao H, Zeng Q F. Treatment of reactive dye wastewater with microelectrolysis-microwave/UV technology[J]. Dyeing and Finishing, 2010(15): 11-12.

[13] Xu X, Cao J S, Chang F. Practical of chemical wastewater treatment by ferric carbon micro electrolysis, Fenton reagent oxidation and A/O process[J]. Water and Wastewater Engineering, 2004, 30(5): 44-47.

[14] Chai H X, Duan S H, Jian Z, et al. Study on treatment efficiency of pharmaceutical wastewater by combined iron-carbon micro-electrolysis-biological process[C]. 2010 4th International Conference on Bioinformatics and Biomedical Engineering, 2010.

[15] Liang B, Yao Q, Cheng H, et al. Enhanced degradation of azo dye alizarin yellow R in a combined process of iron-carbon microelectrolysis and aerobic bio-contact oxidation[J]. Environmental Science and Pollution Research, 2012, 19(5): 1385-1391.

[16] 张利, 刘松, 胡耀笛, 等. 铁碳微电解预处理直接黄 11 废水试验研究[J]. 科学技术与工程, 2017, 17(2): 130-134.

[17] 李再兴, 剧盼盼, 左剑恶, 等. 微电解/Fenton 法深度处理土霉素废水的研究[J]. 中国给水排水, 2012, 28(5): 84-87.

[18] 罗晓, 张凤琴, 王婷, 等. 微电解法预处理制药废水的研究进展[J]. 河北工业科技, 2008, 25(5): 326-330.

[19] 冀忠伦, 范长辉, 杨建飞, 等. 铁基非晶/RE-Mg 球墨铸铁复合微电解材料在采油废水处理中的应用[J]. 工业水处理, 2013, 33(10): 76-78.

[20] 张春永, 沈迅伟, 徐飞高, 等. 一种新型微电解材料组合的性能研究[J]. 水处理技术, 2005, 31(1): 32-34.

[21] Jin Y, Yue Q Y, Yang K L, et al. Pre-treatment of pyridine wastewater by new cathodic–anodic-electrolysis packing[J]. Journal of Environmental Sciences, 2017, 63: 43-49.

[22] 张娟. Fenton 铁泥制备硫酸亚铁和聚合硫酸铁及其应用研究[D]. 南宁: 广西大学, 2013.

[23] Bridle T R, Hammerton I, Hertle C K. Control of heavy metals and organochlorines using the oil from sludge process[J]. Waterence and Technology, 1990, 22(12): 249-258.

[24] 黄晶. 脱水污泥资源化利用研究[D]. 重庆: 重庆大学, 2009.

[25] 张丽清, 刘新锋, 周华锋, 等. 由工业废料铁泥制备 $FeSO_4 \cdot 7H_2O$ 的研究[J]. 化学工业与工程, 2011, 28(1): 35-38.

[26] Qiang Z, Chang J H, Huang C P. Electrochemical regeneration of Fe^{2+} in Fenton oxidation processes[J]. Water Research, 2003, 37(6): 1308-1319.

[27] Cao G M, Mei S, Niu W F, et al. Regeneration and reuse of iron catalyst for Fenton-like reactions[J]. Journal of Hazardous Materials, 2009, 172(2-3): 1446-1449.

[28] 周元祥, 崔康平, 李湘凌, 等. 微电解对不同结构染料脱色效果的研究[J]. 环境化学, 2006, 25(3): 125-127.

[29] Ju F, Hu Y Y, Cheng J H. Removal of chelated Cu (Ⅱ) from aqueous solution by adsorption–coprecipitation with iron hydroxides prepared from microelectrolysis process[J]. Desalination, 2011, 274(1-3): 130-135.

[30] Yang X Y. Interior microelectrolysis oxidation of polyester wastewater and its treatment technology[J]. Journal of hazardous materials, 2009, 169(1-3): 480-485.

第16章 造纸污泥基有机高分子絮凝剂的制备和应用

目前常用的化学絮凝剂主要分为无机混凝剂和人工合成类有机高分子絮凝剂两大类。无机混凝剂主要包括铝盐、铁盐、钙盐及镁盐几大类。无机混凝剂在实际应用过程中存在诸多不足，例如投加量大、产生大量污泥、适用范围窄、有金属元素残留、生成的絮体易碎以及处理低温低浊水效果差等。鉴于无机混凝剂的不足，有机高分子絮凝剂的研发及应用受到了广泛的关注。目前常用的有机高分子絮凝剂多为人工合成类有机高分子聚合物，如聚丙烯酰胺、聚二甲基二烯丙基氯化铵、环氧氯丙烷-二甲胺共聚物等。这些人工合成类有机高分子絮凝剂存在合成原料毒性较强、成本高、产品品种少等缺点，难以满足当代水和废水处理需求。

木浆造纸污泥生物质含量丰富，其中有机物占50%～65%，主要为木质素，以及少量的纤维素、半纤维素，重金属含量很低，是一种宝贵的有机质资源。生物质含有大量的功能基团，如芳香基、酚羟基、醇羟基、羧基、羰基、共轭双键等，因此可以通过还原、氧化、醚化、磺化、缩合和接枝共聚等反应来对其进行改性，改性后生物质分子量提高、水溶性好、表面活性增强，可作为水和废水处理用有机高分子絮凝剂。本章主要介绍如何利用木浆造纸污泥中的木质素为原材料，通过改性制备造纸污泥基有机高分子絮凝剂，以及该系列絮凝剂在染料废水处理中的应用。

16.1 造纸污泥基有机高分子絮凝剂的制备

本节主要介绍如何利用木浆造纸污泥、甲基丙烯酰氧乙基三甲基氯化铵以及其他添加剂制备成有机高分子絮凝剂，并讨论原料配比、反应温度、投加方式和搅拌速度对絮凝效能的影响。

16.1.1 主要原料成分分析及絮凝剂制备流程

造纸污泥取自山东省某造纸厂碱法造纸工艺产生的污泥。使用前，造纸污泥经干燥处理并研磨成粉末状。处理后的造纸污泥中木质素含量、固含量、有机质含量、pH 值及残渣率分别为 38.2%±4.6%、97.50%±0.09%、65.9%±6.5%、7.11±0.50、62.8%±6.8%。通过重金属全分析，造纸污泥中的金属成分及含量如表 16-1 所列。

表 16-1 造纸污泥中的主要金属元素及其含量

序号	元素	含量/(mg/kg)	序号	元素	含量/(mg/kg)
1	Li	4.35	30	In	0.09
2	Be	0.18	31	Sn	3.40
3	Na	7675.86	32	Sb	29.05
4	Mg	6976.71	33	Cs	0.59
5	Al	92637.44	34	Ba	238.75
6	K	2150.51	35	La	6.65
7	Ca	14030.27	36	Ce	16.03
8	Sc	26.10	37	Pr	1.44
9	Ti	548.52	38	Nd	10.90
10	V	78.37	39	Sm	0.97
11	Cr	433.01	40	Eu	0.40
12	Mn	1762.90	41	Gd	1.01
13	Fe	18691.83	42	Tb	0.18
14	Co	2.08	43	Dy	0.98
15	Ni	97.37	44	Ho	0.17
16	Cu	11.20	45	Er	0.53
17	Zn	96.97	46	Tm	0.06
18	Ga	41.44	47	Yb	0.36
19	Ge	0.28	48	Lu	0.08
20	Rb	12.81	49	Hf	2.42
21	Sr	146.27	50	Ta	0.08
22	Y	4.50	51	W	1.39
23	Zr	93.97	52	Au	0.30
24	Nb	1.53	53	Hg	0.20
25	Mo	5.65	54	Tl	0.34
26	Ru	0.08	55	Pb	32.32
27	Pd	1.14	56	Bi	0.28
28	Ag	0.44	57	Th	5.40
29	Cd	1.07	58	U	1.24

造纸污泥基有机高分子絮凝剂的制备步骤如下：

第一步，称取 5.0g 干燥的造纸污泥粉末置于 200 ～ 230mL 去离子水中，搅拌 10min，然后使用 0.5mol/L 的 NaOH 和 HCl 溶液将污泥混合液的 pH 值调至 12.0 ～ 13.0。

第二步，将碱性污泥悬浊液进行离心处理，取上清液。离心过程重复 3 次。

第三步，使用 0.5mol/L 的 NaOH 和 HCl 溶液将上清液的 pH 值调节至 7.5 ～ 8.5，然后转移至 500mL 的三口烧瓶中。

第四步，将三口烧瓶置于水浴锅内，加热至预定温度，在此过程中，持续通入高纯氮气排除三口烧瓶中的空气。

第五步，将预定质量的过硫酸钾（KPS）粉末提前溶解于 10mL 去离子水中，待温度上升至预定温度并保持 20min 后，将 KPS 溶液逐滴加入三口烧瓶中，持续搅拌反应 20min。

第六步，将预定质量的甲基丙烯酰氧乙基三甲基氯化铵（DMC）溶液加入混合液中，持续搅拌反应 4h，合成过程需要在氮气保护下进行。

第七步，反应结束后，将混合物冷却至室温，然后用丙酮溶液萃取，乙醇溶液清洗，最后置于 50℃真空干燥箱中干燥。最终产品即为造纸污泥基阳离子型有机高分子絮凝剂（PS-g-DMC）。

16.1.2 原料配比的确定

16.1.2.1 KPS 投加量的确定

KPS 在水中会分解产生 SO_4^-•和•OH，这两种自由基会攻击木质素分子中的酚羟基，从而产生具有吸电子能力的酚氧自由基。木质素大分子中的酚氧自由基具有极高的反应活性，可以与 DMC 发生接枝共聚反应。但是当过硫酸盐过量时，过量的 SO_4^-•和•OH 会攻击 DMC 单体，使其发生均聚反应，因此会降低絮凝剂的产率，并且削弱其絮凝性能。因此，添加适量的 KPS 是制备高效有机高分子絮凝剂的关键。

本部分造纸污泥的质量为 5.0g，采用 KPS 作为引发剂，改变引发剂的投加量（5mg、10mg、15mg、20mg、50mg、100mg）合成系列造纸污泥基有机高分子絮凝剂。系列目标产品的 Zeta 电位以及在活性蓝（RB）模拟染料废水中的絮凝脱色效果如图 16-1 所示。如图 16-1（a）所示，当 KPS 的投加量在 5 ～ 50mg 时，絮凝剂的 Zeta 电位随着 KPS 剂量的增加而上升。但是当 KPS 的投加量在 20 ～ 50mg 之间时，上升趋势变缓。当 KPS 超过 50mg 时，絮凝剂的 Zeta 电位开始下降。图 16-1（b）中目标产品的絮凝脱色效果也表现出相同的变化趋势。KPS 的投加量为 50mg 时合成的絮凝剂具有最好的絮凝脱色性能，这是由于该絮凝剂具有最高的正电性，在 RB 染料废水处理中可以提供较强的吸附电中和能力。

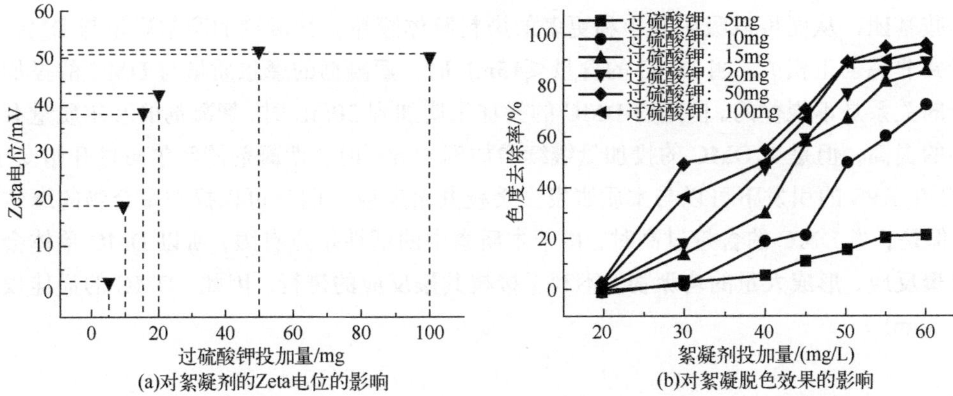

图 16-1　KPS 的投加量对絮凝剂的 Zeta 电位以及絮凝脱色效果的影响

16.1.2.2　DMC 投加量的确定

引入 DMC 单体可以有效提高絮凝剂的正电性和摩尔质量，因此其投加量对絮凝剂的分子性质及絮凝性能有显著影响。本部分 KPS 的投加量为 50mg，反应温度为 70℃，其他合成条件保持不变，改变 DMC 的投加量（1mL、3mL、5mL、7mL、15mL、30mL、40mL、50mL）合成具有不同性质的絮凝剂。目标产品的 Zeta 电位、摩尔质量及其在 RB 废水中的絮凝脱色效果如图 16-2 所示。

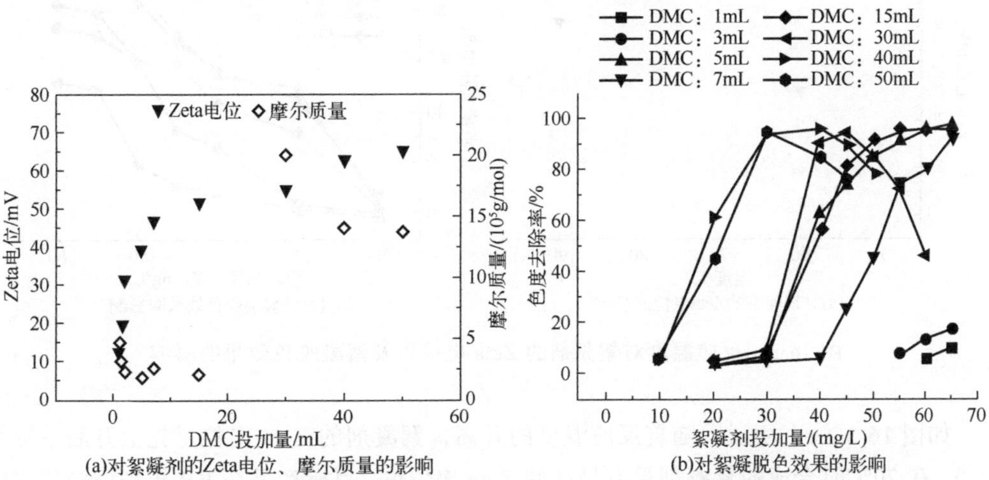

图 16-2　DMC 的投加量对絮凝剂的 Zeta 电位、摩尔质量及絮凝脱色效果的影响

如图 16-2（a）所示，随着 DMC 投加量的增加，絮凝剂的 Zeta 电位逐步提高，当 DMC 达到 30mL 时，Zeta 电位的增长速率变缓。图 16-2（b）表明 DMC 含量高的几种絮凝剂在低投加量下就可以实现较好的絮凝脱色效果。DMC 投加量为 40mL 和 50mL 时合成的絮凝剂，其最高脱色率可达 95%以上，这是由于 DMC 含量高的絮凝剂具有更多

的季胺基团，从而可以吸附并中和更多的染料胶体颗粒。絮凝剂的摩尔质量与DMC的含量并非完全正相关。当DMC的含量≤15mL时，絮凝剂的摩尔质量与DMC的投加量之间的关系是不规律的。但是当DMC的投加量增加到30mL时，絮凝剂的摩尔质量有了明显的提高，但是当DMC的投加量继续增加到40mL时，絮凝剂的摩尔质量开始变小。DMC在KPS的引发下可以与木质素发生接枝共聚反应，因此可以提高聚合物的摩尔质量。但是，当DMC的含量过高时，由于木质素中的活性位点有限，所以DMC单体会发生自聚反应，形成大量的均聚物，不利于接枝共聚反应的进行。因此，DMC的最佳投加量为30mL。

16.1.3　反应条件的确定

16.1.3.1　反应温度的确定

本部分选用KPS的投加量为50mg、DMC的投加量为30mL，其他条件保持一致，改变反应温度（50℃、60℃、70℃、80℃、90℃）合成系列造纸污泥基有机高分子絮凝剂。目标产品的Zeta电位及其在RB模拟染料废水中的絮凝脱色性能如图16-3所示。

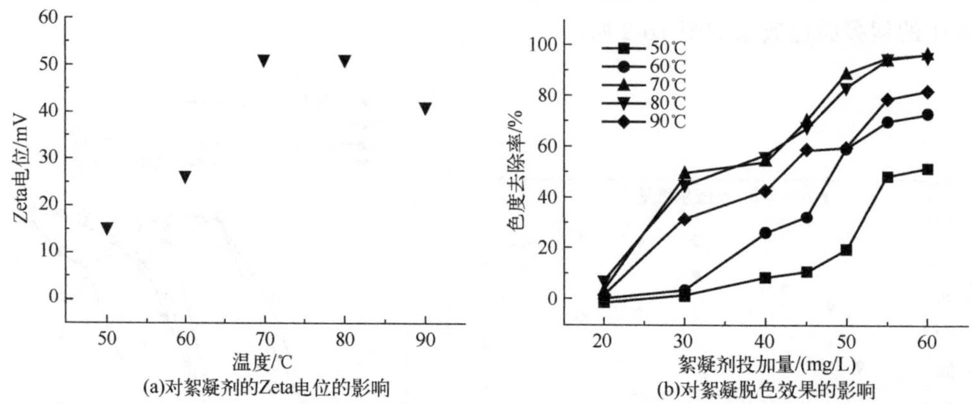

图16-3　反应温度对絮凝剂的Zeta电位以及絮凝脱色效果的影响

如图16-3（a）所示，随着反应温度的升高，絮凝剂的Zeta电位呈先上升后下降的趋势，在70℃时合成的絮凝剂具有最高的Zeta电位值。目标产品在RB模拟染料废水中的絮凝脱色效果与其Zeta电位值密切相关。70℃时合成的絮凝剂具有最佳的絮凝脱色性能，其次是反应温度为80℃时。据相关报道，升高温度可以加速过硫酸盐的分解速率，从而产生更多的硫酸根自由基。但是，温度过高会促进硫酸根自由基向DMC单体转移，导致单体间发生自聚反应，反而不利于接枝共聚反应的进行。此外，在絮凝剂的制备过程中，反应温度越高意味着所需的能耗成本也越高。综合考虑絮凝效果和能耗成本，最佳反应温度为70℃。

16.1.3.2 DMC 投加方式的确定

本部分 KPS 的投加量为 50mg、DMC 的投加量为 30mL、反应温度为 70℃，其他反应条件保持不变，改变 DMC 的投加方式。DMC 的投加方式分为两种：第一种是一次性快速投加；第二种是分批次逐滴缓慢滴加。考察 DMC 投加方式对絮凝剂的 Zeta 电位、分子质量以及在 RB 模拟染料废水中的絮凝脱色性能的影响，结果如图 16-4 所示。

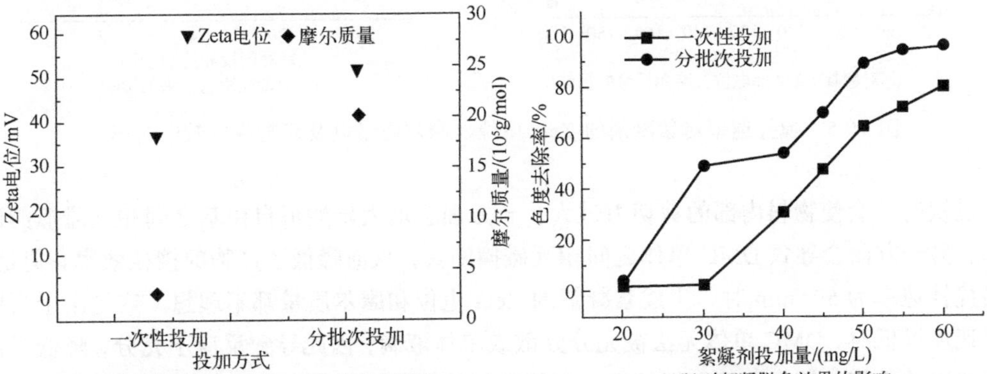

(a)对絮凝剂的Zeta电位、摩尔质量的影响　(b)对絮凝脱色效果的影响

图 16-4 DMC 的投加方式对絮凝剂的 Zeta 电位、摩尔质量及絮凝脱色效果的影响

如图 16-4 所示，分批次逐滴缓慢投加合成的絮凝剂的 Zeta 电位和摩尔质量都较高，并且絮凝脱色性能更好。当 DMC 一次性快速投加时，溶液中 DMC 单体的浓度较高，会有部分硫酸根自由基向阳离子单体转移，从而导致 DMC 发生自聚反应，降低了接枝共聚反应的效率。但是，当分批次逐滴缓慢滴加时，溶液中 DMC 单体的浓度一直保持在一个较低水平，更有利于 DMC 单体与木质素大分子接触碰撞，因此促进了接枝共聚反应的进行，减少了 DMC 均聚物的产生。综上所述，采用 DMC 分批次缓慢滴加的方式可以有效地提高絮凝剂的接枝率，从而提高其正电性和分子质量。

16.1.3.3 搅拌速率的确定

本部分 KPS 的投加量为 50mg、DMC 的投加量为 30mL、反应温度为 70℃，采用 DMC 分批次缓慢滴加的方式，改变合成过程中的搅拌速率（50r/min、80r/min、120r/min、150r/min、200r/min）合成系列造纸污泥基有机高分子絮凝剂。搅拌速度对目标产品的 Zeta 电位、摩尔质量以及在 RB 染料废水中的絮凝脱色性能的影响如图 16-5 所示。

如图 16-5 所示，当搅拌速率为 80r/min 时合成的絮凝剂的 Zeta 电位和摩尔质量最大，并且对 RB 染料废水的絮凝脱色效果最好。随着搅拌速度的不断增大，絮凝剂的 Zeta 电位和摩尔质量都逐渐减小，絮凝脱色性能也逐渐下降。搅拌的主要作用是把阳离子单体分散成均匀的单体液滴，从而与木质素分子上的酚氧自由基充分接触。但是当搅拌速

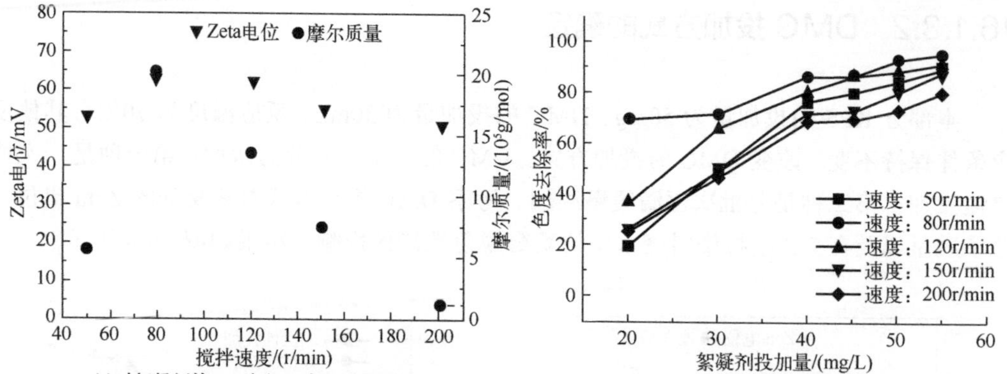

(a)对絮凝剂的Zeta电位、摩尔质量的影响　(b)对絮凝脱色效果的影响

图 16-5　搅拌速率对絮凝剂的 Zeta 电位、摩尔质量以及絮凝脱色效果的影响

度过快时，会使物料内部的剪切力过大，一方面会增大硫酸根自由基之间相互碰撞的概率，另一方面会导致 DMC 单体之间相互碰撞团聚，从而降低了产物的接枝效率。但是，当搅拌速率为 50r/min 时，生成絮凝剂的 Zeta 电位和摩尔质量都不理想。这是由于当搅拌速度过低时，DMC 单体无法被充分分散成单体液滴，因此导致反应不充分，降低了目标产物的效能。综上所述，搅拌速率与絮凝剂的性质，尤其是摩尔质量，关系密切，最佳搅拌速率为 80r/min。

16.2　造纸污泥基有机高分子絮凝剂的性质表征

造纸污泥基有机高分子絮凝剂的具体物化参数，如表 16-2 所列。较高的电荷密度和较大的分子量，有利于在混凝过程中提供较强的吸附电中和作用和吸附架桥作用。

表 16-2　造纸污泥基有机高分子絮凝剂的物化性质

电荷密度	分子量	Zeta 电位	固含量（质量分数）
4770μeq/L	190kDa	62.4mV	97.7%

注：1μeq/L=9.64 × 10^{-2}C/m^3。

如图 16-6（a）所示，PS-g-DMC 的 Zeta 电位随着 pH 值的先升高而后逐渐降低，但是下降趋势较缓和。在 pH=2.0～12.0 的范围内，PS-g-DMC 均表现为正电性，PS-g-DMC 的 Zeta 电位最高可达 65mV 以上。以上研究结果说明 PS-g-DMC 具有更宽的 pH 值适用范围，在不同 pH 值条件下均能发挥较强的吸附电中和作用。如图 16-6（b）所示，PS-g-DMC 在水中呈分支状形貌，可以提供更多活性位点，吸附在污染物表面，从而增加絮凝剂和污染物颗粒的接触概率。得益于 PS-g-DMC 较强的吸附电中和作用和吸附架桥作用，其在混凝过程中可以发挥良好的净水效能。

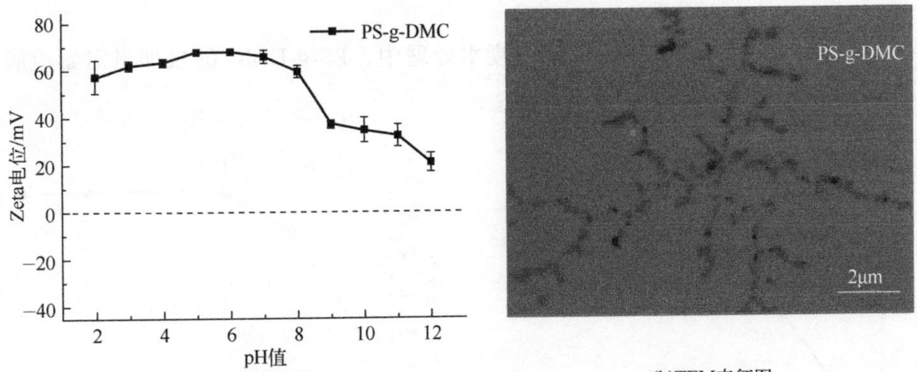

(a)Zeta电位　　(b)TEM表征图

图 16-6　造纸污泥基有机高分子絮凝剂的 Zeta 电位和 TEM 表征图

16.3　造纸污泥基有机高分子絮凝剂处理模拟染料废水

本节采用 100mg/L 的分散红（DR）模拟染料废水和活性蓝（RB）模拟染料废水为受试水样。研究了造纸污泥基有机高分子絮凝剂对 DR 和 RB 模拟染料废水处理的影响因素，确定了最佳混凝参数。实验水样基本性质如表 16-3 所列。

表 16-3　实验水样的水质指标

水样	pH 值	Zeta 电位/mV	染料结构式
分散红染料废水	7.60 ± 0.05	−26.3 ± 0.8	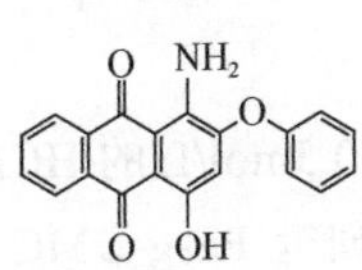
活性蓝染料废水	8.10 ± 0.02	−19.8 ± 1.0	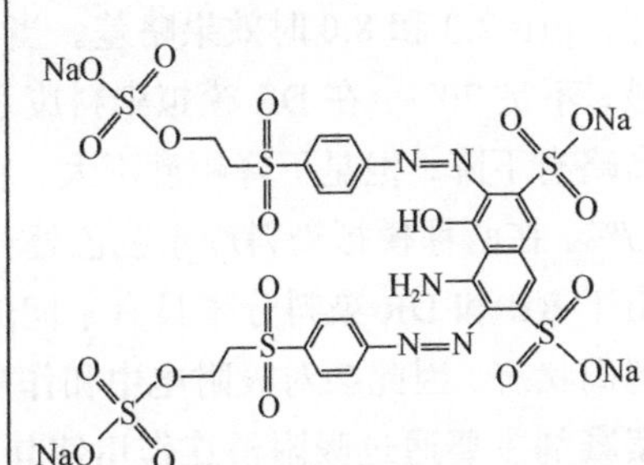

16.3.1 絮凝剂投加量对模拟废水处理效果的影响

在 100mg/L 的 DR 和 RB 模拟染料废水处理中，PS-g-DMC 的投加量对絮凝脱色效果的影响如图 16-7 所示。

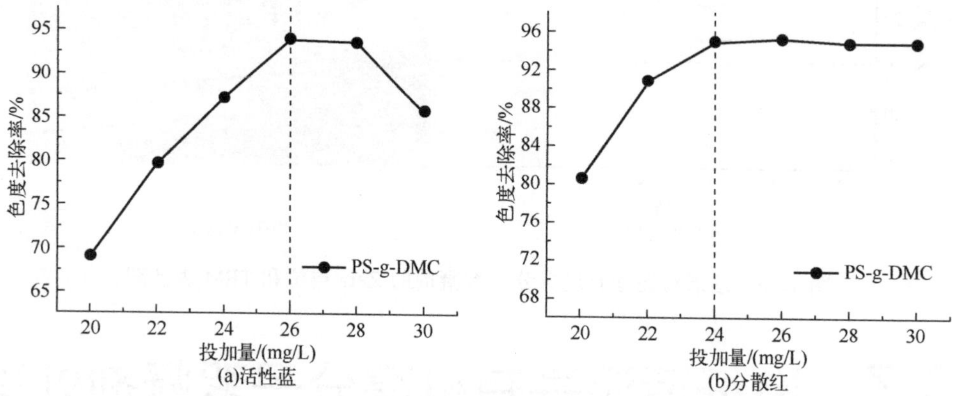

图 16-7 投加量对 PS-g-DMC 的色度去除率的影响

如图 16-7 所示，在 DR 和 RB 模拟染料废水脱色处理中，随着 PS-g-DMC 投加量的增加，色度去除率先逐渐提高，然后趋于平稳，继续增加絮凝剂的投加量时，色度去除率开始下降。综合考虑脱色效果和经济效益，PS-g-DMC 在 RB 和 DR 模拟染料废水脱色处理中的最佳投加量分别为 26mg/L 和 24mg/L。采用 PS-g-DMC 的最佳投加量，在 DR 模拟染料废水处理中，最高色度去除率为 95.7%；在 RB 模拟染料废水处理中，最高色度去除率为 94.8%。

16.3.2 水样 pH 值对 PS-g-DMC 的絮凝效能的影响

使用 0.5mol/L 的 HCl 和 NaOH 溶液将模拟染料废水的 pH 值调至 2.0、4.0、6.0、8.0 和 10.0，研究 PS-g-DMC 在不同 pH 值条件下的絮凝脱色性能，结果如图 16-8 所示。

在 RB 模拟染料废水脱色处理中，PS-g-DMC 在 pH=4.0～6.0 时的絮凝脱色效果最好，pH=2.0 和 8.0 时效果略差。当 pH 值升高到 10.0 时，絮凝体系的色度去除率下降明显，不足 70%。在 DR 模拟染料废水脱色处理中，PS-g-DMC 的色度去除率随 pH 值的升高略有下降，但是下降幅度不大。在 pH=2.0～10.0 的范围内，色度去除率稳定在 90%～97%。在两种模拟染料废水脱色处理中，水样 pH 值对 PS-g-DMC 的影响不同，这主要是由于 RB 和 DR 染料分子具有不同的性质。RB 染料是离子型染料，水样 pH 值会影响其解离状态，因此会对吸附电中和作用产生较大的影响。但是 DR 染料属于非离子型染料，絮凝剂主要通过吸附桥连作用使其脱稳聚沉，因此其脱色效果受 pH 值的影响较小。以上推论与絮体的 Zeta 电位在不同 pH 值条件下的变化趋势相吻合，RB 模拟染料废水处理后絮体的 Zeta 电位随 pH 值的升高急剧下降；但是在 DR 模拟染料废水处理中，随着

pH 值的升高，絮体 Zeta 电位的下降趋势相对较平缓。

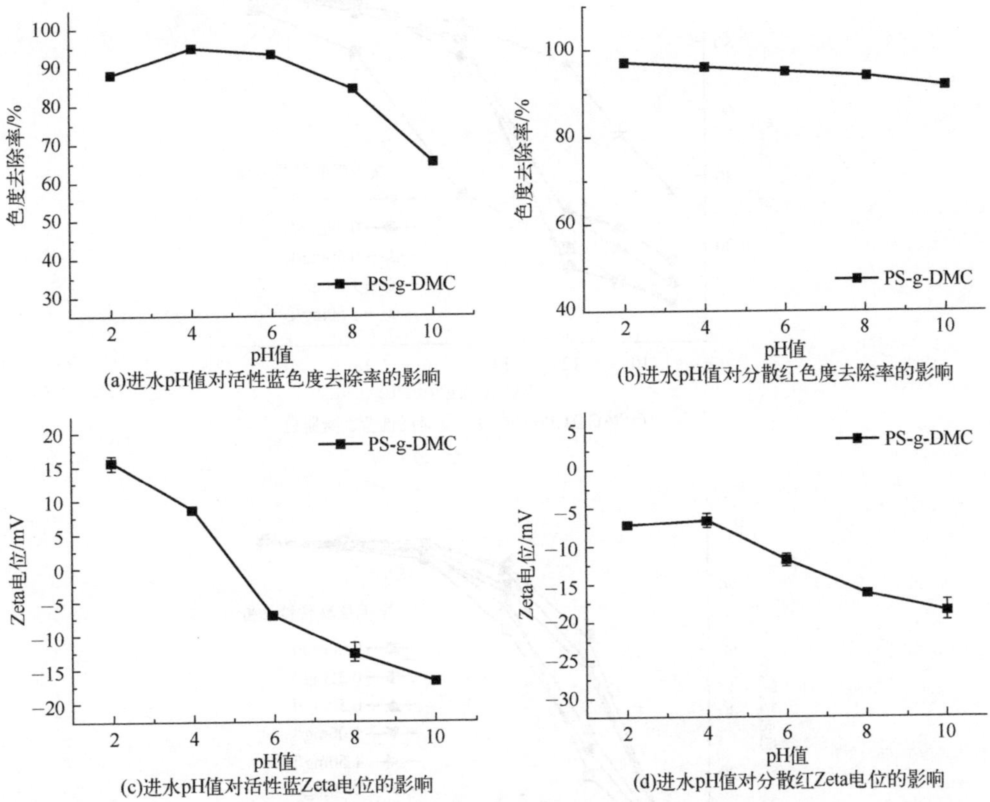

图 16-8　进水 pH 值对 PS-g-DMC 混凝效能的影响

16.3.3　PS-g-DMC 与商业级混凝剂/絮凝剂的絮凝行为对比研究

改变 PAC 和 CPAM 的投加量，研究 PAC 及 PAC+CPAM 复配混凝体系在 RB 和 DR 模拟染料废水脱色处理中的色度去除效果，结果如图 16-9（a）和（b）所示。图 16-9（c）表示 PS-g-DMC、PAC 及 PAC+CPAM 分别采用其最佳投加量时，在 DR 和 RB 模拟染料废水脱色处理中的色度去除效果。

如图 16-9（a）和（b）所示，随着 PAC 投加量的增加，色度去除率呈上升趋势，当 PAC 的投加量增加到一定值后，色度去除率趋于平稳。当加入少量 CPAM 作为 PAC 助剂时，色度去除率有了明显的提高。PAC 在水中产生大量带正电性的水解产物，可以吸附并中和带负电荷的染料分子，形成微絮体。CPAM 为长链有机高分子聚合物，其分子链上的活性位点可以吸附在多个胶体及微絮体表面，促进污染物及微絮体聚集，改善絮体结构，进而提高絮凝脱色效果。但是当 CPAM 过量时，胶体及微絮体表面被 CPAM 包裹，转呈正电性，相互之间出现静电排斥，导致污染物微粒在水中重新稳定。因此，在

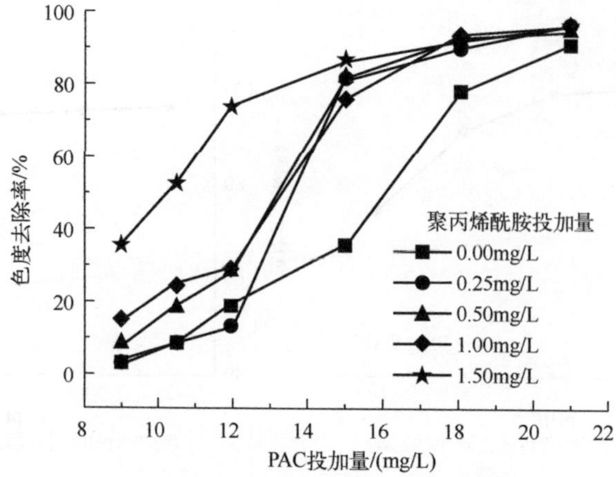

(a)PAC及CPAM的投加量对活性蓝絮凝脱色性能的影响

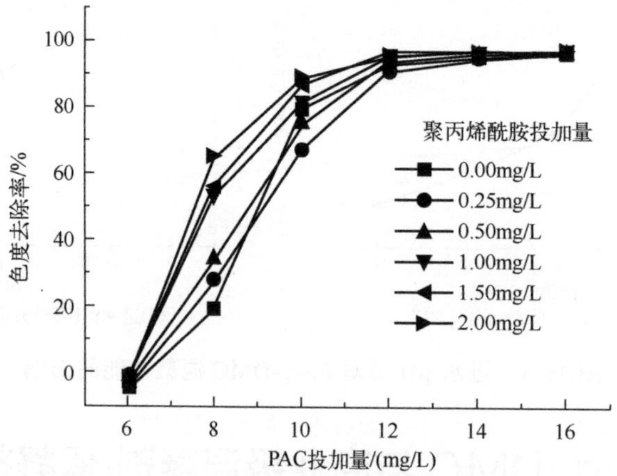

(b)PAC及CPAM的投加量对分散红絮凝脱色性能的影响

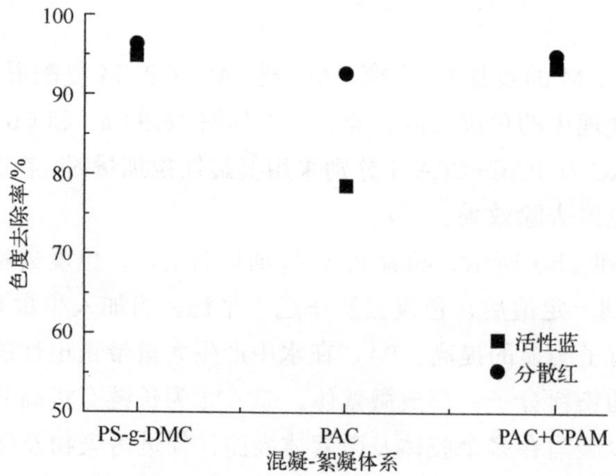

(c)不同混凝-絮凝体系的色度去除率

图 16-9　PAC 及 CPAM 的投加量对絮凝脱色性能的影响和不同混凝-絮凝体系的色度去除率

混凝-絮凝过程中适当的药剂投加量有利于提高出水水质，并且节约成本。根据图 16-9 所示的研究结果，在 RB 模拟染料废水脱色处理中，PAC 和 CPAM 的最佳投加量分别为 18.0mg/L 和 1.0mg/L；在 DR 模拟染料废水脱色处理中，PAC 和 CPAM 的最佳投加量分别为 12.0mg/L 和 1.0mg/L。图 16-9（c）表明，PS-g-DMC 在两种染料废水脱色处理中的色度去除效果均优于 PAC 及 PAC+CPAM 复配混凝体系。在 RB 模拟染料废水脱色处理中，PS-g-DMC 与 PAC 的絮凝脱色效果差距较大，但是在 DR 模拟染料废水中，三种体系的色度去除率差距较小。这是由于两种染料具有不同的分子结构，所以其去除机制不同。

16.4　造纸污泥基絮凝剂在实际印染废水处理中的效能

实用印染废水成分复杂、排放量大，具有毒性及致癌性等危害，因此引起了公众的广泛关注。本节采用淄博市某纺织公司污水处理车间的实际印染废水为实验水样，研究 PS-g-DMC 在实际印染废水处理中的效能及作用机制。本节采用的实际印染废水的基本水质指标如下：初始 pH=12.40 ± 0.15，浊度为（175 ± 3）NTU，Zeta 电位为（−19.0 ± 0.3）mV，COD_{Cr}的浓度为（3620 ± 28）mg/L。本节从两个方面研究 PS-g-DMC 的实际应用性能，分别为：a.单独使用时的絮凝效果；b.与 PAC 复配使用时的助凝效果。对比研究了 PS-g-DMC、PAC 和 CPAM 在实际印染废水处理中的应用性能。

16.4.1　PS-g-DMC 单独使用时与 PAC 的混凝效能对比研究

在实际印染废水处理中，研究 PAC 及 PS-g-DMC 在不同投加量下的浊度与色度去除效果以及生成絮体的 Zeta 电位；测量 1.0g/L 的 PAC 和 PS-g-DMC 溶液在不同 pH 值条件下的 Zeta 电位值，结果如图 16-10 所示。

如图 16-10 所示，随着 PAC 投加量的增加，色度及浊度去除率缓慢上升，当投加量上升到 100mg/L 时，去除率开始下降。但是，PAC 作用下絮体的 Zeta 电位随投加量的变化趋势不明显，这说明此时吸附电中和作用并非 PAC 的主要作用机理。PAC 中铝离子的水解形态随 pH 值的改变不断发生变化，进而影响了 PAC 的主要混凝机理。当 pH < 3.0 时，PAC 中的铝主要以水合铝络合离子的形式存在；随着 pH 值的逐渐升高，水合铝络合离子逐渐转变为羟基铝离子；当 pH > 8.5 时，$[Al(OH)_4(H_2O)_2]^-$为主要的水解形态。实际印染废水的 pH 值为 12.40 ± 0.15，$[Al(OH)_4(H_2O)_2]^-$为铝离子的主要存在形式，所以此时 PAC 的主要混凝机理为网捕卷扫作用。在 PS-g-DMC 絮凝体系中，随着投加量的增加，絮体的 Zeta 电位逐渐升高，这说明在实际印染废水处理中，PS-g-DMC 提供了一定

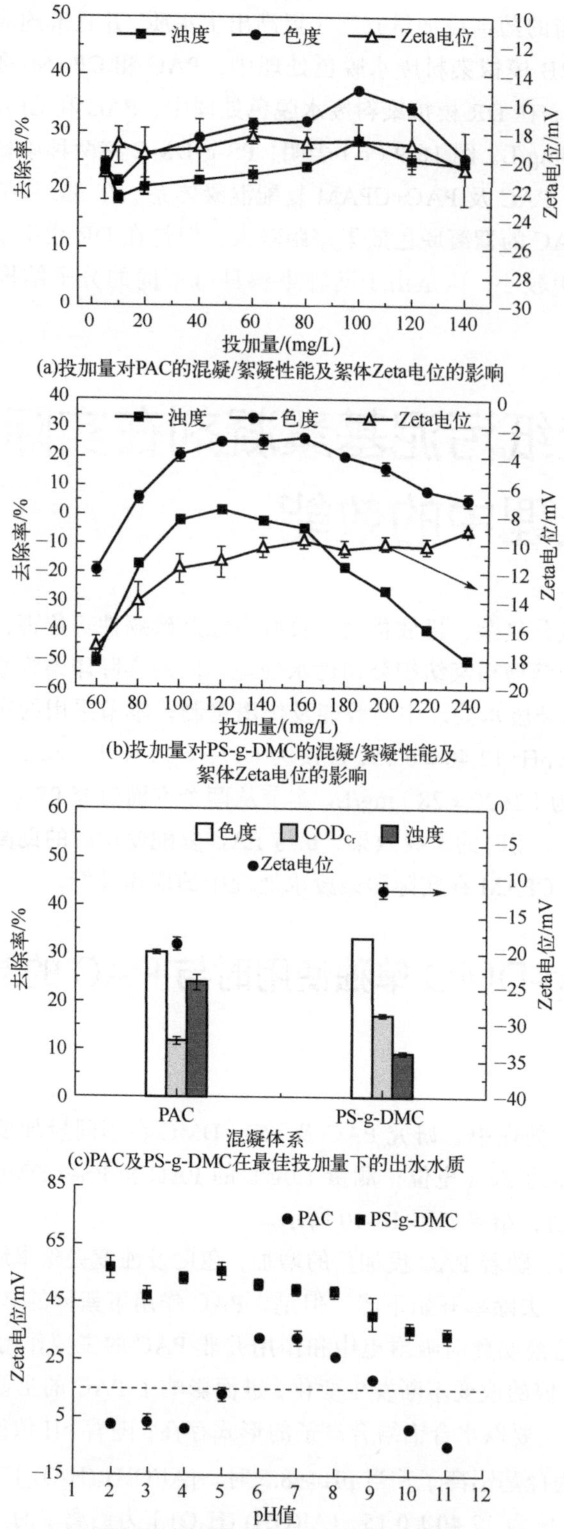

(a)投加量对PAC的混凝/絮凝性能及絮体Zeta电位的影响

(b)投加量对PS-g-DMC的混凝/絮凝性能及絮体Zeta电位的影响

(c)PAC及PS-g-DMC在最佳投加量下的出水水质

(d)不同pH值条件下PAC及PS-g-DMC的Zeta电位

图 16-10 PAC 及 PS-g-DMC 的混凝效能对比

的吸附电中和作用。PS-g-DMC 具有大量的季胺基团，由于季胺基团在水中不存在解离过程，所以其正电性受水样 pH 值的影响较小。如图 16-10（d）所示，即使在实际印染废水的强碱性环境中，PS-g-DMC 依旧具有较强的正电性，所以可以提供大量正电荷用于吸附中和带负电的污染物颗粒。PS-g-DMC 作用下的色度及浊度去除率随着投加量的增加先逐渐上升，再趋于平稳，然后开始下降。当 PS-g-DMC 的投加量为 120mg/L 时，色度去除效果最好，可达 25%。在 PS-g-DMC 体系中，当色度去除效果最好时，絮体的 Zeta 电位仍然为负值，这说明吸附电中和作用并不是 PS-g-DMC 唯一的絮凝机理，吸附架桥在实际印染废水处理过程中也发挥了重要的作用。根据色度去除率和浊度去除率的结果，PAC 及 PS-g-DMC 的最佳投加量分别为 100mg/L 和 120mg/L。

采用 PAC 和 PS-g-DMC 的最佳投加量，对比研究两种混凝剂/絮凝剂在实际印染废水处理中的应用效果，结果如图 16-10（c）所示。PS-g-DMC 的色度和 COD_{Cr} 的去除率略高于 PAC，但是浊度去除效果较差。PS-g-DMC 为有机高分子絮凝剂，含有大量亲水性极强的季胺基团，因此更容易与废水中的有机污染物发生反应，所以其 COD_{Cr} 的去除率比 PAC 体系高了约 6.0%。

16.4.2　水样 pH 值对 PAC 和 PS-g-DMC 混凝行为的影响

由于印染废水具有强碱性，所以在实际污水处理厂运行过程中，印染废水会先经过调酸池进行酸化处理，所以在不同 pH 值条件下混凝剂/絮凝剂的应用性能值得进一步探究。本部分用 0.5mol/L 的 HCl 和 NaOH 溶液将实际印染废水的 pH 值调至 4.0、5.0、6.0、7.0、8.0 和 9.0，研究 PAC 及 PS-g-DMC 在不同 pH 值条件下的应用效果，结果如图 16-11 所示。

图 16-11 表示不同 pH 值条件下 PAC 和 PS-g-DMC 体系中的色度、COD_{Cr} 和浊度去除效果，以及生成絮体的 Zeta 电位。PAC 混凝体系中色度、COD_{Cr} 和浊度去除效果受 pH 值的影响较大。在 pH=4.0～6.0 的范围内 PAC 去除污染物的效果较好；当 pH 值达到 7.0 时，去除率骤降；并且在 pH=7.0～9.0 的范围内随着 pH 值的升高去除率逐渐下降。前文已述及，水样 pH 值对 PAC 的混凝性能的影响是由于改变了铝的水解形态。当 $pH < 3.0$ 时，$Al(H_2O)_6^{3+}$ 是铝离子的主要水解产物，随着 pH 值的升高，水合铝络合离子逐渐水解成 $[Al(OH)(H_2O)_5]^{2+}$、$[Al(OH)_2(H_2O)_4]^+$ 及 $[Al(OH)_3(H_2O)_3]$。当 pH 值趋近于 5.0 时，$Al(OH)_3$ 开始出现，并且随着 pH 值的升高而逐渐增多。当 $pH > 7.0$ 时，$Al(OH)_3$ 是铝的主要存在形式，当 pH 值趋近于 8.0 时，$Al(OH)_3$ 重新溶解，并且逐渐水解成 $[Al(OH)_4(H_2O)_2]^-$。因此，当实际印染废水的 pH 值在 4.0～6.0 的范围内时，铝盐的主要水解产物是带正电荷的羟基铝离子，所以可以提供较强的吸附电中和作用。但是，当 pH 值达到 7.0 时，$Al(OH)_3$ 成为铝离子的主要水解形态，电中和作用大大减弱。随着 pH 值的升高，越来越多带负电的水解产物占据主导地位，PAC 的混凝机理逐渐从吸附电中和转变为网捕卷扫作用，从而导致混凝效果变差。PAC 作用下絮体的 Zeta 电位也证实了以上推论，随着水样 pH 值的升高，絮体的 Zeta 电位逐渐降低，当 pH 值达到 7.0 时絮体的 Zeta 电位值骤降。

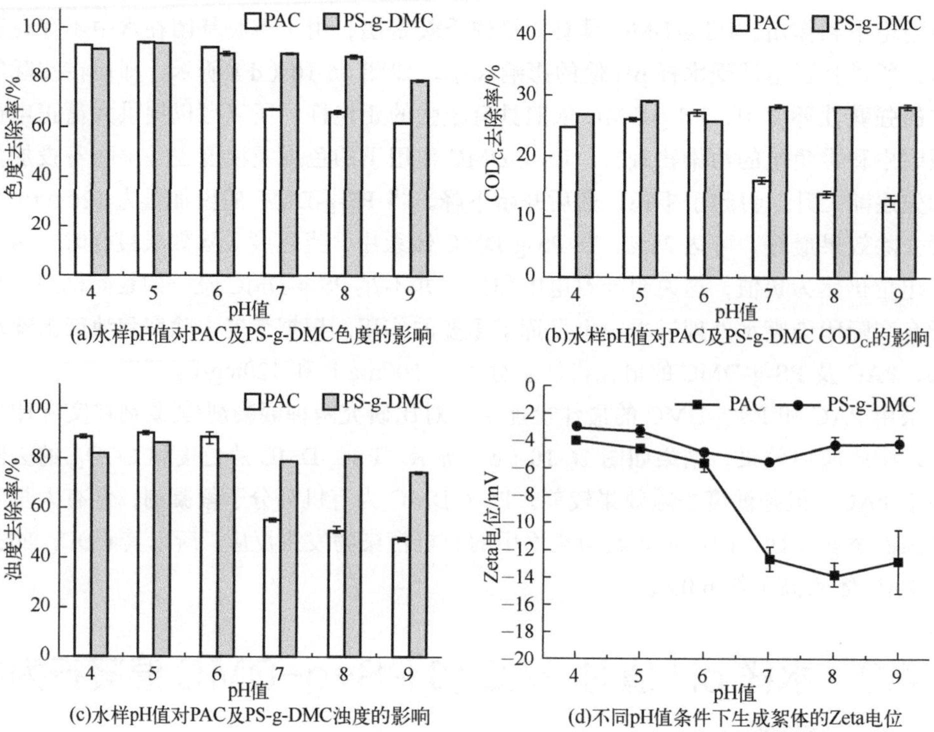

图 16-11　水样 pH 值对 PAC 及 PS-g-DMC 色度、COD_{Cr} 和浊度去除率的影响，以及不同 pH 值条件下生成絮体的 Zeta 电位

与 PAC 不同，PS-g-DMC 体系中色度、COD_{Cr} 和浊度去除效果以及絮体的 Zeta 电位受水样 pH 值的影响相对较小。PS-g-DMC 的色度去除率在 pH=4.0～8.0 的范围内稳定在 89%～93%；当 pH=9.0 时，色度去除率略有下降，但仍然能达到 79%。PS-g-DMC 在 pH=4.0～9.0 的范围内对 COD_{Cr} 的去除率稳定在 26%～29%。PS-g-DMC 的浊度去除效果也相对较稳定，最低也能达 74%。如图 16-10 所示，在 pH=4.0～9.0 的范围内，虽然 PS-g-DMC 的 Zeta 电位随着 pH 值的升高略有下降，但是均在 40.5mV 以上，仍然可以提供较强的电中和作用。此外，PS-g-DMC 的桥连效应主要依靠范德瓦耳斯力、氢键、配位键或静电引力等作用与胶体及微絮体发生反应，因此该过程受 pH 值的影响较小。虽然 PS-g-DMC 中季胺基团的正电性在一定程度上也会受到水样 pH 值的影响，但是相较于金属盐类混凝剂，该影响较小。此外，PS-g-DMC 的桥连效应可以起到增效互补的作用，所以相较于 PAC，PS-g-DMC 的 pH 值适用范围更宽。

16.4.3　PS-g-DMC 和 CPAM 与 PAC 复配使用时的助凝效果的对比研究

本部分将 PS-g-DMC 用作 PAC 的助凝剂，其助凝效果与 CPAM 进行对比研究。在复配混凝体系中 PAC 起了主导作用，CPAM 和 PS-g-DMC 仅起到了助凝增效的作用。综合考虑色度及浊度去除效果，本研究 PAC、CPAM 及 PS-g-DMC 的最佳投加量分别为 100mg/L、3mg/L 和 1mg/L。

采用 PAC、CPAM 及 PS-g-DMC 的最佳投加量，对比研究 3 种混凝体系的色度去除率、浊度去除率及 COD_{Cr} 去除率，结果如图 16-12 所示。相较于 PAC 混凝体系，PAC+CPAM 及 PAC+PS-g-DMC 复配混凝体系的污染物去除率有显著的提高。PAC+PS-g-DMC 复配混凝体系的浊度及色度去除率不及 PAC+CPAM 复配混凝体系。但是，PAC+PS-g-DMC 复配混凝体系对 COD_{Cr} 的去除效果较好，比 PAC 体系高 5.5%，比 PAC+CPAM 复配混凝体系高 2.2%。虽然两种复配混凝体系的混凝效果要优于 PAC 体系，但是絮体的 Zeta 电位反而都低于单独 PAC 体系。这说明在复配混凝体系中，CPAM 和 PS-g-DMC 主要提供的是吸附架桥作用，而吸附电中和作用不明显。虽然 PS-g-DMC 中的季胺基团带正电荷，但是由于复配混凝体系中助凝剂的投加量较小，所以这部分正电荷的电中和作用可以忽略不计。CPAM 和 PS-g-DMC 作为有机高分子絮凝剂，在复配混凝体系中主要依靠其高分子长链吸附并桥连多个微絮体和胶体颗粒，从而改善絮体结构，提高混凝效果。本研究所选用的 PS-g-DMC 摩尔质量为 3.1×10^5g/mol，而 CPAM 的摩尔质量为 8.0×10^6g/mol，所以 PS-g-DMC 的吸附架桥作用远不及 CPAM，从而导致 PAC+PS-g-DMC 复配混凝体系的出水水质略差于 PAC+CPAM 复配混凝体系。然而，PS-g-DMC 含有丰富的支链，并且具有大量亲水性极强的季胺基团，所以更容易与水中的有机污染物及小分子物质接触反应，所以 PAC+PS-g-DMC 复配混凝体系可以更有效地提高 COD_{Cr} 的去除率。

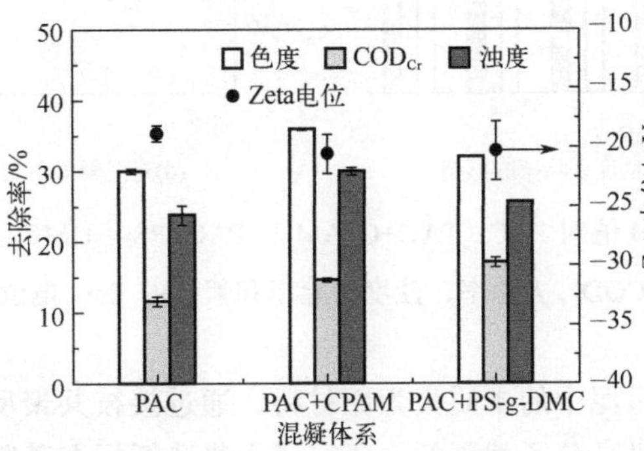

图 16-12　PAC、PAC+CPAM 及 PAC+PS-g-DMC 混凝体系的色度去除率、浊度去除率、COD_{Cr} 去除率及絮体的 Zeta 电位

16.4.4　水样 pH 值对不同复配混凝体系的混凝行为的影响

采用 PAC、CPAM 和 PS-g-DMC 的最佳投加量，改变水样的初始 pH 值，研究 3 种混凝体系在不同 pH 值条件下的混凝性能，结果如图 16-13 所示。

如图 16-13 所示，PAC+CPAM 和 PAC+PS-g-DMC 复配混凝体系的色度去除率、COD_{Cr} 去除率、浊度去除率和絮体的 Zeta 电位随水样 pH 值的变化趋势与 PAC 体系相同。当 pH=4.0～6.0 时，相较于单独的 PAC 体系，复配混凝体系的色度及浊度去除效果的提高并不明显；但是当 pH 值达到 7.0 时，复配混凝体系的混凝效果有了明显的提高。复配混凝体系的 COD_{Cr} 去除率在所有 pH 值条件下都有明显的提高。这是因为 CPAM 和 PS-g-DMC 具有良好的水溶性和大量亲水基团，所以可以有效地去除水中的有机污染物和水溶性较好的污染物。

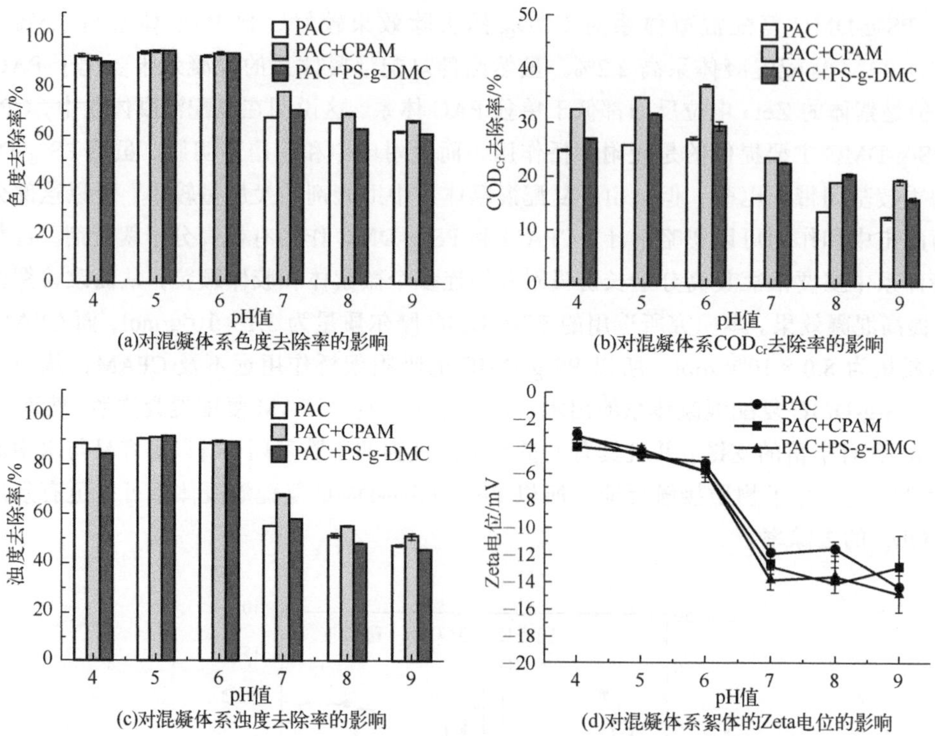

图 16-13　水样 pH 值对 PAC、PAC+CPAM 和 PAC+PS-g-DMC 混凝体系的色度去除率、COD_{Cr} 去除率、浊度去除率和絮体的 Zeta 电位的影响

本章利用木浆造纸污泥中的木质素为原材料，通过接枝共聚反应成功制备出了木浆造纸污泥基阳离子型有机高分子絮凝剂。研究了木浆造纸污泥基阳离子型有机高分子絮凝剂单独或与 PAC 复配应用于染料废水脱色处理和实际印染废水处理中的絮凝行为及絮凝脱色效能。通过测定目标产品单独或与无机混凝剂复配作用下生成絮体的荷电情况，结合絮凝脱色效果及絮体特性明确了其去除水体中不同类型的染料的作用机制。这一技术一方面为新型、高效有机高分子絮凝剂的研发及其在染料废水脱色处理中的应用奠定理论基础，另一方面可实现木浆造纸污泥的资源化综合利用，促进造纸行业的良性发展，有利于环境保护和社会经济的可持续发展，具有重要的理论意义和现实意义。

参考文献

[1] Chang S H, Wang K S, Chao S J, et al. Degradation of azo and anthraquinone dyes by a low-cost Fe^0/air process[J]. Journal of Hazard Materials, 2009, 166(2-3): 1127-1133.

[2] Lee C S, Robinson J, Chong M F. A review on application of flocculants in wastewater treatment[J]. Process Safety and Environmental Protection, 2014, 92(6): 489-508.

[3] Banks W A, Niehoff M L, Drago D, et al. Aluminum complexing enhances amyloid beta protein penetration of blood-brain barrier[J]. Brain Research, 2006, 1116(1): 215-221.

[4] Guo K Y, Yu C H, Gao B Y, et al. Intrinsic mechanism for the removal of antibiotic pollution by a dual coagulation process from the perspective of the interaction between NOM and antibiotic[J]. Water Research, 2023, 244: 120483.

[5] Li R H, Gao B Y, Guo K Y, et al. Floc structural characteristics of ferrum-polymer dual-coagulant for treatment of synthetic dyes wastewater: Effect of solution pH, hardness and ionic strength[J]. RSC Advances, 2016, 6(97): 94851-94858.

[6] Yang R, Li H J, Huang M, et al. A review on chitosan-based flocculants and their applications in water treatment[J]. Water Research, 2016, 95: 59-89.

[7] Veluchamy C, Kalamdhad A S. Enhancement of hydrolysis of lignocellulose waste pulp and paper mill sludge through different heating processes on thermal pretreatment[J]. Journal of Cleaner Production, 2017, 168: 219-226.

[8] Guo K, Gao Y, Gao B, et al. Structure-activity relationships of the papermill sludge-based flocculants in different dye wastewater treatment[J]. Journal of Cleaner Production, 2020, 266: 121944.

[9] Li R H, Gao B Y, Guo K Y, et al. Effects of papermaking sludge-based polymer on coagulation behavior in the disperse and reactive dyes wastewater treatment[J]. Bioresour Technology, 2017, 240: 59-67.

[10] Rong H Y, Gao B Y, Li R H, et al. Effect of dose methods of a synthetic organic polymer and PFC on floc properties in dyeing wastewater coagulation process[J]. Chemical Engineering Journal, 2014, 243: 169-175.

[11] Naseem A, Tabasum S, Zia K M, et al. Lignin-derivatives based polymers, blends and composites: A review[J]. International Journal of Biological Macromolecules, 2016, 93(Pt A): 296-313.

[12] Wang S J, Kong F G, Gao W J, et al. Novel process for generating cationic lignin based flocculant[J]. Industrial & Engineering Chemistry Research, 2018, 57(19): 6595-6608.

[13] Guo K Y, Gao B Y, Pan J W, et al. Effects of charge density and molecular weight of papermaking sludge-based flocculant on its decolorization efficiencies[J]. Science of the Total Environment, 2020, 723: 138136.

[14] 周风山，王世虎，苏金柱，等. 增效反应中聚合氯化铝红外结构特征的变化[J]. 光谱学与光谱分析, 2004, 24(5): 532-535.

[15] 魏晓岚. 高分子量聚丙烯酰胺絮凝剂的合成及表征研究[D]. 兰州：兰州理工大学, 2012.

[16] Zhou H J, Zhou L, Ma K K. Microfiber from textile dyeing and printing wastewater of a typical industrial park in China: Occurrence, removal and release[J]. Science of the Total Environment, 2020, 739: 140329.

[17] Cheng C, Liu B, Liu C Y, et al. Tracking variation of fluorescent dissolved organic matter during full-scale printing and dyeing wastewater treatment[J]. Chemosphere, 2020, 252: 126559.

[18] Guo K Y, Gao B Y, Wang J, et al. Flocculation behaviors of a novel papermaking sludge-based flocculant in practical printing and dyeing wastewater treatment[J]. Frontiers of Environmental Science and Engineering, 2021, 15(5): 103.

[19] 胡万里. 混凝•混凝剂•混凝设备[M]. 北京：化学工业出版社, 2001.

[20] Liu B B, Gao Y, Pan J W, et al. Coagulation behavior of polyaluminum-titanium chloride composite coagulant with humic acid: A mechanism analysis[J]. Water Research, 2022, 220: 118633.

[21] 李道荣. 水处理剂概论[M]. 北京：化学工业出版社, 2005.

[22] Guo K Y, Gao B Y, Tian X W, et al. Synthesis of polyaluminium chloride/papermaking sludge-based organic polymer composites for removal of disperse yellow and reactive blue by flocculation[J]. Chemosphere, 2019, 231: 337-348.

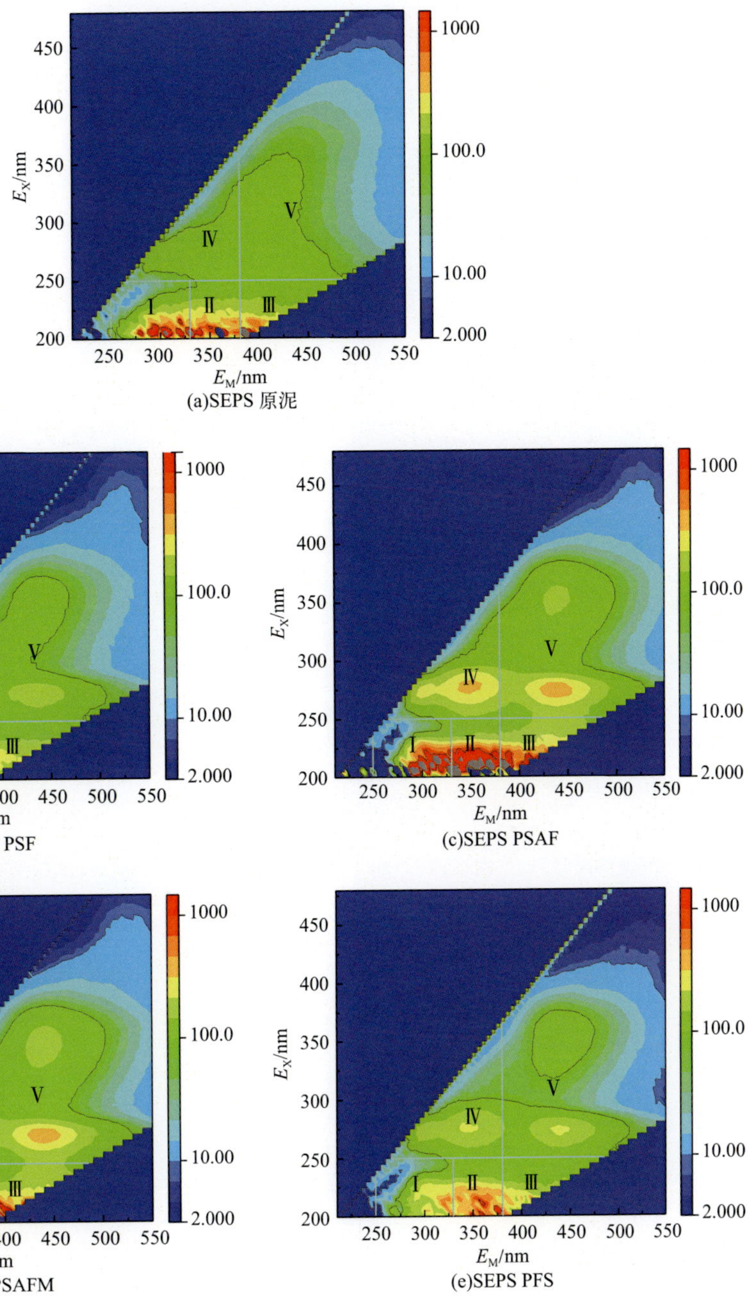

(a)SEPS 原泥

(b)SEPS PSF

(c)SEPS PSAF

(d)SEPS PSAFM

(e)SEPS PFS

图 2-4　聚硅酸盐和 PFS 处理后污泥 SEPS 的三维荧光光谱图

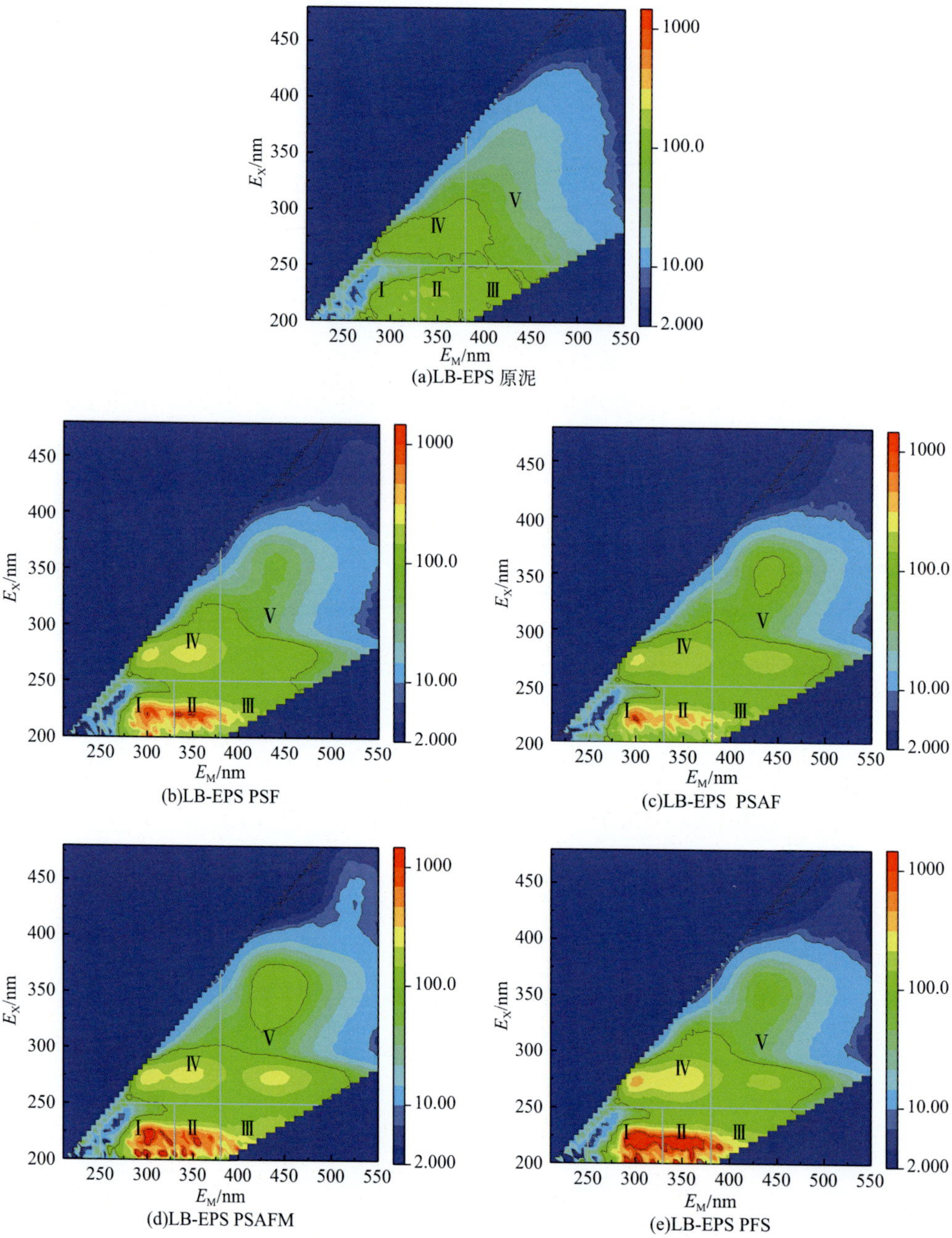

(a)LB-EPS 原泥

(b)LB-EPS PSF

(c)LB-EPS PSAF

(d)LB-EPS PSAFM

(e)LB-EPS PFS

图 2-5 聚硅酸盐和 PFS 处理后污泥 LB-EPS 的三维荧光光谱图

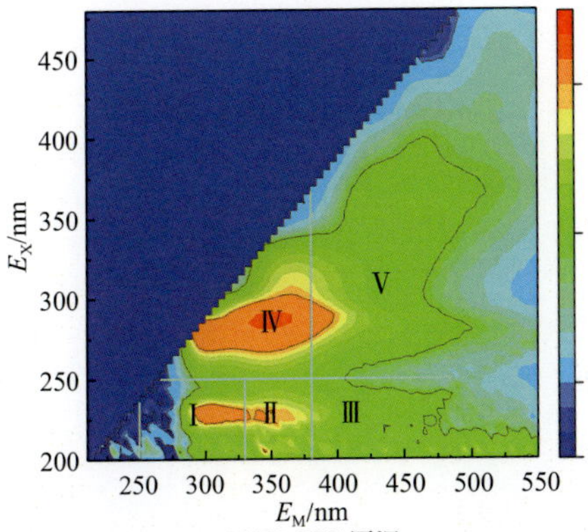

(a)TB-EPS 原泥

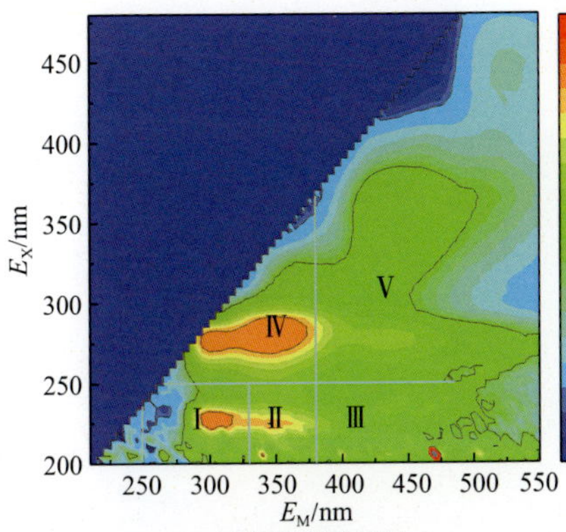

(b)TB-EPS PSF

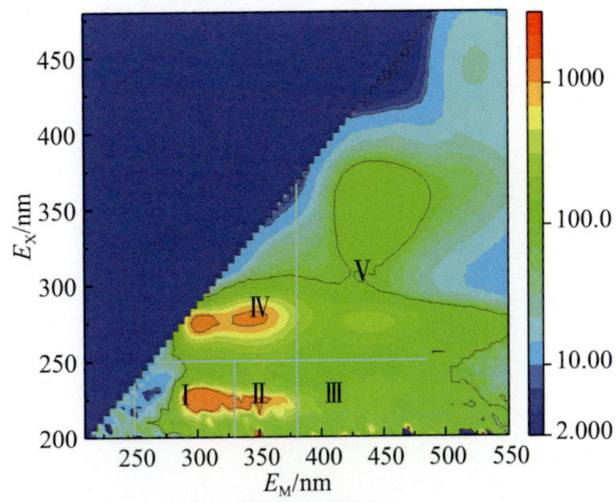

(c)TB-EPS PSAF

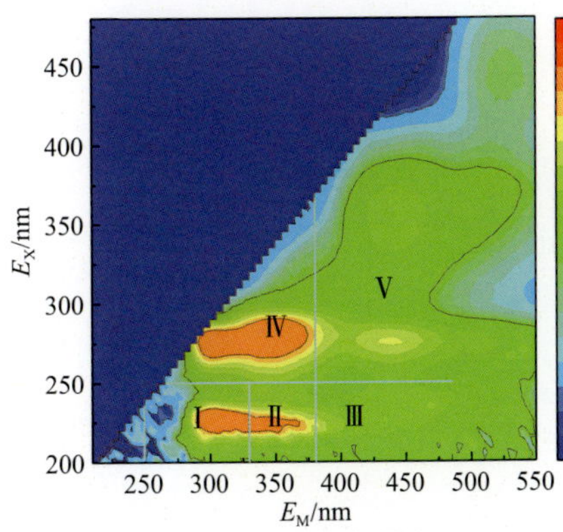

(d)TB-EPS PSAFM

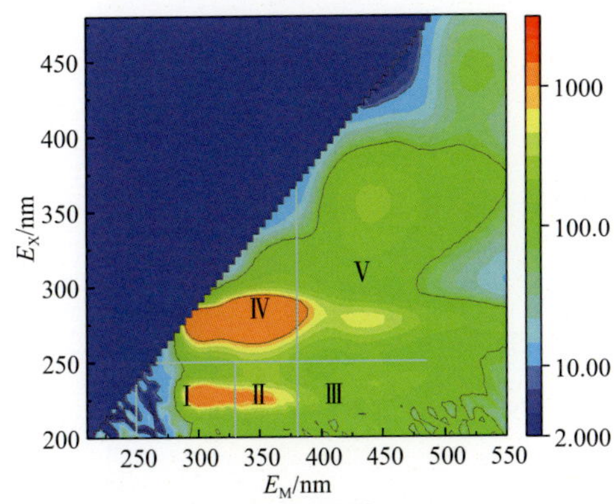

(e)TB-EPS PFS

图 2-6　聚硅酸盐和 PFS 处理后污泥 TB-EPS 的三维荧光光谱图

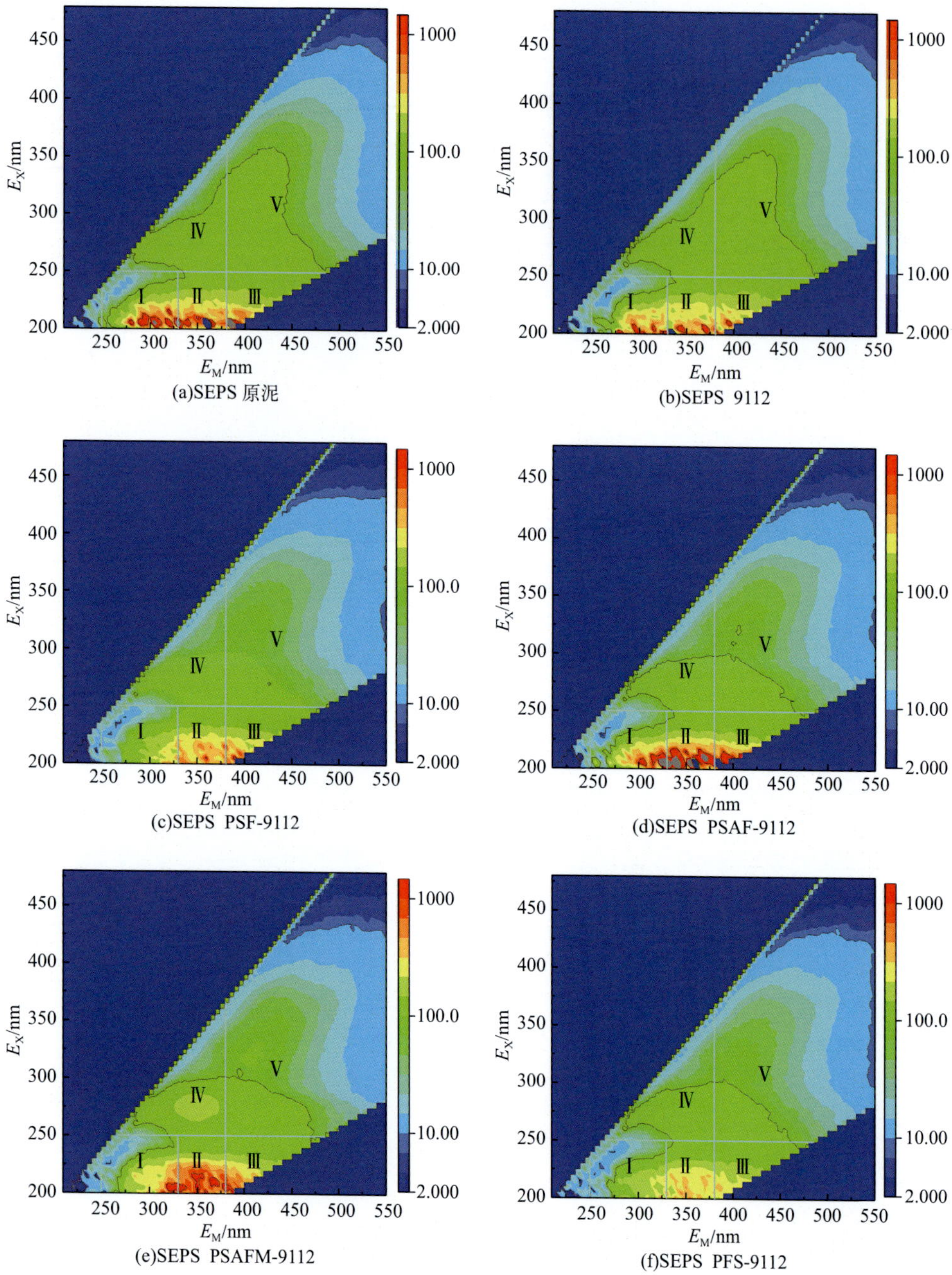

图 2-11 聚硅酸盐和 PFS 与 CPAM 复配处理后污泥 SEPS 的三维荧光光谱图

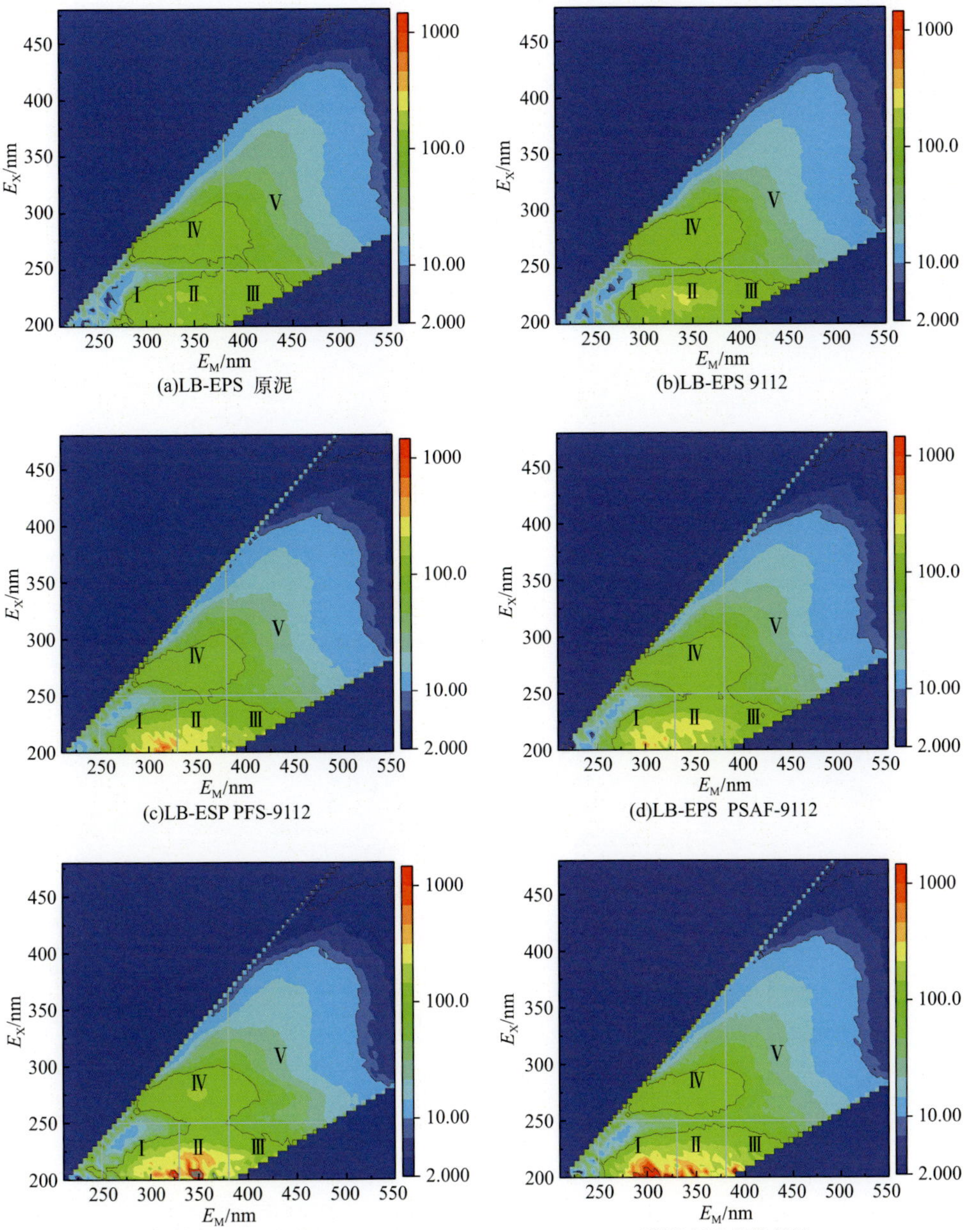

(a)LB-EPS 原泥

(b)LB-EPS 9112

(c)LB-ESP PFS-9112

(d)LB-EPS PSAF-9112

(e)LB-EPS PSAFM-9112

(f)LB-EPS PFS-9112

图 2-12 聚硅酸盐和 PFS 与 CPAM 复配处理后污泥 LB-EPS 的三维荧光光谱图

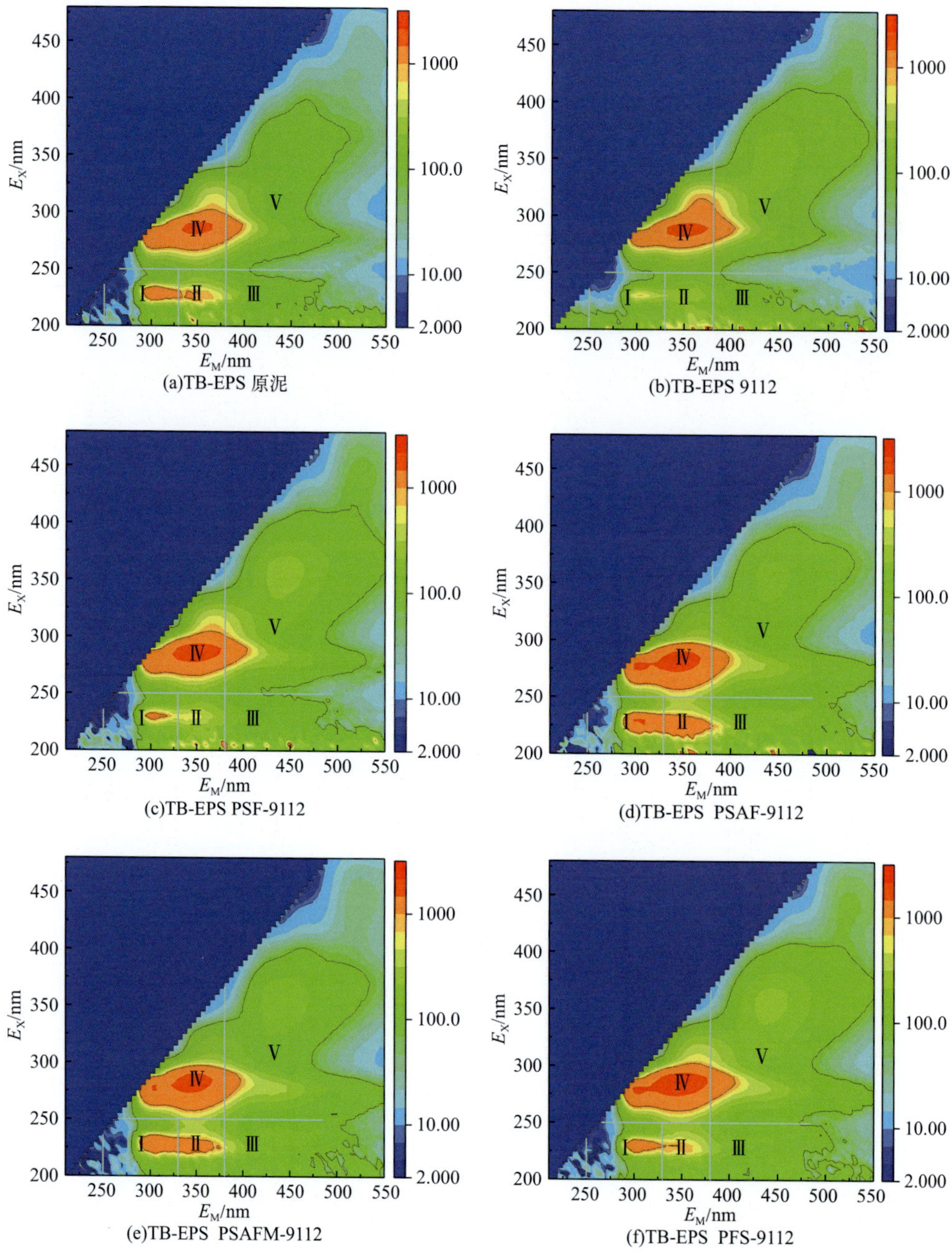

图 2-13 聚硅酸盐和 PFS 与 CPAM 复配处理后污泥 TB-EPS 的三维荧光光谱图

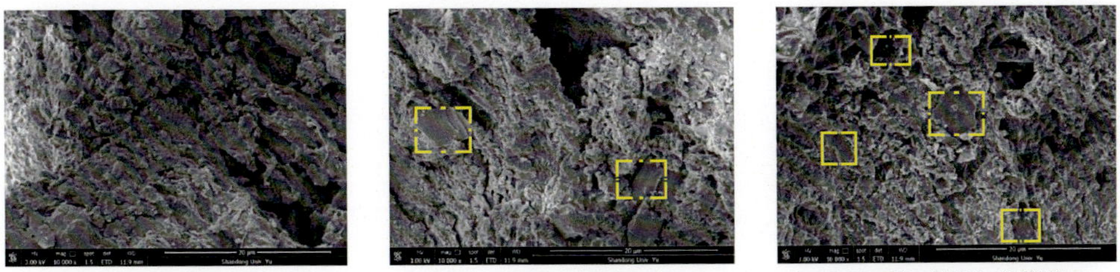

(a)未处理　　(b)$FeCl_3$调理　　(c)Na_2SiO_3复配$FeCl_3$调理

图 4-6　未处理、$FeCl_3$ 调理和 Na_2SiO_3 复配 $FeCl_3$ 调理后污泥压滤后的泥饼内部图像

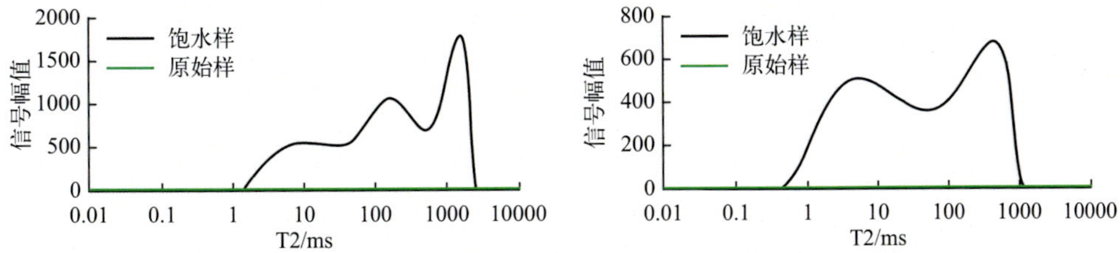

(a) 煤渣陶粒的T2弛豫谱图　　(b) 污泥陶粒的T2弛豫谱图

图 11-2　两种新型轻质陶粒的 T2 弛豫谱图

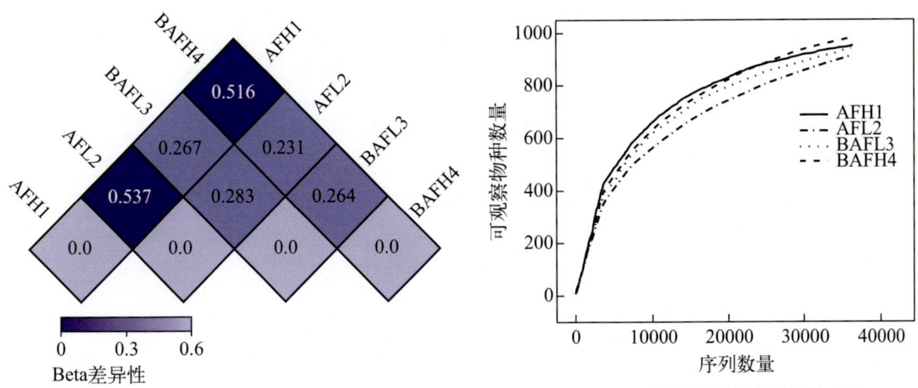

(a) 所有样品的Beta差异性分析(加权类分析)　　(b) 所有样品的物种稀释性曲线

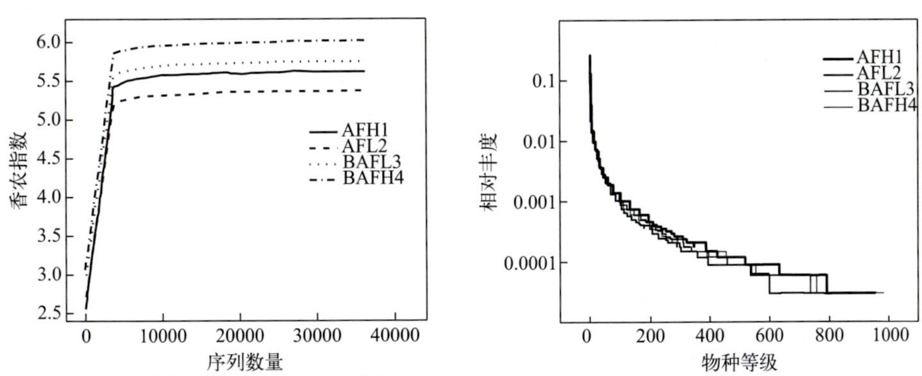

(c) 所有样品的Shannon-Wiener曲线　　(d) 所有样品的Rank-Abundance曲线

图 11-16　所有样品的 Beta 差异性分析（加权类分析）、物种稀释性曲线、Shannon-Wiener 曲线、Rank-Abundance 曲线

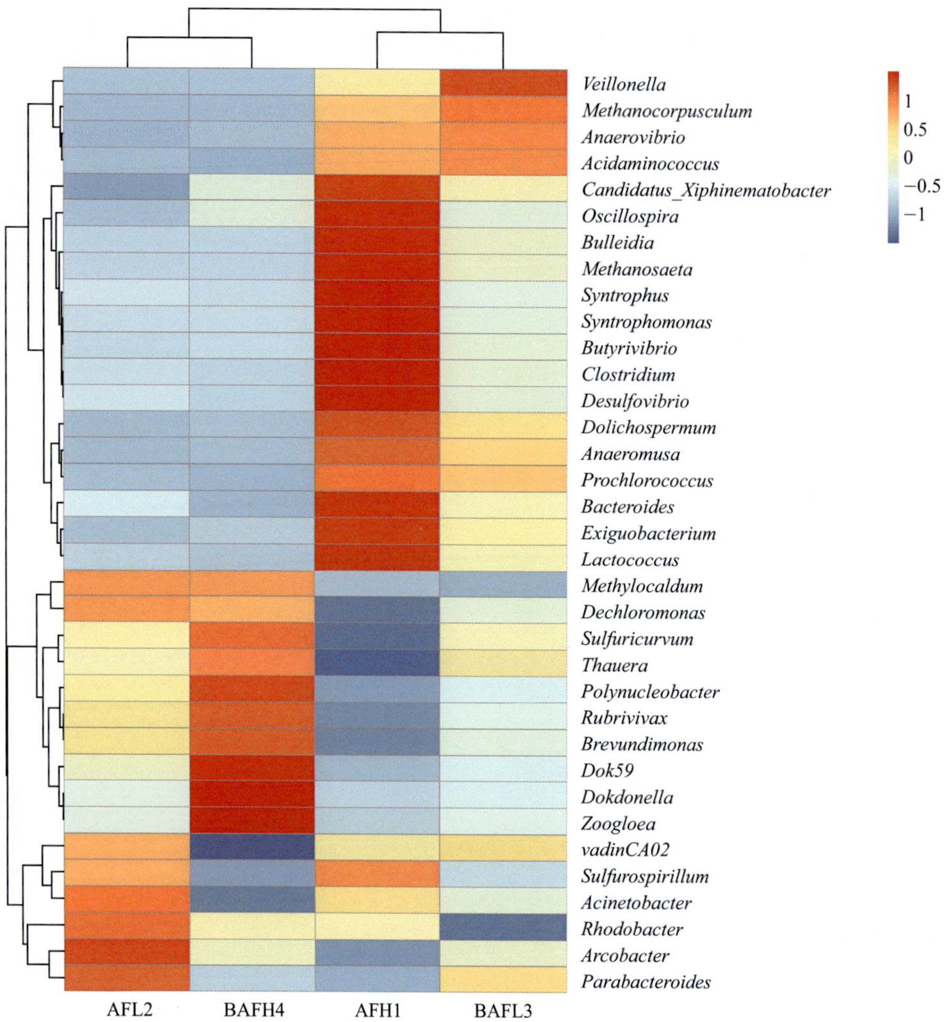

图 11-19　样品微生物群落在属水平上的层聚类分析